多元统计分析与 SPSS 应用

（第二版）

汪冬华　马艳梅　编著

华东理工大学出版社
EAST CHINA UNIVERSITY OF SCIENCE AND TECHNOLOGY PRESS

图书在版编目(CIP)数据

多元统计分析与 SPSS 应用 / 汪冬华,马艳梅编著.
—2 版.—上海:华东理工大学出版社,2018.2(2025.3重印)
ISBN 978 - 7 - 5628 - 5353 - 4

Ⅰ.①多… Ⅱ.①汪… ②马… Ⅲ.①多元分析-统
计分析-软件包 Ⅳ.①O212.4

中国版本图书馆 CIP 数据核字(2018)第 013977 号

项目统筹 / 周　颖
责任编辑 / 周　颖　张丽丽
装帧设计 / 陆丽君　靳天宇
出版发行 / 华东理工大学出版社有限公司
　　　　　　地址:上海市梅陇路 130 号,200237
　　　　　　电话:021 - 64250306
　　　　　　网址:www.ecustpress.cn
　　　　　　邮箱:zongbianban@ecustpress.cn
印　　刷 / 广东虎彩云印刷有限公司
开　　本 / 787 mm×1092 mm　1/16
印　　张 / 21.25
字　　数 / 566 千字
版　　次 / 2010 年 9 月第 1 版
　　　　　　2018 年 2 月第 2 版
印　　次 / 2025 年 3 月第 6 次
定　　价 / 49.80 元

第二版前言

《多元统计分析与 SPSS 应用》自 2010 年出版以来，收到广大教材使用者的反馈意见，在此表示特别感谢，感谢他们提出的合理化建议，这为本书的再版修订提供了很大的帮助。

第二版继续秉承着理论联系实际的原则，结合经济管理专业学生的学习特点和实际需求，在保持原有理论体系的基础上，进行了如下修订。第一，调整和更新了大部分案例和数据，体现了教材的时效性，强调了多元统计方法在经济管理领域的应用。第二，增加了"附录 A"一章，使读者不需要查阅其他书籍也能够轻松掌握软件 SPSS 的基本操作。第三，教材的软件操作过程和结果全都采用 SPSS 22.0 英文版。第四，增加了某些统计方法在 SPSS 软件实现过程中常用选项设置说明和结果解释，进一步增强了教材的可读性。第五，订正了某些疏漏之处。

第二版是上海市《多元统计学》精品课程建设成果之一，荣获华东理工大学 2016 年度教学成果一等奖，由华东理工大学商学院金融学系汪冬华教授组织修订，修订内容是经过本书全体作者多次讨论而定，具体修订工作主要由马艳梅老师完成，最后由汪冬华老师统一定稿。

第二版的疏漏与不足之处，恳请读者批评指正，以便不断完善。

编著者

2017 年 12 月

第一版前言

随着科技进步和社会发展,在工业、经济、农业、生物和医学等领域的实际问题中,需要处理多个变量的观测数据,以及研究多个随机变量之间的相互依赖关系和内在统计规律性。因此,对多个变量进行综合处理的多元统计分析(multivariate statistical analysis)方法显得尤为重要。随着电子计算机技术的普及,以及社会、经济和科学技术的发展,过去被认为具有数学难度的多元统计分析方法,已越来越广泛地成为管理学、经济学、生物学、人口学、社会学等学科分析、处理多维数据不可缺少的重要工具。

多元统计分析是从经典统计学中发展起来的一个分支,是一种综合分析方法,应用很广泛。然而,现已出版的多元统计分析的相关教材和著作,多数侧重于数理推导和证明,关于数学方法在实践中的应用介绍较少,且案例偏重于自然科学,适合经济管理类专业学生学习的教材较少。基于此,作者总结多年从事经济管理类专业的多元统计分析的教学经验,结合学生实际的学习特点和需求,编著了本书。

本书的特点有以下几点。

1. 加强基本原理和基本方法的理解。面对枯燥的数学理论,本书侧重于在实际案例解决分析过程中,加强对多元统计分析的基本原理和基本方法的理解。

2. 加强多元统计分析方法在实际经济管理问题中的应用。本书在介绍完基本方法后,通过利用多元统计分析的方法解决实际经济管理的案例,强调方法的应用和解决问题的能力。

3. 加强 SPSS 在多元统计分析中的应用。为了提高读者的多元统计分析理论方法的实践应用能力和可操作性,本书强调依据多元统计方法利用 SPSS 现代统计软件对实际案例进行数据处理和统计分析,并在每章结合实例概要介绍了 SPSS 软件的实际操作和实现过程。

全书共十三章,主要内容包括:多元描述统计分析、均值的比较检验、方差分析、正交试验设计、相关分析、回归分析、聚类分析、判别分析、主成分分析、因子分析、对应分析、典型相关分析和定性数据的统计分析等。

本书是华东理工大学校级精品课程"应用统计学"的建设成果之一,由华东理工大学商学院金融学系汪冬华组织编写,教材编写大纲和写作要求是经过本书全体作者多次讨论而定,最后由汪冬华统一定稿。参与编写的人员主要有：汪冬华(第1、2、3、4、7、8章)，马艳梅(第5、9、10、11、12、13章)，任飞(第6章)。本书出版的动力一部分来自商学院金融学系朱邦毅老师不断的鞭策和帮助，在此表示感谢。同时需感谢吴雅婷、黄康等研究生的辛勤工作，感谢华东理工大学教务处以及华东理工大学出版社，本书受到他们的大力资助。感谢商学院金融学系刘建国教授为本书的出版所提供的帮助和支持。

本书可作为经济与管理类专业本科生统计分析课程的教材，也可作为研究生和MBA的教材或参考书，同时也适合作为从事社会、经济、管理等研究和实际工作的从业人员进行数据分析的参考书。

本书参考了国内外大量的相关书籍和文献，由于篇幅有限未能一一列出，谨向这些作者表示感谢。本书也是作者长期教学和研究的经验结晶，由于作者水平有限，疏漏之处在所难免，恳请读者批评指正，以便于再版修订时，不断完善。

编著者

目　　录

目

录

多元统计分析与SPSS应用

·第1章·
多元描述统计分析

> 在管理学理论中,企业文化是企业的灵魂,是推动企业发展的重要因素,是多维的、多层次的。国内外很多学者对此进行了大量的定性、定量研究,提出了自己的观点和不同的文化测度模型。如荷兰学者霍夫斯坦特(Hofstede)从管理心理学的角度来研究企业文化,提出了权力距离、风险规避、个人主义倾向和对抗性四个维度;美国学者奎因(Quinn)和卡迈隆(Cameron)发现组织中的主导文化、领导风格、管理角色、人力资源管理、质量管理及成功的判断准则等因素共同构成了企业文化的测度;美国学者德尼森(Denison)构筑了一个四维文化测度模型,由适应性、使命、一致性和投入四个文化特质构成,其中每个文化特质都对应着三个子维度。在国内,以清华大学张德教授为首的中国学者结合东方的文化特征,提出了中国特色的文化测度模型,包括领导风格、能力绩效导向、人际和谐、科学求真、凝聚力、正直诚信、顾客导向、卓越创新、组织学习、使命与战略、团队精神、发展意识、社会责任、文化认同十四个因素。

> 在经济学中,要研究一些经济问题,往往需要综合大量的经济数据,形成各种经济指数进行分析。如研究一个地区的经济发展水平,就需要分析该地区的生产总值、工农业产值、税收、居民收入、居民消费指数、商品价格指数、生活费用指数等。

上述例子中,我们都需要用多个观察变量来描述一些现实生活中的社会经济现象,而这些现象往往都具有多维性,需要用多个指标进行测量和分析。在本章中我们就要学习多元数据的描述方法,以便更直观地观察数据之间的关系。

1.1
多元描述统计量

1.1.1 数据的组织

在研究各种生产生活或者经济管理现象时,我们会搜集多个变量的测量值,形成多元数据,然后从这几类数据中获取信息。这些测量值以不同的方式排列和显示,可以比较清晰地描绘数据的某些特征。

我们选择 p 个变量来记录事物的特征,对于每个个体或单位,记录下这些变量的测量值。我们用记号 x_{ij} 表示第 i 个样本上第 j 个变量的测量值,即

$$x_{ij} = 第 j 个变量的第 i 项测量值$$

因此,p 个变量的 n 个测量值就可以表示如下。

表 1.1　数　据　表

	变量 1	变量 2	⋯	变量 j	⋯	变量 p
1	x_{11}	x_{12}	⋯	x_{1j}	⋯	x_{1p}
2	x_{21}	x_{22}	⋯	x_{2j}	⋯	x_{2p}
⋮	⋮	⋮	⋯	⋮	⋯	⋮
i	x_{i1}	x_{i2}	⋯	x_{ij}	⋯	x_{ip}
⋮	⋮	⋮	⋯	⋮	⋯	⋮
n	x_{n1}	x_{n2}	⋯	x_{nj}	⋯	x_{np}

表 1.1 中,第 i 行表示第 i 个样本 p 个变量的测量值,第 j 列表示第 j 个变量在各个样本中的测量值。

我们也可以用一个 n 行 p 列的矩阵列来表示这些数据,记为 $\boldsymbol{X}$。

$$\boldsymbol{X} = \begin{bmatrix} x_{11} & x_{12} & \cdots & x_{1j} & \cdots & x_{1p} \\ x_{21} & x_{22} & \cdots & x_{2j} & \cdots & x_{2p} \\ \vdots & \vdots & & \vdots & & \vdots \\ x_{i1} & x_{i2} & \cdots & x_{ij} & \cdots & x_{ip} \\ \vdots & \vdots & & \vdots & & \vdots \\ x_{n1} & x_{n2} & \cdots & x_{nj} & \cdots & x_{np} \end{bmatrix}$$

矩阵 $\boldsymbol{X}$ 包含了全部变量的所有测量值。

例 1.1　消费者物价指数(CPI)是反映与居民生活有关的产品及劳务价格统计出来的物价变动指标,通常作为观察通货膨胀水平的重要指标。商品零售价格指数是反映一定时期内商品零售价格变动趋势和程度的相对数。两者都能为研究市场流通、进行国民经济核算提供依据。表 1.2 为某地区四个主要城市的消费者物价指数和商品零售价格指数。

表 1.2　某地区主要城市的消费者物价指数和商品零售价格指数(上年 = 100)

	消费者物价指数(CPI)	商品零售价格指数
A 市	106.3	104.8
B 市	102.5	101.4
C 市	103.2	102.5
D 市	105.8	105.3

引入上述定义,就有

$$X = \begin{bmatrix} 106.3 & 104.8 \\ 102.5 & 101.4 \\ 103.2 & 102.5 \\ 105.8 & 105.3 \end{bmatrix}$$

用矩阵的形式来表示多元数据,是一种有序且有效的方法,简化了对问题的说明,有利于数据的变换和处理。

1.1.2 描述统计量

在现实生活中,诸多社会、经济等实际问题往往都是很复杂的,我们通过抽样调查等方式获得大量庞杂的数据,而这些数据中包含了许多信息,不能直观地表现出来。为了从这些数据中提取有效的信息,可以通过计算一些通称为描述统计量的概括性数字来对样本数据进行分析,进而推断总体特征。

常用的描述统计量有样本均值、样本协方差、样本相关系数等。

1. 样本均值

样本均值是反映样本数据集中趋势的统计量,是对单个变量样本数据取值一般水平的描述。

设 x_{11},x_{21},$\cdots$,x_{n1} 是变量 1 的 n 个测量值,则这些测量值的算术平均值为

$$\bar{x}_1 = \frac{1}{n} \sum_{i=1}^{n} x_{i1}$$

$\bar{x}_1$ 就称为变量 1 的样本均值。

在多元统计中,一般存在多个变量,因此可计算出 p 个变量的样本均值

$$\bar{x}_j = \frac{1}{n} \sum_{i=1}^{n} x_{ij} \quad j = 1, 2, \cdots, p$$

样本均值可用矩阵的形式表示为

$$\bar{x} = \begin{bmatrix} \bar{x}_1 \\ \bar{x}_2 \\ \vdots \\ \bar{x}_p \end{bmatrix}$$

2. 样本协方差

样本协方差是反映数据离散趋势的统计量,协方差分析是利用线性回归的方法消除混杂因素的影响后进行的方差分析,其功能就是消除方差分析中不可控因素的影响。样本数据的分布程度即可由样本协方差来描述。

样本方差

变量 1 的样本方差可表示为

$$s_1^2 = \frac{1}{n-1} \sum_{i=1}^{n} (x_{i1} - \bar{x}_1)^2$$

式中,$\bar{x}_1$ 为变量 1 的样本均值。对于 p 个变量,其样本方差为

$$s_j^2 = \frac{1}{n-1} \sum_{i=1}^{n} (x_{ij} - \bar{x}_j)^2 \quad j = 1, 2, \cdots, p$$

由于在样本协方差矩阵中,各变量的样本方差位于矩阵的主对角线上,为了方便表达,我

们使用双下标来标记样本方差,因此引入记号 s_{kk} 来表示 s_j^2,即

$$s_{kk} = \frac{1}{n-1} \sum_{i=1}^{n} (x_{ik} - \overline{x}_k)^2 \quad k = 1, 2, \cdots, p$$

样本协方差

p 个变量中,任意两个变量:变量 j 和变量 k 之间的协方差为

$$s_{jk} = \frac{1}{n-1} \sum_{i=1}^{n} (x_{ik} - \overline{x}_k)(x_{ij} - \overline{x}_j), \quad j = 1, 2, \cdots, p, k = 1, 2, \cdots, p$$

我们可以发现,当 $i = k$ 时,样本协方差就等于样本方差。此外,对于所有的 j 和 k,都有 $s_{jk} = s_{kj}$。

用矩阵形式来表示样本协方差

$$\boldsymbol{S} = \begin{bmatrix} s_{11} & s_{12} & \cdots & s_{1p} \\ s_{21} & s_{22} & \cdots & s_{2p} \\ \vdots & \vdots & & \vdots \\ s_{p1} & s_{p2} & \cdots & s_{pp} \end{bmatrix}$$

3. 样本相关系数

样本相关系数,又称皮尔逊(Pearson)积距相关系数,是样本协方差的标准化形式,反映两个现象之间相关关系密切程度。

样本相关系数一般用 r 表示。定义变量 j 和变量 k 的样本相关系数为

$$r_{jk} = \frac{s_{jk}}{\sqrt{s_{jj}} \sqrt{s_{kk}}} = \frac{\sum_{i=1}^{n} (x_{ij} - \overline{x}_j)(x_{ik} - \overline{x}_k)}{\sqrt{\sum_{j=1}^{n} (x_{ij} - \overline{x}_j)^2} \sqrt{\sum_{k=1}^{n} (x_{ik} - \overline{x}_k)^2}}$$

式中,$i = 1, 2, \cdots, p$;$k = 1, 2, \cdots, p$。此外,对于所有的 j 和 k,都有 $r_{jk} = r_{kj}$。

用矩阵形式来表示样本相关系数

$$\boldsymbol{R} = \begin{bmatrix} 1 & r_{12} & \cdots & r_{1p} \\ r_{21} & 1 & \cdots & r_{2p} \\ \vdots & \vdots & & \vdots \\ r_{p1} & r_{p2} & \cdots & 1 \end{bmatrix}$$

关于样本相关系数,有以下几点性质。

① r 的值必在 -1 与 $+1$ 之间;

② r 表示两个变量之间的相关程度,r 的绝对值越大,相关程度越高:$r = 1$,完全正相关;$r = -1$,完全负相关;$r = 0$,不相关;$0 < r < 1$,正相关;$-1 < r < 0$,负相关。

1.2

多元数据的图形表示

利用图形的方法来表现多元数据是进行数据分析的重要辅助手段。现在,高级计算机软件的

发展取代了用纸和笔作图的传统方法,可以方便快捷地绘制出各种统计图表,清晰直观地展现数据的特征和关系,帮助我们从数据中提取信息进行处理和分析。正如俗话说的那样,一图胜千言。

在多元统计中有很多种不同的图形分析方法。根据图的维数不同,可以分为一维图、二维图、三维图等;根据图的形状不同,有直方图、饼图、散点图、箱线图、茎叶图、雷达图、脸谱图等。现在,常见的统计分析软件也有很多,常用的有 Excel,SPSS,SAS,Matlab,Eviews,Stata 等,这些纷繁多样的软件也给我们提供了更多不同的方法来进行统计研究,在本书中我们主要介绍如何用 SPSS 来进行统计分析。

1.2.1 散点图

散点图,又称为散布图或相关图,是直观反映变量间相关关系的一种统计图形。与其他统计图相比,散点图更能表现数据的原始分布情况。从散点图中,可以根据点的位置来判断测量值的大小、变动趋势和变动范围,从而深入了解变量间的关系。

我们使用得比较多的是二维的简单散点图,它是将二维平面上的数据用点在坐标中表示绘制而得的。其中每个坐标轴代表一个变量,每个测量值的坐标确定一个点。这样得到的散点图可以直观地表示出两个变量之间的相关关系,便于我们观察数据间的相关性,剔除异常数据,提高准确性。

更复杂一点的散点图是在简单散点图的基础上的扩展,用同样的方法,我们可以将二维散点图扩展到三维。而对于多个变量的问题,我们则可以用矩阵散点图来解决。

1. 简单散点图

例 1.2　我们以 SPSS 中自带的数据文件 employee data. sav 作为例子。该文件是某商业银行员工有关基本情况的数据。文件包含了 474 名员工的员工编号(id)、性别(gender)、出生日期(bdate)、受教育年限(educ)、工作类别(jobcat)、工资水平(salary)、初始工资水平(salbegin)、工作时间(jobtime)、来银行以前时间(prevexp)、是否少数民族(minority)等信息。

这里我们选取受教育年限和工资水平两个变量,用 SPSS 绘制成简单散点图,如图 1.1 所示。

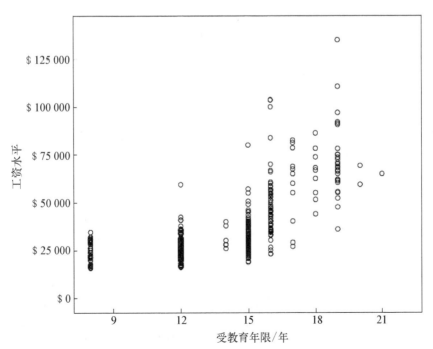

图 1.1　受教育年限和工资水平的简单散点图

从图 1.1 中可以看出,这些点不是均匀地分布在坐标轴中,但可以直观地观察出,这些点的分布存在一定规律,工资水平和受教育年限呈现正相关关系。

2. 三维散点图

选取例 1.2 中的工资水平、受教育年限和工作时间三个变量,分别作为 x 轴、y 轴和 z 轴,用 SPSS 绘制成三维散点图,如图 1.2 所示。

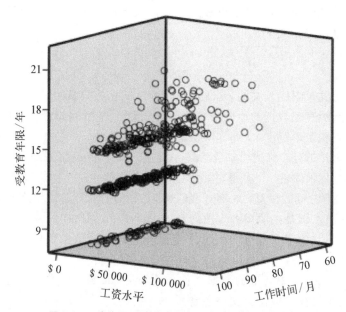

图 1.2　工资水平、受教育年限和工作时间的三维散点图

在三维散点图中,各个点在坐标轴上对应的值很难直观地看出来。由于人们的空间想象能力有限,三维散点图中数据的分布特征和变化趋势并不容易被观察到。

3. 矩阵散点图

矩阵散点图在一定程度上改进了三维散点图的不足,并能处理三个以上变量的问题,表示出多个变量间两两之间的关系。

选取例 1.2 中的受教育年限、工资水平、初始工资水平和工作时间四个变量,用 SPSS 绘制成矩阵散点图,如图 1.3 所示。

根据变量的个数,有 n 个变量就可以绘制成 n 行 n 列的矩阵散点图,从左上角到右下角分别是变量的名称,每个单元格就是一个简单散点图。从图 1.3 中可以看出,工资水平和初始工资水平存在比较明显的正相关关系,其他变量间的关系相对比较模糊。

1.2.2　箱线图

箱线图,又称箱须图、方盒图、盒须图,是处理连续多元数据的一种常用图形。它能同时显示每一个变量的中位数、四分位差(第 3 个四分位数与第 1 个四分位数之差)、异常值以及最大值和最小值,因此能直观地表现出未分组或已分组的变量值的分布,可以粗略地看出数据的对称性、分散性以及异常情况等。

从外观上看,箱线图中变量的每个分组都由一个箱子形状的封闭矩形框和上下两段线段组成。"箱子"为箱线图的主体,箱子的下边缘线表示变量的第 25 个百分点,上边缘线表示第 75 个百分点,中间的横线表示第 50 个百分点,即中位数。"箱子"包括了中间 50% 的观测值。"箱子"的上下两端各有一条横线,分别代表去除异常值和极端值后的最大值和最小值,中间的

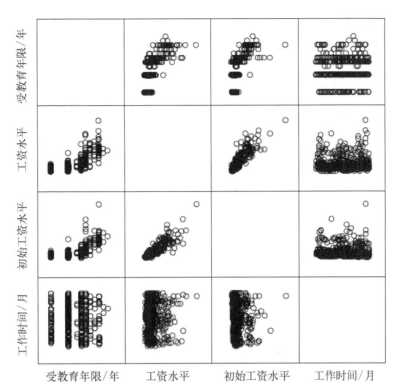

图 1.3 受教育年限、工资水平、初始工资水平和工作时间的矩阵散点图

须就表示最大值和最小值之差。此外,图中还有"○"表示异常值,"＊"表示极端值。

对于多元数据,可以绘制各变量的箱线图,组合在一起就是一个多维箱线图。

箱线图作为描述统计的工具之一,有其独特的功能。第一,可以直观明了地识别数据中的异常值。异常值的存在会对数据的处理结果带来不良影响,重视异常值的出现,分析其产生的原因,常常成为发现问题进而改进决策的契机。第二,可以判断数据的偏态和尾重,尽管不能给出精确度量,但可以作为我们粗略估计的依据。第三,可以比较几批数据的形状,有助于分析过程的简便快捷。

例 1.3 从某大学经济管理专业三年级学生中随机抽取 10 人,对 7 门主要课程的考试成绩进行调查,所得结果如表 1.3 所示。试绘制各科考试成绩的多维箱线图,并分析各科考试成绩的分布特征。

表 1.3 10 名学生的成绩数据

课程	1	2	3	4	5	6	7	8	9	10
计算机	86	81	95	70	67	82	72	80	81	77
大学英语	81	98	71	70	93	86	83	78	85	81
数学	67	51	74	78	63	91	82	75	71	55
管理学	93	76	88	66	79	83	92	78	86	78
市场营销	74	85	69	90	80	77	84	91	74	70
财务管理	68	70	84	73	60	76	81	88	68	75
统计学	58	68	73	84	81	70	69	94	62	71

根据数据绘制的箱线图如图 1.4 所示。

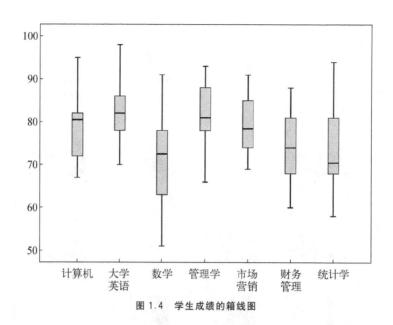

图 1.4　学生成绩的箱线图

从图 1.4 中可以看出,各门学科的成绩中,市场营销的 10 名学生成绩差异程度最小,数学成绩的差异程度最大。

1.2.3　条形图

条形图在统计分析中比较常用,也比较简单,它用宽度相等的矩形的长短来表示各类数据的大小和频率分布特征,简洁明了。

选取例 1.2 中的受教育年限、工作类别和工资水平三个变量,用 SPSS 绘制成条形图,如图 1.5 所示。

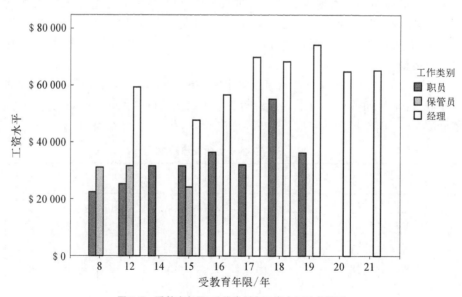

图 1.5　受教育年限、工作类别和工资水平的条形图

从图 1.5 中可以清晰地看出,经理(Manager)的工资在三个类别中是最高的,受教育年限也相对较高;保管员(Custodial)的受教育年限较低,其工资水平也较低,因此可以大致推断,受教育年限与工资水平存在一定的相关关系。

描述统计分析的 SPSS 应用

1.3.1 描述统计量

1. 样本均值

以例 1.1 为例。

（1）按照顺序：Analyze→Descriptive Statistics→Frequencies，进入 Frequencies 界面，将左侧两个变量"x1""x2"，选入到"Variable(s)"框中，如图 1.6 所示；

（2）单击"Statistics"按钮，弹出"Frequencies：Statistics"对话框，如图 1.7 所示，选中"Mean"即可。对于该例，输出结果见表 1.4。

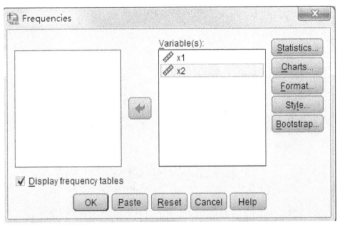

图 1.6 Frequencies 对话框

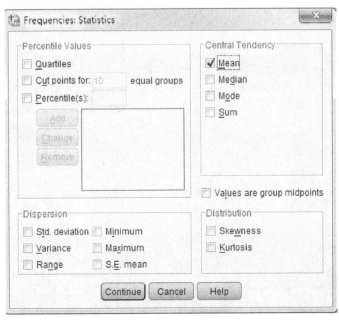

图 1.7 Statistics 对话框(Mean)

表 1.4 给出了两个变量的观测值个数 N，分别为 4 个，以及两个变量的平均值 Mean，分别为 104.45 和 103.50。

2. 样本协方差

（1）样本方差

以例 1.1 为例。在"Frequencies：Statistics"对话框中，选中"Variance"即可，如图 1.8 所示。输出结果如表 1.5 所示。

表 1.4　均值
Mean

		x1	x2
N	Valid	4	4
	Missing	0	0
Mean		104.450 0	103.500 0

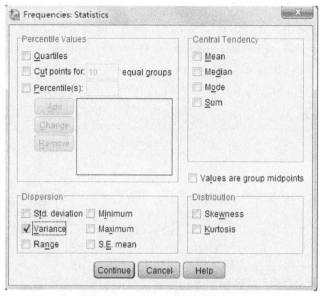

图 1.8　Statistics 对话框（Variance）

表 1.5 给出了两个变量的方差，分别为 3.536 67 和 3.446 67。

（2）样本协方差

以例 1.1 为例，求样本的协方差矩阵。

（1）按照顺序：Analyze → Scale → Reliability Analysis，进入 Reliability Analysis 界面，将左侧变量选入到"Items"框中，如图 1.9 所示；

表 1.5　方差
Variance

		x1	x2
N	Valid	4	4
	Missing	0	0
Variance		3.536 67	3.446 67

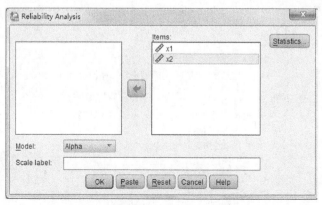

图 1.9　Reliability Analysis 对话框

（2）单击"Statistics"按钮，弹出"Reliability Analysis：Statistics"对话框，如图 1.10 所示，选中"Covariances"即可。对于该例，输出结果见表 1.6。

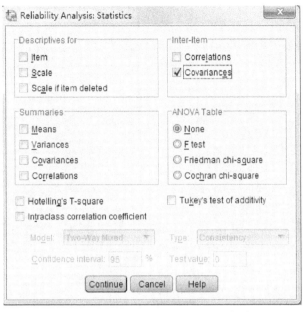

图 1.10　Reliability Analysis：Statistics 对话框

表 1.6 给出了 2 个变量的协方差矩阵。其中协方差为 3.393，而两个变量的方差分别为 3.537、3.447。

3. 样本相关系数

以例 1.1 为例。

按照顺序：Analyze→Correlate→Bivariate，进入 Bivariate Correlations 界面，将左侧两个变量"x1"
"x2"，选入到"Variables"框中，选中 Pearson 选项即可，如图 1.11 所示。

表 1.6　协 方 差 矩 阵
Inter-Item Covariance Matrix

	x1	x2
x1	3.537	3.393
x2	3.393	3.447

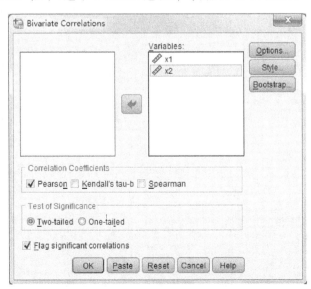

图 1.11　Bivariate Correlations 对话框

输出结果如表1.7所示。

在表1.7中,两个变量之间两两的相关系数是用矩阵的形式给出的,分析结果分为3行,分别是相关系数,P值和样本数。由上表可见,两个变量之间的相关系数为0.972,P值为0.028(小于显著性水平0.05),所以相关性显著。

1.3.2 图形表示

1. 散点图

以例1.2为例。

（1）按照顺序：Graphs → Legacy Dialogs→Scatter/Dot进入到散点图选择的界面,如图1.12所示。选择第一个"Simple Scatter",即简单散点图。进入"Simple Scatterplot"对话框中,将左侧变量中的受教育年限和工资水平两个变量分别选到x轴和y轴中,如图1.13所示。该例输出的结果即图1.1的简单散点图。

表 1.7 相关系数
Correlations

		x1	x2
x1	Pearson Correlation	1	0.972(＊)
	Sig. (2-tailed)	0.000	0.028
	N	4	4
x2	Pearson Correlation	0.972(＊)	1
	Sig. (2-tailed)	0.028	0.000
	N	4	4

＊ Correlation is significant at the 0.05 level (2-tailed).

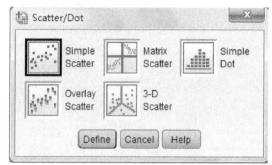

图 1.12 选择散点图

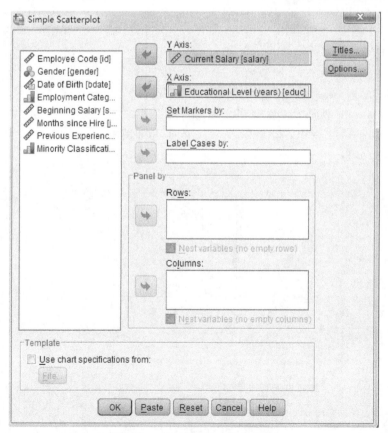

图 1.13 Simple Scatterplot 对话框

（2）对于三维散点图和矩阵散点图，只要在图 1.12 的界面中进行选择"Matrix Scatter"即可。

2. 箱线图

以例 1.3 为例。按照顺序：Graphs→Legacy Dialogs→Boxplot 进入到箱线图选择的界面，如图 1.14 所示。选择第一个"Simple"，即单一箱线图。根据数据的性质在"Data in Chart Are"中选择，本例中选"Summaries of separate variables"，即以变量为单位体现数据。进入"Define Simple Boxplot：Summaries of Separate Variables"对话框中，将左侧的变量全部选到"Boxes Represent"中，如图 1.15 所示。该例输出的结果即图 1.4 的箱线图。

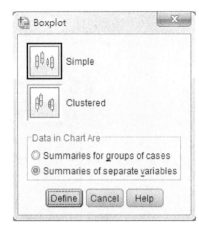

图 1.14　选择箱线图

图 1.15　Define Simple Boxplot：Summaries of Separate Variables 对话框

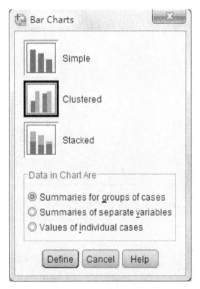

图 1.16　选择条形图

3. 条形图

以例 1.2 为例。按照顺序：Graphs→Legacy Dialogs→Bar 进入到条形图选择的界面，如图 1.16 所示。选择第二个"Clustered"，即复式条形图。根据数据的性质在"Data in Chart Are"中选择，本例中选第一个"Summaries for groups of cases"，即以组为单位体现数据。进入"Define Clustered Bar：Summaries for Groups of Cases"对话框中，先选择"Other summary function"，然后将左侧变量列表中的"Current Salary"选入"Variable"框中，将"Educational Level（years）"选入"Category Axis"框中，将"Employment Category"选入"Define Clusters by"框中，如图 1.17 所示。该例输出的结果即图 1.5 的条形图。

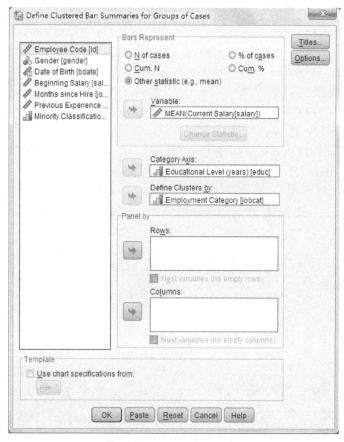

图 1.17 Define Clustered Bar：Summaries for groups of cases **对话框**

小结

本章主要讨论了样本均值矩阵、协方差阵、相关系数阵等多元描述统计量的计算,介绍了散点图、箱线图、条形图等多元数据的图示方法及其特点、基本功能,以及它们的 SPSS 实现方法。

通过本章的学习,读者应该能对多元数据进行描述统计和作图分析,并掌握使用 SPSS 对描述统计的操作。

本章主要术语

样本均值、样本协方差、样本相关系数、散点图、箱线图、条形图

思考与练习

1. 多元数据的分布特征可以从哪几个方面进行描述?

2. 简述样本均值、样本方差、样本协方差及样本相关系数等描述统计量的特点及应用

场合。

3. 简述箱线图的特征及作法。

4. 现有某年度 10 家上市公司的部分收益性及成长性财务指标数据如下：

	每股收益 X_1	净资产收益率 X_2	总资产报酬率 X_3	销售净利率 X_4	主营业务增长率 X_5	净利润增长率 X_6
600001	0.148	0.028	0.011	0.011	0.499	0.463
600002	−0.399	−0.127	−0.078	−0.079	0.404	1.046
600003	−0.744	−0.335	−0.129	−0.241	4.415	4.628
600004	0.132	0.061	0.037	0.043	0.069	−0.260
600005	0.131	0.041	0.023	0.148	0.087	0.001
600006	−1.087	−0.281	−0.167	−3.822	0.306	0.215
600007	−0.361	−0.088	−0.085	−0.296	0.419	1.006
600008	1.712	0.435	0.167	0.132	0.024	0.553
600009	−0.374	−0.121	−0.063	−0.149	−0.004	−0.012
600010	−0.070	−0.091	−0.010	−0.031	0.115	0.157

（1）试对上述数据计算样本均值矩阵、协方差阵、相关系数等描述统计量。

（2）试描绘上述多个变量的矩阵散点图。

（3）试用多维箱线图描述上述数据。

·第2章·
均值的比较检验

> **相关实例**
>
> ➤ 在企业市场结构的研究中,起关键作用的指标有市场份额、企业规模、资本收益率、总收益增长率等。为了研究市场结构的变动,研究人员通常需要将调查所得的数据与历史数据进行比较。通过均值比较检验,就能比较出现在的市场结构与过去是否存在显著性差异。
>
> ➤ 在临床上,医生需要对病人治疗前后的状况进行控制。例如,通过对比一组病人使用某种药物后的身体指标,可以判断该药物对病人是否有效,效果是否显著。
>
> 上述例子中的问题都可以通过均值比较检验来解决,通过均值检验,可以推断样本与总体或者两个总体之间的差异是否显著。

2.1
均值比较检验的基本原理

2.1.1 均值检验问题的提出

统计分析中常常采用抽样的方法进行研究,即随机地从总体中抽取一定数量的样本进行研究来推断总体的特征。计算样本的均值进行均值分析可以按某数值或定位变量分组,求出各组的统计量。但是由于总体中的个体间存在差异,即使严格遵守随机抽样原则,样本统计数与总体参数之间也会存在偏差。这是因为在采用抽样方法时,不可避免地会多抽到一些数值较大或较小的样本,而抽样时实验者的技术或仪器精确程度的差别也会导致误差的存在。

因此,在用样本均值估计总体均值,或判断两个均值不相等的样本是否来自均值不同的总体时,就有必要进行均值的比较检验。均值检验一般包括三部分内容:一是单一样本均值的检验,这是用样本的均值对总体均值的假设进行检验的方法;二是独立样本均值的检验,这是用两个样本的均值之差的大小来检验对应的两个总体的均值是否相等的方法;三是配对样本均值的检验,这是通过对配对样本的两次测量结果差异的大小来检验两个总体的差异是否显著的方法。

2.1.2 均值检验的基本原理

在实际问题的研究中,经常对研究对象的全部特征或部分特征不是很清楚,这时可以将研究对象看成是一个总体,从总体中抽取样本数据,利用样本数据对总体的位置特征进行推断。

例如,电视台调查某一节目的平均收视率,根据历史数据仅知道某一时刻收看该节目的人数服从正态分布,但不知道平均收看该节目的人数为多少。对于这类问题,很难对每一个样本进行逐一调查,只能采取抽样的方法,从总体中抽取一部分样本进行调查,从而推断总体均值的大小。

上述例子是在总体分布已知的情况下,对总体的参数进行推断,这类问题称为参数检验问题。对正态总体参数的检验过程一般包括参数的假设检验和参数估计。

假设检验是先对总体的参数(或分布形式)提出某种假设,然后利用样本信息判断假设是否成立,并给出接收或拒绝的过程。假设检验的基本原则,在逻辑上运用反证法,在统计上依据小概率原理。小概率事件是在一次特定的试验中几乎不可能发生的事件,如果在一次试验中小概率事件一旦发生,我们就有理由怀疑假设的正确性,从而拒绝原先做出的假设。在具体操作中,首先应定义所谓的小概率,即显著性水平,一般取为 0.01 或 0.05。显著性水平取得太小,容易发生存伪错误;取得太大,则容易发生弃真错误。

例如,某大学学生的统计学课程的成绩服从正态分布,根据往年的数据得知其平均值为 75 分,为检验今年新生的统计学平均成绩是否和往年有显著差异,可随机抽取 50 名新生的统计学成绩。这 50 名学生的统计学平均成绩与 75 分越接近,和往年无差异的可能性越大。

可以归纳出假设检验的步骤如下。

1. 提出假设

根据检验问题的要求,提出适当的假设,包括原假设 H_0 和备择假设 H_1。

原假设通常是研究者想收集证据予以推翻的假设,用 H_0 表示。它所表达的含义总是指参数没有变化或变量之间没有关系,因此一般包含等号在内。以总体均值的检验为例,设参数的假设值为 μ_0,原假设总是写成 $H_0: \mu = \mu_0$,$H_0: \mu \geq \mu_0$ 或 $H_0: \mu \leq \mu_0$。原假设最初被假设是成立的,之后根据分析确定是否有足够的证据拒绝原假设。

备择假设通常是研究者想收集证据予以支持的假设,用 H_1 表示。它所表达的含义总是指参数发生了变化或变量之间有某种关系,因此备择假设总是写成 $H_0: \mu \neq \mu_0$,$H_0: \mu < \mu_0$ 或 $H_0: \mu > \mu_0$。备择假设通常用于表达研究者自己倾向于支持的看法,然后就是想办法收集证据拒绝原假设,以支持备择假设。

如果备择假设没有特定的方向性,并含有符号 "$\neq$",这样的假设检验被称为**双侧检验**或**双尾检验**(two-tailed test),如图 2.1 所示。

备择假设具有特定的方向性,并含有符号 ">" 或 "<" 的假设检验,称为**单侧检验**或**单尾检验**(one-tailed test)。备择假设的方向为 "<",称为**左侧检验**,如图 2.2 所示。备择假设的方向为 ">",称为**右侧检验**,如图 2.3 所示。双侧检验与单侧检验的假设如表 2.1 所示。

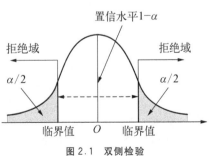

图 2.1 双侧检验

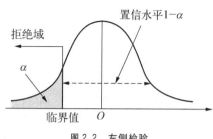
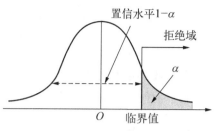

图 2.2 左侧检验　　　　　　　　　　图 2.3 右侧检验

表 2.1 双侧检验与单侧检验

假　　设	双侧检验	单侧检验	
		左侧检验	右侧检验
原假设	$H_0: \mu = \mu_0$	$H_0: \mu \geqslant \mu_0$	$H_0: \mu \leqslant \mu_0$
备择假设	$H_0: \mu \neq \mu_0$	$H_0: \mu < \mu_0$	$H_0: \mu > \mu_0$

在上述例子中,需要检验平均成绩是否为 75,因此做出的假设为

$$H_0: \mu = 75; \ H_1: \mu \neq 75$$

可见,原假设和备择假设是一个相互对立的完备事件组,这意味着,在一项假设检验中,原假设和备择假设必有一个成立,而且只有一个成立,也即检验的结论只能有两种:接受原假设和拒绝原假设。

2. 确定检验统计量

假设确立后,要决定是接收还是拒绝假设,都是通过构造样本的统计量并计算该统计量的概率值进行推断的,一般构造的统计量应该服从或近似服从常用的已知分布。例如,在均值检验中,如果总体近似服从正态分布,而且总体方差已知,可采用 $Z = \dfrac{\bar{x} - \mu}{\sigma / \sqrt{n}}$ 这个检验统计量;

如果方差未知,而且是小样本,则可采用 $t = \dfrac{\bar{x} - \mu}{s / \sqrt{n}}$ 这个统计量。

在统计检验的理论中,总体均值 μ 的检验可分为三种:第一种为总体方差 σ^2 已知,则不论是大样本($n \geqslant 30$)或小样本($n \leqslant 30$),都可以使用 Z 值和正态分布来处理;第二种为总体方差 σ^2 未知,且为小样本,则应使用 t 值和 t 分布来处理;第三种为总体方差 σ^2 未知,且为大样本,则应使用 Z 值与 Z 分布来处理。但事实上,当样本数变大时,t 分布趋近于 Z 分布,也即 t 检验可以包含 Z 检验。而且在大多数情况下,总体方差是未知的,因此一般的统计软件都只包含 t 检验,而没有 Z 检验。所以样本均值的比较检验,也称为样本的 t 检验。

3. 确定显著性水平 α

研究者总是希望能做出正确的决策,但由于决策是建立在样本信息的基础之上,而样本又是随机的,因而就有可能犯错误。

一种情况是,原假设是正确的却拒绝了原假设,这时所犯的错误称为**第 I 类错误**,也即弃真错误。犯第 I 类错误的概率记为 α,称为**显著性水平**。

另一种情况是,原假设是错误的却没有拒绝原假设,这时所犯的错误称为**第 II 类错误**,也即存伪错误。犯第 II 类错误的概率记为 β。

在假设检验中,只要作出拒绝原假设的推断,就可能犯第 I 类错误,只要作出不拒绝原假设的推断,就有可能犯第 II 类错误。

显著性水平是人们事先指定的犯第Ⅰ类错误概率的最大允许值。显著性水平 α 越小，犯第Ⅰ类错误的可能性就越小，但犯第Ⅱ类错误的可能性随之增大。在实际应用中，人们认为犯第Ⅰ类错误的后果更严重一些，因此通常会取一个较小的 α 值，常用的显著性水平为 $\alpha=0.05$ 或 $\alpha=0.01$，这表明，当作出接受原假设的推断时，其正确的概率为 95% 或 99%。

两类错误可归纳为表 2.2。

表 2.2　两类错误的概率

	接受 H_0,拒绝 H_1	拒绝 H_0,接受 H_1
H_0 为真 H_0 为伪	$1-\alpha$（正确推断） β（存伪错误）	α（弃真错误） $1-\beta$（正确推断）

4. 计算检验统计量

在提出了假设，确定了检验统计量，并规定了显著性水平 α 后，就要根据样本数据计算检验统计量的值。例如，均值检验统计量的基本公式为 $t=\dfrac{\bar{x}-\mu}{s/\sqrt{n}}$，将数据代入计算即可。但这个式子不是计算统计量的唯一公式，进行检验时可能选择不同的检验统计量，但它表现了检验统计量的一般结构。

5. 作出推断

在确定了显著性水平 α 后，可以有两种方法来进行推断，并做出决策。

（1）用统计量决策

根据统计量的分布，可以查找出接受域或拒绝域临界值，用计算出的检验统计量的值与临界点值相比较，就可以作出接受原假设或拒绝原假设的统计推断。如果统计量的数值落在拒绝区域内（包括临界值），就说明原假设与样本描述的情况有显著差异，应该拒绝原假设。如果落在接受区域内，说明原假设与样本描述的情况差异不显著，应该接受原假设。

例如，在均值检验中，当 $\alpha=0.05$ 时，双侧检验标准正态分布的 $\dfrac{\alpha}{2}$ 的临界值为 ±1.96，若计算出的统计量的数值大于 1.96 或小于 -1.96，就拒绝原假设；反之，就接受原假设。

（2）用 P 值决策

用 P 值进行决策的规则很简单：如果 $P<\alpha$，拒绝原假设，说明原假设与样本描述的情况有显著差异；如果 $P>\alpha$，接受原假设，说明原假设与样本描述的情况差异不显著。

2.2

单一样本均值的检验

单一样本均值的检验，即只对单一变量的均值加以检验，用于检验样本所在总体的均值是否与给定的检验值之间存在显著性差异。这种检验要求样本数据来自服从正态分布的单一总体，而总体均值已知。由于检验过程中构造的统计量服从 t 分布，所以也称为单一样本均值的 t 检验（One-Sample T Test）。

其基本思想是：计算出样本均值后，先根据经验或已有的历史数据，对总体的均值提出一个假设，即原假设 $H_0: \mu = \mu_0$，μ_0 就是已知的总体均值。然后通过计算分析样本均值来自均值为 μ_0 的总体的概率多大，进而推断样本所在总体的均值是否为 μ_0。

在实际问题中，单一样本均值检验的例子很多，如检验今年新生的统计学平均成绩是否和往年有显著差异；推断某地区今年的人均收入与往年的人均收入是否有显著差异等。在给定样本来自正态总体的假设下，可以利用假设检验的基本方法进行均值检验。

具体步骤如下。

1. 提出假设

单一样本均值检验的目的是检验总体均值与给定的检验值之间是否存在显著性差异，设给定的检验值为 μ_0，待检的总体均值为 μ，进行单一样本均值的检验，也就是检验如下假设

$$H_0: \mu = \mu_0; \quad H_1: \mu \neq \mu_0$$

其中 μ_0 为已知，该检验为双侧检验。

如要检验今年新生的统计学平均成绩是否和往年有显著差异，其假设就为

$$H_0: \mu = 75; \quad H_1: \mu \neq 75$$

2. 确定检验统计量

单一样本均值检验的前提是总体服从正态分布 $X \sim N(\mu, \sigma^2)$。其中，μ 为总体均值，当原假设成立时，$\mu = \mu_0$；σ^2 为总体方差；样本容量为 n。样本均值为 $\overline{X}$，则 $\overline{X}$ 服从正态分布，即 $\overline{X} \sim N\left(\mu, \dfrac{\sigma^2}{n}\right)$。

根据总体方差 σ^2 是否已知，可分为两种情况。

（1）若总体方差 σ^2 已知，此时可构造标准正态分布 Z 检验统计量

$$Z = \frac{\overline{X} - \mu}{\sigma / \sqrt{n}} \sim N(0, 1)$$

（2）通常总体方差 σ^2 是未知的，此时总体方差 σ^2 由样本方差 S^2 代替，采用 t 分布构造 t 检验统计量

$$t = \frac{\overline{X} - \mu}{S / \sqrt{n}} \sim t(n-1)$$

式中，S 为样本标准差，定义为 $S = \sqrt{\dfrac{1}{n-1} \sum\limits_{i=1}^{n} (X_i - \overline{X})^2}$，自由度 $df = n-1$。

SPSS 的操作结果中还会显示均值标准误差（Std. Error Mean），即 $S_{\overline{x}} = \dfrac{S}{\sqrt{n}}$。

3. 推断结果

通常显著性水平 α 是给定的，一般为 0.05 或 0.01。知道显著性水平 α 后就可以根据检验统计量的分布，查找出临界值。计算检验统计量的值，与临界值比较。若统计量的绝对值大于临界值便拒绝原假设，认为样本所在总体均值与 μ_0 存在显著差异；若统计量的绝对值小于临界值便不能拒绝原假设，可以认为样本所在总体均值与 μ_0 无显著性差异。

例 2.1　以员工的工资水平为例，现从数据"employee data. sav"中随机抽取 20 名员工，取得其工资水平（salary）数据，如表 2.3 所示，检验其平均工资水平是否与 36 000 美元相同。

员　工	1	2	3	4	5	6	7	8	9	10
工资水平	57.00	40.20	45.00	32.10	36.00	28.35	27.75	27.30	40.80	46.00
员　工	11	12	13	14	15	16	17	18	19	20
工资水平	103.75	42.30	21.45	21.90	21.90	27.90	24.00	30.30	35.10	26.25

表 2.3　员工工资水平数据　　　　　　　　　　　　单位：千美元

（1）提出假设：$H_0: \mu = 36$；$H_1: \mu \neq 36$。

（2）确定检验统计量：由于总体方差 σ^2 未知，因此采用 t 检验统计量

$$t = \frac{\overline{X} - \mu}{S / \sqrt{n}}$$

（3）计算得：

$$\overline{X} = 36.767\,5, \quad S = 18.418\,3, \quad df = 20 - 1 = 19$$

$$t = \frac{\overline{X} - \mu}{S / \sqrt{n}} = \frac{36.767\,5 - 36}{18.418\,3 / \sqrt{20}} = 0.186$$

该例为双侧检验，显著性水平 $\alpha = 0.05$，查 t 分布表可得临界值 $t_{0.025}(19) = 2.093$。$|t| = 0.182 < t_{0.025}(19)$，说明 t 值落在接受区域内，即原假设与样本描述的情况无显著差异，应该接受原假设 H_0。因此可以得出结论：20 名员工的平均工资水平与 36 000 美元无显著差异。

2.3

独立样本均值的检验

对于两个总体的均值比较问题，在社会经济工作中常常碰到，例如要比较两个地区居民的生活水平，就要分析两个地区居民的人均收入、人均消费等指标是否存在差异。

若要检验的不同均值来自独立没有关联的正态总体，则称为独立样本均值的检验，此时不同样本的抽样概率也相互独立。例如，比较男生与女生的身高是否有所差异，即牵涉到两组样本均值差异的检验。此时男生与女生的身高可看成两个独立总体，服从正态分布，检验统计量仍为 t 分布，因此也称为独立样本均值的 t 检验（Independent-Samples T Test）。

其基本思想是：首先确定来自两个独立总体的样本方差是否相等，然后根据判断结果来选择检验统计量，用 t 检验的方法对两个样本的均值进行检验，若两个均值相差过大，则可以拒绝两个总体均值相等的原假设，说明两个总体具有显著性差异。

具体步骤如下。

1. 提出假设

独立样本均值检验的目的是检验两个独立总体的均值是否存在显著性差异。设 μ_1、μ_2 分别为两个总体的均值，进行独立样本均值的检验，也就是检验如下假设

$$H_0: \mu_1 = \mu_2; \quad H_1: \mu_1 \neq \mu_2$$

例如，要比较男生与女生的身高是否有所差异，设男生身高的平均值为 μ_1，女生身高的平

均值为 μ_2,其假设就为

$$H_0: \mu_1 = \mu_2; \quad H_1: \mu_1 \neq \mu_2$$

2. 确定检验统计量

独立样本均值检验的前提是,两个独立的总体分别服从正态分布,即 $X_1 \sim N(\mu_1, \sigma_1^2)$ 和 $X_2 \sim N(\mu_2, \sigma_2^2)$。其中,$\mu_1$、$\mu_2$ 分别为两个总体的均值;σ_1^2、σ_2^2 分别为两个总体的方差。样本容量分别为 n_1 和 n_2,样本均值分别为 $\overline{X}_1$ 和 $\overline{X}_2$。

根据总体方差 σ_1^2、σ_2^2 是否已知,可分为如下两种情况。

(1) 若总体方差 σ_1^2、σ_2^2 已知,此时可构造标准正态分布 Z 检验统计量

$$Z = \frac{(\overline{X}_1 - \overline{X}_2) - (\mu_1 - \mu_2)}{\sqrt{\sigma_1^2/n_1 + \sigma_2^2/n_2}} \sim N(0, 1)$$

(2) 若总体方差 σ_1^2、σ_2^2 未知,则又要分成 σ_1^2、σ_2^2 相等和 σ_1^2、σ_2^2 不相等两种情况来考虑。

当 $\sigma_1^2 = \sigma_2^2$ 时,构造的 t 检验统计量为

$$t = \frac{(\overline{X}_1 - \overline{X}_2) - (\mu_1 - \mu_2)}{\sqrt{S_\omega^2/n_1 + S_\omega^2/n_2}} \sim t(n_1 + n_2 - 2)$$

这里,$S_\omega^2 = \dfrac{(n_1 - 1)S_1^2 + (n_2 - 1)S_2^2}{n_1 + n_2 - 2}$,自由度 $df = n_1 + n_2 - 2$。其中,S_1^2、S_2^2 分别为两样本标准差。

当 $\sigma_1^2 \neq \sigma_2^2$ 时,构造的 t 检验统计量为

$$t = \frac{(\overline{X}_1 - \overline{X}_2) - (\mu_1 - \mu_2)}{\sqrt{S_1^2/n_1 + S_2^2/n_2}}$$

该检验统计量服从修正自由度的 t 分布,其修正的自由度为

$$df = \frac{\left(\dfrac{S_1^2}{n_1} + \dfrac{S_2^2}{n_2}\right)^2}{\dfrac{\left(\dfrac{S_1^2}{n_1}\right)^2}{n_1 - 1} + \dfrac{\left(\dfrac{S_2^2}{n_2}\right)^2}{n_2 - 1}}$$

在统计分析中,如果两个总体的方差相等,则称之为满足方差齐性。确定两个独立样本的方差是否相等,是构造和选择检验统计量的关键,因此在决定要用哪一个 t 统计量公式前,必须进行方差齐性的检验。SPSS 中利用 Levene F 方差齐性检验方法检验两个独立总体的方差是否存在显著性差异。

3. 推断结果

推断结果的方法与单一样本均值检验相同,先计算出检验统计量的值,与临界值比较。若统计量的绝对值大于临界值便拒绝原假设,认为两独立总体的均值存在显著差异;若统计量的绝对值小于临界值便不能拒绝原假设,可以认为两独立总体的均值无显著性差异。

例 2.2　仍以随机抽取的 20 名员工的工资水平为例,比较男性员工和女性员工的平均工资水平是否有显著性差异。数据如表 2.4 所示。

表 2.4　男女员工工资水平数据　　　　　　　　　　　　　　　　单位：千美元

员　工	1	2	3	4	5	6	7	8	9	10
性　别	男	男	男	男	男	男	男	男	男	男
工资水平	57.00	40.20	45.00	32.10	36.00	28.35	27.75	27.30	40.80	46.00
员　工	11	12	13	14	15	16	17	18	19	20
性　别	男	男	女	女	女	女	女	女	女	女
工资水平	103.75	42.30	21.45	21.90	21.90	27.90	24.00	30.30	35.10	26.25

（1）提出假设：$H_0：\mu_1 = \mu_2$；$H_1：\mu_1 \neq \mu_2$

其中，μ_1、μ_2 分别为男性员工和女性员工的平均工资水平。

（2）确定检验统计量：由于总体方差未知，因此采用 t 检验统计量。

若方差相等即 $\sigma_1^2 = \sigma_2^2$ 成立时，选择 $t = \dfrac{(\overline{X}_1 - \overline{X}_2) - (\mu_1 - \mu_2)}{\sqrt{S_\omega^2/n_1 + S_\omega^2/n_2}}$；

若方差不相等即 $\sigma_1^2 \neq \sigma_2^2$ 时，选择 $t = \dfrac{(\overline{X}_1 - \overline{X}_2) - (\mu_1 - \mu_2)}{\sqrt{S_1^2/n_1 + S_2^2/n_2}}$

（3）计算

$$\overline{X}_1 = 43.879\,2, \ \overline{X}_2 = 26.10$$
$$S_1 = 20.812\,9, \ S_2 = 4.828\,7$$

① $\sigma_1^2 = \sigma_2^2$ 时：

$$df = n_1 + n_2 - 2 = 12 + 8 - 2 = 18$$

$$S_\omega^2 = \frac{(n_1 - 1)S_1^2 + (n_2 - 1)S_2^2}{n_1 + n_2 - 2} = \frac{11 \times 20.812\,9^2 + 7 \times 4.828\,7^2}{18} = 273.786\,6$$

$$t = \frac{(\overline{X}_1 - \overline{X}_2) - (\mu_1 - \mu_2)}{\sqrt{S_\omega^2/n_1 + S_\omega^2/n_2}} = \frac{43.879\,2 - 26.100\,0}{\sqrt{273.786\,6\left(\dfrac{1}{12} + \dfrac{1}{8}\right)}} = 2.354$$

令显著性水平 $\alpha = 0.05$，进行双侧检验，查 t 分布表可得临界值 $t_{0.025}(18) = 2.101$。$|t| = 2.354 > t_{0.025}(18)$，说明 t 值落在拒绝区域内，应该拒绝原假设 H_0。因此可以得出结论：男性员工与女性员工的平均工资水平有显著差异。

② $\sigma_1^2 \neq \sigma_2^2$ 时：

$$df = \frac{\left(\dfrac{S_1^2}{n_1} + \dfrac{S_2^2}{n_2}\right)^2}{\dfrac{\left(\dfrac{S_1^2}{n_1}\right)^2}{n_1 - 1} + \dfrac{\left(\dfrac{S_2^2}{n_2}\right)^2}{n_2 - 1}} = 12.718 \approx 13$$

$$t = \frac{(\overline{X}_1 - \overline{X}_2) - (\mu_1 - \mu_2)}{\sqrt{S_1^2/n_1 + S_2^2/n_2}} = 2.846$$

令显著性水平 $\alpha=0.05$，进行双侧检验，查 t 分布表可得临界值 $t_{0.025}(13)=2.160$。$|t|=2.846 > t_{0.025}(13)$，说明 t 值落在拒绝区域内，应该拒绝原假设 H_0。因此可以得出结论：男性员工与女性员工的平均工资水平有显著差异。

事实上，应该首先检验两个总体的方差是否相等，即

$$H_0: \sigma_1^2 = \sigma_2^2; \quad H_1: \sigma_1^2 \neq \sigma_2^2$$

以确定使用哪一个 t 检验统计量。文后将结合 SPSS 软件的输出结果加以说明。

2.4 配对样本均值的检验

配对样本是指不同的均值来自具有配对关系的不同样本，此时样本之间具有相关关系，配对样本的两个样本值之间的配对是一一对应的，并且两个样本具有相同的容量。例如，一组病人治疗前和治疗后身体的指标；一个年级学生的期中成绩和期末成绩等。

配对样本均值的检验就是根据两个配对样本，推断两个总体的均值是否存在显著性差异。其基本思想是，先求出每对配对样本的观测值之差，形成一个新的单样本，再对差值求均值，检验差值的均值是否为0。若两个样本的均值没有显著性差异，则样本之差的均值就接近0，这类似于单一样本均值的检验。因此配对样本均值的检验也叫作配对样本的 t 检验（Paired-Samples T Test）。

具体步骤如下。

1. 提出假设

配对样本均值检验的目的是通过检验配对样本均值之间的差异大小，来确定两个总体的均值是否存在显著性差异。设 μ_1、μ_2 分别为两个总体的均值，进行配对样本均值的检验，也就是检验如下假设

$$H_0: \mu_1 = \mu_2; \quad H_1: \mu_1 \neq \mu_2$$

例如，要比较大三学生统计学的期中成绩和期末成绩是否有所差异，设期中成绩的平均值为 μ_1，期末成绩的平均值为 μ_2，其假设就为

$$H_0: \mu_1 = \mu_2; \quad H_1: \mu_1 \neq \mu_2$$

2. 确定检验统计量

配对样本均值检验要求两个样本的差值服从正态分布。

设 (x_1, y_1)，(x_2, y_2)，…，(x_n, y_n) 为 n 对配对样本，则差值 $d_i = x_i - y_i$，$i=1$，2，…，n，总体差值 D 服从正态分布，$\overline{D}$ 为总体差值的均值。

配对样本均值检验采用 t 统计量

$$t = \frac{\overline{D} - (\mu_1 - \mu_2)}{S/\sqrt{n}} \sim t(n-1)$$

式中，S 为样本标准差，定义为 $S = \sqrt{\dfrac{1}{n-1}\sum_{i=1}^{n}(D_i - \overline{D})^2}$，自由度 $df = n-1$。

3. 推断结果

推断结果的方法与单一样本均值检验相同,先计算出检验统计量的值,与临界值比较。若统计量的绝对值大于临界值便拒绝原假设,认为两个总体的均值存在显著差异;若统计量的绝对值小于临界值便不能拒绝原假设,可以认为两个总体的均值无显著性差异。

例 2.3 仍以随机抽取的 20 名员工的工资水平为例,检验初始工资水平(salbegin)和目前工资水平(salary)的均值是否有显著性差异,数据如表 2.5 所示。

表 2.5 员工工资水平数据　　　　　　　　　　　　　　　　　　　单位:千美元

员　工	1	2	3	4	5	6	7	8	9	10
目前工资水平	57.00	40.20	45.00	32.10	36.00	28.35	27.75	27.30	40.80	46.00
初始工资水平	27.00	18.75	21.00	13.50	18.75	12.00	14.25	13.50	15.00	14.25
员　工	11	12	13	14	15	16	17	18	19	20
目前工资水平	103.75	42.30	21.45	21.90	21.90	27.90	24.00	30.30	35.10	26.25
初始工资水平	27.51	14.25	12.00	13.20	9.75	12.75	13.50	16.50	16.80	11.55

(1) 提出假设:$H_0 : \mu_1 = \mu_2$;$H_1 : \mu_1 \neq \mu_2$

其中,μ_1、μ_2 分别为目前工资水平和初始工资水平的平均值。

(2) 确定检验统计量:采用 t 检验统计量

$$t = \frac{\overline{D} - (\mu_1 - \mu_2)}{S / \sqrt{n}}$$

(3) 计算得

$$\overline{D} = \overline{X}_1 - \overline{X}_2 = 36.767\ 5 - 15.790\ 5 = 20.977,\ S = 14.664\ 3$$

$$df = 20 - 1 = 19$$

$$t = \frac{\overline{D} - (\mu_1 - \mu_2)}{S / \sqrt{n}} = \frac{20.977}{14.664\ 3 / \sqrt{20}} = 6.397$$

令显著性水平 $\alpha = 0.05$,进行双侧检验,查 t 分布表可得临界值 $t_{0.025}(19) = 2.093$。$|t| = 6.397 > t_{0.025}(19)$。说明 t 值落在拒绝区域内,应该拒绝原假设 H_0。因此可以得出结论:目前工资水平与初始工资水平有显著差异。

2.5

均值比较检验的 SPSS 应用

2.5.1　单一样本均值的检验

以例 2.1 为例。

(1) 按照顺序:Analyze→Compare Means→One-Sample T Test,进入单一样本 T 检验"One-Sample T Test"对话框中,将左侧"身高"变量选入到检验变量"Test Variables"框中。右下角检验值"Test Value"框用于输入已知的总体均值,默认值为 0,在本例中为 36。如图 2.4 所示。

(2) 单击"Options"按钮,弹出"One-Sample T Test:Options"对话框,如图 2.5 所示,置信区

间"Confidence Interval"框中 SPSS 显示默认值 95%（即显著性水平 $\alpha = 0.05$）。 对于独立样本和配对样本的均值检验，对置信区间的操作都相同。对于该例，输出的结果见表 2.6 和表 2.7。

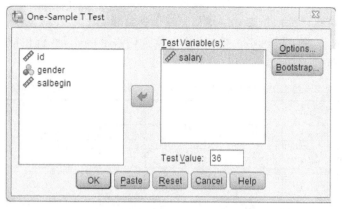

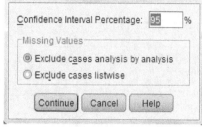

图 2.4 One-Sample T Test 对话框　　　　　图 2.5 One-Sample T Test：Options 对话框

表 2.6 单一样本统计量
One-Sample Statistics

	N①	Mean	Std. Deviation	Std. Error Mean
工资水平/千美元	20	36.767 5	18.418 29	4.118 45

表 2.7 单一样本检验
One-Sample Test

	Test Value=36 000					
	t	df	Sig. (2 - tailed)	Mean Difference	95% Confidence Interval of the Difference	
					Lower	Upper
工资水平	0.186	19	0.854	0.767 50	−7.852 5	9.387 5

表 2.6 给出了单一样本均值检验的描述性统计量，包括样本量、均值、标准差和均值标准误差。工资水平的均值为 36.767 5 千美元，接近总体均值 36 千美元。

表 2.7 是单一样本均值检验的结果列表，给出了 t 统计量、自由度、双尾概率、样本均值与假设的已知值之间的差值、置信区间。双尾概率 $P = 0.854 > \alpha = 0.05$，故不能拒绝原假设，说明 20 名员工的平均工资水平与 36 000 美元无显著性差异。

2.5.2 独立样本均值的检验

以例 2.2 为例。

（1）按照顺序：Analyze→Compare Means→Independent-Samples T Test，进入独立样本 T 检验 "Independent-Samples T Test"对话框中，将左侧"salary"变量选入到检验变量"Test Variables"框中，再将分类变量"gender"选入分组变量"Grouping Variable"框中。如图 2.6 所示。

（2）单击定义组别"Define Groups"按钮，弹出"Define Groups"对话框，如图 2.7 所示，分别为组 1 和组 2 输入 0，1。对于该例，输出的结果见表 2.8 和表 2.9。

---

① 该变量为计算机输出结果，为方便读者阅读，采用正体，下文的"t""df"同理。

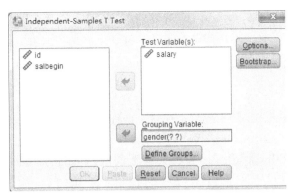

图 2.6 Independent-Samples T Test 对话框	图 2.7 Define Groups 对话框

表 2.8 独立样本各组统计量
Group Statistics

性　　别		N	Mean	Std. Deviation	Std. Error Mean
工资水平/千美元	男性	12	43.879 2	20.812 89	6.008 17
	女性	8	26.100 0	4.828 71	1.707 21

表 2.9 独立样本检验
Independent Samples Test

		Levene's Test for Equality of Variances		t-test for Equality of Means						
		F	Sig.	t	df	Sig. (2 – tailed)	Mean Difference	Std. Error Difference	95% Confidence Interval of the Difference	
									Lower	Upper
工资水平	Equal variances assumed	2.389	0.140	2.354	18	0.030	17.779	7.552	1.912	33.646
	Equal variances not assumed			2.846	12.718	0.014	17.779	6.246	4.255	31.303

　　表 2.8 给出了独立样本均值检验的描述性统计量,包括两个样本的样本量、均值、标准差和均值标准误差。从表中可以看出,男性员工的平均工资水平为 43.879 2 千美元,女性员工的平均工资水平为 26.100 0 千美元,两者之间存在一定差距。

　　表 2.9 是独立样本均值检验的结果列表,表的左半部分(Levene's Test for Equality of Variances)给出了方差齐性检验的 F 统计值及 P 值,表的右半部分(t-test for Equality of Means)给出了均值比较检验的 t 统计量、自由度、双尾概率、均值的差值、差值的标准误差及差值的置信区间。方差齐性检验的 P 值为 0.140,大于显著性水平 0.05,故不能拒绝原假设,认为男性员工和女性员工工资水平的方差相等。所以根据方差相等时的检验结果来推断均值的显著性差异。表中的第一行表示方差相等时的检验结果,对应的双尾概率 P 值为 0.030,小于显著性水平 0.05,故拒绝原假设,说明男性员工和女性员工的平均工资水平有显著性差异。

若方差齐性检验的 P 值小于显著性水平,则拒绝"方差齐性"的原假设,此时应根据表中的第二行(Equal variances not assumed)对应的检验结果作出推断。

2.5.3 配对样本均值的检验

以例 2.3 为例。

按照顺序:Analyze→Compare Means→Paired-Samples T Test,进入配对样本 T 检验"Paired-Samples T Test"对话框中,将左侧"salary"和"salbegin"变量选入到"Paired Variables"下方的"variable1"和"variable2"中,如图 2.8 所示。对于该例,输出的结果见表2.10、表 2.11 和表 2.12。

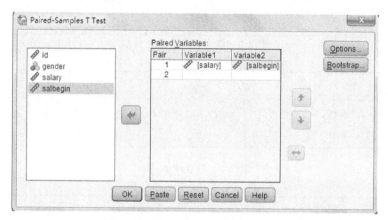

图 2.8 Paired-Samples T Test 对话框

表 2.10　配对样本统计量
Paired Samples Statistics

		Mean	N	Std. Deviation	Std. Error Mean
Pair 1	工资水平	36.767 5	20	18.418 29	4.118 45
	初始工资水平	15.790 5	20	4.767 34	1.066 01

表 2.11　配对样本相关系数
Paired Samples Correlation

		N	Correlation	Sig.
Pair 1	工资水平及初始工资水平	20	0.837	0.000

表 2.12　配对样本检验
Paired Samples Test

		Paired Differences					t	df	Sig. (2 - tailed)
		Mean	Std. Deviation	Std. Error Mean	95% Confidence Interval of the Difference				
					Lower	Upper			
Pair 1	工资水平—初始工资水平	20.977 00	14.664 31	3.279 04	14.113 89	27.840 11	6.397	19	0.000

表 2.10 给出了配对样本均值检验的描述性统计量。表 2.11 给出了配对样本间的相关性,相关系数为 0.837,且通过了显著性检验,说明彼此间高度相关。

表 2.12 是配对样本均值检验的结果列表。目前工资水平与初始工资水平的平均数差异为 20.977。双尾概率值 $P = 0.000 < \alpha = 0.05$,故拒绝原假设,说明目前工资水平与初始工资水平有显著性差异,因为目前工资水平的均值大于初始工资水平的均值,因此可以表明目前工资水平显著高于初始工资水平。

小结

均值比较检验(T 检验)是检验差异显著性的非常重要的统计工具,这种差异显著性的检验是样本均值间的比较。进行检验的一般步骤为:提出假设、确定检验统计量、确定显著性水平 α、计算检验统计量、作出推断。

均值检验主要包括以下三类。

(1) 单一样本的均值检验,即只对单一变量的均值加以检验,用于检验样本所在总体的均值是否与给定的检验值之间存在显著性差异。

(2) 独立样本的均值检验,即检验的不同均值来自独立没有关联的正态总体。

(3) 配对样本的均值检验,即根据两个配对样本,推断两个总体的均值是否存在显著性差异。

本章主要术语

假设检验、显著性水平、单一样本、独立样本、配对样本

思考与练习

1. 怎样理解显著性水平?

2. 均值比较检验的几种类型分别适用于什么情况? 有什么区别?

3. 假设检验的主要步骤是什么?

4. 第 Ⅰ 类错误和第 Ⅱ 类错误分别在什么情况下发生?

5. 某市场研究机构调研某种商品的广告对消费者的购买意愿是否有影响。取一组消费者样本,让每个人在看过该产品的电视广告之前和之后打分,分值为 0~10 分,分值越高表示购买意愿越强,得到的数据如下表所示。对 $\alpha = 0.05$ 的显著性水平,用下列数据对该广告给予评价。

消 费 者	购买意愿得分	
	看 前	看 后
1	5	6
2	4	6

消　费　者	购买意愿得分	
	看　前	看　后
3	7	7
4	3	4
5	5	3
6	8	9
7	5	7
8	6	6

·第3章·
方差分析

相关实例

➢ 在制定商品广告宣传策略时,不同的组合方案所获得的广告效果是不一样的。广告效果可能会受到广告形式、区域规模、选择的栏目、播放时段、播放频率等因素的影响。广告商需要在影响广告的众多因素中确定出哪些是主要因素,它们是如何影响广告效果的,这些因素怎样组合更合理等,以选择最优方案来投放广告。

➢ 在农作物的种植过程中,为了实现低投入高产出的目标,研究人员需要对影响农作物产量的各种因素如品种、土壤、肥料、日照等进行定量的对比研究,并在此基础上制定最佳的种植方案,主动在种植过程中对各种影响因素加以准确控制,进而获得最理想的效果。

上述问题都可以通过方差分析来解决。方差分析的方法被广泛地应用于分析心理学、生物学、经济学、社会学、工程、农业和医药等领域的实验数据,以解决科学实验中不同实验条件或处理方法对实验结果的影响。

3.1
方差分析的基本原理

在科学研究中,经常要分析各种因素对研究对象某些特性值的影响。例如,医学界研究几种药物对某种疾病的疗效;体育科研中研究训练方法、训练时间和运动量等因素对提高某项运动成绩的效果;农业中研究不同品种、施肥量、温度、湿度、日照等因素对农作物产量的影响;管理学中研究工作时间、薪资、奖励等各种因素对提高员工工作绩效的效果等。为了分析这些因素对特性值的影响,必须让这些因素改变各种不同状态进行试验,并对所得的数据进行科学分析。方差分析就是采用数理统计的方法对所得结果进行分析以鉴别各种因素对研究对象的某些特性值影响大小的一种有效方法。

为了解方差分析的基本思路,首先对方差分析中可能涉及的相关概念进行定义。我们把研究对象的特性值,即试验结果,如上述问题中的疗效、成绩、产量、绩效等,称为试验指标,简称指标,常用 y 来表示。在试验中要通过改变状态加以考察的因素称为因子,常用大写字母 A,B,C,$\cdots$ 来表示。因子在试验中所取的不同状态称为因子的水平,常用 A_1,A_2,$\cdots$,A_r 等来表示,其中 r 称为因子 A 的水平。

为了更好地理解方差分析要解决的问题,先看一个例子。

例 3.1 一家超市连锁店进行了一项研究,想确定竞争者的数量对销售额是否有显著影响。在某一区域抽取 3 家超市,竞争者数量按 0 个、1 个、2 个和 3 个以上分为四类,获得的年销售额数据如表 3.1 所示。

表 3.1 销 售 数 据

竞争者		A_1 0 个	A_2 1 个	A_3 2 个	A_4 3 个以上
超市	1	410	380	590	470
	2	305	310	480	415
	3	450	390	510	390
平均销售额		388.33	360.00	526.67	425.00

根据以上数据,分析竞争者的数量对销售额是否有显著影响。这里,超市的销售额为指标,竞争者为因子 A。从平均销售额来看,好像竞争者个数对销售额有一定影响,但仔细分析一下数据,问题就不那么简单。可以看到,在竞争者个数相同的情况下,不同超市的销售额也不完全一样。试验时已考虑超市的其他条件一样,产生这种差异的原因主要是由于试验过程中各种偶然性因素的干扰所致,这一类误差称为试验误差,由于试验误差的存在使平均销售额中也存在试验误差。因此对不同竞争者个数的超市平均销售额的差异应作仔细分析,这类差异单纯是由误差引起的,还是由于竞争者个数不同引起的。如果平均销售额的差异单纯是由误差引起的,那么我们认为竞争者个数(共有四个水平)对超市销售额没有显著影响。如果不同水平下的平均销售额的不同,除了误差影响外,主要是由于水平不同所造成的,那么我们就认为因子 A 的不同水平对销售额有显著影响,因此因子 A 显著。

由例 3.1 可以看出,我们通过比较不同竞争者个数下超市销售额的均值来判断竞争者个数对超市销售额是否有显著影响。在比较均值时,必须考虑误差的来源,这就需要借助于方差,也就是通过对误差来源的分析来判断均值是否相同,进而分析竞争者数量对超市销售额是否有显著影响,这种方法就称为方差分析,即通过对实验结果的分析来判断因子是否显著的一种统计方法。

例 3.1 只考察一个因子对指标的影响,这种试验称为单因子试验,相应的方差分析就称为单因子方差分析,若考察多个因子,则称为多因子方差分析。单因子方差分析是最简单的,有时结论也是一目了然的,但正因为简单,所以对理解方差分析的思想和方法有帮助,因而我们先介绍单因子方差分析。

3.2
单因子方差分析

单因子方差分析用来研究一个因子的不同水平是否对指标产生了显著影响。例如,研究不同种类的化肥对农作物产量带来的影响;分析不同品牌对一种商品销售量是否影响;考察学历对工作收入的影响等。

我们首先来建立单因子方差分析的数学模型。

考虑一个因子 A 取 r 个水平,分析这 r 个不同水平对指标 y 的影响。为此在每个水平 A_i 下重复做 m 次试验,$i=1,2,\cdots,r$,共得到 $n=r\times m$ 个数据,见表3.2。表中 y_{ij} 表示在 A_i 水平下第 j 次试验结果。

表 3.2 单因子方差分析原始数据

重复数	A_1	A_2	$\cdots$	A_i	$\cdots$	A_r
1	y_{11}	y_{21}	$\cdots$	y_{i1}	$\cdots$	y_{r1}
2	y_{12}	y_{22}	$\cdots$	y_{i2}	$\cdots$	y_{r2}
$\vdots$	$\vdots$	$\vdots$	$\cdots$	$\vdots$	$\cdots$	$\vdots$
j	y_{1j}	y_{2j}	$\cdots$	y_{ij}	$\cdots$	y_{rj}
$\vdots$	$\vdots$	$\vdots$	$\cdots$	$\vdots$	$\cdots$	$\vdots$
m	y_{1m}	y_{2m}	$\cdots$	y_{im}	$\cdots$	y_{rm}

在进行方差分析时,对数据有3个基本的假设。

(1)正态性 要求每个水平下的总体都服从正态分布。我们假定在 A_i 水平下指标 $y_{ij}\sim N(\mu_i,\sigma^2)$,$i=1,2,\cdots,r$,$j=1,2,\cdots,m$。这表明在各水平下指标 y_{ij} 都是服从正态分布的随机变量。

(2)方差齐性 要求每个水平下总体的方差 σ^2 都相等,即在不同水平 A_i 下,所得的随机变量 y_{ij} 都满足 $\sigma_1^2=\sigma_2^2=\cdots=\sigma_r^2$。

(3)独立性 要求因子各水平下的总体相互独立,即每个样本数据都是来自各水平下的独立总体。

在方差分析的假定得到满足的条件下,可按参数检验的步骤进行检验。

1. 提出假设

在上述假定下,各水平下的平均值 μ_i 可能相同也可能不同。若所有的 μ_i 都相同,即 $\mu_1=\mu_2=\cdots=\mu_r$,这就表示各水平下指标值无显著差异,否则就有显著差异。由此可见,在单因子方差分析中就是要通过对指标 y_{ij} 的分析去判断 r 个水平的均值 $\mu_1,\mu_2,\cdots,\mu_r$ 是否全部相同,即要检验如下假设:

$$H_0:\mu_1=\mu_2=\cdots=\mu_r$$
$$H_1:\mu_1,\mu_2,\cdots,\mu_r \text{ 不全相等}$$

分析 A_i 水平下的指标 y_{ij},它的取值的平均水平为 μ_i。由于试验中随机误差的存在,导致了 m 次重复试验中 y_{ij} 各有不同的取值。如果用一个随机变量 ε_{ij} 表示第 i 个水平下第 j 次试验的随机误差,那么指标 y_{ij} 就有如下的结构形式

$$y_{ij}=\mu_i+\varepsilon_{ij},\quad i=1,2,\cdots,r,\quad j=1,2,\cdots,m \qquad (3-1)$$

由于 $y_{ij}\sim N(\mu_i,\sigma^2)$,所以 $\varepsilon_{ij}\sim N(0,\sigma^2)$。

令

$$\mu = \frac{1}{r} \sum_{i=1}^{r} \mu_i \tag{3-2}$$

$$a_i = \mu_i - \mu, \quad i = 1, 2, \cdots, r$$

称 μ 为一般水平，a_i 为因子 A 的第 i 个水平的效应。a_i 的大小反映了该水平相对于一般水平的差别的大小，显然

$$\sum_{i=1}^{r} a_i = \sum_{i=1}^{r} (\mu_i - \mu) = \sum_{i=1}^{r} \mu_i - r\mu = 0 \tag{3-3}$$

利用 μ 和 a_i，数据的结构形式可以表示成

$$y_{ij} = \mu + a_i + \varepsilon_{ij}, \quad i = 1, 2, \cdots, r, \quad j = 1, 2, \cdots, m \tag{3-4}$$

综合上述的分析，就可以得到单因子方差分析中的数学模型

$$\begin{cases} y_{ij} = \mu + a_i + \varepsilon_{ij}, \quad i = 1, 2, \cdots, r, \quad j = 1, 2, \cdots, m \\ \sum_{i=1}^{r} a_i = 0 \\ \varepsilon_{ij} \sim N(0, \sigma^2), \text{且相互独立}, \quad i = 1, 2, \cdots, r, \quad j = 1, 2, \cdots, m \end{cases} \tag{3-5}$$

并利用该模型检验假设

$$H_0 : a_1 = a_2 = \cdots = a_r = 0 \tag{3-6}$$

根据公式(3-2)，可知此假设与原来的假设 $\mu_1 = \mu_2 = \cdots = \mu_r$ 是一致的。

对于随机误差 ε_{ij}，也有独立性的要求，即要求各次试验是独立进行的，这样就能保证每次试验的随机误差 ε_{ij} 是相互独立的随机变量。

2. 确定检验统计量

为了寻求检验假设 H_0 的检验统计量，我们可以从分析指标 y_{ij} 的差异入手。根据前文对误差的分析可知，误差主要来自样本内部和样本之间，分别称为组内误差和组间误差。由于一般用平方和来表示误差的大小，相对应的就有组内偏差平方和及组间偏差平方和。我们用具体的量来刻画这些差异。

令

$$T_i = \sum_{j=1}^{m} y_{ij}, \quad \bar{y}_i = \frac{1}{m} T_i$$

T_i 和 $\bar{y}_i$ 分别为 A_i 水平下数据的和及数据的平均值。

设

$$T = \sum_{i=1}^{r} \sum_{j=1}^{m} y_{ij} = \sum_{i=1}^{r} T_i, \quad \bar{y} = \frac{T}{rm} = \frac{T}{n}$$

T 和 $\bar{y}$ 分别为所有数据的和及所有数据的平均值；n 为所有数据的个数。

数据总的差异可以用总偏差平方和 S_T 来表示

$$S_T = \sum_{i=1}^{r} \sum_{j=1}^{m} (y_{ij} - \bar{y})^2 \tag{3-7}$$

根据式(3-7)对总偏差平方和的分解可知，总的偏差来自两个方面，即组内偏差平方和 S_e 及

组间偏差平方和 S_A。

$$S_T = \sum_{i=1}^{r} \sum_{j=1}^{m} (y_{ij} - \bar{y})^2 = \sum_{i=1}^{r} \sum_{j=1}^{m} (y_{ij} - \bar{y}_i + \bar{y}_i - \bar{y})^2$$

$$= \sum_{i=1}^{r} \sum_{j=1}^{m} (y_{ij} - \bar{y}_i)^2 + \sum_{i=1}^{r} \sum_{j=1}^{m} (\bar{y}_i - \bar{y})^2$$

$$= S_e + S_A$$

记

$$S_e = \sum_{i=1}^{r} \sum_{j=1}^{m} (y_{ij} - \bar{y}_i)^2 \tag{3-8}$$

$$S_A = \sum_{i=1}^{r} \sum_{j=1}^{m} (\bar{y}_i - \bar{y})^2 = \sum_{i=1}^{r} m (\bar{y}_i - \bar{y})^2 \tag{3-9}$$

可以看出,组内偏差平方和 S_e 反映的是同一水平下数据 y_{ij} 与其平均值 $\bar{y}_i$ 的差异,它是由随机误差引起的;组间偏差平方和 S_A 是不同水平下数据的平均值与所有数据的总平均值之间的偏差平方和,它包含了随机误差和处理误差。为了清楚地说明这个问题,也可用数据结构式 (3-5)进行分析。由式(3-5)可得

$$\bar{y}_i = \frac{1}{m} \sum_{j=1}^{m} (\mu + a_i + \varepsilon_{ij}) = \mu + a_i + \bar{\varepsilon}_i$$

$$\bar{y} = \frac{1}{rm} \sum_{i=1}^{r} \sum_{j=1}^{m} (\mu + a_i + \varepsilon_{ij}) = \mu + \bar{\varepsilon}$$

式中,$\bar{\varepsilon}_i = \dfrac{1}{m} \sum_{j=1}^{m} \varepsilon_{ij}$, $\bar{\varepsilon} = \dfrac{1}{rm} \sum_{i=1}^{r} \sum_{j=1}^{m} \varepsilon_{ij}$, 因而有

$$S_e = \sum_{i=1}^{r} \sum_{j=1}^{m} (y_{ij} - \bar{y}_i)^2 = \sum_{i=1}^{r} \sum_{j=1}^{m} [(\mu + a_i + \varepsilon_{ij}) - (\mu + a_i + \bar{\varepsilon}_i)]^2 = \sum_{i=1}^{r} \sum_{j=1}^{m} (\varepsilon_{ij} - \bar{\varepsilon}_i)^2$$

$$S_A = \sum_{i=1}^{r} m (\bar{y}_i - \bar{y})^2 = \sum_{i=1}^{r} m [(\mu + a_i + \bar{\varepsilon}_i) - (\mu + \bar{\varepsilon})]^2 = \sum_{i=1}^{r} m (a_i + \bar{\varepsilon}_i - \bar{\varepsilon})^2$$

可见组内偏差平方和 S_e 只单纯受到随机误差的影响,由于 $\varepsilon_{ij} \sim N(0, \sigma^2)$,且相互独立,所以有 $\dfrac{S_e}{\sigma^2} \sim \chi^2 [r(m-1)]$。而组间偏差平方和 S_A 中则既有因子 A 效应 a_i 的影响,也有随机误差的影响,由于 $\bar{\varepsilon}_i \sim N\left(0, \dfrac{\sigma^2}{m}\right)$,所以在假设 H_0 为真时,$\dfrac{S_A}{\sigma^2} \sim \chi^2 (r-1)$。

方差分析的检验统计量是根据组内方差和组间方差构造的。统计证明,组间方差除以组内方差的比值服从 F 分布。

组内方差等于组内偏差平方和除以相应的自由度,记为 V_e,即

$$V_e = \frac{S_e}{df_e}$$

其中自由度 $df_e = r(m-1)$。

组间方差等于组间偏差平方和除以相应的自由度,记为 V_A,即

$$V_A = \frac{S_A}{df_A}$$

其中自由度 $df_A = r - 1$。

将组间方差除以组内方差,便得到检验统计量 F,即

$$F = \frac{V_A}{V_e} = \frac{S_A/df_A}{S_e/df_e} \tag{3-10}$$

在相应的假设成立时,F 服从 $F(df_A, df_e)$ 分布。

3. 推断结果

一般显著性水平 α 都是给定的,且这里的检验统计量服从 F 分布,因此根据 α 的值和检验统计量的分布,便可查找出临界值 F_α。计算检验统计量的值 F,与临界值 F_α 进行比较,并作出决策。若 F 取值较大,即有 $F \geqslant F_\alpha$,则说明在 S_A 中因子 A 的效应 a_i 的影响不可忽略,因而认为原假设 H_0 不成立,因子 A 取 r 个不同水平对指标 y 有显著影响,简称因子 A 显著,即检验假设 H_0 的拒绝域为

$$F = \frac{V_A}{V_e} = \frac{S_A/df_A}{S_e/df_e} \geqslant F_\alpha[r-1, r(m-1)]$$

若 F 取值较小,即 $F < F_\alpha$,则说明在 S_A 中因子 A 的效应 a_i 的影响不大,它主要是随机误差引起的,因而可以认为因子 A 取 r 个不同水平对指标 y 没有显著影响,也即因子 A 不显著。

其中,α 的值越小,拒绝 H_0 的把握越大,因子 A 的显著性越高。判断的规则如下。

$**$:高度显著,$F > F_{0.01}$

$*$:显著,$\quad F_{0.05} < F < F_{0.01}$

$(*)$:一般显著,$F_{0.1} < F < F_{0.05}$

图 3.1 直观地表示了它们之间的关系。

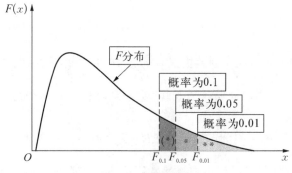

图 3.1　显著性判断

4. 计算公式的简化与表格化

综上所述,要分析因子 A 取 r 个水平对指标 y 是否有显著影响,要利用检验统计量 F 对假设 H_0 作检验,为计算 F 的值,必须计算 S_T、S_A、S_e 中的任意两个,式(3-7)~式(3-9)已经给出了相应的计算式,但可以简化

$$S_T = \sum_{i=1}^{r} \sum_{j=1}^{m} (y_{ij} - \overline{y})^2 = \sum_{i=1}^{r} \sum_{j=1}^{m} y_{ij}^2 - n\,\overline{y}^2 = \sum_{i=1}^{r} \sum_{j=1}^{m} y_{ij}^2 - \frac{T^2}{n} \tag{3-11}$$

$$S_A = \sum_{i=1}^{r} m(\overline{y}_i - \overline{y})^2 = \sum_{i=1}^{r} m\overline{y}_i^2 - n\overline{y}^2 = \sum_{i=1}^{r} \frac{T_i^2}{m} - \frac{T^2}{n} \qquad (3-12)$$

$$S_e = S_T - S_A \qquad (3-13)$$

具体计算过程可按下列步骤进行。

(1) 在原始数据表中下面加两行,分别计算 A_i 水平下数据 y_{ij} 的 T_i 及其平方 T_i^2。

(2) 计算 $T = \sum_{i=1}^{r} T_i$,$\sum_{i=1}^{r} \sum_{j=1}^{m} y_{ij}^2$,$\sum_{i=1}^{r} T_i^2$,$\frac{T^2}{n}$。

(3) 按公式(3-11)~式(3-13)依次计算出 S_T,S_A,S_e。

(4) 列方差分析表,如表 3.3 所示,并给出结论。

表 3.3　单因子方差分析表

来　源	平方和 S	自由度 df	方差 V	F 比	显著性
因子 A　误差 e	$S_A = \sum_{i=1}^{r} T_i^2/m - T^2/n$　$S_e = S_T - S_A$	$r-1$　$n-r$	$V_A = S_A/df_A$　$V_e = S_e/df_e$	$F = V_A/V_e$	
总和	$S_T = \sum_{i=1}^{r} \sum_{j=1}^{m} y_{ij}^2 - T^2/n$	$n-1$			

显著性是根据 $F_a(r-1, n-r)$ 值与 F 值比较后作出结论,$F_a(r-1, n-r)$ 可查 F 分布的 α 上侧分位数表。

下面我们来完成对例 3.1 的分析,根据表 3.1 的数据判断竞争对手个数对销售额是否有显著影响。($\alpha = 0.05$)

(1) 提出假设:设超市在 0 个、1 个、2 个和 3 个以上竞争对手情况下的销售额均值分别为 μ_1、μ_2、μ_3、μ_4,提出以下假设

$$H_0: \mu_1 = \mu_2 = \mu_3 = \mu_4$$

$$H_1: \mu_1, \mu_2, \mu_3, \mu_4 \text{ 不全相等}$$

(2) 确定检验统计量:$F = \dfrac{V_A}{V_e} = \dfrac{S_A/df_A}{S_e/df_e}$

(3) 计算统计量:根据计算步骤,首先计算出 T_i 和 T_i^2,见表 3.4。

表 3.4　超市销售数据计算

竞争者		A_1 0 个	A_2 1 个	A_3 2 个	A_4 3 个以上
超市	1	410	380	590	470
	2	305	310	480	415
	3	450	390	510	390
	T_i　T_i^2	1 165　1 357 225	1 080　1 166 400	1 580　2 496 400	1 275　1 625 625

在本例中,$r=4$,$m=3$,$n=12$,$T = \sum_{i=1}^{4} T_i = 5\,100$,$\sum_{i=1}^{4} \sum_{j=1}^{3} y_{ij}^2 = 2\,240\,050$,

$$\frac{T^2}{n} = \frac{(5\ 100)^2}{12} = 2\ 167\ 500,$$

$$S_{\mathrm{T}} = \sum_{i=1}^{4}\sum_{j=1}^{3} y_{ij}^2 - \frac{T^2}{n} = 2\ 240\ 050 - 2\ 167\ 500 = 72\ 550,$$

$$S_{\mathrm{A}} = \sum_{i=1}^{4} \frac{T_i^2}{m} - \frac{T^2}{n} = \frac{6\ 645\ 650}{3} - 2\ 167\ 500 = 47\ 716.67,$$

$$S_{\mathrm{e}} = S_{\mathrm{T}} - S_{\mathrm{A}} = 72\ 550 - 47\ 716.67 = 24\ 833.33。$$

数据的方差分析见表 3.5。

表 3.5　销售数据方差分析表

来　源	平方和 S	自由度 df	方差 V	F 比	显著性
A e	47 716.67 24 833.33	3 8	15 905.56 3 104.17	5.12	*
总和	72 550	11			

查 F 分布表可知，$F_{0.05}(3, 8) = 4.07$，$F_{0.01}(3, 8) = 7.59$。因此，$F_{0.05} < F < F_{0.01}$，可以判断因子 A 显著，即竞争者个数对超市的销售额有显著的影响。

3.3
多因子方差分析

客观现实中的事物都是复杂的，影响我们所关心的某项指标的因素往往不止一个，而是有很多，这些因素相互联系、相互渗透、相互对立又相互依存。随着因素的增多，问题也就变得复杂化。上一节讨论的单因子方差分析是考虑一个因素的情况，对于多个因素的问题，我们采用多因子方差分析来解决。多因子方差分析用来研究两个或两个以上因素是否对指标产生显著影响，这种方法不仅能分析多个因素对指标的独立影响，更能分析多个因素的交互作用能否对指标产生显著影响，进而找到利于指标的最优组合。例如，研究不同类、不同量的化肥对农作物产量带来的影响；分析不同品牌和不同地区对一种商品销售量是否影响等。在多因子方差分析中，我们最常用的是双因子的方差分析。

在两因子的分析中，我们不仅要通过试验数据分析因子 A 的 r 个水平对指标 y 是否有显著影响；因子 B 的 s 个水平对指标 y 是否有显著影响；有时还要考虑两个因子联合起来对指标 y 是否有显著影响，这种联合的作用叫做因子的交互作用。

如果一个因子水平下的指标好坏及其程度不受另一个因子不同水平的影响，则称两个因子之间**无交互作用**，如表 3.6 所示。

从表 3.6 中可以看到，无论因子 B 取什么水平，A_2 水平下的指标总比 A_1 水平下的指标高，同样不管因子 A 取什么水平，B_2 水平下的指标总比 B_1 水平下的指标高，这时就称因子 A 和因子 B 之间无交互作用。

如果一个因子水平下的指标好坏及其程度与另一

表 3.6　因子 A 和因子 B 无交互作用

	A_1	A_2
B_1	2	5
B_2	7	10

个因子取什么水平有关,则称两个因子之间**有交互作用**,如表 3.7 所示。

表 3.7　因子 A 和因子 B 有交互作用

	A_1	A_2
B_1	2	5
B_2	7	3

　　从表 3.7 中可以看到,在 B_1 水平上,A_2 水平下的指标高于 A_1 水平下的指标,而在 B_2 水平上,A_2 水平下的指标低于 A_1 水平下的指标;反之,在 A_1 水平上,B_2 水平下的指标高于 B_1 水平下的指标,而在 A_2 水平上,B_2 水平下的指标低于 B_1 水平下的指标。因此可以得出结论,因子 A 取不同水平对指标的影响程度与因子 B 取什么水平有关,同样因子 B 取不同水平对指标的影响大小与因子 A 取什么水平有关,我们称因子 A 和因子 B 之间有交互作用,记作 $A \times B$。

　　因此,多因子方差分析也可分为无交互作用和有交互作用两种。如果两个因子对指标的影响是相互独立的,分别判断每个因子对指标的影响,称为无交互作用的双因子方差分析;如果除了两个因子对指标的单独影响外,还考虑两个因子的搭配对指标产生的新的效应,这时称为有交互作用的双因子方差分析。

　　我们首先来建立多因子方差分析的数学模型。

　　多因子方差分析同样要求数据满足正态性、方差齐性和独立性三个假设,即假定在 $A_i B_j$ 条件下,指标 $y_{ij} \sim N(\mu_{ij}, \sigma^2)$,$i = 1, 2, \cdots, r$,$j = 1, 2, \cdots, s$,其中均值 μ_{ij} 与因子 A 和 B 所取的水平有关,而在每一次独立试验下,方差 σ^2 是不变的。如果我们在 $A_i B_j$ 条件下都重复进行 m 次试验,并设第 k 次试验的结果为 y_{ijk},则由公式(3-1)可知

$$y_{ijk} = \mu_{ij} + \varepsilon_{ijk}$$

为了分析均值 μ_{ij} 与因子 A 和 B 的水平之间的关系,我们引入下述记号:

$$
\begin{aligned}
&\mu_{ij} = \frac{1}{m} \sum_{k=1}^{m} y_{ijk} \\
&\mu = \frac{1}{r \times s} \sum_{i=1}^{r} \sum_{j=1}^{s} u_{ij} \\
&\mu_{A_i} = \frac{1}{s} \sum_{j=1}^{s} u_{ij} \\
&a_i = \mu_{A_i} - \mu, \quad i = 1, 2, \cdots, r \\
&\mu_{B_j} = \frac{1}{r} \sum_{i=1}^{r} u_{ij} \\
&b_j = \mu_{B_j} - \mu, \quad j = 1, 2, \cdots, s
\end{aligned}
\tag{3-14}
$$

称 μ 为一般水平,a_i 和 b_j 分别是因子 A 的 i 水平和因子 B 的 j 水平效应。由公式(3-14)可知

$$\sum_{i=1}^{r} a_i = 0, \quad \sum_{j=1}^{s} b_j = 0$$

y_{ij} 与 μ, a_i, b_j 之间可能有两种关系:

　　① $\mu_{ij} = \mu + a_i + b_j$,称无交互作用模型;

　　② $\mu_{ij} \neq \mu + a_i + b_j$,称有交互作用模型。

此时令

$$(ab)_{ij} = \mu_{ij} - \mu - a_i - b_j, \quad i = 1, 2, \cdots, r, \quad j = 1, 2, \cdots, s$$

称 $(ab)_{ij}$ 为因子 A 的第 i 水平和因子 B 的第 j 水平的交互作用效应,简称交互效应,它们满足关系

$$\sum_{i=1}^{r}(ab)_{ij}=0, \; i=1, 2, \cdots, r$$

$$\sum_{j=1}^{s}(ab)_{ij}=0, \; j=1, 2, \cdots, s$$

可见当两个因子有交互作用时

$$\mu_{ij}=\mu+a_i+b_j+(ab)_{ij}, \; i=1, 2, \cdots, r, \; j=1, 2, \cdots, s$$

下面我们分两种情况介绍它们的模型以及数据的方差分析方法。

3.3.1 无交互作用情况

1. 提出假设

在无交互作用的情况下,我们通过数据来分析因子 A 取 r 个水平,因子 B 取 s 个水平对指标 y 是否有显著影响。此时在 A_iB_j 条件下可以只做一次试验,即取重复数 $m=1$,试验结果记为 y_{ij},这种情况下的模型为

$$\begin{cases} y_{ij}=\mu+a_i+b_j+\varepsilon_{ij}, \; i=1, 2, \cdots, r, \; j=1, 2, \cdots, s \\ \sum_{i=1}^{r}a_i=\sum_{j=1}^{s}b_j=0 \\ \varepsilon_{ij} \sim N(0, \sigma^2),且相互独立, \; i=1, 2, \cdots, r, \; j=1, 2, \cdots, s \end{cases} \quad (3-15)$$

利用该模型检验下列两个假设

$$H_{01}: a_1=a_2=\cdots=a_r=0$$
$$H_{02}: b_1=b_2=\cdots=b_s=0$$

若 H_{01} 成立,则说明因子 A 取 r 个水平对指标 y 无显著影响,反之拒绝 H_{01},说明因子 A 取 r 个水平对指标 y 有显著影响。同样拒绝 H_{02},说明因子 B 取 s 个水平对指标 y 有显著影响。

2. 确定检验统计量

与单因子方差分析方法相同,多因子方差分析中也采用 F 检验法对两个假设 H_{01}、H_{02} 进行判断,讨论两因子的不同水平的效应是否可以忽略不计的问题。

分析 $r \times s$ 个试验数据不完全相同的原因有:因子 A 取不同水平、因子 B 取不同水平以及试验时随机误差的影响。为此可将总偏差平方和进行分解。总偏差平方和为

$$S_T = \sum_{i=1}^{r}\sum_{j=1}^{s}(y_{ij}-\overline{y})^2 \quad (3-16)$$

其中

$$\overline{y} = \frac{1}{rs}\sum_{i=1}^{r}\sum_{j=1}^{s}y_{ij}$$

$\overline{y}$ 为所有数据的平均值。

为了对总偏差平方和 S_T 进行分解,引入以下若干个符号。

n：所有数据个数,$n=r \times s$

T：所有数据总和,$T = \sum_{i=1}^{r}\sum_{j=1}^{s}y_{ij}$

$\overline{y}$：所有数据平均数,$\overline{y} = \dfrac{T}{n}$

$y_{i\cdot}$：A_i 水平下数据之和，$y_{i\cdot} = \sum\limits_{j=1}^{s} y_{ij}$，$i = 1, 2, \cdots, r$

$\overline{y}_{i\cdot}$：A_i 水平下数据平均值，$\overline{y}_{i\cdot} = \dfrac{y_{i\cdot}}{s}$，$i = 1, 2, \cdots, r$

$y_{\cdot j}$：B_j 水平下数据之和，$y_{\cdot j} = \sum\limits_{i=1}^{r} y_{ij}$，$j = 1, 2, \cdots, s$

$\overline{y}_{\cdot j}$：B_j 水平下数据平均值，$\overline{y}_{\cdot j} = \dfrac{y_{\cdot j}}{r}$，$j = 1, 2, \cdots, s$

由数据结构式 $(3-15)$ 可知：

$$\overline{y}_{i\cdot} = \mu + a_i + \overline{\varepsilon}_{i\cdot}, \text{其中} \overline{\varepsilon}_{i\cdot} = \frac{1}{s} \sum_{j=1}^{s} \varepsilon_{ij}$$

$$\overline{y}_{\cdot j} = \mu + b_j + \overline{\varepsilon}_{\cdot j}, \text{其中} \overline{\varepsilon}_{\cdot j} = \frac{1}{r} \sum_{i=1}^{r} \varepsilon_{ij}$$

$$\overline{y} = \mu + \overline{\varepsilon}, \text{其中} \overline{\varepsilon} = \frac{1}{n} \sum_{i=1}^{r} \sum_{j=1}^{s} \varepsilon_{ij}$$

由此可知

$\overline{y}_{i\cdot} - \overline{y} = a_i + \overline{\varepsilon}_{i\cdot} - \overline{\varepsilon}$，反映了因子 A 的第 i 水平效应 a_i 与误差引起的差异；

$\overline{y}_{\cdot j} - \overline{y} = b_j + \overline{\varepsilon}_{\cdot j} - \overline{\varepsilon}$，反映了因子 B 的第 j 水平效应 b_j 与误差引起的差异；

$y_{ij} - \overline{y}_{i\cdot} - \overline{y}_{\cdot j} + \overline{y} = \varepsilon_{ij} - \overline{\varepsilon}_{i\cdot} - \overline{\varepsilon}_{\cdot j} + \overline{\varepsilon}$，是仅有误差引起的差异。

明确了这些，即可对总偏差平方和 S_T 进行分解

$$S_T = \sum_{i=1}^{r} \sum_{j=1}^{s} (y_{ij} - \overline{y})^2 = \sum_{i=1}^{r} \sum_{j=1}^{s} \left[(y_{ij} - \overline{y}_{i\cdot} - \overline{y}_{\cdot j} + \overline{y}) + (\overline{y}_{i\cdot} - \overline{y}) + (\overline{y}_{\cdot j} - \overline{y}) \right]^2$$

$$= \sum_{i=1}^{r} \sum_{j=1}^{s} (y_{ij} - \overline{y}_{i\cdot} - \overline{y}_{\cdot j} + \overline{y})^2 + \sum_{i=1}^{r} \sum_{j=1}^{s} (\overline{y}_{i\cdot} - \overline{y})^2 + \sum_{i=1}^{r} \sum_{j=1}^{s} (\overline{y}_{\cdot j} - \overline{y})^2$$

记

$$S_e = \sum_{i=1}^{r} \sum_{j=1}^{s} (y_{ij} - \overline{y}_{i\cdot} - \overline{y}_{\cdot j} + \overline{y})^2$$

$$S_A = \sum_{i=1}^{r} \sum_{j=1}^{s} (\overline{y}_{i\cdot} - \overline{y})^2 = \sum_{i=1}^{r} s(\overline{y}_{i\cdot} - \overline{y})^2 \tag{3-17}$$

$$S_B = \sum_{i=1}^{r} \sum_{j=1}^{s} (\overline{y}_{\cdot j} - \overline{y})^2 = \sum_{j=1}^{s} r(\overline{y}_{\cdot j} - \overline{y})^2$$

则有

$$S_T = S_e + S_A + S_B$$

可见，总偏差平方和 S_T 由误差偏差平方和 S_e、因子 A 的偏差平方和 S_A 和因子 B 的偏差平方和 S_B 组成。

因为 $\varepsilon_{ij} \sim N(0, \sigma^2)$，所以有

H_{01} 成立时，$\dfrac{S_A}{\sigma^2} \sim \chi^2(r-1)$，$df_A = r-1$ 为 S_A 的自由度；

H_{02} 成立时，$\dfrac{S_B}{\sigma^2} \sim \chi^2(s-1)$，$df_B = s-1$ 为 S_B 的自由度；

H_{01}、H_{02} 都成立时，$\dfrac{S_{\mathrm{T}}}{\sigma^2} \sim \chi^2(n-1)$，$df_{\mathrm{T}}=n-1$ 为 S_{T} 的自由度；

不管 H_{01}、H_{02} 是否成立，$\dfrac{S_{\mathrm{e}}}{\sigma^2} \sim \chi^2(r-1)(s-1)$，$df_{\mathrm{e}}=(r-1)(s-1)$ 为 S_{e} 的自由度。

与单因子方差相同，检验 H_{01}、H_{02} 的统计量分别为：

$$F_{\mathrm{A}} = \frac{V_{\mathrm{A}}}{V_{\mathrm{e}}} = \frac{S_{\mathrm{A}}/df_{\mathrm{A}}}{S_{\mathrm{e}}/df_{\mathrm{e}}}$$

$$F_{\mathrm{B}} = \frac{V_{\mathrm{B}}}{V_{\mathrm{e}}} = \frac{S_{\mathrm{B}}/df_{\mathrm{B}}}{S_{\mathrm{e}}/df_{\mathrm{e}}}$$

(3-18)

在相应的假设成立时，它们分别服从 $F(df_{\mathrm{A}}, df_{\mathrm{e}})$、$F(df_{\mathrm{B}}, df_{\mathrm{e}})$ 分布。

3. 推断结果

推断结果的方法与单因子方差分析一样。对于给定的显著性水平 α，可查得 F 分布的 α 上侧分位数 $F_{\alpha}(df_{\mathrm{A}}, df_{\mathrm{e}})$ 和 $F_{\alpha}(df_{\mathrm{B}}, df_{\mathrm{e}})$。当

$$F_{\mathrm{A}} \geqslant F_{\alpha}(df_{\mathrm{A}}, df_{\mathrm{e}})$$

时，拒绝 H_{01}，即认为在显著性水平 α 上因子 A 是显著的，否则不显著。同理，当

$$F_{\mathrm{B}} \geqslant F_{\alpha}(df_{\mathrm{B}}, df_{\mathrm{e}})$$

时，拒绝 H_{02}，即认为在显著性水平 α 上因子 B 是显著的，否则不显著。

4. 计算公式的简化与表格化

上述检验也可以与单因子方差分析一样，列表进行计算，其关键在于求出 S_{e}、S_{A} 和 S_{B}。对于计算的公式也可以简化

$$S_{\mathrm{T}} = \sum_{i=1}^{r} \sum_{j=1}^{s} y_{ij}^2 - \frac{T^2}{n}$$

$$S_{\mathrm{A}} = \sum_{i=1}^{r} \frac{y_{i.}^2}{s} - \frac{T^2}{n}$$

(3-19)

$$S_{\mathrm{B}} = \sum_{j=1}^{s} \frac{y_{.j}^2}{r} - \frac{T^2}{n}$$

$$S_{\mathrm{e}} = S_{\mathrm{T}} - S_{\mathrm{A}} - S_{\mathrm{B}}$$

具体计算过程可按下列步骤进行。

(1) 在原始数据表上计算 $y_{i.}$，$y_{.j}$ 及 T，形式见表 3.8。

表 3.8 两因子方差分析原始数据表

类　别	A_1	A_2	$\cdots$	A_r	$y_{.j} = \sum\limits_i y_{ij}$
B_1	y_{11}	y_{21}	$\cdots$	y_{r1}	$y_{.1}$
B_2	y_{12}	y_{22}	$\cdots$	y_{r2}	$y_{.2}$
$\vdots$	$\vdots$	$\vdots$		$\vdots$	$\vdots$
B_s	y_{1s}	y_{2s}	$\cdots$	y_{rs}	$y_{.s}$
$y_{i.} = \sum\limits_j y_{ij}$	$y_{1.}$	$y_{2.}$	$\cdots$	$y_{r.}$	$T = \sum\limits_i y_{i.} = \sum\limits_j y_{.j}$

（2）计算 $\sum\limits_{i=1}^{r}\sum\limits_{j=1}^{s}y_{ij}^2$，$\sum\limits_{i=1}^{r}y_{i.}^2$，$\sum\limits_{j=1}^{s}y_{.j}^2$，$\dfrac{T^2}{n}$。

（3）按公式（3－19）依次计算出 S_T、S_A、S_B、S_e。

（4）列方差分析表，如表 3.9 所示，并给出结论。

表 3.9　两因子方差分析表

来　源	平方和 S	自由度 df	方差 V	F 比	显著性
因子 A	$S_A=\sum\limits_{i=1}^{r}y_{i.}^2/s-T^2/n$	$r-1$	$V_A=S_A/df_A$	$F_A=V_A/V_e$	
因子 B	$S_B=\sum\limits_{j=1}^{s}y_{.j}^2/r-T^2/n$	$s-1$	$V_B=S_B/df_B$	$F_B=V_B/V_e$	
误差 e	$S_e=S_T-S_A-S_B$	$(r-1)(s-1)$	$V_e=S_e/df_e$		
总和	$S_T=\sum\limits_{i=1}^{r}\sum\limits_{j=1}^{s}y_{ij}^2-T^2/n$	$n-1$			

例 3.2　为研究行业因素（记为因子"A"）、地区因素（记为因子"B"）对城镇职工平均工资的影响，选取房地产业、金融业、制造业、教育四个行业及江苏、浙江、福建三个地区，数据如表 3.10 所示。

表 3.10　职工平均工资数据　　　　　　　　　　　　　　　　　单位：万元

行　业		房地产业	金融业	制造业	教　育
地区	江苏	6.67	11.92	6.27	7.81
	浙江	6.63	13.07	5.54	9.09
	福建	6.23	10.85	5.07	6.92

（1）提出假设

设不同行业职工平均工资的均值分别为 $\mu_{1.}$、$\mu_{2.}$、$\mu_{3.}$、$\mu_{4.}$，对行业因子 A 提出以下假设

$$H_{01}:\mu_{1.}=\mu_{2.}=\mu_{3.}=\mu_{4.}$$

$$H_{11}:\mu_{i.}，i=1,2,3,4\ 不全相等$$

设不同地区职工平均工资的均值分别为 $\mu_{.1}$、$\mu_{.2}$、$\mu_{.3}$，对地区因子 B 提出以下假设

$$H_{02}:\mu_{.1}=\mu_{.2}=\mu_{.3}$$

$$H_{12}:\mu_{.j}，j=1,2,3\ 不全相等$$

（2）确定检验统计量：$F_A=\dfrac{V_A}{V_e}=\dfrac{S_A/df_A}{S_e/df_e}$，$F_B=\dfrac{V_B}{V_e}=\dfrac{S_B/df_B}{S_e/df_e}$，

（3）计算统计量：根据计算步骤，首先计算出 $y_{i.}$ 和 $y_{.j}$ 和 T，见表 3.11。

表 3.11　职工平均工资数据

行　业		A_1	A_2	A_3	A_4	$y_{.j}$
地区	B_1	6.67	11.92	6.27	7.81	32.67
	B_2	6.63	13.07	5.54	9.09	34.33
	B_3	6.23	10.85	5.07	6.92	29.07
$y_{i.}$		19.53	35.85	16.88	23.82	$T=96.07$

经计算,列方差分析表 3.12 如下。

表 3.12　例 3.2 方差分析表

来　源	平方和 S	自由度 df	方差 V	F 比	显著性
A	70.297	3	23.432	67.611	**
B	3.615	2	1.808	5.216	*
e	2.079	6	.347		
总和	75.992	11			

查 F 分布表可知,$F_{0.01}(3,6)=9.78$。 因此,$F_A > F_{0.01}(3,6)$,可以判断因子 A 高度显著,即行业因子对职工平均工资有高度显著的影响。而 $F_{0.01}(2,6)=10.92$,$F_{0.05}(2,6)=5.14$,$F_{0.05}(2,6) < F_B < F_{0.01}(2,6)$,可以判断因子 B 显著,即地区因子对职工平均工资有显著的影响。

3.3.2　有交互作用情况

上面我们在无交互作用的模型下分析了两个因子单独对指标的影响,但此模型是否符合实际情况,即交互作用是否一定不存在? 对此除了可以依赖经验作出判断外,也可以对试验数据分析来作答。为此必须在 A_iB_j,$i=1,2,\cdots,r$,$j=1,2,\cdots,s$ 条件下进行 $m(\geqslant 2)$ 次重复试验,然后在有交互作用的模型下进行数据分析。如果通过检验认为对一切 i,j 有 $(ab)_{ij}=0$ 成立,则结论是因子 A 与因子 B 的交互作用不显著,这时才可以认为无交互作用的模型(3-15)适合实际情况;否则就认为交互作用不可忽略。

1. 提出假设

在判断出有交互作用的情况下,可以适用下列模型

$$\begin{cases} y_{ijk}=\mu+a_i+b_j+(ab)_{ij}+\varepsilon_{ijk}, i=1,2,\cdots,r \\ j=1,2,\cdots,s,k=1,2,\cdots,m \\ \sum_{i=1}^{r}a_i=\sum_{j=1}^{s}b_j=0 \\ \sum_{i=1}^{r}(ab)_{ij}=0, j=1,2,\cdots,s \\ \sum_{j=1}^{s}(ab)_{ij}=0, i=1,2,\cdots,r \\ \varepsilon_{ijk} \sim N(0,\sigma^2),且相互独立,i=1,2,\cdots,r \\ j=1,2,\cdots,s,k=1,2,\cdots,m \end{cases} \quad (3-20)$$

利用该模型检验下列三个假设

$$H_{01}: a_1=a_2=\cdots=a_r=0$$
$$H_{02}: b_1=b_2=\cdots=b_s=0$$
$$H_{03}: (ab)_{11}=(ab)_{12}=\cdots=(ab)_{1r}=\cdots=(ab)_{rs}=0$$

2. 确定检验统计量

用 F 检验对三个假设 H_{01}、H_{02}、H_{03} 进行判断,跟前面一样需要对偏差平方和进行分

解。为此引入若干个记号。

n：所有数据个数，$n=r\times s\times m$

T：所有数据总和，$T=\sum\limits_{i=1}^{r}\sum\limits_{j=1}^{s}\sum\limits_{k=1}^{m}y_{ijk}$；所有数据平均数 $\overline{y}=\dfrac{T}{n}$

$y_{ij.}$：A_iB_j 条件下数据之和，$y_{ij.}=\sum\limits_{k=1}^{m}y_{ijk}$；平均值 $\overline{y}_{ij.}=\dfrac{y_{ij.}}{m}$

$y_{i..}$：A_i 水平下数据之和，$y_{i..}=\sum\limits_{j=1}^{s}\sum\limits_{k=1}^{m}y_{ijk}$；平均值 $\overline{y}_{i..}=\dfrac{y_{i..}}{m\times s}$

$y_{.j.}$：B_j 水平下数据之和，$y_{.j.}=\sum\limits_{i=1}^{r}\sum\limits_{k=1}^{m}y_{ijk}$；平均值 $\overline{y}_{.j.}=\dfrac{y_{.j.}}{m\times r}$

由数据结构式(3-15)可知

$$\overline{y}_{ij.}=\mu+a_i+b_j+(ab)_{ij}+\overline{\varepsilon}_{ij.}，其中 \overline{\varepsilon}_{ij.}=\frac{1}{m}\sum_{k=1}^{m}\varepsilon_{ijk}$$

$$\overline{y}_{i..}=\mu+a_i+\overline{\varepsilon}_{i..}，其中 \overline{\varepsilon}_{i..}=\frac{1}{sm}\sum_{j=1}^{s}\sum_{k=1}^{m}\varepsilon_{ijk}$$

$$\overline{y}_{.j.}=\mu+b_j+\overline{\varepsilon}_{.j.}，其中 \overline{\varepsilon}_{.j.}=\frac{1}{rm}\sum_{i=1}^{r}\sum_{k=1}^{m}\varepsilon_{ijk}$$

$$\overline{y}=\mu+\overline{\varepsilon}，其中 \overline{\varepsilon}=\frac{1}{rsm}\sum_{i=1}^{r}\sum_{j=1}^{s}\sum_{k=1}^{m}\varepsilon_{ijk}$$

由此可知

$\overline{y}_{i..}-\overline{y}=a_i+\overline{\varepsilon}_{i..}-\overline{\varepsilon}$，反映了因子 A 的第 i 水平效应 a_i 与误差引起的差异；

$\overline{y}_{.j.}-\overline{y}=b_j+\overline{\varepsilon}_{.j.}-\overline{\varepsilon}$，反映了因子 B 的第 j 水平效应 b_j 与误差引起的差异；

$\overline{y}_{ij.}-\overline{y}_{i..}-\overline{y}_{.j.}+\overline{y}=(ab)_{ij}+\overline{\varepsilon}_{ij.}-\overline{\varepsilon}_{i..}-\overline{\varepsilon}_{.j.}+\overline{\varepsilon}$，反映了因子 A 和因子 B 的交互效应 $(ab)_{ij}$ 与误差引起的差异；

$y_{ijk}-\overline{y}_{ij.}=\varepsilon_{ijk}-\overline{\varepsilon}_{ij.}$，是仅有误差引起的差异。

明确了这些偏差的实质，即可对总偏差平方和 S_T 进行如下分解

$$S_T=\sum_{i=1}^{r}\sum_{j=1}^{s}\sum_{k=1}^{m}(y_{ijk}-\overline{y})^2$$

$$=\sum_{i=1}^{r}\sum_{j=1}^{s}\sum_{k=1}^{m}(y_{ijk}-\overline{y}_{ij.}+\overline{y}_{i..}-\overline{y}+\overline{y}_{.j.}-\overline{y}+\overline{y}_{ij.}-\overline{y}_{i..}-\overline{y}_{.j.}+\overline{y})^2$$

$$=\sum_{i=1}^{r}\sum_{j=1}^{s}\sum_{k=1}^{m}(y_{ijk}-\overline{y}_{ij.})^2+\sum_{i=1}^{r}sm(\overline{y}_{i..}-\overline{y})^2+\sum_{j=1}^{s}rm(\overline{y}_{.j.}-\overline{y})^2$$

$$+\sum_{i=1}^{r}\sum_{j=1}^{s}m(\overline{y}_{ij.}-\overline{y}_{i..}-\overline{y}_{.j.}+\overline{y})^2$$

记

$$S_e=\sum_{i=1}^{r}\sum_{j=1}^{s}\sum_{k=1}^{m}(y_{ijk}-\overline{y}_{ij.})^2$$

$$S_A=\sum_{i=1}^{r}sm(\overline{y}_{i..}-\overline{y})^2$$

$$S_B = \sum_{j=1}^{s} rm(\overline{y}_{\cdot j \cdot} - \overline{y})^2$$

$$S_{A \times B} = \sum_{i=1}^{r} \sum_{j=1}^{s} m(\overline{y}_{ij\cdot} - \overline{y}_{i\cdot\cdot} - \overline{y}_{\cdot j\cdot} + \overline{y})^2$$

则有

$$S_T = S_e + S_A + S_B + S_{A \times B}$$

可见，总偏差平方和 S_T 由误差偏差平方和 S_e、因子 A 的偏差平方和 S_A、因子 B 的偏差平方和 S_B 和因子 A 与因子 B 交互作用偏差平方和 $S_{A \times B}$ 组成。

因为 $\varepsilon_{ijk} \sim N(0, \sigma^2)$，所以有

H_{01} 成立时，$\dfrac{S_A}{\sigma^2} \sim \chi^2(r-1)$，$df_A = r-1$ 为 S_A 的自由度；

H_{02} 成立时，$\dfrac{S_B}{\sigma^2} \sim \chi^2(s-1)$，$df_B = s-1$ 为 S_B 的自由度；

H_{03} 成立时，$\dfrac{S_{A \times B}}{\sigma^2} \sim \chi^2[(r-1)(s-1)]$，$df_{A \times B} = df_A \times df_B = (r-1)(s-1)$ 为 $S_{A \times B}$ 的自由度；

H_{01}、H_{02}、H_{03} 都成立时，$\dfrac{S_T}{\sigma^2} \sim \chi^2(n-1)$，$df_T = n-1$ 为 S_T 的自由度；

不管 H_{01}、H_{02}、H_{03} 是否成立，$\dfrac{S_e}{\sigma^2} \sim \chi^2[rs(m-1)]$，$df_e = rs(m-1)$ 为 S_e 的自由度。

与单因子方差相同，检验 H_{01}、H_{02}、H_{03} 的统计量分别为：

$$F_A = \frac{V_A}{V_e} = \frac{S_A/df_A}{S_e/df_e}$$

$$F_B = \frac{V_B}{V_e} = \frac{S_B/df_B}{S_e/df_e} \tag{3-21}$$

$$F_{A \times B} = \frac{V_{A \times B}}{V_e} = \frac{S_{A \times B}/df_{A \times B}}{S_e/df_e}$$

在相应的假设成立时，它们分别服从 $F(df_A, df_e)$、$F(df_B, df_e)$、$F(df_{A \times B}, df_e)$ 分布。

3. 推断结果

推断结果的方法与前面介绍的一样。对于给定的显著性水平 α，可查得 F 分布的 α 上侧分位数 $F_\alpha(df_A, df_e)$、$F_\alpha(df_B, df_e)$ 和 $F_\alpha(df_{A \times B}, df_e)$。当

$$F_A \geqslant F_\alpha(df_A, df_e)$$

时，拒绝 H_{01}，即认为在显著性水平 α 上因子 A 是显著的，否则不显著。当

$$F_B \geqslant F_\alpha(df_B, df_e)$$

时，拒绝 H_{02}，即认为在显著性水平 α 上因子 B 是显著的，否则不显著。同理，当

$$F_{A \times B} \geqslant F_\alpha(df_{A \times B}, df_e)$$

时，拒绝 H_{03}，即认为在显著性水平 α 上因子 A 与因子 B 的交互作用是显著的，否则不显著。

4. 计算公式的简化与表格化

上述检验也可以与前面介绍的一样，列表进行计算，对于计算的公式也可以简化：

$$S_T = \sum_{i=1}^{r} \sum_{j=1}^{s} \sum_{k=1}^{m} y_{ijk}^2 - \frac{T^2}{n}$$

$$S_A = \sum_{i=1}^{r} \frac{y_{i..}^2}{ms} - \frac{T^2}{n}$$

$$S_B = \sum_{j=1}^{s} \frac{y_{.j.}^2}{mr} - \frac{T^2}{n}$$

$$(3-22)$$

$$S_{A\times B} = \sum_{i=1}^{r} \sum_{j=1}^{s} \frac{y_{ij.}^2}{m} - \frac{T^2}{n} - S_A - S_B$$

$$S_e = S_T - S_A - S_B - S_{A\times B} = \sum_i \sum_j \sum_k y_{ijk}^2 - \sum_i \sum_j \frac{y_{ij.}^2}{m}$$

具体计算过程可按下列步骤进行。

（1）在原始数据表上计算 $y_{ij.}$，$y_{i..}$，$y_{.j.}$ 及 T，形式见表 3.13。

表 3.13　有交互作用两因子方差分析原始数据表

类　别	A_1	$\cdots$	A_i	$\cdots$	A_r	$y_{.j.} = \sum_i y_{ij.}$
B_1	$y_{111}\,y_{112}\cdots y_{11m}$ $(y_{11.})$	$\cdots$	$y_{i11}\,y_{i12}\cdots y_{i1m}$ $(y_{i1.})$	$\cdots$	$y_{r11}\,y_{r12}\cdots y_{r1m}$ $(y_{ir1.})$	$y_{.1.}$
$\vdots$	$\vdots$		$\vdots$		$\vdots$	$\vdots$
B_j	$y_{1j1}\,y_{1j2}\cdots y_{1jm}$ $(y_{1j.})$	$\cdots$	$y_{ij1}\,y_{ij2}\cdots y_{ijm}$ $(y_{ij.})$	$\cdots$	$y_{rj1}\,y_{rj2}\cdots y_{rjm}$ $(y_{rj.})$	$y_{.j.}$
$\vdots$	$\vdots$		$\vdots$		$\vdots$	$\vdots$
B_s	$y_{1s1}\,y_{1s2}\cdots y_{1sm}$ $(y_{1s.})$	$\cdots$	$y_{is1}\,y_{is2}\cdots y_{ism}$ $(y_{is.})$	$\cdots$	$y_{rs1}\,y_{rs2}\cdots y_{rsm}$ $(y_{rs.})$	$y_{.s.}$
$y_{i..} = \sum_j y_{ij.}$	$y_{1..}$	$\cdots$	$y_{i..}$	$\cdots$	$y_{r..}$	$T = \sum_i y_{i..} = \sum_j y_{.j.}$

（2）计算 $\sum_{i=1}^{r} \sum_{j=1}^{s} \sum_{k=1}^{m} y_{ijk}^2$，$\sum_{i=1}^{r} \sum_{j=1}^{s} y_{ij.}^2$，$\sum_{i=1}^{r} y_{i..}^2$，$\sum_{j=1}^{s} y_{.j.}^2$，$\frac{T^2}{n}$。

（3）按公式（3-22）依次计算出 S_T，S_A，S_B，$S_{A\times B}$，S_e。

（4）列方差分析表，见表 3.14，并给出结论。

表 3.14　有交互作用两因子方差分析表

来　源	平方和 S	自由度 df	方差 V	F 比	显著性
因子 A	S_A	$r-1$	$V_A = S_A/df_A$	$F_A = V_A/V_e$	
因子 B	S_B	$s-1$	$V_B = S_B/df_B$	$F_B = V_B/V_e$	
$A\times B$	$S_{A\times B}$	$(r-1)(s-1)$	$V_{A\times B} = S_{A\times B}/df_{A\times B}$	$F_{A\times B}=V_{A\times B}/V_e$	
误差 e	S_e	$rs(m-1)$	$V_e = S_e/df_e$		
总和	S_T	$n-1$			

例 3.3 同时考虑竞争者的数量(因子 A)和超市所在位置(因子 B)对销售额的影响。将超市位置按商业区、居民区和写字楼分成 3 类,并在不同位置分别随机抽取 3 家超市,竞争者数量按 0 个、1 个、2 个和 3 个以上分为四类,获得的年销售额数据如表 3.15 所示。

表 3.15 超市销售数据

位　置	0 个	1 个	2 个	3 个以上
商业区	410 305 450	380 310 390	590 480 510	470 415 390
居民区	265 310 220	290 350 300	445 480 500	430 428 530
写字楼	180 290 330	220 170 256	290 283 260	246 275 320

经计算,列方差分析表 3.16 如下。

表 3.16 例 3.3 方差分析表

来　源	平方和 S	自由度 df	方差 V	F 比	显著性
A	108 662.22	3	36 220.74	14.89	**
B	174 008.00	2	87 004.00	35.77	**
$A \times B$	47 922.44	6	7 987.07	3.28	*
e	58 373.33	24	2 432.22		
总和	388 966.00	35			

查 F 分布表可知,$F_{0.01}(3, 24) = 4.72$,因此,$F_A > F_{0.01}(3, 24)$,可以判断因子 A 高度显著,即竞争者的数量对超市的销售额有高度显著的影响。而 $F_{0.01}(2, 24) = 5.61$,$F_B > F_{0.01}(2, 24)$,可以判断因子 B 高度显著,即超市的位置对销售额也有高度显著的影响。考虑交互作用 $A \times B$,$F_{0.05}(6, 24) = 2.51$,$F_{0.01}(6, 24) = 3.67$,因此 $F_{0.05}(6, 24) < F_{A \times B} < F_{0.01}(6, 24)$,可以判断因子 A 和因子 B 的交互作用 $A \times B$ 显著,即竞争者数量和超市位置的交互作用对超市的销售额有显著的影响。

3.4

协方差分析

通过上面的讨论可以看到,无论是单因子方差分析还是多因子方差分析,试验中的因素是可以控制的,其各个水平可以通过人为的努力得到控制和确定。但在许多实际问题中,有些因素是很难人为控制的,但这些因素的不同水平确实又对指标产生较为显著的影响。在方差分析中,如果忽略这些因素的存在而单纯分析其他因素对指标的影响,往往会夸大或缩小其他因素的影响作用,导致分析结果不准确。

例如,企业在制定某商品的广告策略时,要对不同的广告形式在不同地区的广告效果进行评估,这里广告效果主要以销售额的增长来体现。然而,销售额增长的幅度还受到广告前该商品在不同地区的市场份额的影响,因此在分析时必须考虑到市场份额的因素。

再例如,在研究影响农作物产量的因素时,如果只考虑肥料的品种、施肥量等因素对农作物产量的影响,而不考虑不同田块的影响,显然是不全面的。因为事实上,有些田块可能有利于农作物的生长,而另一些可能恰恰相反,如果不考虑这些因素进行分析很可能会导致分析结论的偏差。

因此,为更准确地研究因子不同水平对指标的影响,应尽量排除其他因素的干扰。例如,尽量排除广告前的市场份额对销售额的影响,尽量排除田块对农作物产量的影响等。这就是说,在进行方差分析时,除了研究的因素之外,应尽量保证其他条件的一致,这就要用到协方差分析方法。

协方差分析是利用线性回归的方法,将那些很难人为控制的因素作为协变量,并在排除协变量对指标影响的条件下,分析可以控制的因素对指标的影响,从而更加准确地对试验结果进行评价。其基本思想与一般的方差分析相同,只是在分析时考虑了协变量的影响,认为指标的变动受到四个方面的影响,即因子的独立作用、因子的交互作用、随机误差的作用和协变量的作用。

例 3.4 从员工数据"employee.sav"抽取 24 名员工,比较工作类别(jobcat)对员工工资水平(salary)的影响,但考虑到初始工资水平(salbegin)可能对目前工资水平产生影响,以初始工资水平作为协变量 X,以工作类别作为因子 A,进行协方差分析。数据见表 3.17。

表 3.17 员工工资水平数据 单位:千美元

职 员	目前工资水平	40.20	21.45	21.90	45.00	32.10	36.00	21.90	27.90
	初始工资水平	18.75	12.00	13.20	21.00	13.50	18.75	9.75	12.75
保管员	目前工资水平	30.75	30.75	30.75	30.00	30.75	30.75	24.30	30.75
	初始工资水平	13.50	14.10	15.00	15.00	9.00	15.00	15.00	15.00
经 理	目前工资水平	57.00	103.75	60.38	135.00	110.63	92.00	81.25	60.00
	初始工资水平	27.00	27.51	27.48	79.98	45.00	39.99	30.00	23.73

经计算,列方差分析表 3.18 如下。

表 3.18 例 3.4 方差分析

来 源	平方和 S	自由度 df	方差 V	F 比	显著性
A	1 918.876	2	959.438	9.909	**
X	4 208.736	1	4 208.736	43.465	**
e	1 936.587	20	96.829		
总和	23 581.639	23			

查 F 分布表可知,$F_{0.01}(2, 20) = 5.85$,因此,$F_A > F_{0.01}(2, 20)$,可以判断因子 A 高度显著,即工作类别对员工的目前工资水平有高度显著的影响。而 $F_{0.01}(1, 20) = 8.10$,$F_X >$

$F_{0.01}(1, 20)$ 可以判断协变量 X 也高度显著,即员工的初始工资水平对其目前工资水平也有高度显著的影响。因此,如果不考虑协变量初始工资水平的影响,进行方差分析得到的结论是不科学的。

3.5
方差分析的 SPSS 应用

3.5.1 单因子方差分析

以例 3.1 为例。

按照顺序:Analyze→Compare Means→One-Way ANOVA,进入单因子方差分析"One-Way ANOVA"对话框中,将指标"y"选入到"Dependent List"框中,因子"竞争者"选入到"Factor"框中,如图 3.2 所示。

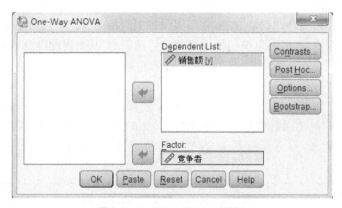

图 3.2 One-Way ANOVA 对话框

点击"OK"即可得出结果,输出结果见表 3.19。

表 3.19 方差分析表
ANOVA

销售额

	Sum of Squares	df	Mean Square	F	Sig.
Between Groups	47 716.667	3	15 905.556	5.124	0.029
Within Groups	24 833.333	8	3 104.167		
Total	72 550.000	11			

表 3.19 给出了竞争者个数对超市销售额的单因子方差分析的结果。表中数据依次为偏差平方和、自由度、均方和、F 值和检验统计量的概率值 P。这里根据概率值 P 与显著性水平 α 的大小比较来作出推断。由于 $P=0.029 < \alpha=0.05$,可以判断因子 A 显著,即竞争者个数对超市的销售额有显著的影响。

3.5.2 多因子方差分析

1. 无交互作用多因子方差分析

以例 3.2 为例。

（1）按照顺序：Analyze→General Linear Model→Univariate，进入"Univariate"对话框中，将指标"职工工资[y]"选入到"Dependent Variable"框中，因子"行业[a]"和"地区[b]"选入到"Fixed Factor"框中，如图 3.3 所示。

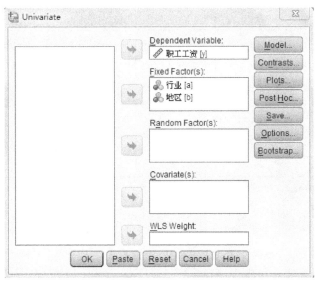

图 3.3　Univariate 对话框

（2）单击"Model"按钮，弹出"Univariate Model"对话框，选择"Custom"。在效应选项中选择主效应选项"Main effects"，将"a"和"b"两个因子选入"Model"框中，如图 3.4 所示。

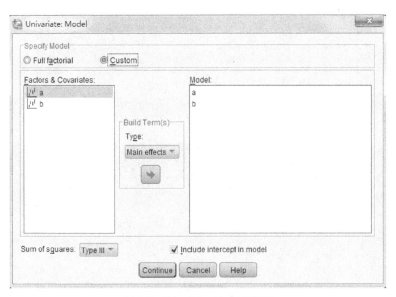

图 3.4　Univariate：Model 对话框

点击"OK"即可得出结果，输出结果见表 3.20。

表 3.20 给出了无交互作用的两因子方差分析的结果。表中数据依次为：偏差平方和、自由度、均方和、F 值及检验统计量的概率值 P。这里，行业因子 A 的概率值 $P = 0.000 < \alpha = 0.01$，可以判断行业因子高度显著，即行业对职工平均工资有高度显著的影响，也说明不同行业的职工平均工资有显著性差异。同理，地区因子 B 的 $P = 0.049 < \alpha = 0.05$，但 $P > 0.01$，

表 3.20　无交互作用的方差分析表

Tests of Between-Subjects Effects

Dependent Variable：职工平均工资

Source	Type III Sum of Squares	df	Mean Square	F	Sig.
Corrected Model	73.913[a]	5	14.783	42.653	0.000
Intercept	769.120	1	769.120	2 219.186	0.000
a	70.297	3	23.432	67.611	0.000
b	3.615	2	1.808	5.216	0.049
Error	2.079	6	0.347		
Total	845.113	12			
Corrected Total	75.992	11			

a. R Squared =0.973 (Adjusted R Squared =0.950).

可以判断地区因子显著，即地区对职工平均工资有显著的影响，也说明不同地区的职工平均工资有显著性差异。

此例中，若要进一步分析哪些行业、哪些地区的职工平均工资之间有显著性差异，可以进行多重比较分析。具体操作步骤如下。

点击方差分析的主对话框（图 3.3）中的"Post Hoc ..."，打开多重比较的对话框（图 3.5），将左边的"a"、"b"选入到右边的"Post Hoc Tests for"中，并勾选下方的"LSD"、"Duncan"方法，然后点击"Continue"返回。运行结果见表 3.21、3.22。

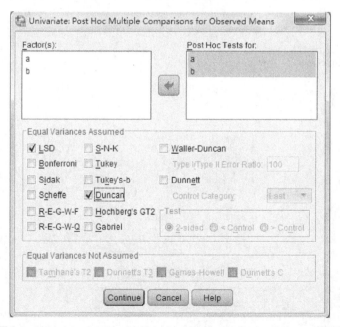

图 3.5　Univariate：Post Hoc Multiple Comparisons for Observed Means 对话框

LSD 方法是对两两总体的均值进行比较检验的一种方法。在表 3.21 中，通过检验统计量的概率值 p 与显著性水平 α 的比较可知：金融业与其他三个行业的职工工资的均值都有显著性差异，教育与其他的三个行业的职工工资的均值都有显著性差异，只有房地产业和制造业的职工工资均值没有显著性差异。

表 3.21 多重比较–LSD 方法

Multiple Comparisons

Dependent Variable：职工工资

	(I) 行业	(J) 行业	Mean Difference (I−J)	Std. Error	Sig.	95% Confidence Interval	
						Lower Bound	Upper Bound
LSD	房地产业	金融业	−5.436 7*	0.480 68	0.000	−6.612 8	−4.260 5
		制造业	0.883 3	0.480 68	0.116	−0.292 8	2.059 5
		教育	−1.430 0*	0.480 68	0.025	−2.606 2	−0.253 8
	金融业	房地产业	5.436 7*	0.480 68	0.000	4.260 5	6.612 8
		制造业	6.320 0*	0.480 68	0.000	5.143 8	7.496 2
		教育	4.006 7*	0.480 68	0.000	2.830 5	5.182 8
	制造业	房地产业	−0.883 3	0.480 68	0.116	−2.059 5	0.292 8
		金融业	−6.320 0*	0.480 68	0.000	−7.496 2	−5.143 8
		教育	−2.313 3*	0.480 68	0.003	−3.489 5	−1.137 2
	教育	房地产业	1.430 0*	0.480 68	0.025	0.253 8	2.606 2
		金融业	−4.006 7*	0.480 68	0.000	−5.182 8	−2.830 5
		制造业	2.313 3*	0.480 68	0.003	1.137 2	3.489 5

Based on observed means.

The error term is Mean Square(Error) =0.347.

*. The mean difference is significant at the 0.05 level.

表 3.22 多重比较–Duncan 方法

职工工资

	行 业	N	Subset		
			1	2	3
Duncan[a,b]	制造业	3	5.626 7		
	房地产业	3	6.510 0		
	教育	3		7.940 0	
	金融业	3			11.946 7
	Sig.		0.116	1.000	1.000

Means for groups in homogeneous subsets are displayed.

Based on observed means.

The error term is Mean Square(Error) =0.347.

a. Uses Harmonic Mean Sample Size = 3.000.

b. Alpha =0.05.

　　Duncan 方法是首先将各总体的均值按照从小到大的顺序排列,然后通过显著性检验将各总体分在不同子集内,在同一子集内的总体的均值之间没有显著性差异,在不同子集内的总体的均值之间有显著性差异。表 3.22 中,共有三个子集,制造业与房地产业在同一子集内,说明这两个行业职工工资的均值无显著性差异,而教育、金融业各在一个子集内,说明这两个行业分别与其他行业职工工资的均值有显著性差异。

　　对于地区因子的多重比较检验结果,这里未列出,读者可以类似地进行分析。

2. 有交互作用多因子方差分析

以例 3.3 为例。

（1）按照顺序：Analyze→General Linear Model→Univariate，进入"Univariate"对话框中，将指标"y"选入到"Dependent Variable"框中，因子"竞争者"和"地区"选入到"Fixed Factor"框中，如图 3.6 所示。

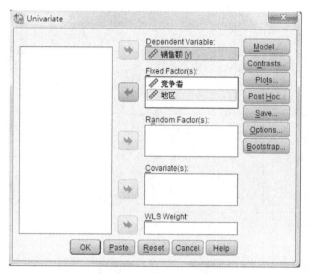

图 3.6　Univariate 对话框

（2）单击"Model"按钮，弹出"Univariate Model"对话框，选择系统默认的"Full factorial"，该选项建立所有因子的主效应和所有交互作用。若选择"Custom"下的"Interaction"选项，则可以设定任意的交互效应。将"竞争者"和"地区"两个因子选入"Model"框中，如图 3.7 所示。

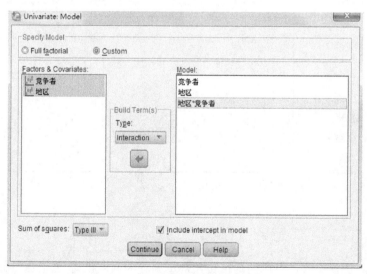

图 3.7　Univariate：Model 对话框

点击"OK"即可得出结果，输出结果见表 3.23。

表 3.23 给出了有交互作用的两因子方差分析的结果。根据概率值 P 与显著性水平 α 的比较来判断，这里，竞争者和地区因子的概率值 P 都为 0.000，可推断这两个因子都高度显著，即竞争者个数和地区对超市的销售额都有高度显著的影响。而竞争者和地区交互作用的 P

表 3.23　有交互作用的方差分析表
Tests of Between-Subjects Effects

Dependent Variable：Y

Source	Type Ⅲ Sum of Squares	df	Mean Square	F	Sig.
Corrected Model	330 592.667[a]	11	30 053.879	12.357	0.000
Intercept	4 528 384.000	1	4 528 384.000	1 861.830	0.000
竞争者	108 662.222	3	36 220.741	14.892	0.000
地区	174 008.000	2	87 004.000	35.771	0.000
竞争者 ＊ 地区	47 922.444	6	7 987.074	3.284	0.017
Error	58 373.333	24	2 432.222		
Total	4 917 350.000	36			
Corrected Total	388 966.000	35			

a. R Squared ＝0.850 (Adjusted R Squared ＝0.781).

值为 0.017，介于显著性水平 0.05 和 0.01 之间，所以可以推断交互作用是显著的，即竞争者和地区的交互作用对超市销售额有显著的影响。

若要进一步找出超市销售额最高的水平组合，为超市的选址提供一定的依据，可以在方差分析的基础上考虑显著性因子及交互作用的边际均值，具体操作步骤如下。

点击方差分析的主对话框（图 3.6）中的"Options"，打开其对话框（图 3.8），将左边的"竞争者""地区""竞争者 ＊ 地区"选入到右边的"Display Means for"中，然后点击"Continue"返回。运行结果见表 3.24、3.25、3.26。

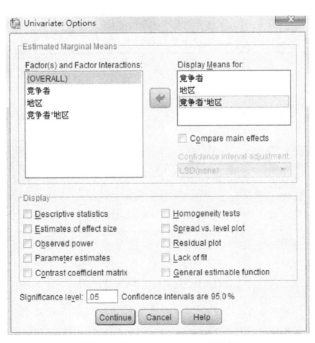

图 3.8　Univariate：Options 对话框

表 3.23 方差分析的结果表明竞争者、地区、竞争者 ＊ 地区都显著，所以，要确定竞争者、地区的最优水平组合，只要考虑竞争者 ＊ 地区的边际均值。在表 3.26 中，"2 个竞争者"和"商业区"的水平组合下超市销售额最大，即超市选址在这样的位置可以取得最大的销售额。

如果交互作用"竞争者 * 地区"不显著,而"竞争者""地区"显著,则通过表 3.24 和表 3.25 确定最优水平组合。表 3.24 的结果表明"2 个竞争者"对应的销售额最大,表 3.25 的结果表明"商业区"对应的销售额最大,这两个水平组合起来即为最优水平组合。

表 3.24 因子"竞争者"的边际均值

Estimated Marginal Means

Dependent Variable:销售额

竞 争 者	Mean	Std. Error	95% Confidence Interval	
			Lower Bound	Upper Bound
0 个竞争者	306.667	16.439	272.738	340.595
1 个竞争者	296.222	16.439	262.293	330.151
2 个竞争者	426.444	16.439	392.516	460.373
3 个以上竞争者	389.333	16.439	355.405	423.262

表 3.25 因子"地区"的边际均值

Dependent Variable:销售额

地 区	Mean	Std. Error	95% Confidence Interval	
			Lower Bound	Upper Bound
商业区	425.000	14.237	395.617	454.383
居民区	379.000	14.237	349.617	408.383
写字楼	260.000	14.237	230.617	289.383

表 3.26 交互作用"竞争者 * 地区"的边际均值

Dependent Variable:销售额

竞争者	地 区	Mean	Std. Error	95% Confidence Interval	
				Lower Bound	Upper Bound
0 个竞争者	商业区	388.333	28.474	329.567	447.100
	居民区	265.000	28.474	206.234	323.766
	写字楼	266.667	28.474	207.900	325.433
1 个竞争者	商业区	360.000	28.474	301.234	418.766
	居民区	313.333	28.474	254.567	372.100
	写字楼	215.333	28.474	156.567	274.100
2 个竞争者	商业区	526.667	28.474	467.900	585.433
	居民区	475.000	28.474	416.234	533.766
	写字楼	277.667	28.474	218.900	336.433
3 个以上竞争者	商业区	425.000	28.474	366.234	483.766
	居民区	462.667	28.474	403.900	521.433
	写字楼	280.333	28.474	221.567	339.100

3.5.3 协方差分析

以例 3.4 为例。

按照顺序：Analyze→General Linear Model→Univariate，进入"Univariate"对话框中，将指标"salary"选入到"Dependent Variable"框中，因子"jobcat"选入到"Fixed Factor"框中，协变量"salbegin"选入到"Covariate"框中，如图3.9所示。

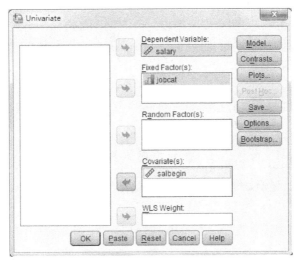

图3.9　Univariate 对话框

点击"OK"即可得出结果，输出结果见表3.27。

表3.27　协方差分析表

Tests of Between-Subjects Effects

Dependent Variable：工资水平

Source	Type III Sum of Squares	df	Mean Square	F	Sig.
Corrected Model	21 645.051[a]	3	7 215.017	74.513	0.000
Intercept	1 888.929	1	1 888.929	19.508	0.000
salbegin	4 208.736	1	4 208.736	43.465	0.000
jobcat	1 918.876	2	959.438	9.909	0.001
Error	1 936.587	20	96.829		
Total	82 115.704	24			
Corrected Total	23 581.639	23			

a. R Squared $=0.918$ (Adjusted R Squared $=0.906$).

表3.27给出了协方差分析的结果。这里，因子 jobcat 的概率值 $P=0.000$，协变量 salbegin 的概率值 $P=0.001$，都小于 $\alpha=0.01$，可推断因子及协变量均高度显著，即工作类别和初始工资水平对员工目前工资水平都有高度显著的影响。

小结

方差分析是通过对实验结果的分析来判断因子是否显著的一种统计方法，它从分析样本的离差平方和入手,鉴别影响事物变化的各种因素的效应是否显著,进而可以找出显著因素的最佳水平。

方差分析可分为以下几种。

（1）单因子方差分析,用来研究一个因子的不同水平是否对指标产生了显著影响。

（2）多因子方差分析,研究两个或两个以上因子是否对指标产生显著影响,这种方法不仅能分析多个因素对指标的独立影响,更能分析多个因素的交互作用能否对指标产生显著影响,进而找到利于指标的最优组合。

（3）协方差分析,是将那些很难人为控制的因素作为协变量,并在排除协变量对指标影响的条件下,分析可以控制的因素对指标的影响,从而更加准确地对试验结果进行评价。

本章主要术语

方差分析、单因子方差分析、多因子方差分析、协方差分析

思考与练习

1. 如何判断因子间有无交互作用?

2. 什么是方差分析? 它研究的是什么?

3. 方差分析中有哪些基本假定?

4. 简述方差分析的基本原理。

5. 解释组间误差和组内误差的含义。

6. 城市道路交通管理部门为研究不同的路段和不同的时间段对行车时间的影响,搜集了3个路段高峰期和非高峰期的30个行车时间的数据,如下表所示(单位:分钟)。

		路　　段		
		路段 1	路段 2	路段 3
时　段	高峰期	36.5	28.1	32.4
		34.1	29.9	33.0
		37.2	32.2	36.2
		35.6	31.5	35.5
		38.0	30.1	35.1
	非高峰期	30.6	27.6	31.8
		27.9	24.3	28.0
		32.4	22.0	26.7
		31.8	25.4	29.3
		27.3	21.7	25.6

试分析路段、时段以及路段和时段的交互作用对行车时间的影响。（$\alpha = 0.05$）

·第 4 章·
正交试验设计

相关实例

➤ 正交试验设计是研究与处理多因素多水平试验的一种科学方法,其优点是以尽可能少的试验次数,迅速获得可靠的、有代表性的试验结果,并能通过对试验结果的分析,选出较好的试验条件,即各因素的最优水平组合。这对于提高生产和科研效率、改进产品的质量,是十分有意义的。

本章将对正交试验设计的基本概念和分析方法作初步介绍。

4.1
正交试验设计的基本方法

在上一章里,介绍了多因子试验的方差分析。可以看到,随着因素的增多,问题也就变得复杂,这里主要有两个方面的问题:一是如何设计试验,既要考虑到试验的次数要少一些,又要考虑到获得的信息要多一些;另一个问题是如何科学地对数据进行分析,要充分利用数据所提供的信息。这两个问题是有联系的,在作试验设计时就应考虑到数据分析的需要。对于多因素的试验,一种最简单的设计是全因素试验,即把各个因素一切可能水平的组合都做一次试验。这种方法的优点是揭示事物内部的规律性比较清楚,但是试验次数太多,当因素太多时是行不通的。

在实际生活中,问题往往比较复杂,影响指标的因子不是一个、两个,而是多个多水平因子。例如三个四水平因子,全部不同水平的搭配共有 $4^3=64$ 个,每一种搭配都做一次试验(称全因子试验)就需做 64 次,而四个四水平因子的全因子试验有 $4^4=256$ 次试验,五个四水平因子的全因子试验有 $4^5=1\,024$ 次试验,等等。随着因子和水平数的增加,全因素试验的次数增加得十分迅速。显然,对于多因素问题,有时全因子试验是无法实施的,应该有更好的试验设计方法对试验方案进行科学的设计和安排,在保证试验结果的前提下,尽可能减少试验的工作量。

因而我们考虑,是否可以选中其中一部分搭配进行试验(称部分实施),而进一步的问题是选哪些进行搭配试验,才可以通过这些试验所获得的数据分析出比较科学、全面的结论。这就需要通过试验设计来解决。试验设计的方法很多,如拉丁方试验设计、平衡不完全区组试验设计等,而近代发展起来的正交试验设计是一种既方便又有效的方法,它在国外特别是在日本已得到广泛的应用,这种试验方法对经济的发展起到了十分重要的作用。

所谓正交试验设计,就是根据一套编排巧妙的"正交表"来安排试验,然后利用正交表的特点对试验结果进行分析。它不仅能够使试验结果的代表性强,而且能从试验结果中迅速找到各因素的最优水平组合,进而使方差分析变得较为简捷适用。

正交表是正交试验设计的基本而重要的工具。在正交试验设计中,安排试验和对试验结果的分析均可在正交表上进行。

表 4.1 列出的是一张 $L_9(3^4)$ 正交表。表中,字母"L"表示是正交表;脚标"9"表示这张表有 9 行,若用这张表来安排试验,则要做 9 次不同的试验;括号内右上角的数字"4"表示这张表有 4 列,用这张表来安排试验时最多只能考虑 4 个因子;数字"3"表示这张表的主体中只有三个不同的数字,即 1,2,3,用这张表来安排试验时,每个因子对应地取 3 个水平。

表 4.1　正交表 $L_9(3^4)$

列　　号	1	2	3	4
1	1	1	1	1
2	1	2	2	2
3	1	3	3	3
4	2	1	2	3
试验号　5	2	2	3	1
6	2	3	1	2
7	3	1	3	2
8	3	2	1	3
9	3	3	2	1

一般地,正交表 $L_n(m^k)$ 是一张 n 行 k 列的数表,其具体含义为:

L——正交表代号

n——正交表的行数(表示试验次数)

m——每列的数字数(表示因子的水平数)

k——正交表的列数(表示最多可安排的因子数)

凡正交表都有以下两个特点。

(1) 每一列中,不同数字出现的次数相等。

例如,正交表 $L_9(3^4)$ 中,每一列都有三个不同数字,每个数字在一列中均出现 3 次。

(2) 任意两列中,将同一横行的两个数字看成有序数对时,每种数对出现的次数相等。

例如,正交表 $L_9(3^4)$ 中,任两列有 9 个有序数对:(1,1),(1,2),(1,3),(2,1),(2,2),(2,3),(3,1),(3,2),(3,3),每个数对都出现一次。

正交表可按其各列不同水平数进行分类。有一类常用正交表,在选用它们安排试验时还可以考察两个因子间的交互作用,称为标准正交表,如二水平正交表：$L_4(2^3)$，$L_8(2^7)$，$L_{16}(2^{15})$，…

三水平正交表：$L_9(3^4)$，$L_{27}(3^{13})$，$L_{81}(3^{40})$，…

四水平正交表：$L_{16}(4^5)$，$L_{64}(4^{21})$，$L_{256}(4^{85})$，…

五水平正交表：$L_{25}(5^6)$，$L_{125}(5^{31})$，$L_{625}(5^{156})$，…

如同方差分析中规定的自由度一样，我们记正交表的自由度 $f_表 = n-1$，正交表每一列的自由度 $f_列 = m-1$，正交表的自由度是每一列自由度之和。

另外还有一些正交表在安排试验时不能考虑因子之间的交互作用，它们分别是

二水平正交表：$L_{12}(2^{11})$，$L_{20}(2^{19})$，…

三水平正交表：$L_{18}(3^7)$，$L_{36}(3^{13})$，…

混合水平正交表：$L_{18}(2 \times 3^7)$，$L_{36}(2^3 \times 3^{13})$，…

这类正交表的自由度不一定等于各列自由度之和或试验次数 n 不是水平数的幂次，但这些正交表在某些场合也很有用，附表给出了一部分正交表及某些正交表两列之间的交互作用表。以下各节将结合具体例子，说明如何用正交表安排试验及如何进行数据的统计分析。

4.2
无交互作用的试验设计与数据分析

下面，结合具体例子来说明如何利用正交表安排试验。

例 4.1　为研究负重训练对中长跑运动员成绩的影响，选取负重量、速度、耐力 3 个因素，各分为 3 种水平进行正交分组试验（表 4.2），测试每名运动员的 800 m 成绩（min）。实验目的是在这三个因子的下述三个水平的各种不同搭配中找出中长跑运动员成绩最高的水平组合，以便有效地提高运动员成绩。

表 4.2　影响中长跑运动员成绩的因素

因　子		A（负重量）	B（速度）	C（耐力）
水平	1	0	100 m×8	1 500 m
	2	3%	150 m×6	2 000 m
	3	5%	200 m×5	3 000 m

这是一个三因子三水平的试验设计问题。我们希望通过试验数据的分析明确每个因子对中长跑运动员成绩这个指标的影响程度，找出最优水平组合及在此条件下平均成绩的点估计和区间估计。这个问题的全因子试验要做 27 次试验。现在我们用正交表安排试验。由于三个因子都是三水平的，所以用三水平正交表，由于不考虑交互作用，所以可以用 $L_9(3^4)$ 表。

选定正交表后，就要把因子放到正交表的列上去，这一步称为表头设计，表头设计有一条规则：因子与交互作用不能混杂，即不能同时放在一列上，一列只能放一个因子或交互作用。在本例中无交互作用，所以可将三个因子放在表 $L_9(3^4)$ 四列中的任意三列上，比如可放在前三列上。表头设计常用表 4.3 的形式给出。

表 4.3　例 4.1 的表头设计

表头设计	A	B	C	
列　　号	1	2	3	4

有了表头设计后就可以列出试验计划,即将放因子的列中的数字 1,2,3 分别改成因子的真实水平,如本例中将第 1 列中的 1,2,3 分别改成负重量的三个水平:0,3%,5%;将第 2 列中的 1,2,3 分别改成速度的三个水平:100 m×8,150 m×6,200 m×5;将第 3 列中的 1,2,3 分别改成耐力的三个水平:1 500 m,2 000 m,3 000 m。这样便可列出一张试验计划表,见表 4.4。

表 4.4　例 4.1 的实验计划及结果

试　验　号	A	B	C	800 成绩(min)
1	0	100 m×8	1 500 m	2.27
2	0	150 m×6	2 000 m	2.30
3	0	200 m×5	3 000 m	2.25
4	3%	100 m×8	2 000 m	2.18
5	3%	150 m×6	3 000 m	2.13
6	3%	200 m×5	1 500 m	2.17
7	5%	100 m×8	3 000 m	2.16
8	5%	150 m×6	1 500 m	2.22
9	5%	200 m×5	2 000 m	2.20

表中每行都代表一个试验方案,如第一行是 (1,1,1),那么第 1 号试验就应把试验条件控制为 $A_1B_1C_1$,即负重训练 0,速度 100 m×8,耐力 1 500 m,以下各次试验依此类推。按此方案,本例一共进行 9 次试验,将运动员的 800 m 成绩作为实验结果记录于表 4.4 的最右一列中。接下来就是根据这组数据来分析各因素对指标的影响大小以及选择最优水平的组合。

以上各个步骤总结起来便是试验设计和实施过程,可归纳成以下几个内容。

1. 试验设计与实施

(1) 明确试验目的,根据具体情况确定要考察的、对指标可能有影响的因子,以及每个因子的水平。

(2) 根据因子、水平数选择合适的正交表。选表时既要考虑试验次数要少,又要注意所有因子与交互作用的自由度之和必须小于正交表的自由度,以保证不发生混杂。

(3) 进行表头设计,注意不能有混杂现象。

(4) 列出试验计划,并按试验计划进行试验,记录试验结果。

有了试验结果,就可以进行统计分析,以明确哪些因子对指标有显著影响,并找出最优生产条件。

2. 数据的统计分析

任何统计分析的方法都建立在一定的数学模型之上,正交试验设计中的数学模型类似于方差分析的数学模型。

(1) 数学模型

我们以 μ 表示一般水平,以 a_i,b_j,c_k 分别表示 A_i,B_j,C_k 水平的效应,以 y 表示试验结果,即指标。在例 4.1 中有 9 个试验结果,其数学模型为:

$$
\begin{cases}
y_1 = \mu + a_1 + b_1 + c_1 + \varepsilon_1, \\
y_2 = \mu + a_1 + b_2 + c_2 + \varepsilon_2, \\
y_3 = \mu + a_1 + b_3 + c_3 + \varepsilon_3, \\
y_4 = \mu + a_2 + b_1 + c_2 + \varepsilon_4, \\
y_5 = \mu + a_2 + b_2 + c_3 + \varepsilon_5, \\
y_6 = \mu + a_2 + b_3 + c_1 + \varepsilon_6, \\
y_7 = \mu + a_3 + b_1 + c_3 + \varepsilon_7, \\
y_8 = \mu + a_3 + b_2 + c_1 + \varepsilon_8, \\
y_9 = \mu + a_3 + b_3 + c_2 + \varepsilon_9, \\
a_1 + a_2 + a_3 = 0, \ b_1 + b_2 + b_3 = 0, \ c_1 + c_2 + c_3 = 0, \\
\varepsilon_i \sim N(0, \sigma^2), 相互独立, i = 1, 2, \cdots, 9
\end{cases}
\tag{4-1}
$$

用这些数据要检验下列假设：

$$
H_{01}: a_1 = a_2 = a_3 = 0
$$
$$
H_{02}: b_1 = b_2 = b_3 = 0
$$
$$
H_{03}: c_1 = c_2 = c_3 = 0
$$

若假设 H_{01} 成立，则说明因子 A 取三水平对指标 y 的影响不显著。类似的，H_{02}、H_{03} 成立，分别表示因子 B、C 取三水平对 y 的影响不显著。

（2）F 检验

要对这些假设作检验，与上一章方差分析一样可以选用 F 统计量。为此要对总的偏差平方和进行分解，按例 4.1 应作如下分解

$$
S_T = S_A + S_B + S_C + S_e
$$

按上一章的公式，应有

$$
S_T = \sum_{i=1}^{9} (y_i - \bar{y})^2 = \sum_{i=1}^{9} y_i^2 - CT
\tag{4-2}
$$

其中

$$
CT = \frac{\left(\sum_{i=1}^{9} y_i \right)^2}{9} \triangleq \frac{T^2}{9}, \ T = \sum_{i=1}^{9} y_i
$$

为计算 S_A，S_B，S_C，S_e，我们可结合正交表进行。由于因子 A 放在第 1 列，第 1 列三个 "1" 对应的数据和为

$$
I_1 = y_1 + y_2 + y_3
$$

又根据数据结构式（4-1），代入得

$$
\begin{aligned}
I_1 &= \mu + a_1 + b_1 + c_1 + \varepsilon_1 + \mu + a_1 + b_2 + c_2 + \varepsilon_2 + \mu + a_1 + b_3 + c_3 + \varepsilon_3 \\
&= 3\mu + 3a_1 + \varepsilon_1 + \varepsilon_2 + \varepsilon_3 \\
\bar{I}_1 &= \frac{I_1}{3} = \mu + a_1 + \frac{\varepsilon_1 + \varepsilon_2 + \varepsilon_3}{3}
\end{aligned}
$$

同理,第 1 列三个"2""3"对应的数据和及平均值分别为

$$\text{II}_1 = y_4 + y_5 + y_6 = 3\mu + 3a_2 + \varepsilon_4 + \varepsilon_5 + \varepsilon_6$$

$$\text{III}_1 = y_7 + y_8 + y_9 = 3\mu + 3a_3 + \varepsilon_7 + \varepsilon_8 + \varepsilon_9$$

$$\overline{\text{II}}_1 = \mu + a_2 + \frac{\varepsilon_4 + \varepsilon_5 + \varepsilon_6}{3}$$

$$\overline{\text{III}}_1 = \mu + a_3 + \frac{\varepsilon_7 + \varepsilon_8 + \varepsilon_9}{3}$$

根据数据结构式(4-1),又可得

$$\overline{y} = \mu + \frac{1}{9}\left(\sum_{i=1}^{9}\varepsilon_i\right) = \mu + \overline{\varepsilon}$$

由此可见,因子 A 的偏差平方和可用第 1 列中 $\overline{\text{I}}_1$,$\overline{\text{II}}_1$,$\overline{\text{III}}_1$ 与 $\overline{y}$ 的偏差平方和(称第 1 列偏差平方和)进行计算,即

$$S_A = S_1 = 3(\overline{\text{I}}_1 - \overline{y})^2 + 3(\overline{\text{II}}_1 - \overline{y})^2 + 3(\overline{\text{III}}_1 - \overline{y})^2$$
$$= \frac{\text{I}_1^2 + \text{II}_1^2 + \text{III}_1^2}{3} - CT \tag{4-3}$$

同理,因为因子 B,C 放在第 2,3 列上,所以有

$$S_B = S_2 = \frac{\text{I}_2^2 + \text{II}_2^2 + \text{III}_2^2}{3} - CT \tag{4-4}$$

$$S_C = S_3 = \frac{\text{I}_3^2 + \text{II}_3^2 + \text{III}_3^2}{3} - CT \tag{4-5}$$

第 4 列在表头设计时空着,我们称它为空白列,这一列的偏差平方和为

$$S_4 = 3(\overline{\text{I}}_4 - \overline{y})^2 + 3(\overline{\text{II}}_4 - \overline{y})^2 + 3(\overline{\text{III}}_4 - \overline{y})^2$$
$$= \frac{\text{I}_4^2 + \text{II}_4^2 + \text{III}_4^2}{3} - CT$$
$$= 3\left(\mu + \frac{\varepsilon_1 + \varepsilon_5 + \varepsilon_9}{3} - \mu - \overline{\varepsilon}\right)^2 + 3\left(\mu + \frac{\varepsilon_2 + \varepsilon_6 + \varepsilon_7}{3} - \mu - \overline{\varepsilon}\right)^2 \tag{4-6}$$
$$+ 3\left(\mu + \frac{\varepsilon_3 + \varepsilon_4 + \varepsilon_8}{3} - \mu - \overline{\varepsilon}\right)^2$$

可见它纯粹是由试验误差引起的,所以它是误差平方和,即

$$S_e = S_4$$

我们不难证明在正交表 $L_9(3^4)$ 中有

$$S_T = \sum_{j=1}^{4} S_j$$

这表明,正交表 $L_9(3^4)$ 上各列偏差平方和即为总偏差平方和,且各列自由度之和等于正交表的总自由度。前面所述第一类正交表(即可安排交互作用的正交表)都有此性质。

下面我们列表计算 $S_j, j=1,2,3,4$，见表 4.5，并列表进行 F 检验，见表 4.6。

表 4.5　例 4.1 计算表

列　号		A 1	B 2	C 3	4	y
试验号	1	1	1	1	1	2.27
	2	1	2	2	2	2.30
	3	1	3	3	3	2.25
	4	2	1	2	3	2.18
	5	2	2	3	1	2.13
	6	2	3	1	2	2.17
	7	3	1	3	2	2.16
	8	3	2	1	3	2.22
	9	3	3	2	1	2.20
I_j		6.82	6.61	6.66	6.60	$T=19.88$
II_j		6.48	6.65	6.68	6.63	$CT=\dfrac{T^2}{9}=43.9127$
III_j		6.58	6.62	6.54	6.65	$\sum\limits_{i=1}^{9} y_i^2=43.9376$
$S_j=\dfrac{\mathrm{I}_j^2+\mathrm{II}_j^2+\mathrm{III}_j^2}{3}-CT$		0.0204	0.0003	0.0038	0.0004	$S_T=0.0249$

可用

$$\mathrm{I}_j+\mathrm{II}_j+\mathrm{III}_j=T, \quad j=1,2,3,4$$

$$S_T=\sum_{i=1}^{9} y_i^2-CT=\sum_{j=1}^{4} S_j$$

检查计算是否有误。

表 4.6　例 4.1 方差分析表

来　源	平方和 S	自由度 df	方差 V	F　比	显著性
A	0.0204	2	0.0102	51.00	$*$
B	0.0003	2	0.00015	0.75	
C	0.0038	2	0.0019	9.50	（$*$）
e	0.0004	2	0.0002		
T	0.0249	8			

$F_{0.01}(2,2)=99.0$, $F_{0.05}(2,2)=19.0$, $F_{0.1}(2,2)=9.0$。

由 F 检验统计值与临界值的比较可知，因子 A 是显著的，因子 C 一般显著，而因子 B 不显著。为找出中长跑运动员成绩的最优水平组合，只要分别找出显著因子的最优水平。要找到 A 的最优水平，可以比较边际均值 $\bar{a}_1=\dfrac{\mathrm{I}_1}{3}$，$\bar{a}_2=\dfrac{\mathrm{II}_1}{3}$，$\bar{a}_3=\dfrac{\mathrm{III}_1}{3}$，即比较 I_1、II_1、III_1 的大小。由表 4.5 可知，II_1 最小，成绩最好，因此，A 的最优水平为 A_2。同理，要找 C 的最优水平，可以比较边际均值 $\bar{c}_1=\dfrac{\mathrm{I}_3}{3}$，$\bar{c}_2=\dfrac{\mathrm{II}_3}{3}$，$\bar{c}_3=\dfrac{\mathrm{III}_3}{3}$，即比较 I_3、II_3、III_3 的大小。由表 4.5

可知，C 的最优水平为 C_3。由于因子 B 不显著，可以取任一水平。考虑到 B 取 B_1 时运动员跑的距离最短，运动员的体力消耗相对较少。综合来看，中长跑运动员成绩最好的最优训练组合是 $A_2B_1C_3$，这个试验条件不在 9 次试验中，这正是正交试验设计的优越性，它通过 9 次试验数据，可以分析三个三水平因子的 27 种搭配情况。下面我们讨论在最优组合条件下，平均成绩 $\mu_优$ 的点估计和区间估计。

（3）最优条件下指标平均值的估计

由于因子 B 不显著，故可认为一切效应 $b_j = 0$，$j = 1,2,3$，从而最优条件下指标平均值的点估计为

$$\hat{\mu}_优 = \hat{\mu} + \hat{a}_2 + \hat{c}_3$$

同方差分析一样，一般平均及效应的估计为

$$\hat{\mu} = \bar{y}, \quad \hat{a}_2 = \overline{\mathrm{II}}_1 - \bar{y}, \quad \hat{c}_3 = \overline{\mathrm{III}}_3 - \bar{y}$$

故而

$$\hat{\mu}_优 = \overline{\mathrm{II}}_1 + \overline{\mathrm{III}}_3 - \bar{y} = \frac{6.48}{3} + \frac{6.54}{3} - \frac{19.88}{9} = 2.131\,1$$

$\hat{\mu}_优$ 的置信水平为 $1 - \alpha$ 的置信区间为

$$(\hat{\mu}_优 - \delta, \hat{\mu}_优 + \delta),$$

其中

$$\delta = \sqrt{F_\alpha(1, f'_e)V'_e / n_e}$$

而 $V'_e = S'_e / f'_e$，$S'_e = S_e + $ 不显著因子的 S 之和，$f'_e = f_e + $ 不显著因子的 f 之和。

$$n_e = \frac{总试验次数}{1 + 显著因子自由度之和}$$

在例 4.1 中取 $\alpha = 0.05$，则

$$S'_e = S_e + S_B = 0.000\,7,$$
$$f'_e = f_e + f_B = 4,$$
$$V'_e = 0.000\,175,$$
$$n_e = \frac{9}{1 + 2 + 2} = 1.8,$$
$$F_{0.05}(1, 4) = 7.708\,6,$$
$$\delta = \sqrt{7.708\,6 \times 0.000\,175 \div 1.8} = 0.027\,4,$$

则 $\hat{\mu}_优$ 的置信水平为 95% 的置信区间是 $(2.103\,7, 2.158\,5)$。

4.3

有交互作用的试验设计与数据分析

前面介绍的正交试验设计方法，没有考虑因素间的交互作用，但在许多实际试验中，因素间

的交互作用是不可忽略的。实际上,正交表在编制过程中已经考虑了列与列之间的交互作用,为了查用方便,一般正交表后都附有该表的交互作用表,是专门用来安排有交互作用的试验的。

我们仍从一个例子出发加以说明。

例 4.2　为提高教学效果,通过试验设计找出影响教学效果的因素。现选择某门课程,由一名教师授课,根据经验取三个因素,每个因素取两个水平,具体如表 4.7 所示。

表 4.7　影响教学效果的因素

因　　子		A(授课方法)	B(内容难易)	C(学生知识水平)
水平	1	启发讲授法	内容较难	学习较好
	2	学导法	内容较易	学习较差

又根据经验,因子 A 与 B 之间、A 与 C 之间、B 与 C 之间可能存在交互作用,因而希望通过试验结果一起分析一下交互作用是否对教学效果有影响。

这是考察三个二水平因子加三个二水平因子间的交互作用,所以我们仍然从二水平正交表中去加以选取。$L_4(2^3)$ 肯定排不下,$L_8(2^7)$ 是否行呢? 若无交互作用,肯定够了,现在有交互作用,能否仍然用这张表安排试验分析呢? 由于两个二水平因子的交互作用自由度仍为 1,所以可将它看做一个二水平因子,因而相当于共有六个二水平因子,仍可以用 $L_8(2^7)$ 正交表。

选定正交表后要进行表头设计。在考虑交互作用时因子就不能随便放,通常是先安排有交互作用的两个因子。在例 4.2 中,可先将因子 A,B 分别放置于第 1,2 列上,然后借助于两列间的交互作用表找出交互作用所在列。正交表 $L_8(2^7)$ 的交互作用如表 4.8 所示。

表 4.8　$L_8(2^7)$ 两列间交互作用

列　　号	1	2	3	4	5	6	7
列号(　)	(1)	3	2	5	4	7	6
		(2)	1	6	7	4	5
			(3)	7	6	5	4
				(4)	1	2	3
					(5)	3	2
						(6)	1

在用正交表安排有交互作用的试验时,要把两个因子的交互作用当成一个新的因子来看待,安排在正交表的列中,它所占的列,称为交互作用列。如要知道正交表 $L_8(2^7)$ 中第 1,2 列的交互作用列,应在交互作用表中找到带括号的(1)和(2),(1)所处的行与(2)所处的列的交叉位置上标明的数字 3,就是交互作用列的列号。也就是说第 1 列和第 2 列的交互作用列是第 3 列。同样可查得第 1,4 列的交互作用列是第 5 列,第 2,4 列的交互作用列是第 6 列。例 4.2 中,因子 A,B 的交互作用放在第 3 列,于是在第 3 列上标上交互作用 $A \times B$,以便进行数据分析,然后再将其他因子放在剩下来的几列上。例 4.2 的表头设计如表 4.9 所示。

表 4.9　例 4.2 的表头设计

表头设计	A	B	$A \times B$	C	$A \times C$	$B \times C$	
列　　号	1	2	3	4	5	6	7

有了表头设计后,只要将放因子的列取出,将其中的 1 和 2 改为该因子的真实水平,而交互作用所在的列与空白列不必考虑,就可以得到相应的试验计划。例 4.2 中的教学效果以每组学生的平均考试成绩来衡量,具体试验结果如表 4.10 所示。

表 4.10　例 4.2 的试验计划及结果

试验号	A	B	C	成绩(分)
1	启发讲授法	内容较难	学习较好	84.4
2	启发讲授法	内容较难	学习较差	65.2
3	启发讲授法	内容较易	学习较好	87.2
4	启发讲授法	内容较易	学习较差	80.9
5	学导法	内容较难	学习较好	87.4
6	学导法	内容较难	学习较差	69.7
7	学导法	内容较易	学习较好	83.5
8	学导法	内容较易	学习较差	83.0

在这个问题中不仅要分析每个因子对教学效果的影响程度,还要分析因子 A 与 B、A 与 C、B 与 C 的交互作用对教学效果的影响。为此先考虑其相应的数学模型。

1. 数学模型

$$\left\{\begin{array}{l}
y_1 = \mu + a_1 + b_1 + (ab)_{11} + c_1 + (ac)_{11} + (bc)_{11} + \varepsilon_1, \\
y_2 = \mu + a_1 + b_1 + (ab)_{11} + c_2 + (ac)_{12} + (bc)_{12} + \varepsilon_2, \\
y_3 = \mu + a_1 + b_2 + (ab)_{12} + c_1 + (ac)_{11} + (bc)_{21} + \varepsilon_3, \\
y_4 = \mu + a_1 + b_2 + (ab)_{12} + c_2 + (ac)_{12} + (bc)_{22} + \varepsilon_4, \\
y_5 = \mu + a_2 + b_1 + (ab)_{21} + c_1 + (ac)_{21} + (bc)_{11} + \varepsilon_5, \\
y_6 = \mu + a_2 + b_1 + (ab)_{21} + c_2 + (ac)_{22} + (bc)_{12} + \varepsilon_6, \\
y_7 = \mu + a_2 + b_2 + (ab)_{22} + c_1 + (ac)_{21} + (bc)_{21} + \varepsilon_7, \\
y_8 = \mu + a_2 + b_2 + (ab)_{22} + c_2 + (ac)_{22} + (bc)_{22} + \varepsilon_8, \\
a_1 + a_2 = b_1 + b_2 = c_1 + c_2 = d_1 + d_2 = 0, \\
(ab)_{11} + (ab)_{12} = (ab)_{11} + (ab)_{21} = (ab)_{12} + (ab)_{22} = (ab)_{21} + (ab)_{22} = 0, \\
(ac)_{11} + (ac)_{12} = (ac)_{11} + (ac)_{21} = (ac)_{12} + (ac)_{22} = (ac)_{21} + (ac)_{22} = 0, \\
(bc)_{11} + (bc)_{12} = (bc)_{11} + (bc)_{21} = (bc)_{12} + (bc)_{22} = (bc)_{21} + (bc)_{22} = 0, \\
\varepsilon_i \sim N(0, \sigma^2),\text{相互独立},i = 1, 2, \cdots, 8
\end{array}\right. \tag{4-7}$$

用这些数据要检验下列假设

$$H_{01}: a_1 = a_2 = 0$$
$$H_{02}: b_1 = b_2 = 0$$
$$H_{03}: c_1 = c_2 = 0$$
$$H_{04}: (ab)_{11} = (ab)_{12} = (ab)_{21} = (ab)_{22} = 0$$
$$H_{05}: (ac)_{11} = (ac)_{12} = (ac)_{21} = (ac)_{22} = 0$$
$$H_{06}: (bc)_{11} = (bc)_{12} = (bc)_{21} = (bc)_{22} = 0$$

若假设 H_{01} 成立,说明因子 A 对成绩 y 影响不显著,其余因子类似。而 H_{04} 成立,则说明因子 A 与 B 的交互作用对成绩 y 影响不显著,其余交互作用类似。

2. F 检验

与前面一样,利用正交表 $L_8(2^7)$,我们可以计算出每一列的偏差平方和

$$S_j = 4(\overline{\mathrm{I}}_j - \bar{y})^2 + 4(\overline{\mathrm{II}}_j - \bar{y})^2 = \frac{\overline{\mathrm{I}}_j^2 + \overline{\mathrm{II}}_j^2}{4} - CT, \ j = 1, 2, \cdots, 7$$

且有

$$S_T = \sum_{i=1}^{8} y_i^2 - CT = \sum_{j=1}^{7} S_j$$

其中

$$CT = \frac{\left(\sum\limits_{i=1}^{8} y_i\right)^2}{8} \triangleq \frac{T^2}{8}, \ T = \sum_{i=1}^{8} y_i$$

根据数据结构式知

$$S_1 = 4\left[a_1 + \frac{1}{4}(\varepsilon_1 + \varepsilon_2 + \varepsilon_3 + \varepsilon_4) - \bar{\varepsilon}\right]^2 + 4\left[a_2 + \frac{1}{4}(\varepsilon_5 + \varepsilon_6 + \varepsilon_7 + \varepsilon_8) - \bar{\varepsilon}\right]^2$$

可见除了误差影响外,主要反映因子 A 取两个水平对 y 的影响,所以有

$$S_A = S_1$$

同理有

$$S_B = S_2, \ S_C = S_4$$

对因子 A 与 B 交互作用所在的列——第三列计算 S_3 有

$$S_3 = 4\left(\frac{y_1 + y_2 + y_7 + y_8}{4} - \bar{y}\right)^2 + 4\left(\frac{y_3 + y_4 + y_5 + y_6}{4} - \bar{y}\right)^2$$

$$= 4\left[\frac{(ab)_{11} + (ab)_{22}}{2} + \frac{\varepsilon_1 + \varepsilon_2 + \varepsilon_7 + \varepsilon_8}{4} - \bar{\varepsilon}\right]^2$$

$$+ 4\left[\frac{(ab)_{12} + (ab)_{21}}{2} + \frac{\varepsilon_3 + \varepsilon_4 + \varepsilon_5 + \varepsilon_6}{4} - \bar{\varepsilon}\right]^2$$

可见在 S_3 中除了误差影响外,主要是因子 A,B 的交互作用对 y 的影响,因而有

$$S_{A \times B} = S_3$$

同理有

$$S_{A \times C} = S_5, \ S_{B \times C} = S_6$$

读者可以自行验证。空白列的偏差平方和只有误差的影响,因而有

$$S_e = S_7$$

我们可以在正交表 $L_8(2^7)$ 上计算 S_j,特别要指出的,对二水平列而言,S_j 的计算还可以用另一个简化公式,即

$$S_j = \frac{\mathrm{I}_j^2 + \mathrm{II}_j^2}{4} - CT = \frac{(\mathrm{I}_j - \mathrm{II}_j)^2}{8}, \ j = 1, 2, \cdots, 7 \tag{4-8}$$

在计算过程中可以用公式

$$\text{I}_j + \text{II}_j = \sum_{i=1}^{8} y_i \triangleq T, \quad j = 1, 2, \cdots, 7$$

$$(4-9)$$

$$S_T = \sum y_i^2 - CT = \sum_{j=1}^{7} S_j$$

检查计算过程是否有误。对每个因子和对交互作用的 F 检验可以在方差分析表上进行，其结果分别见表 4.11 和表 4.12。

表 4.11　例 4.2 计算表

列　号		A 1	B 2	$A \times B$ 3	C 4	$A \times C$ 5	$B \times C$ 6	7	y
试验号	1	1	1	1	1	1	1	1	84.4
	2	1	1	1	2	2	2	2	65.2
	3	1	2	2	1	1	2	2	87.2
	4	1	2	2	2	2	1	1	80.9
	5	2	1	2	1	2	1	2	87.4
	6	2	1	2	2	1	2	1	69.7
	7	2	2	1	1	2	2	1	83.5
	8	2	2	1	2	1	1	2	83.0
I_j		317.7	306.7	316.1	342.5	324.3	335.7	318.5	$T = 641.3$
II_j		323.6	334.6	325.2	298.8	317.0	305.6	322.8	$\sum_{i=1}^{8} y_i^2 = 51\,881.15$
$S_j = \dfrac{(\text{I}_j - \text{II}_j)^2}{8}$		4.35	97.30	10.35	238.71	6.66	113.25	2.31	$S_T = 472.94$

表 4.12　例 4.2 方差分析表

来　源	平方和 S	自由度 df	方差 V	F 比	显著性
A	4.35	1	4.35	1.88	
B	97.30	1	97.30	42.12	(＊)
C	238.71	1	238.71	103.34	(＊)
$A \times B$	10.35	1	10.35	4.48	
$A \times C$	6.66	1	6.66	2.88	
$B \times C$	113.25	1	113.25	49.03	(＊)
e	2.31	1	2.31		
T	472.94	7			

$F_{0.05}(1, 1) = 161.45$，$F_{0.1}(1, 1) = 39.86$。

方差分析结果表明交互作用 $B \times C$ 与因子 B、C 对教学效果有显著影响。所以，我们要寻找 B 与 C 的最好搭配，只要找到 $B \times C$ 的最好搭配，此时需比较 $B_i C_j$ 条件下各平均成绩的大小，为此要计算如下的交互作用搭配表，见表 4.13。

由此可知，$B_1 C_1$ 水平下的 y 的均值最大，所以我们找到使教学效果最好的条件是 $B_1 C_1$，即对于学习较好的学生，讲授较难的内容会取得更好的教学效果。而 $B_1 C_2$ 水平下的 y 的均值最小，表明对于学习较差的学生，讲授较难的内容却会取得非常差的教学效果。所以，在授课中，需要充分考虑学生的基础，选择适当难度的教学内容，以取得较好的教学效果。

表 4.13 $B \times C$ 搭配表

	B_1	B_2
C_1	$\dfrac{y_1 + y_5}{2} = 85.9$	$\dfrac{y_3 + y_7}{2} = 85.35$
C_2	$\dfrac{y_2 + y_6}{2} = 67.45$	$\dfrac{y_4 + y_8}{2} = 81.95$

3. 一般情况

例 4.2 介绍了有交互作用情况下用正交表安排试验与数据分析的方法。对一般有交互作用的正交试验设计而言,因子的自由度与所占列的自由度相等,同样两个因子交互作用的自由度也应该与它所占列的自由度相同。例如两个三水平因子的交互作用自由度为 4,因而两个三水平因子的交互作用应占三水平正交表上两列,具体是哪两列,可查相应的交互作用列表。在表头设计中应注意正交表上每一列只能被因子或因子的交互作用所占,不能混杂,因而在选表时必须满足下述条件:

正交表的自由度≥因子及两个因子交互作用自由度的总和。

下面就试验设计时表头设计举几个例子。

例 4.3 考虑四个二水平因子 A,B,C,D,且考察交互作用 $A \times B$,$A \times C$。

$$f_{\text{因}} + f_{\text{交}} = 1 \times 4 + 1 \times 2 = 6$$

所以正交表的自由度至少为 6,选 $L_8(2^7)$。利用表 4.8 可作表头设计如下。

表 4.14 例 4.3 的表头设计

表头设计	A	B	$A \times B$	C	$A \times C$		D
列　号	1	2	3	4	5	6	7

例 4.4 考虑四个二水平因子 A,B,C,D,且考察交互作用 $A \times B$,$C \times D$。

$$f_{\text{因}} + f_{\text{交}} = 1 \times 4 + 1 \times 2 = 6$$

但如果用 $L_8(2^7)$ 安排试验时,总要发生混杂,因而需选用更大一些的正交表,用 $L_{16}(2^{15})$。利用附表中 $L_{16}(2^{15})$ 的两列间的交互作用列表,可作如下表头设计。

表 4.15 例 4.4 的表头设计

表头设计	A	B	$A \times B$	C				D				$C \times D$			
列　号	1	2	3	4	5	6	7	8	9	10	11	12	13	14	15

例 4.5 考虑四个三水平因子 A,B,C,D,且考察交互作用 $A \times B$,$A \times C$。

$$f_{\text{因}} + f_{\text{交}} = 2 \times 4 + 4 \times 2 = 16$$

故选用 $L_{27}(3^{13})$。利用附表中 $L_{27}(3^{13})$ 的两列间的交互作用列表,可进行如下的表头设计。

表 4.16 例 4.5 的表头设计

表头设计	A	B	$A \times B$		C	$A \times C$		D					
列　号	1	2	3	4	5	6	7	8	9	10	11	12	13

从以上几例可以看出,如果考察的交互作用越多,试验次数也就越多,所以如果根据工程经验可以不考虑交互作用,应尽量不予考虑,当然可能存在的交互作用也不能忽略,否则会导致数据分析得出错误结论。

在对因子和因子交互作用进行 F 检验时,关键是计算正交表中每一列的偏差平方和,因为无论是因子的偏差平方和还是两个因子的交互作用的偏差平方和都可以用正交表中列的偏差平方和计算。如例 4.5 中

$$S_A = S_1,\ S_B = S_2,\ S_C = S_5,\ S_D = S_8$$
$$S_{A\times B} = S_3 + S_4,\ S_{A\times C} = S_6 + S_7$$

总结二水平、三水平正交表中每一列偏差平方和的计算公式,并将其推广得下列一系列计算公式。

对 $L_8(2^7)$

$$S_j = \frac{\text{I}_j^2 + \text{II}_j^2}{4} - \frac{T^2}{8} = \frac{(\text{I}_j - \text{II}_j)^2}{8},\ j = 1, 2, \cdots, 7 \tag{4-10}$$

对 $L_{16}(2^{15})$

$$S_j = \frac{\text{I}_j^2 + \text{II}_j^2}{8} - \frac{T^2}{16} = \frac{(\text{I}_j - \text{II}_j)^2}{16},\ j = 1, 2, \cdots, 15 \tag{4-11}$$

对 $L_9(3^4)$

$$S_j = \frac{\text{I}_j^2 + \text{II}_j^2 + \text{III}_j^2}{3} - \frac{T^2}{9},\ j = 1, 2, 3, 4 \tag{4-12}$$

对 $L_{27}(3^{13})$

$$S_j = \frac{\text{I}_j^2 + \text{II}_j^2 + \text{III}_j^2}{9} - \frac{T^2}{27},\ j = 1, 2, \cdots, 13 \tag{4-13}$$

对 $L_{16}(4^5)$

$$S_j = \frac{\text{I}_j^2 + \text{II}_j^2 + \text{III}_j^2 + \text{IV}_j^2}{4} - \frac{T^2}{16},\ j = 1, 2, \cdots, 5 \tag{4-14}$$

对 $L_{25}(5^6)$

$$S_j = \frac{\text{I}_j^2 + \text{II}_j^2 + \text{III}_j^2 + \text{IV}_j^2 + \text{V}_j^2}{5} - \frac{T^2}{25},\ j = 1, 2, \cdots, 6 \tag{4-15}$$

对一般正交表 $L_n(q^l)$,S_j 的计算公式为

$$S_j = \frac{\text{I}_j^2 + \text{II}_j^2 + \cdots + q_j^2}{n/q} - \frac{T^2}{n} \tag{4-16}$$

其中 $\dfrac{n}{q}$ 即为同一水平下的重复次数。

重复试验与重复取样

在使用正交表安排试验时常会遇到下述两种情况。

（1）正交表各列均被因子或交互作用占满，无空白列。这时没有误差的偏差平方和，不能进行方差分析。为此，一种办法是利用以往数据估计 σ^2，且取 $V_e = \hat{\sigma}^2$，而 $f_e = \infty$。当没有这种数据时，可用扩大的正交表，也可用在同一试验条件下进行若干次重复试验或重复取样。

（2）尽管正交表本身可能留有空白列，而由于试验本身的需要进行了重复试验或重复取样。

在有重复试验或重复取样的情况下，为了充分利用数据所提供的信息，我们要讨论这种情况下的数据处理问题，首先要注意重复试验或重复取样数据本身是有区别的。**重复试验**是指对同一个试验条件重复进行 m 次试验，从而得到 m 个数据，这 m 个数据的差异反映了试验误差的影响。而**重复取样**是指在一个试验做好后，从中取 m 个样品测定其指标。因而这时 m 个数据的差异主要是产品不均匀、测试的误差，而不是试验误差。所以这两种数据形式相同而实质是不同的，数据结构式也不同，应该分别加以处理。

4.4.1　重复试验

例 4.6　据经验，影响混炼胶的抗拉强度的可能有四个因子 A，B，C，D，每个因子取三水平，用 $L_9(3^4)$ 安排试验，表头设计如表 4.17 所示。

表 4.17　例 4.6 的表头设计

表头设计	A	B	C	D
列　号	1	2	3	4

由于没有空白列，不能进行 F 检验，如用 $L_{27}(3^{13})$，试验次数要增加两倍，因而考虑在每一个条件下重复进行两次试验，试验结果列于表 4.18，试进行统计分析。

本例的数学模型为

$$
\begin{cases}
y_{1k} = \mu + a_1 + b_1 + c_1 + d_1 + \varepsilon_{1k}, \\
y_{2k} = \mu + a_1 + b_2 + c_2 + d_2 + \varepsilon_{2k}, \\
y_{3k} = \mu + a_1 + b_3 + c_3 + d_3 + \varepsilon_{3k}, \\
y_{4k} = \mu + a_2 + b_1 + c_2 + d_3 + \varepsilon_{4k}, \\
y_{5k} = \mu + a_2 + b_2 + c_3 + d_1 + \varepsilon_{5k}, \\
y_{6k} = \mu + a_2 + b_3 + c_1 + d_2 + \varepsilon_{6k}, \\
y_{7k} = \mu + a_3 + b_1 + c_3 + d_2 + \varepsilon_{7k}, \\
y_{8k} = \mu + a_3 + b_2 + c_1 + d_3 + \varepsilon_{8k}, \\
y_{9k} = \mu + a_3 + b_3 + c_2 + d_1 + \varepsilon_{9k}, \\
a_1 + a_2 + a_3 = b_1 + b_2 + b_3 = c_1 + c_2 + c_3 = d_1 + d_2 + d_3 = 0, \\
\varepsilon_i \sim N(0, \sigma^2)，相互独立，i = 1, 2, \cdots, 9, k = 1, 2
\end{cases}
$$

利用这些数据要检验

$$H_{01}: a_1 = a_2 = a_3 = 0$$
$$H_{02}: b_1 = b_2 = b_3 = 0$$
$$H_{03}: c_1 = c_2 = c_3 = 0$$
$$H_{04}: d_1 = d_2 = d_3 = 0$$

为进行 F 检验列表计算有关事项,见表 4.18。

表 4.18　例 4.6 计算表

列　号		A 1	B 2	C 3	D 4	试验结果 （原数据－100） y_{i1}	y_{i2}	y_i
试验号	1	1	1	1	1	−5	−7	−12
	2	1	2	2	2	−1	−2	−3
	3	1	3	3	3	24	22	46
	4	2	1	2	3	−3	−4	−7
	5	2	2	3	1	−3	−4	−7
	6	2	3	1	2	−4	0	−4
	7	3	1	3	2	21	26	47
	8	3	2	1	3	11	7	18
	9	3	3	2	1	2	0	2
I_j		31	28	2	−17	$T = 80,$		
II_j		−18	8	−8	40	$\sum\limits_{i=1}^{9}\sum\limits_{k=1}^{2}y_{ik} = 2\,496,\ \sum\limits_{i=1}^{9}y_i^2 = 4\,920$		
III_j		67	44	86	57	$\sum\limits_{j=1}^{4}S_j = 2\,104.4$		
S_j		606.8	108.4	888.4	500.8			

注意表中

$$y_i = \sum_{k=1}^{2} y_{ik}$$

$$T = \sum_{i=1}^{9} y_i = \sum_{i=1}^{9}\sum_{k=1}^{2} y_{ik}$$

由于在每一个因子同一水平下重复次数为 $3 \times 2 = 6$,其中 3 是正交表中同一水平重复次数,2 是每一试验下重复次数,所以在计算 S_j 时公式为

$$S_j = \frac{\text{I}_j^2 + \text{II}_j^2 + \text{III}_j^2}{6} - \frac{T^2}{18} \quad j = 1, 2, 3, 4$$

又由于总偏差平方和

$$S_T = \sum_{i=1}^{9}\sum_{k=1}^{2} y_{ik}^2 - \frac{T^2}{18}$$

中不仅包含了正交表中每一列的偏差平方和,还包含了每一试验条件下重复试验所带来的误差

$$S_{e_2} = \sum_{i=1}^{9} \sum_{k=1}^{2} (y_{ik} - \overline{y}_i)^2 = \sum_{i=1}^{9} \sum_{k=1}^{2} (\varepsilon_{ik} - \overline{\varepsilon}_i)^2$$

其中

$$\overline{y}_i = \frac{1}{2} y_i = \frac{1}{2} \sum_{k=1}^{2} y_{ik}$$

$$\overline{\varepsilon}_i = \frac{1}{2} \sum_{k=1}^{2} \varepsilon_{ik} \quad i = 1, 2, \cdots, 9$$

因而有

$$S_T = \sum_{i=1}^{9} \sum_{k=1}^{2} (y_{ik} - \overline{y})^2 = \sum_{i=1}^{9} \sum_{k=1}^{2} (y_{ik} - \overline{y}_i + \overline{y}_i - \overline{y})^2$$

$$= \sum_{i=1}^{9} \sum_{k=1}^{2} (y_{ik} - \overline{y}_i)^2 + 2 \sum_{i=1}^{9} (\overline{y}_i - \overline{y})^2$$

$$\triangleq S_{e_2} + S_{T_1}$$

其中

$$S_{T_1} = 2 \sum_{i=1}^{9} (\overline{y}_{i_1} - \overline{y})^2 = \sum_{i=1}^{9} \frac{y_i^2}{2} - \frac{T^2}{18}$$

而

$$S_{T_1} = \sum_{j=1}^{4} S_j$$

在本例中,计算得

$$S_{T_1} = \sum_{i=1}^{9} \frac{y_i^2}{2} - \frac{T^2}{18} 2\,104.4 = \sum_{j=1}^{4} S_j$$

$$S_T = \sum_{i=1}^{9} \sum_{k=1}^{2} y_{ik}^2 - \frac{T^2}{18} = 2\,140.4$$

$$S_{e_2} = \sum_{i=1}^{9} \sum_{k=1}^{2} (y_{ik} - \overline{y}_i)^2 = S_T - S_{T_1} = 36$$

一般情况下,若选用 $L_n(q^l)$,在每一试验条件下重复 m 次试验,并以 y_{ik} 记第 i 个试验条件下第 k 次试验结果,以 y_i 记第 i 个试验条件下 m 个试验结果之和,即

$$y_i = \sum_{k=1}^{m} y_{ik} \quad i = 1, 2, \cdots, n$$

而正交表上第 j 列偏差平方和为

$$S_j = \frac{\mathrm{I}_j^2 + \mathrm{II}_j^2 + \cdots + q_j^2}{m \cdot n/q} - \frac{T^2}{n \cdot m} \quad j = 1, 2, \cdots, l$$

$$f_j = q - 1$$

(4-17)

其中

$$T = \sum_{i=1}^{n} \sum_{k=1}^{m} y_{ik} = \sum_{i=1}^{n} y_i \qquad (4-18)$$

另有

$$S_T = \sum_{i=1}^{n} \sum_{k=1}^{m} y_{ik}^2 - \frac{T^2}{nm} \qquad (4-19)$$

$$f_T = nm - 1$$

$$S_{T_1} = \sum_{i=1}^{n} \sum_{k=1}^{m} (\bar{y}_i - \bar{y})^2 = \sum_{i=1}^{n} \frac{y_i^2}{m} - \frac{T^2}{nm} \qquad (4-20)$$

$$f_{T_1} = n - 1$$

$$S_{e_2} = S_T - S_{T_1} \qquad (4-21)$$

$$f_{e_2} = n(m-1) = nm - n$$

为了与正交表空白列所提供的误差相区别,称用重复试验数据所求得的 S_{e_2} 为第二类误差的偏差平方和,如果正交表中无空白列时,可用 S_{e_2} 对各因子或交互作用的偏差平方和进行 F 检验。当正交表中有空白列时,因为空白列的偏差平方和也提供了关于误差的估计,称此误差为第一类误差,其偏差平方和记为 S_{e_1},即

$$S_{e_1} = 空白列的 S_j 之和 \qquad (4-22)$$

$$f_{e_1} = 空白列的 f_j 之和$$

一般来讲,由于两者均为误差的估计,故可将两者合并,记为 S_e,相应自由度 f_e 也是两者之和,即

$$S_e = S_{e_1} + S_{e_2} \qquad (4-23)$$

$$f_e = f_{e_1} + f_{e_2}$$

但有时会发现 S_{e_1} 特别大的情况,这时,模型本身可能存在问题。例如某空白列实际上是某两个因子的交互作用,它们对指标有影响,但由于事先估计不足,而没有考虑到。此时,我们也可以作如下检验,以判断我们考虑的模型是否正确。计算

$$F = \frac{S_{e_1}/f_{e_1}}{S_{e_2}/f_{e_2}} \qquad (4-24)$$

当

$$F < F_\alpha(f_{e_1}, f_{e_2})$$

时,可以认为模型合适,这时可用式(4-23)对各因子或两个因子的交互作用进行 F 检验;当

$$F \geqslant F_\alpha(f_{e_1}, f_{e_2})$$

那么此时某些交互作用可能未加考虑,应对模型作适当修改,可以用 S_{e_2} 去检验各因子及两个因子的交互作用。

在例 4.6 中,没有空白列,所以用 S_{e_2} 进行 F 检验。

$$S_e = S_{e_2} = S_T - S_{T_1} = 2\,140.4 - 2\,104.4 = 36$$
$$f_e = f_{e_2} = 9$$

方差分析情况见表 4.19。

表 4.19　例 4.6 方差分析表

来　源	平方和 S	自由度 df	方差 V	F 比	显著性
A	606.8	2	303.4	75.85	**
B	108.4	2	54.2	13.55	**
C	888.4	2	444.2	111.05	**
D	500.8	2	250.4	62.60	**
e	36.0	9	4.0		
T	2 140.4	17			

$F_{0.01}(2, 9) = 8.02$。

由此可知,四个因子均对抗拉强度有显著影响,最优生产条件是 $A_3 B_3 C_3 D_3$。

4.4.2　重复取样

例 4.7　为了研究橡胶的性能,考察三个三水平因子 A,B,C,选用 $L_9(3^4)$ 安排试验,在每个试验条件下取三个样品测试其硬度,表头设计与测验结果如表 4.20 所示,试分析各因子对硬度的影响是否显著。

表 4.20　例 4.7 计算表

列　　号		A 1	B 2	C 3	4	试验结果 y_{i1}	y_{i2}	y_{i3}	和 y_i
试验号	1	1	1	1	1	60	75	71	206
	2	1	2	2	2	80	80	79	239
	3	1	3	3	3	87	86	84	257
	4	2	1	2	3	73	74	70	217
	5	2	2	3	1	78	76	76	230
	6	2	3	1	2	83	80	81	244
	7	3	1	3	2	79	75	75	229
	8	3	2	1	3	82	81	78	241
	9	3	3	2	1	89	85	85	259
Ⅰ$_j$		702	652	691	695				
Ⅱ$_j$		691	710	715	712				
Ⅲ$_j$		729	760	716	715				
S_j		85	650	45	26				

右下栏计算：

$$T = 2\,212, \quad \sum_{i=1}^{9}\sum_{k=1}^{3} y_{ik}^2 = 167\,750$$
$$\sum_{i=1}^{9} y_i^2 = 502\,734, \quad \sum_{j=1}^{4} S_j = 806$$
$$S_T = \sum_{i=1}^{9}\sum_{k=1}^{3} y_{ik}^2 - \frac{T^2}{27} = 977$$
$$S_{T_1} = \sum_{i=1}^{9} \frac{y_i^2}{3} - \frac{T^2}{27} = 805$$
$$S_{e_2} = S_T - S_{T_1} = 172$$

在这个例子中,所得的数据是重复取样结果,因而 S_{e_2} 不是反映试验误差,仅仅反映产品不均匀性或测试误差所带来的差异,这也可以从数据结构上加以说明。在重复取样中,数据结构式如下。

$$\begin{cases} y_{1k} = \mu + a_1 + b_1 + c_1 + \varepsilon_1 + \tau_{1k}, \\ y_{2k} = \mu + a_1 + b_2 + c_2 + \varepsilon_2 + \tau_{2k}, \\ y_{3k} = \mu + a_1 + b_3 + c_3 + \varepsilon_3 + \tau_{3k}, \\ y_{4k} = \mu + a_2 + b_1 + c_2 + \varepsilon_4 + \tau_{4k}, \\ y_{5k} = \mu + a_2 + b_2 + c_3 + \varepsilon_5 + \tau_{5k}, \\ y_{6k} = \mu + a_2 + b_3 + c_1 + \varepsilon_6 + \tau_{6k}, \\ y_{7k} = \mu + a_3 + b_1 + c_3 + \varepsilon_7 + \tau_{7k}, \\ y_{8k} = \mu + a_3 + b_2 + c_1 + \varepsilon_8 + \tau_{8k}, \\ y_{9k} = \mu + a_3 + b_3 + c_2 + \varepsilon_9 + \tau_{9k}, \\ a_1 + a_2 + a_3 = b_1 + b_2 + b_3 = c_1 + c_2 + c_3 = 0, \\ \varepsilon_i \sim N(0, \sigma^2), \ \tau_{ik} \sim N(0, \sigma^2) \\ \text{各 } \varepsilon_i, \tau_{ik} \text{ 相互独立}, i = 1, 2, \cdots, 9, k = 1, 2, 3 \end{cases} \quad (4-25)$$

其中随机变量 τ_{ik} 表示产品的不均匀性、测试误差等重复取样过程中所带来数据的波动,反映的是重复取样误差。在此数据结构式下有

$$S_{e_2} = \sum_{i=1}^{9} \sum_{k=1}^{3} (y_{ik} - \bar{y}_i)^2 = \sum_{i=1}^{9} \sum_{k=1}^{3} (\tau_{ik} - \bar{\tau}_i)^2,$$

$$S_{e_1} = S_4 = 9(\overline{\mathrm{I}}_4 - \bar{y})^2 + 9(\overline{\mathrm{II}}_4 - \bar{y})^2 + 9(\overline{\mathrm{III}}_4 - \bar{y})^2$$

$$= 9\left(\frac{\varepsilon_1 + \varepsilon_5 + \varepsilon_9}{3} + \frac{\sum_k (\tau_{1k} + \tau_{5k} + \tau_{9k})}{9} - \bar{\varepsilon} - \bar{\tau} \right)^2$$

$$+ 9\left(\frac{\varepsilon_2 + \varepsilon_6 + \varepsilon_7}{3} + \frac{\sum_k (\tau_{2k} + \tau_{6k} + \tau_{7k})}{9} - \bar{\varepsilon} - \bar{\tau} \right)^2$$

$$+ 9\left(\frac{\varepsilon_3 + \varepsilon_4 + \varepsilon_8}{3} + \frac{\sum_k (\tau_{3k} + \tau_{4k} + \tau_{8k})}{9} - \bar{\varepsilon} - \bar{\tau} \right)^2$$

可见 S_{e_2} 只含有取样误差;S_{e_1} 中不仅含有取样误差,还含有试验误差。所以一般 S_{e_2}/f_{e_2} 偏小。若仅用它去检验因子往往会提高因子的显著性,所以在重复取样情况下,若正交表有空白列,则先作以下检验

$$F = \frac{S_{e_1}/f_{e_1}}{S_{e_2}/f_{e_2}}$$

若 $F > F_\alpha(f_{e_1}, f_{e_2})$,则说明由重复取样求得的误差不足以反映试验误差,从而必须用 S_{e_1} 去作检验。若 $F \leqslant F_\alpha(f_{e_1}, f_{e_2})$,则说明两者差不多,因而为了提高误差估计精度,就可将两

者合并,用 $S_e = S_{e_1} + S_{e_2}$ 作 F 检验。若正交表中已无空白列,只能用 S_{e_2} 作 F 检验,这时方差分析结果可以作为参考,但对寻找最佳生产条件是没有影响的。

在例 4.7 中,

$$F = \frac{S_{e_1}/f_{e_1}}{S_{e_2}/f_{e_2}} = \frac{\dfrac{26}{2}}{\dfrac{172}{18}} = 1.36,$$

$$F_{0.05}(2, 18) = 3.55$$

因而在作方差分析时可将 S_{e_1}, S_{e_2} 合并使用,即

$$S_e = S_{e_1} + S_{e_2} = 26 + 172 = 198,$$

$$f_e = f_{e_1} + f_{e_2} = 2 + 18 = 20$$

方差分析结果见表 4.21。

表 4.21　例 4.7 方差分析表

来　源	平方和 S	自由度 df	方差 V	F 比	显著性
A	85	2	42.5	4.29	*
B	650	2	325.0	32.83	**
C	45	2	22.5	2.27	
e	198	20	9.9		
T	978	26			

$F_{0.05}(2, 20) = 3.49$, $F_{0.01}(2, 20) = 5.85$。

4.5

正交试验设计的 SPSS 应用

以正交表 $L_9(3^4)$ 为例,要求生成四因子三水平 9 次试验的正交试验设计表。

按照顺序:Data→Orthogonal→Generate,进入"Generate Orthogonal Design"对话框中,在"Factor Name"框中输入"a",点击"Add"添加,同样的方法输入"b""c""d",如图 4.1 所示。然后选中变量 a,点击"Define Values"进入"Generate Design:Define Values"对话框,在"Value"一栏中前三行分别输入 1,2,3,即表示 A 因子有三个水平,点击"Continue"返回上一级对话框,用同样的方法完成因子 B,C,D 的输入,如图 4.2 所示。

选择"Replace working data file",点击"OK"即完成正交表的设计,结果见图 4.3。

图 4.3 就是用 SPSS 生成的 $L_9(3^4)$ 正交试验设计表,系统生成的数据文件与我们正交试验设计表所安排的试验表一致,仅是顺序上略有不同。在"status"栏中输入试验结果,便可进行方差分析,方差分析的方法与上一章中介绍的相同。

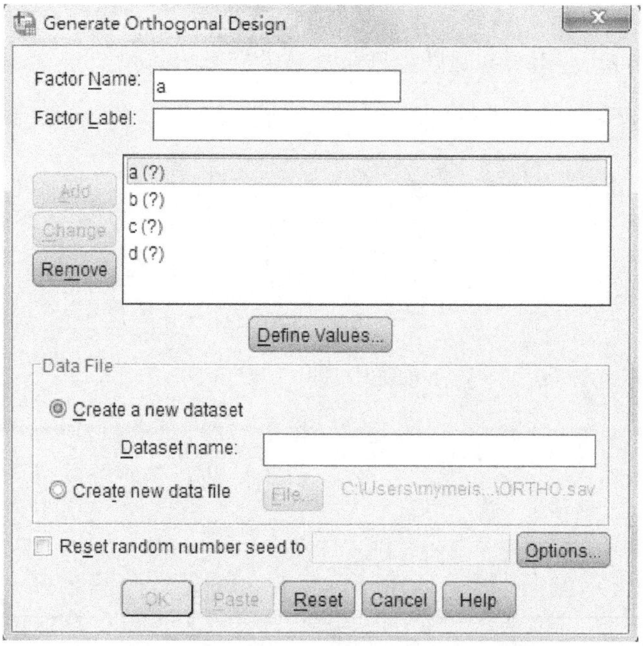

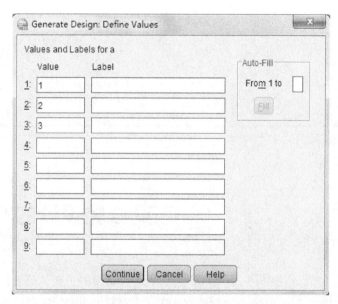

图 4.1 Generate Orthogonal Design 对话框

图 4.2 Generate Design：Define Values 对话框

	a	b	c	d	STATUS_	CARD_
1	3.00	2.00	3.00	1.00	0	1
2	3.00	3.00	1.00	2.00	0	2
3	2.00	1.00	3.00	2.00	0	3
4	2.00	3.00	2.00	1.00	0	4
5	2.00	2.00	1.00	3.00	0	5
6	1.00	3.00	3.00	3.00	0	6
7	1.00	1.00	1.00	1.00	0	7
8	3.00	1.00	2.00	3.00	0	8
9	1.00	2.00	2.00	2.00	0	9

图 4.3 系统生成的正交表

小结

　　所谓正交试验设计,就是根据一套编排巧妙的"正交表"来安排试验,然后利用正交表的特点对试验结果进行分析。它不仅能够使试验结果的代表性强,而且能从试验结果中迅速找到各因素的最优水平组合,进而使方差分析变得较为简捷适用。

　　进行正交试验设计时,最关键的就是要进行表头设计,设计时要考虑因子间有无交互作用,同时还要考虑重复试验或重复取样的情况。

本章主要术语

正交试验设计、正交表、交互作用、重复试验、重复取样

思考与练习

　　1. 简述正交试验设计的基本步骤。

　　2. 如何进行表头设计?

　　3. 什么叫重复试验? 什么叫重复取样? 它们之间有什么区别?

　　4. 为了研究抽油烟机清洗剂的效果,设计正交试验方案,以考察非离子表面活性剂 A、有机溶剂 B、碱性助剂 C、螯合剂 D 四种添加剂对清洗剂效果的单一影响和最大可能存在的 A 与 B 之间的交互作用对清洗剂效果的综合影响,并最终确定使用哪些添加剂可以提高抽油烟机的清洗效果。为此,试验中选取四个因子,并各取两个水平(表 4.22)。选取 $L_8(2^7)$ 正交表,因子 A、B、C、D 分别放置于第 1、2、4、7 列上,根据正交表所列的方案进行试验。具体试验时,用配制好的清洗剂擦洗油污,直至油污全部擦净为止,用秒表准确记录擦抹时间 y,作为试验结果,试验结果分别为:96、88、61、47、39、21、78、81。

表 4.22　正交试验因子和水平表

因 子 代 号	因　　子	水平 1(%)	水平 2(%)
A	OP - 10	1	2
B	异丙醇	2	4
C	碳酸钠	0.1	0.2
D	EDTA	0.5	1

　　取显著性水平 $\alpha = 0.1$,回答以下问题:

　　(1) 写出数据结构式;

　　(2) 对数据作统计分析,找出显著影响抽油烟机清洗效果的因素;

　　(3) 找出提高清洗效果的添加剂最优组合;

　　(4) 求最优水平组合下擦抹时间的点估计。

·第5章·
相关分析

相关实例

➤ 在很多领域的研究中,都需要研究事物之间的联系,如一个人的收入与受教育的程度有关系吗?子女的身高与父母的身高有关系吗?商品的销售额与广告费用支出有关系吗?农作物的产量与降雨量、施肥量有关系吗?如果有关系,又是什么样的关系?如何来度量这种关系的强弱?样本反映的变量间关系能否代表总体变量间的关系呢?

解决上述问题采用的统计方法是相关分析。相关分析是用适当的统计指标衡量变量之间相关程度的强弱及相关的方向。本章将介绍常用的几种相关分析方法。

5.1
引 言

现实中,事物之间的联系是错综复杂的,任何事物的变化都与其他事物是相互联系和相互影响的。事物之间的关系可分为两类,一类是函数关系,一类是相关关系。所谓函数关系,指的是变量之间一一对应的确定关系。而相关关系,指的是两个变量之间存在的一种不确定的数量关系,一个变量的取值不能由另一个变量唯一确定。相关分析主要研究相关关系。

用统计方法揭示变量之间是否存在相互关系及如何将相关的密切程度及相关的方向描述出来,就是相关分析。

在进行相关分析时,散点图是非常重要的工具,分析前最好绘制散点图,以初步判断变量之间是否存在相关趋势,该趋势是否为直线趋势,忽视散点图的作用直接进行相关分析很可能会得出错误结论。虽然散点图比较形象直观,但不是很精确。相关分析更精确的方法是通过统计指标描述变量之间的关系,比较常见的是相关系数。

相关分析中,用得最多的是二元变量的相关分析。它研究的是两个变量之间的相关性,这种关系称为简单相关,对应的相关分析方法称为简单相关分析。三个及三个以上变量之间的关系称为复相关,它研究的是一个因变量与两个以上自变量之间的关系。如同时研究某产量与降雨量、施肥量之间的关系就是复相关。在实际问题中,如果存在一个因变量和多个自变量,可以抓住其中最主要的因素,研究其相关关系,或者将复相关转化为简单相关的问题。控制一个变量研究其他两个变量之间的关系称为偏相关。如假定施肥量不变研究产量与降雨量之间的关系即为偏相关分析。简单相关分析、复相关分析、偏相关分析都是通过对应的相关系数来描述变量之间的相关程度的。除了相关系数之外,还可以通过相似性或距离来描述变量之间的关系,对应的相关分析方法称为距离相关分析。本章主要介绍简单相关分析、偏相关分析及距离相关分析,复相关分析将在下一章的回归分析部分介绍。

5.2
简单相关分析

多数情况下,我们进行的相关分析都是在两两变量之间进行的,这就要用到二元变量的相关分析即简单相关分析。不同类型的变量数据,应采用不同的相关分析方法,不同的分析方法可能会得出迥然不同的结论。本节主要介绍适用于数值变量的 Pearson 相关、适用于顺序变量的 Spearman 相关和 Kendall's tau-b 相关。对于分类变量,一般采用列联表的方式进行 χ^2 检验的方法研究其相关性,这部分内容将在第 13 章介绍。

5.2.1 Pearson 相关系数

Pearson 相关系数适用于测度两数值变量的相关性。数值变量包括定距和定比变量两类,其特点是变量的取值用数字表示,可以进行加减运算从而计算出差异的大小。如产值、利润、收入、年龄等都是数值变量。若研究收入与支出的关系、身高与体重的关系、年龄和收入的关系时,都可以采用 Pearson 相关系数。

设两随机变量为 X 和 Y,则两总体的相关系数为

$$\rho = \frac{\text{cov}(X, Y)}{\sqrt{\text{var}(X)} \sqrt{\text{var}(Y)}} \tag{5-1}$$

式中,$\text{cov}(X, Y)$是两变量的协方差;$\text{var}(X)$、$\text{var}(Y)$是变量 X 和 Y 的方差。总体相关系数是反映两变量之间线性关系的一种度量。

事实上,总体相关系数一般都是未知的,需要用样本相关系数来估计。设 $X = (x_1, x_2, \cdots, x_n)$,$Y = (y_1, y_2, \cdots, y_n)$ 分别为来自 X 和 Y 的两个样本,则样本相关系数为

$$r = \frac{\sum_{i=1}^{n}(x_i - \bar{x})(y_i - \bar{y})}{\sqrt{\sum_{i=1}^{n}(x_i - \bar{x})^2 \sum_{i=1}^{n}(y_i - \bar{y})^2}} \tag{5-2}$$

统计上可以证明,样本相关系数 r 是总体相关系数 ρ 的一致估计量。

r 取值在 -1 与 1 之间,它描述了两变量线性相关的方向和程度:$r > 0$,两变量之间为正相关(一个变量增加,另一个变量也有增加的趋势);$r < 0$,两变量之间为负相关(一个变量增加,另一个变量呈减少的趋势);$r = \pm 1$,两变量之间完全相关(存在确定的函数关系);$r = 0$

时,两变量之间不存在线性相关关系,但可能存在其他形式的相关关系(如指数关系、抛物线关系等)。而且$|r|$离 1 越近,两变量之间的线性相关程度越高;离 0 越近,线性相关程度越弱。

在说明变量之间线性相关程度时,根据经验,按照相关系数的大小将相关程度分为以下几种情况:$|r| \geqslant 0.8$ 时,可视为两个变量之间高度相关;$0.5 \leqslant |r| < 0.8$ 时,可视为中度相关;$0.3 \leqslant |r| < 0.5$ 时,视为低度相关;$|r| < 0.3$ 时,说明两个变量之间的相关程度极弱,可视为不相关。

在实际问题中,相关系数一般都是用样本数据计算得到的,因而带有一定的随机性,尤其是样本容量比较小时,这种随机性更大,此时,用样本相关系数估计总体相关系数可信度会受到很大质疑,也就是说,样本相关系数并不能说明样本来自的两个总体是否具有显著线性关系。因此,需要对其进行统计推断,通过检验的方法确定变量之间是否存在相关性,即要对总体相关系数 $\rho = 0$ 进行显著性检验。

在 X、Y 都服从正态分布,及原假设($\rho = 0$)为真时,统计量

$$t = \frac{r\sqrt{n-2}}{\sqrt{1-r^2}} \qquad (5-3)$$

服从自由度为 $n-2$ 的 T 分布。当 $|t| > t_{\frac{a}{2}}$(或 $p < \alpha$)时,拒绝原假设,表明样本相关系数 r 是显著的;若 $|t| \leqslant t_{\frac{a}{2}}$(或 $p \geqslant \alpha$),不能拒绝原假设,表明 r 在统计上是不显著的,两总体不存在显著的相关关系。

5.2.2　Spearman 等级相关系数

Spearman 等级相关系数适用于测度两顺序变量的相关性。顺序变量的取值能够表示某种顺序关系,如顾客对某项服务的满意程度分为:1—非常不满意,2—不满意,3——一般满意,4—满意,5—非常满意。Spearman 等级相关也可用于数值变量,但其效果不如 Pearson 相关系数效果好。

Spearman 等级相关系数的计算公式为

$$r_s = 1 - \frac{6\sum_{i=1}^{n} D_i^2}{n(n^2-1)} \qquad (5-4)$$

式中,$\sum_{i=1}^{n} D_i^2 = \sum_{i=1}^{n}(U_i - V_i)^2$,$U_i$、$V_i$ 分别为两变量按大小或优劣排序后的秩。可见,Spearman 相关系数不是直接通过对变量值计算得到的,而是利用秩来进行计算的,是一种非参数方法。

与简单相关系数类似,Spearman 等级相关系数的取值区间也为 $[-1, 1]$。$r_s > 0$,两变量存在正的等级相关;$r_s < 0$,两变量存在负的等级相关;$r_s = 1$ 表明两个变量的等级完全相同,存在完全正相关;$r_s = -1$ 表明两个变量的等级完全相反,存在完全负相关;$r_s = 0$,表明两个变量不相关。$|r_s|$ 离 1 越近,两变量的相关程度越高;离 0 越近,相关程度越低。

Spearman 等级相关系数也是通过样本计算得到的,两个总体是否存在显著的等级相关也需要进行检验。当 $n > 20$ 时,可采用 t 检验统计量为

$$t = \frac{r_s\sqrt{n-2}}{\sqrt{1-r_s^2}} \qquad (5-5)$$

在原假设即总体等级相关系数 $\rho_s=0$ 为真时，t 服从自由度为 $n-2$ 的 T 分布。当 $|t|>t_{\frac{\alpha}{2}}$（或 $p<\alpha$）时，拒绝原假设，表明两总体存在显著的等级相关。

当 $n>30$ 时，检验统计量也可用近似服从正态分布的统计量

$$Z=r_s\sqrt{n-1} \tag{5-6}$$

$n>30$ 时，SPSS 会自动计算 Z 统计量，将依据正态分布给出相应的相伴概率值。

5.2.3　Kendall's tau-b 相关系数

Kendall 相关系数有三种形式，这里只介绍 tau-b 相关系数。它也是测度两顺序变量的相关性。采用的仍是非参数的方法，它利用变量值的秩数据，计算同序对数目 U 和异序对数目 V。所谓同序对，指的是变量大小顺序相同的两个样本观测值，即 X 的等级高低顺序与 Y 的等级高低顺序相同。否则，称为异序对。

Kendall's tau-b 相关系数的计算公式为

$$T=1-\frac{4V}{n(n-1)} \tag{5-7}$$

对 Kendall's tau-b 相关系数也需要进行显著性检验。如果 $n\leqslant 30$，可以直接利用等级相关统计量表，SPSS 会自动给出相伴概率值 P。

$n>30$ 时，检验统计量也可用近似服从正态分布的统计量

$$Z=\frac{3T\sqrt{n(n-1)}}{\sqrt{2(2n+5)}} \tag{5-8}$$

$n>30$ 时，SPSS 会自动计算 Z 统计量，并依据正态分布给出相应的相伴概率值。

5.2.4　简单相关分析的 SPSS 应用

例 5.1　某科学基金会的管理人员欲分析从事数学研究工作的中等或较高水平的数学家的年工资额 y 与他们的研究成果（论文、著作）的质量指标 x_1，从事研究工作的时间 x_2 以及能成功获得资助的指标 x_3 之间的关系，为此按一定的试验设计方法调查了 24 位此类型的数学家，得到相关数据如表 5.1 所示。

表 5.1　24 位数学家的相关数据

x_1	x_2	x_3	y	x_1	x_2	x_3	y
3.50	9.00	4.00	33.20	3.10	5.00	3.50	30.10
5.30	20.00	6.00	40.30	7.20	47.00	8.00	52.90
5.10	18.00	5.90	38.70	4.50	25.00	5.00	38.20
5.80	33.00	6.40	46.80	4.90	11.00	5.80	31.80
4.20	31.00	5.00	41.40	8.00	23.00	8.30	43.30
6.00	13.00	6.70	37.50	6.50	35.00	7.00	44.10
6.80	25.00	7.50	39.00	6.60	39.00	7.40	42.80
5.50	30.00	6.00	40.70	3.70	21.00	4.30	33.60

x_1	x_2	x_3	y	x_1	x_2	x_3	y
6.20	7.00	7.00	34.20	5.90	33.00	6.40	40.40
7.00	40.00	7.60	48.00	5.60	27.00	6.10	36.80
4.00	35.00	4.90	38.00	4.80	34.00	5.50	45.20
4.50	23.00	5.00	35.90	3.90	15.00	4.40	35.10

现对四个指标进行相关分析。

1. 实验步骤

(1) 按照顺序：Analyze→Correlate→Bivariate 打开相关分析的对话框（图 5.1）。

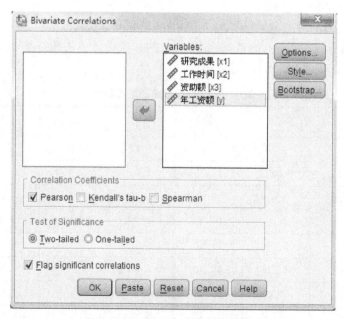

图 5.1　打开简单相关分析对话框

(2) 在简单相关分析的主对话框中，将所有变量选入"Variables"（图 5.2）中。

图 5.2　Bivariate Correlations 主对话框

在"Correlation Coefficients"框中,可以选择相关系数的类型。默认的选项是"Pearson"相关系数。在进行相关系数的选择时,必须考虑到变量的类型。对于同一数据,采用不同的相关系数,得到的结论可能并不相同。对于此例,涉及的变量是数值型变量,所以,选用默认选项。

在"Test of Significance"框中,有"Two-tailed"(双侧检验)和"One-tailed"(单侧检验)。系统默认选项是双侧检验。如果能够事先确定变量之间相关的方向,可以选择单侧检验,否则就选双侧检验。

(3) 点击"OK",输出结果见表5.2。

表 5.2　皮尔逊相关系数

Correlations

		研究成果	工作时间	资助额	年工资额
研究成果	Pearson Correlation Sig. (2 - tailed) N	1 0.000 24	0.467(＊) 0.021 24	0.992(＊＊) 0.000 24	0.667(＊＊) 0.000 24
工作时间	Pearson Correlation Sig. (2 - tailed) N	0.467(＊) 0.021 24	1 0.000 24	0.481(＊) 0.017 24	0.859(＊＊) 0.000 24
资助额	Pearson Correlation Sig. (2 - tailed) N	0.992(＊＊) 0.000 24	0.481(＊) 0.017 24	1 0.000 24	0.673(＊＊) 0.000 24
年工资额	Pearson Correlation Sig. (2 - tailed) N	0.667(＊＊) 0.000 24	0.859(＊＊) 0.000 24	0.673(＊＊) 0.000 24	1 0.000 24

＊　Correlation is significant at the 0.05 level (2 - tailed).

＊＊　Correlation is significant at the 0.01 level (2 - tailed).

2. 结果解释

表5.2给出了 Pearson 相关系数,它以一个矩阵的形式表示出来。从中可以看出,年工资额和研究成果、工作时间、资助额的相关系数分别为0.667、0.859、0.673,在这些数据的右边都有两个星号,表示在0.01的显著性水平下,是显著相关的,还有一些相关系数带有一个星号,表示在0.05的显著性水平下,相关系数是显著的。

对于 Spearman 相关系数、Kendall's tau-b 相关系数的计算,其实现过程同 Pearson 相关系数,只需在"Bivariate Correlations"框选中选入相应的相关系数,其结果解释与 Pearson 相关系数的解释完全类似,此处不再举例说明。

5.3

偏相关分析

多变量的情况下,变量之间的关系是比较复杂的。在多元相关分析中,不仅要利用上一节介绍的简单相关系数考察两两变量之间的相关性,还要计算偏相关系数和复相关系数。复相关系数将在第 6 章中介绍,本节只介绍偏相关系数。

5.3.1　偏相关分析的思想

简单相关分析研究两个变量之间线性关系的程度,往往因为第三个变量的作用,而使得简单相关系数在一些情况下不能真实反映两变量之间的相关性。如在考虑身高与体重的相关性时,可能会遇到这样的情形:相关系数有时偏低。其原因之一就是,身高-体重的关系与年龄有关系,老年人年龄越大,身高越萎缩、体重也越轻。另一个原因就是南方人与北方人由于饮食习惯和气候的不同,一定程度上影响着人们的身高与体重,进而影响到身高-体重的相关性。在有些情况下,仅计算简单相关系数还可能产生更严重的后果。例如,研究商品的需求量和价格、收入之间的关系时会发现需求量和价格的关系还包含了消费者收入对需求量的影响。按照经济学的理论,商品的价格越高,需求量越小,也就是说,需求量和价格之间是负相关的关系。但现实经济中,收入和价格都有不断提高的趋势,如果不考虑收入对需求量的影响,仅计算需求量和价格的简单相关系数,可能会得出价格越高需求量越高的错误结论。所以,在很多情况下,当影响某个变量的因素过多时,常假定其中某些因素固定不变,考察其他因素对该问题的影响,从而达到简化研究的目的,偏相关分析便是源于这一思想产生的。

5.3.2　偏相关系数

偏相关(Partial correlation)分析就是在控制对两变量之间的相关性可能产生影响的其他变量的前提下,即在剔除其他变量的干扰后,研究两个变量之间的相关性。偏相关分析可以有效揭示变量之间的真实关系,认识干扰变量并寻找隐含相关性。

偏相关分析假定变量之间的关系均为线性关系,没有线性关系的变量不能进行偏相关分析。因此,在进行偏相关分析前,可以先通过计算 Pearson 相关系数来考察两两变量之间的线性关系。

偏相关分析中,根据固定变量个数的多少,分为零阶偏相关、一阶偏相关、$\cdots$、$p-1$ 阶偏相关。零阶偏相关就是简单相关。

同简单相关分析,偏相关分析也是通过统计指标来研究变量之间的相关性的。偏相关分析中采用的是偏相关系数。

假设有 3 个变量 x_1、x_2、x_3,则剔除变量 x_3 的影响后,x_1 与 x_2 之间的偏相关系数为

$$r_{12,3} = \frac{r_{12} - r_{13}r_{23}}{\sqrt{(1-r_{13}^2)(1-r_{23}^2)}}$$

式中,r_{ij} 表示变量 x_i 与 x_j 之间的简单相关系数。从公式中可以看出,偏相关系数是由简单相关系数决定的,偏相关系数和简单相关系数往往是不同的,在计算简单相关系数时,所有其他变量不予考虑,而偏相关系数是把其他变量当作常数处理。

设增加一个变量 x_4,则 x_1 与 x_2 之间的二阶偏相关系数为

$$r_{12,34} = \frac{r_{12,3} - r_{14,3}r_{24,3}}{\sqrt{(1-r_{14,3}^2)(1-r_{24,3}^2)}}$$

一般地,假设共有 p 个变量,x_1 与 x_2 之间的 $p-2$ 阶偏相关系数为

$$r_{12,34\cdots p} = \frac{r_{12,34\cdots(p-1)} - r_{1p,34\cdots(p-1)}r_{2p,34\cdots(p-1)}}{\sqrt{[1-r_{1p,34\cdots(p-1)}^2][1-r_{2p,34\cdots(p-1)}^2]}} \tag{5-9}$$

偏相关系数的含义及显著性检验也类似于简单相关系数。这里不再赘述。

5.3.3 偏相关分析的 SPSS 应用

例 5.2　现继续对例 5.1 中的数据进行分析。在 Pearson 相关分析中,四个变量年工资额 y 与研究成果(论文、著作)的质量指标 x_1、从事研究工作的时间 x_2 以及能成功获得资助的指标 x_3,都存在较强的相关关系,且相关系数均通过显著性检验,并且可以看出研究成果与资助额的相关系数接近 1。现考虑在剔除 x_1 及 x_2 的影响后,年工资额 y 与资助额 x_3 之间是否还存在较强的相关关系。

1. 实验步骤

(1) 按照顺序:Analyze→Correlate→Partial 打开偏相关分析的对话框(图 5.3)。

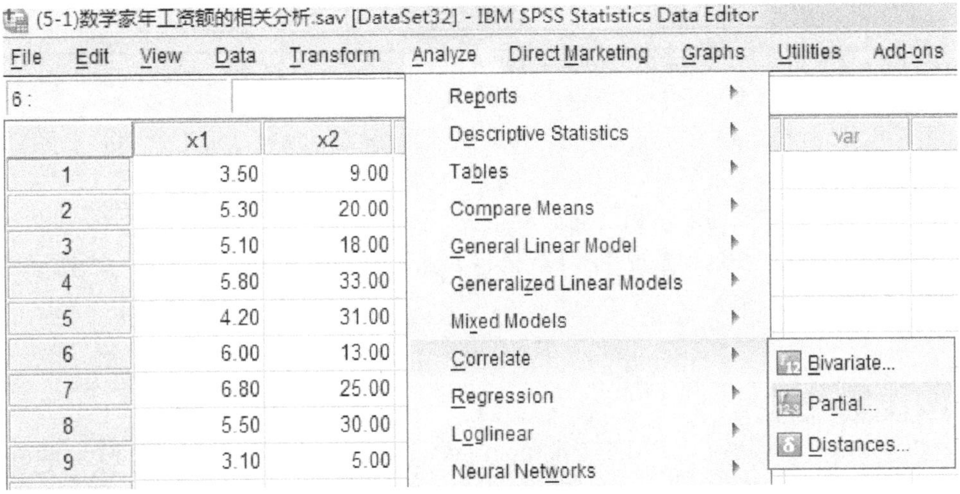

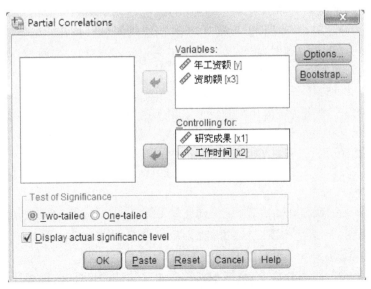

图 5.3　打开偏相关分析对话框

(2) 在偏相关分析的主对话框中,将变量"年工资额[y]"及"资助额[x3]"选入"Variables"中,将"研究成果[x1]""工作时间[x2]"选入"Controlling for"(图 5.4)中。

图 5.4　Partial Correlations 对话框

(3) 点击"OK",输出结果见表 5.3。

表 5.3　偏 相 关 系 数
Partial Correlations Coefficients

Control Variables			年工资额	资助额
研究成果 & 工作时间	年工资额	Correlation	1.000	-0.024
		Significance (2 - tailed)	0.000	0.914
		df	0	20
	资助额	Correlation	-0.024	1.000
		Significance (2 - tailed)	0.914	0.000
		df	20	0

2. 结果解释

由表 5.3 可知,在排除了研究成果 x_1 及工作时间 x_2 的影响后,年工资额 y 与资助额 x_3 的相关系数为 -0.024,且不显著。而年工资额 y 与资助额 x_3 的简单相关系数为 0.673,高度显著。原因在于研究成果与资助额之间高度相关,导致简单相关系数不能真实反映年工资额与资助额之间的关系。在这种情况下,计算偏相关系数与实际更加吻合,而简单相关系数有可能得出错误的结论。

5.4
距离相关分析

5.4.1　距离相关分析的思想

简单相关分析及偏相关分析研究的都是变量之间的线性相关关系,但在现实生活中,有很多情况下,变量之间的关系可能不是线性关系。且无论在简单相关分析还是偏相关分析中,我们关心的都是某两个变量的相关性。但实际问题往往比较复杂,涉及的变量很多,且每个变量所代表的信息有可能重叠。此时,可以通过距离相关分析,考察它们之间是否具有相似性进而研究其相互关系。

距离相关(Distance Correlation)分析是对样品或变量之间相似或不相似程度的一种度量,计算的是一种广义距离。距离相关分析可以用于度量样品之间的相互接近的程度也可用于度量变量之间相互接近的程度。但距离相关分析一般不单独使用,而是作为聚类分析、因子分析等统计方法的预分析过程,探测复杂数据的内在结构,以得到初步的分析线索,为进一步分析做准备。

距离相关分析根据统计量的不同,分为不相似性测度(Dissimilarities)和相似性测度(Similarities)。对于不相似性测度,是通过计算距离来表示的,其数值越大,表示相似程度越弱;对于相似性测度,是通过计算 Pearson 相关系数或 Cosine 相似系数来表示的,其数值越大,表示相似程度越强。

在不相似性测量的距离分析中,根据不同类型的变量,采用不同的距离计算。对于连续变量 x、y 的样本,常用的距离有:欧氏距离(Euclidean Distance)、欧氏距离平方(Squared

Euclidean Distance)、切比雪夫距离(Chebychev Distance)、绝对值距离(Block Distance)、闵氏距离(Minkowski Distance)、用户自定义距离(Customized Distance)。对于顺序变量或名义变量的样本 x、y 进行距离相关分析,常用的统计量为:χ^2 统计量(Chi-square measure)、ψ^2 统计量(Phi-square measure),对于二值变量,可以使用欧氏距离、欧氏距离平方等方法进行分析。对于各种距离的定义及公式,在聚类分析一章会详细介绍。

5.4.2 距离相关分析的 SPSS 应用

例 5.3 受某啤酒公司的委托,尼尔森咨询公司就啤酒市场进行了详细的品牌调查。现截取部分数据如表 5.4 所示。现对啤酒品牌的相似度进行分析。

表 5.4 啤酒品牌调查数据

编　号	啤酒品牌	热量/cal	钠含量/%	酒精含量/%	价格/$
1	Budweiser	144.00	19.00	4.70	0.43
2	Schlitz	181.00	19.00	4.90	0.43
3	Ionenbrau	157.00	15.00	4.90	0.48
4	Kronensourc	170.00	7.00	5.20	0.73
5	Heineken	152.00	11.00	5.00	0.77
6	Old-milnaukee	145.00	23.00	4.60	0.26
7	Aucsberger	175.00	24.00	5.50	0.40
8	Strchs-bohemi	149.00	27.00	4.70	0.42

1 cal=4.184 J.

1. 实验步骤

(1) 按照顺序:Analyze→Correlate→Distances 打开距离分析的对话框(图 5.5)。

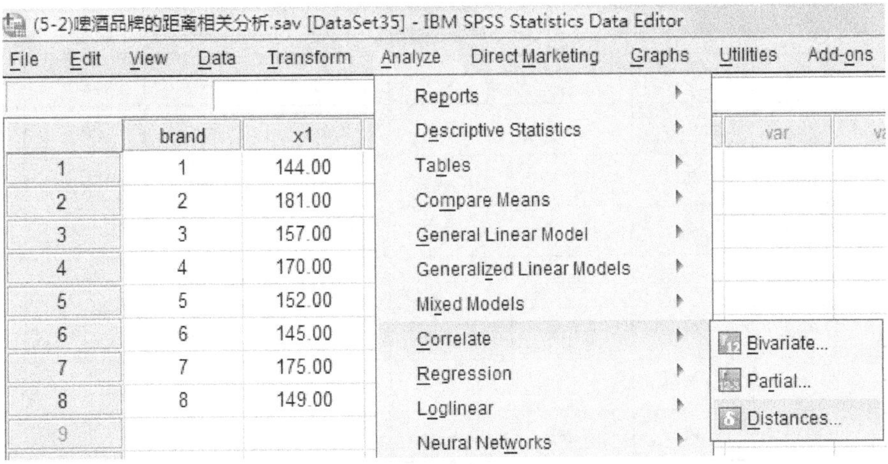

图 5.5 打开距离相关分析对话框

(2) 在距离相关分析的主对话框中,将所有变量选入"Variables"(图 5.6)中。

在"Compute Distances"可以选择进行的距离分析是基于"Between cases"(样品)还是

"Between variables"（变量）；在"Measure"中可以选择相似性测度还是不相似性测度；若在"Measure"中选择了"Dissimilarities"，点击"Measures"，则可以选择不同的距离公式，若在"Measure"中选择了"Similarities"，点击"Measures"，则可以选择不同的相似系数。一般而言，考察变量之间的相关性采用相似性测度；而对于样品间的相关性采用不相似性测度。

系统默认的是样品间的不相似性测量。这里，我们先选中"Similarities"，即对样品进行相似性测度。

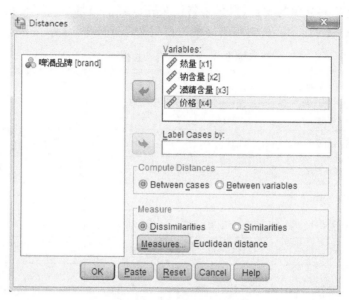

图 5.6 Distances 主对话框

（3）点击"OK"，输出结果见表 5.5。

表 5.5 相似性测度的相似矩阵

Proximity

	Correlation between Vectors of Values							
	1	2	3	4	5	6	7	8
1	1.000	1.000	0.999	0.996	0.998	1.000	1.000	0.999
2	1.000	1.000	1.000	0.998	0.999	0.999	1.000	0.997
3	0.999	1.000	1.000	0.999	1.000	0.998	0.999	0.996
4	0.996	0.998	0.999	1.000	1.000	0.993	0.995	0.990
5	0.998	0.999	1.000	1.000	1.000	0.996	0.998	0.994
6	1.000	0.999	0.998	0.993	0.996	1.000	1.000	1.000
7	1.000	1.000	0.999	0.995	0.998	1.000	1.000	0.999
8	0.999	0.997	0.996	0.990	0.994	1.000	0.999	1.000

This is a similarity matrix.

（4）采用系统默认选项，输出结果见表 5.6。

表 5.6　不相似性测度的相似矩阵

Proximity

	Euclidean Distance							
	1	2	3	4	5	6	7	8
1	0.000	37.001	13.603	28.642	11.323	4.128	31.411	9.434
2	37.001	0.000	24.331	16.284	30.085	36.223	7.833	32.985
3	13.603	24.331	0.000	15.269	6.410	14.427	20.134	14.424
4	28.642	16.284	15.269	0.000	18.440	29.691	17.726	29.006
5	11.323	30.085	6.410	18.440	0.000	13.908	26.427	16.285
6	4.128	36.223	14.427	29.691	13.908	0.000	30.030	5.660
7	31.411	7.833	20.134	17.726	26.427	30.030	0.000	26.185
8	9.434	32.985	14.424	29.006	16.285	5.660	26.185	0.000

This is a dissimilarity matrix.

2. 结果解释

仔细观察表 5.5 和表 5.6,表头名称相同,但表下面的标注是不同的,表 5.5 的标注"This is a similarity matrix"表明该表为相似性测度的相似矩阵,而表 5.6 的标注"This is a dissimilarity matrix"表明该表为不相似性测度的相似矩阵。再对两表中的输出结果进行对比:从表 5.5 可以看出,样品间的相关系数都接近 1,很难辨别出其相似程度,其结果很不理想;而表 5.6 中的数据为样品间的欧氏距离,数值越小,相似度越高,如品牌"1"和"6"的距离最近(为 4.128),其相似度最高,品牌"1"和"2"的距离最大,其相似度最低。所以,对于此例,最好选用不相似性测量。

对于此例,也可以进行变量的距离相关分析,其操作步骤同前。

小结

相关分析是测度变量之间统计关系强弱的一种方法。研究的目的不同,采用的方法也不尽相同,常用的方法有简单相关分析、偏相关分析、距离相关分析。对于不同的变量类型,应用不同的相关系数来度量其相关性,比较常用的有 Pearson 相关系数、Spearman 和 Kendall's tau-b 等级相关系数。

对于本章的繁琐公式,读者可以不必记住,只要掌握其思想及应用的背景,能够正确使用不同的相关分析方法解决实际问题。

本章主要术语

相关关系 correlation　　　　　　　相关系数 correlation coefficient

偏相关 Partial correlation　　　　　距离相关 distance correlation

1. 简述简单相关分析与偏相关分析的区别与联系。

2. 偏相关分析的主要思想是什么?

3. 距离相关分析有哪些方面的应用?

4. 对例 5.3 中的数据分别采用相似性和不相似性测度两种方法进行变量间的距离相关分析,并比较结论有何不同。

第6章

回归分析

相关实例

回归分析的基本思想和方法以及"回归"名称的由来均归功于英国统计学家 F.高尔顿。高尔顿和他的学生——现代统计学的奠基者之一 K.皮尔逊在研究父母身高与其子女身高的遗传问题时,观察了 1 078 对夫妇,以每对夫妇的平均身高作为 x,而取他们的一个成年儿子的身高作为 y,将结果在平面直角坐标系上绘成散点团,发现趋势近乎一条直线。计算出的回归直线方程为

$$\hat{y} = 33.73 + 0.516x \tag{6-1}$$

这种趋势及回归方程总的表明父母平均身高 x 每增加一个单位时,其成年儿子的身高 y 也平均增加 0.516 个单位。这个结果表明,高个子父辈身高增加一个单位,儿子身高仅增加半个单位左右,矮个子父辈身高减少一个单位。儿子身高仅减少半个单位左右。也就是说,一群高个子父辈的儿子们在同龄人中平均仅为略高个子,一群矮个子父辈的儿子们在同龄人中平均仅为略矮个子,即子代的平均高度向中心回归了。为了描述这种有趣的现象,高尔顿引进了"回归"这个名词来描述父辈身高 x 与子代身高 y 的关系。

简略地说,回归分析主要研究客观事物变量间的统计关系,它是建立在对客观事物进行大量试验和观察的基础上,用来寻找隐藏在那些看上去是不确定的现象中的统计规律性的统计方法。回归分析方法是通过建立统计模型研究变量间相互关系的密切程度、结构状态、模型预测的一种有效工具。

6.1

一元线性回归分析

一元线性回归是描述两个变量之间统计关系的最简单的回归模型。在实际问题的研究

中,经常要研究某一现象与影响它的某一最主要因素的关系。例如,影响粮食产量的因素非常多,在众多因素中施肥量是一个最重要的因素,我们研究施肥量与粮食产量之间的关系;在消费问题的研究中,影响消费的因素也很多,但我们可以只研究国民收入与消费额之间的关系,因为国民收入是影响消费的最主要因素。

我们从一个简单的例子入手,来考虑两个变量之间的线性关系。在研究我国人均消费水平的问题中,把人均消费支出记作 y(元);把人均可支配收入记为 x(元)。我们收集到城镇居民家庭 2000—2015 年的 16 年样本数据 (x_i, y_i), $i = 1, 2, \cdots, 16$。数据见表 6.1。设人均可支配收入为 x 轴,人均消费支出为 y 轴作散点图,得到图 6.1。

表 6.1 人均可支配收入及人均消费支出数据

年份	人均可支配收入 x/元	人均消费支出 y/元	年份	人均可支配收入 x/元	人均消费支出 y/元
2000	6 280.0	4 998.0	2008	15 780.8	11 242.9
2001	6 859.6	5 309.0	2009	17 174.7	12 264.6
2002	7 702.8	6 029.9	2010	19 109.4	13 471.5
2003	8 472.2	6 510.9	2011	21 809.8	15 160.9
2004	9 421.6	7 182.1	2012	24 564.7	16 674.3
2005	10 493.0	7 942.9	2013	26 467.0	18 488.0
2006	11 759.5	8 696.6	2014	28 844.0	19 968.0
2007	13 785.8	9 997.5	2015	31 195.0	21 392.0

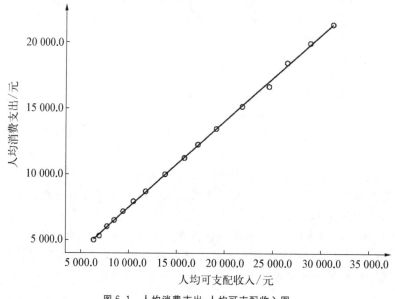

图 6.1 人均消费支出-人均可支配收入图

从图 6.1 我们看到,上面这个例子的样本数据点大致都落在一条直线附近,这说明变量 x 与 y 之间具有明显的线性关系。但这些样本点又不都在一条直线上,这表明变量 x 与 y 的关系并没有确切到给定 x 就可以唯一确定 y 的程度,可把每个样本点与直线的偏差看做是其他随机因素的影响。

6.1.1 数学模型

根据上面例子两个变量之间的线性关系,我们设 x 与 y 变量满足一元线性方程

$$y = \beta_0 + \beta_1 x + \varepsilon \tag{6-2}$$

式中，$\beta_0 + \beta_1 x$ 描述了由于 x 的变化引起的 y 的线性变化部分；ε 表示由其他随机因素引起的部分。我们把式(6-2)称为变量 y 对 x 的一元线性理论回归模型。一般我们称 y 为被解释变量(因变量)，x 为解释变量(自变量)。式中 β_0 和 β_1 是未知参数，称为回归系数。ε 表示其他随机因素的影响，我们一般假定为不可观测的随机误差，它是一个随机变量，通常假定 ε 满足下式

$$E(\varepsilon) = 0, \ \mathrm{var}(\varepsilon) = \sigma^2 \tag{6-3}$$

式中，$E(\varepsilon)$ 表示 ε 的数学期望；$\mathrm{var}(\varepsilon)$ 表示 ε 的方差。

对于我们所研究的某个实际问题，如上面例子，获得的 n 组样本观测值 (x_1, y_1)，(x_2, y_2)，$\cdots$，(x_n, y_n)，如果它们符合式(6-2)，则

$$y_i = \beta_0 + \beta_1 x_i + \varepsilon_i, \ i = 1, 2, \cdots, n \tag{6-4}$$

同样随机误差项满足

$$E(\varepsilon_i) = 0, \ \mathrm{var}(\varepsilon_i) = \sigma^2, \ i = 1, 2, \cdots, n \tag{6-5}$$

此外，我们还假定 n 组数据是独立观测的，因而 y_1，y_2，$\cdots$，y_n 与 ε_1，ε_2，$\cdots$，ε_n 都是相互独立的随机变量。我们称式(6-4)为一元线性样本回归模型。式(6-2)的理论回归模型与式(6-4)的样本回归模型是等价的，因而我们常不加区分地将两者统称为一元线性回归模型。

对式(6-4)两边分别求数学期望和方差，得

$$E(y_i) = \beta_0 + \beta_1 x_i, \ \mathrm{var}(y_i) = \sigma^2, \ i = 1, 2, \cdots, n \tag{6-6}$$

式(6-6)表明随机变量 y_1，y_2，$\cdots$，y_n 的期望不等，方差相等，因而 y_1，y_2，$\cdots$，y_n 是独立的随机变量，但并不同分布。而 ε_1，ε_2，$\cdots$，ε_n 是独立同分布的随机变量。该式从平均意义上表达了变量 y 与 x 的统计规律性，被称为线性总体回归函数。

回归分析的主要任务就是通过 n 组样本观测值 (x_i, y_i)，$i = 1, 2, \cdots, n$，对 β_0 和 β_1 进行估计。一般用 $\hat{\beta}_0, \hat{\beta}_1$ 分别表示 β_0，β_1 的估计值，则称

$$\hat{y} = \hat{\beta}_0 + \hat{\beta}_1 x \tag{6-7}$$

为 y 关于 x 的一元线性经验回归方程。

6.1.2 参数的最小二乘估计

为了由样本数据得到回归参数 β_0 和 β_1 的理想估计值，我们将使用普通最小二乘估计(Ordinary Least Square Estimation，OLSE)。对每一个样本观测值 (x_i, y_i)，最小二乘法考虑观测值 y_i 与其回归值 $E(y_i) = \beta_0 + \beta_1 x_i$ 的离差越小越好，综合地考虑 n 个离差值，定义离差平方和为

$$Q(\beta_0, \beta_1) = \sum_{i=1}^{n} [y_i - E(y_i)]^2 = \sum_{i=1}^{n} (y_i - \beta_0 - \beta_1 x_i)^2 \tag{6-8}$$

所谓最小二乘法，就是要找离差平方和达到极小时，回归系数 β_0，β_1 的估计值 $\hat{\beta}_0$，$\hat{\beta}_1$，满足

$$Q(\hat{\beta}_0, \hat{\beta}_1) = \sum_{i=1}^{n} (y_i - \hat{\beta}_0 - \hat{\beta}_1 x_i)^2 = \min_{\beta_0, \beta_1} \sum_{i=1}^{n} (y_i - \beta_0 - \beta_1 x_i)^2 \tag{6-9}$$

得到的估计值 $\hat{\beta}_0$，$\hat{\beta}_1$ 称为回归系数 β_0，β_1 的最小二乘估计。称

$$\hat{y}_i = \hat{\beta}_0 + \hat{\beta}_1 x_i \tag{6-10}$$

为 $y_i(i=1, 2, \cdots, n)$ 的回归拟合值。称

$$e_i = y_i - \hat{y}_i \qquad (6-11)$$

为 $y_i(i=1, 2, \cdots, n)$ 的残差。

由于式(6-9)是关于 β_0，β_1 的非负二次函数，因而它的最小值总是存在的。根据微积分中求极值的原理，β_0，β_1 是下列方程组的解

$$\left.\frac{\partial Q}{\partial \beta_0}\right|_{\beta_0 = \hat{\beta}_0} = -2\sum_{i=1}^{n}(y_i - \hat{\beta}_0 - \hat{\beta}_1 x_i) = 0$$
$$\left.\frac{\partial Q}{\partial \beta_1}\right|_{\beta_1 = \hat{\beta}_1} = -2\sum_{i=1}^{n}(y_i - \hat{\beta}_0 - \hat{\beta}_1 x_i)x_i = 0 \qquad (6-12)$$

整理后得到正规方程组

$$n\hat{\beta}_0 + \left(\sum_{i=1}^{n} x_i\right)\hat{\beta}_1 = \sum_{i=1}^{n} y_i$$
$$\left(\sum_{i=1}^{n} x_i\right)\hat{\beta}_0 + \left(\sum_{i=1}^{n} x_i^2\right)\hat{\beta}_1 = \sum_{i=1}^{n} x_i y_i \qquad (6-13)$$

求解正规方程，得到 β_0，β_1 的最小二乘估计

$$\hat{\beta}_0 = \bar{y} - \hat{\beta}_1 \bar{x}$$
$$\hat{\beta}_1 = \frac{\sum_{i=1}^{n}(x_i - \bar{x})(y_i - \bar{y})}{\sum_{i=1}^{n}(x_i - \bar{x})^2} \qquad (6-14)$$

式中，$\bar{x} = \dfrac{1}{n}\sum_{i=1}^{n} x_i$，$\bar{y} = \dfrac{1}{n}\sum_{i=1}^{n} y_i$。由 $\hat{\beta}_0 = \bar{y} - \hat{\beta}_1 \bar{x}$ 可知，回归直线是通过 $(\bar{x}, \bar{y})$ 点的，即回归直线通过样本重心。

如果记

$$L_{xx} = \sum_{i=1}^{n}(x_i - \bar{x})^2, \quad L_{xy} = \sum_{i=1}^{n}(x_i - \bar{x})(y_i - \bar{y}) \qquad (6-15)$$

式(6-14)还可以简写为

$$\hat{\beta}_0 = \bar{y} - \hat{\beta}_1 \bar{x}$$
$$\hat{\beta}_1 = \frac{L_{xy}}{L_{xx}} \qquad (6-16)$$

例 6.1　已知某社区 10 户家庭每周可支配收入和消费支出的基本信息，如表 6.2 所示，求每周家庭消费支出与可支配收入回归方程的最小二乘参数估计。

表 6.2　每周可支配收入和消费支出的基本信息

x（收入）	80	100	120	140	160	180	200	220	240	260
y（支出）	70	65	90	95	110	115	120	140	155	150

根据式(6-14),只要求得 $\bar{x} = \dfrac{1}{n}\sum\limits_{i=1}^{n} x_i$, $\bar{y} = \dfrac{1}{n}\sum\limits_{i=1}^{n} y_i$,便可知 $\hat{\beta}_1$、$\hat{\beta}_0$ 的估计值为

$$\hat{\beta}_1 = \frac{\sum\limits_{i=1}^{n}(x_i - \bar{x})(y_i - \bar{y})}{\sum\limits_{i=1}^{n}(x_i - \bar{x})^2} = \frac{16\,800}{33\,000} = 0.509$$

$$\hat{\beta}_0 = \bar{y} - \hat{\beta}_1 \bar{x} = 111 - 0.509 \times 170 = 24.47$$

因此采用普通最小二乘法求得的回归方程为 $y_i = 24.47 + 0.509 x_i + \varepsilon_i$。

6.1.3　最小二乘估计的性质

性质 1　线性,即估计量 $\hat{\beta}_0$、$\hat{\beta}_1$ 为随机变量 y_i 的线性函数。

证明　由式(6-14)可得

$$\hat{\beta}_1 = \frac{\sum\limits_{i=1}^{n}(x_i - \bar{x})(y_i - \bar{y})}{\sum\limits_{i=1}^{n}(x_i - \bar{x})^2} = \sum\limits_{i=1}^{n} \frac{(x_i - \bar{x})}{\sum\limits_{i=1}^{n}(x_i - \bar{x})^2} y_i \qquad (6-17)$$

$$\hat{\beta}_0 = \bar{y} - \hat{\beta}_1 \bar{x} = \sum\limits_{i=1}^{n}\left(\frac{1}{n} - \frac{(x_i - \bar{x})}{\sum\limits_{i=1}^{n}(x_i - \bar{x})^2}\bar{x}\right) y_i \qquad (6-18)$$

式中,$\dfrac{(x_i - \bar{x})}{\sum\limits_{i=1}^{n}(x_i - \bar{x})^2}$、$\left(\dfrac{1}{n} - \dfrac{(x_i - \bar{x})}{\sum\limits_{i=1}^{n}(x_i - \bar{x})^2}\bar{x}\right)$ 都是 y_i 的常数,所以 $\hat{\beta}_0$ 和 $\hat{\beta}_1$ 都是随机

变量 y_i 的线性组合。

性质 2　无偏性,即 $E(\hat{\beta}_1) = \beta_1$, $E(\hat{\beta}_0) = \beta_0$。

证明　对式(6-17)求数学期望,可得

$$E(\hat{\beta}_1) = \sum\limits_{i=1}^{n} \frac{(x_i - \bar{x})}{\sum\limits_{i=1}^{n}(x_i - \bar{x})^2} E(y_i) = \sum\limits_{i=1}^{n} \frac{(x_i - \bar{x})}{\sum\limits_{i=1}^{n}(x_i - \bar{x})^2}(\beta_0 + \beta_1 x_i) = \beta_1$$

同理可得

$$E(\hat{\beta}_0) = E(\bar{y}) - E(\hat{\beta}_1)\bar{x} = \beta_0 + \hat{\beta}_1 \bar{x} - \hat{\beta}_1 \bar{x} = \beta_0$$

性质 3　$\hat{\beta}_0$,$\hat{\beta}_1$ 的方差为 $\operatorname{var}(\hat{\beta}_1) = \dfrac{\sigma^2}{L_{xx}}$, $\operatorname{var}(\hat{\beta}_0) = \left(\dfrac{1}{n} + \dfrac{\bar{x}^2}{L_{xx}}\right)\sigma^2$。

证明　由式(6-17)可得 $\operatorname{var}(\hat{\beta}_1) = \sum\limits_{i=1}^{n}\left(\dfrac{(x_i - \bar{x})}{\sum\limits_{i=1}^{n}(x_i - \bar{x})^2}\right)^2 \operatorname{var}(y_i) = \sigma^2 \sum\limits_{i=1}^{n} \dfrac{(x_i - \bar{x})^2}{L_{xx}^2} =$

$\dfrac{\sigma^2}{L_{xx}}$。

由式(6-18)可得 $\operatorname{var}(\hat{\beta}_0) = \sigma^2 \sum\limits_{i=1}^{n}\left(\dfrac{1}{n} - \dfrac{(x_i - \bar{x})}{L_{xx}}\bar{x}\right)^2 = \left(\dfrac{1}{n} + \dfrac{\bar{x}^2}{L_{xx}}\right)\sigma^2$。

由前述 $\hat{\beta}_0$、$\hat{\beta}_1$ 的线性可知道，$\hat{\beta}_0$、$\hat{\beta}_1$ 都是 n 个独立正态随机变量 y_1，y_2，$\cdots$，y_n 的线性组合，因而 $\hat{\beta}_0$、$\hat{\beta}_1$ 也遵从正态分布。由 $\hat{\beta}_0$、$\hat{\beta}_1$ 的均值和方差的结果，可知

$$\hat{\beta}_0 \sim N\left[\beta_0, \left(\frac{1}{n} + \frac{\bar{x}^2}{L_{xx}}\right)\sigma^2\right] \tag{6-19}$$

$$\hat{\beta}_1 \sim N\left(\beta_1, \frac{\sigma^2}{L_{xx}}\right) \tag{6-20}$$

另外还可以证明 $\hat{\beta}_0$、$\hat{\beta}_1$ 的协方差

$$\mathrm{cov}(\hat{\beta}_0, \hat{\beta}_1) = -\frac{\bar{x}}{L_{xy}}\sigma^2 \tag{6-21}$$

该式子表明在 $\bar{x}=0$ 时，$\hat{\beta}_0$ 与 $\hat{\beta}_1$ 不相关，在正态假定下独立；在 $\bar{x} \neq 0$ 时不独立。

需要指明的是前述结果建立在回归模型随机误差项 ε_i 等方差及不相关的假定条件下，该条件也称为高斯-马尔柯夫(Gauss-Markov)条件，即

$$\begin{cases} E(\varepsilon_i) = 0, \ i = 1, 2, \cdots, n \\ \mathrm{cov}(\varepsilon_i, \varepsilon_j) = \begin{cases} \sigma^2, \ i = j \\ 0, \ i \neq j \end{cases} (i, j = 1, 2, \cdots, n) \end{cases} \tag{6-22}$$

在此条件下可以证明，$\hat{\beta}_0$ 与 $\hat{\beta}_1$ 分别是 β_0 与 β_1 的最佳线性无偏估计(Best Linear Unbiased Estimator，BLUE)，或最小方差线性无偏估计。

6.1.4 回归方程的显著性

求得经验回归方程 $\hat{y} = \hat{\beta}_0 + \hat{\beta}_1 x$ 后，还不能马上就用它去作分析和预测，因为在计算过程中我们并不知道 $\hat{y} = \hat{\beta}_0 + \hat{\beta}_1 x$ 是否真正描述了变量 y 与 x 之间的统计规律，如果不存在这种关系，那么求得的回归方程是没有意义的，所以还需运用统计方法对回归方程进行检验。

回归方程的显著性检验有多种方法，首先介绍 F 检验。检验的原假设为

$$H_0: \beta_1 = 0 \tag{6-23}$$

其对立假设为

$$H_1: \beta_1 \neq 0 \tag{6-24}$$

F 检验是根据平方和分解式，直接从回归效果检验回归方程的显著性。正态随机变量 y_1，y_2，$\cdots$，y_n 的偏差平方和可以分解为

$$\sum_{i=1}^{n}(y_i - \bar{y})^2 = \sum_{i=1}^{n}(y_i - \hat{y}_i + \hat{y}_i - \bar{y})^2 = \sum_{i=1}^{n}(\hat{y}_i - \bar{y})^2 + \sum_{i=1}^{n}(y_i - \hat{y}_i)^2 \tag{6-25}$$

其中 $\sum_{i=1}^{n}(y_i - \bar{y})^2$ 为总的偏差平方和，记为 S_T，T 表示 Total；$\sum_{i=1}^{n}(\hat{y}_i - \bar{y})^2$ 为回归平方和，记为 S_R，R 表示 Regression；$\sum_{i=1}^{n}(y_i - \hat{y}_i)^2$ 为残差平方和，记为 S_E，E 表示 Error。因此，平方和分解式可以简写为

$$S_T = S_R + S_E \tag{6-26}$$

为了理解回归平方和与残差平方和的含义，可以求 S_R 和 S_E 的数学期望

$$E(S_R) = E\left[\sum_{i=1}^{n}(\hat{y}_i - \overline{y})^2\right] = E(\hat{\beta}_1^2 L_{xx}) = \sigma^2 + \beta_1^2 L_{xx}$$

$$E(S_E) = (n-2)\sigma^2$$

只有当 H_0 假设为真时，$E(S_R) = \sigma^2$，也就是说 S_R 除了反映误差，还反映了 $\beta_1 \neq 0$ 所引起的差异，所以称 S_R 为回归平方和。而 S_E 只反映了随机误差的影响，所以称 S_E 为残差平方和。因此总平方和中，能够由自变量解释的部分为 S_R，不能由自变量解释的部分为 S_E。这样，回归平方和 S_R 越大，回归的效果就越好，可以据此构造 F 检验统计量

$$F = \frac{S_R}{S_E/(n-2)} \tag{6-27}$$

在正态假设下，当原假设 $H_0 : \beta_1 = 0$ 成立时，F 服从自由度为 $(1, n-2)$ 的 F 分布。对于给定的显著水平 α，当 F 值大于临界值 $F_\alpha(1, n-2)$ 时，拒绝 H_0，说明回归方程显著，x 与 y 有显著的线性关系。通常将这一过程列成方差分析表。

例 6.2 根据例 6.1 的样本数据，我们还可以对用最小二乘法求得的回归方程作显著性检验。根据平方和分解法可求得

$$S_R = \sum_{i=1}^{n}(\hat{y}_i - \overline{y})^2 = 8\,549.673$$

$$S_E = \sum_{i=1}^{n}(y_i - \hat{y}_i)^2 = 337.273$$

其方差分析表见表 6.3。

表 6.3　例 6.2 的方差分析表

来　　源	平方和 S	自由度 f	均方和 V	F 比
回归 残差	$S_R = 8\,549.673$ $S_E = 337.273$	$f_R = 1$ $f_E = 8$	$V_R = S_R/f_R = 8\,549.673$ $V_E = S_E/f_E = 42.159$	$F = V_R/V_E$ $= 202.80$
总计	$S_T = 8\,886.946$	$f_T = 9$	$F_\alpha(1, n-2) - 5.32$	

根据式 (6-27)，F 统计量为 $\dfrac{S_R}{S_E/(n-2)} = 202.80$，对于给定的显著水平 $\alpha = 5\%$，$F_\alpha(1, n-2) = 5.32$，$F > F_\alpha$，所以回归方程显著。

我们还可以用变量 x 与 y 之间的相关系数来检验回归方程的显著性。相关系数 r 定义为

$$r = \frac{\sum_{i=1}^{n}(x_i - \overline{x})(y_i - \overline{y})}{\sqrt{\sum_{i=1}^{n}(x_i - \overline{x})^2 \sum_{i=1}^{n}(y_i - \overline{y})^2}} = \frac{L_{xy}}{\sqrt{L_{xx}L_{yy}}} \tag{6-28}$$

相关系数 r 表示 x 和 y 的线性关系的密切程度，相关系数的取值范围为 $|r| \leqslant 1$。可以证明 $r^2 = \dfrac{L_{xy}^2}{L_{xx}L_{yy}} = \dfrac{S_R}{S_T}$，$r^2$ 也被称为可决系数或判定系数，反映了在 y 的总离差平方和中由回归模型解释的部分所占的比例。r^2 越接近 1，表明样本点越靠近回归直线，可认为方程

有意义。

例 6.3　根据例 6.1 的样本数据,可决系数 $r^2 = 0.962$,接近 1,说明该回归方程的拟合优度高。

6.1.5　预测

回归方程经过检验是有意义时,下一步就是回归模型的应用,而预测就是回归模型最重要的应用之一。已知一元线性回归方程 $\hat{y} = \hat{\beta}_0 + \hat{\beta}_1 x$,求 $x = x_0$ 时因变量 y 的单值预测值,即 $\hat{y}_0 = \hat{\beta}_0 + \hat{\beta}_1 x_0$。

该单值预测只是对应 $x = x_0$ 因变量 y 的大概值。仅知道这一点意义并不大,对于预测问题,除了知道预测值外,还希望知道预测的精度,这就需要作区间预测,也就是给出因变量 y 的一个预测值范围。给一个预测值范围比只给出单个值 $\hat{y}_0$ 更可信,这个问题也就是对于给定的显著性水平 α,找一个区间 (T_1, T_2),使对应于某特定的 $x = x_0$,y_0 实际值以 $1 - \alpha$ 的概率被区间 (T_1, T_2) 所包含。

因变量的区间预测分为两种情况,一种是对给定 $x = x_0$ 求 y_0 的区间预测,另一种是对给定 $x = x_0$ 求 y_0 平均值的区间预测。

1. 因变量 y_0 的区间预测

为了给出 y_0 的置信区间,需要首先求出其估计值 $\hat{y}_0 = \hat{\beta}_0 + \hat{\beta}_1 x_0$ 的分布。由 $\hat{\beta}_0$,$\hat{\beta}_1$ 的线性性,可知 $\hat{\beta}_0$ 与 $\hat{\beta}_1$ 都是 y_1,y_2,$\cdots$,y_n 的线性组合,因而 $\hat{y}_0 = \hat{\beta}_0 + \hat{\beta}_1 x_0$ 也是 y_1,y_2,$\cdots$,y_n 的线性组合。在正态假定下 $\hat{y}_0 = \hat{\beta}_0 + \hat{\beta}_1 x_0$ 服从正态分布,其期望值为 $E(\hat{y}_0) = \beta_0 + \beta_1 x_0$,方差为

$$
\begin{aligned}
\mathrm{var}(\hat{y}_0) &= \mathrm{var}(\hat{\beta}_0) + \mathrm{var}(\hat{\beta}_1) x_0^2 + 2\mathrm{cov}(\hat{\beta}_0, \hat{\beta}_1) x_0 \\
&= \left(\frac{1}{n} + \frac{\bar{x}^2}{L_{xx}} + \frac{x_0^2}{L_{xx}} - \frac{2\bar{x} x_0}{L_{xx}} \right) \sigma^2 = \left(\frac{1}{n} + \frac{(x_0 - \bar{x})^2}{L_{xx}} \right) \sigma^2
\end{aligned} \tag{6-29}
$$

因此 $\hat{y}_0$ 服从分布

$$
\hat{y}_0 \sim N \left\{ \beta_0 + \beta_1 x_0, \left[\frac{1}{n} + \frac{(x_0 - \bar{x})^2}{L_{xx}} \right] \sigma^2 \right\} \tag{6-30}
$$

$\hat{y}_0$ 和先前独立观测到的随机变量 y_1,y_2,$\cdots$,y_n 是独立的,因而

$$
\mathrm{var}(y_0 - \hat{y}_0) = \mathrm{var}(y_0) + \mathrm{var}(\hat{y}_0) = \left(1 + \frac{1}{n} + \frac{(x_0 - \bar{x})^2}{L_{xx}} \right) \sigma^2 \tag{6-31}
$$

又因为 $E(y_0 - \hat{y}_0) = 0$,于是 $y_0 - \hat{y}_0$ 满足

$$
y_0 - \hat{y}_0 \sim N \left\{ 0, \left[1 + \frac{1}{n} + \frac{(x_0 - \bar{x})^2}{L_{xx}} \right] \sigma^2 \right\} \tag{6-32}
$$

可知 t 统计量

$$
t = \frac{y_0 - \hat{y}_0}{\sqrt{\mathrm{var}(y_0 - \hat{y}_0)}} = \frac{y_0 - \hat{y}_0}{\sqrt{1 + \frac{1}{n} + \frac{(x_0 - \bar{x})^2}{L_{xx}}} \, \hat{\sigma}} \sim t(n-2) \tag{6-33}
$$

从而 y_0 置信度 $1-\alpha$ 的置信区间为

$$\left[\hat{y}_0 - t_{\frac{\alpha}{2}}(n-2)\sqrt{1+\frac{1}{n}+\frac{(x_0-\overline{x})^2}{L_{xx}}}\,\hat{\sigma}\,,\ \hat{y}_0 + t_{\frac{\alpha}{2}}(n-2)\sqrt{1+\frac{1}{n}+\frac{(x_0-\overline{x})^2}{L_{xx}}}\,\hat{\sigma}\right]$$

$$(6-34)$$

由该式可知,对给定的置信度 $1-\alpha$,样本容量 n 越大,L_{xx} 越大,x_0 越靠近 $\overline{x}$,则置信区间长度越短,此时的预测精度就高。当样本容量 n 较大,$|x_0-\overline{x}|$ 较小时,$\frac{1}{n}+\frac{(x_0-\overline{x})^2}{L_{xx}}$ 接近于零,y_0 的置信度为 95% 的置信区间近似为

$$(\hat{y}_0 - 2\hat{\sigma}\,,\ \hat{y}_0 + 2\hat{\sigma}) \tag{6-35}$$

2. 因变量 y_0 的均值的区间预测

由于 $E(\hat{y}_0)=\beta_0+\beta_1 x_0$,可知

$$\hat{y}_0 - E(\hat{y}_0) \sim N\left\{0,\ \left[\frac{1}{n}+\frac{(x_0-\overline{x})^2}{L_{xx}}\right]\sigma^2\right\} \tag{6-36}$$

从而可得 $E(y_0)$ 置信度 $1-\alpha$ 的置信区间为

$$\left[\hat{y}_0 - t_{\frac{\alpha}{2}}(n-2)\sqrt{\frac{1}{n}+\frac{(x_0-\overline{x})^2}{L_{xx}}}\,\hat{\sigma}\,,\ \hat{y}_0 + t_{\frac{\alpha}{2}}(n-2)\sqrt{\frac{1}{n}+\frac{(x_0-\overline{x})^2}{L_{xx}}}\,\hat{\sigma}\right]$$

$$(6-37)$$

例 6.4　在上述收入和消费支出的例子(例 6.1)中,已求得样本回归函数,现求 $x_0=300$ 时总体均值和个体值的置信区间。

当 $x_0=300$ 时,$\hat{y}_0=24.470+0.509\times300=177.17$,取置信水平 $\alpha=5\%$,$t_{\frac{\alpha}{2}}(10-2)=2.306$,因此总体均值 $E(y_0)$ 的置信度为 95% 的置信区间为:$(177.17-2.306\times5.103$,$177.17+2.306\times5.103)=(165.402,188.938)$。个体值 y_0 的置信度为 95% 的置信区间为:$(177.17-2.306\times8.2814$,$177.17+2.306\times8.2814)=(158.073,196.267)$。

6.1.6　控制

控制问题相当于预测的反问题。在许多现实问题中,我们常常会遇到要求 y 在一定的范围内取值 $y\in(y_L,y_U)$,如何控制 x 取值的问题。最直观的方法可以采用作图法,如图 6.2 所示,以 y_U、y_L 分别作水平线交 $(\hat{y}_0+\delta$,$\hat{y}_0-\delta)$ 于点 M、点 N,过两点分别作垂线,交 x 轴于 (x_1,x_2),当 x 控制在 (x_1,x_2) 内,必能以概率 $1-\alpha$ 保证 $y\in(y_L,y_U)$。

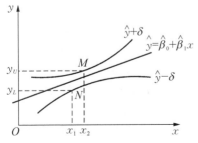
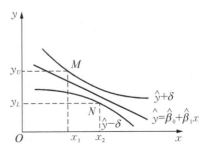

图 6.2　控制示意图

作图法相对比较粗糙,实际中常用近似预测区间来求这一范围,如要以 95% 的概率保证 $y \in (y_L, y_U)$,则可解不等式

$$\begin{cases} \hat{y} - 2\hat{\sigma} = \hat{\beta}_0 + \hat{\beta}_1 x - 2\hat{\sigma} > y_L \\ \hat{y} + 2\hat{\sigma} = \hat{\beta}_0 + \hat{\beta}_1 x + 2\hat{\sigma} < y_U \end{cases}$$

6.1.7 一元线性回归的 SPSS 应用

例 6.5 以表 6.1 的数据为例,建立城镇居民家庭人均消费支出(y)关于人均可支配收入(x)的回归方程。

依次点击 Analyze→Regression→Linear 进入线性回归对话框,在左侧的源变量栏中选择"人均消费支出"作为因变量进入"Dependent"栏中,选择"人均可支配收入"作为自变量进入"Independent(s)"栏中,"Method"采用"Enter"(默认值,强制输入法),如图 6.3 所示。

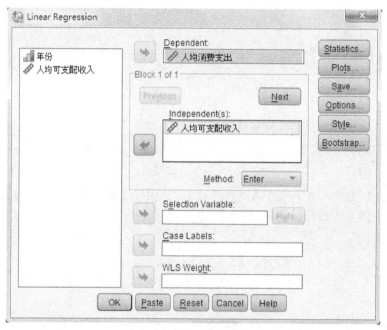

图 6.3 Linear Regression 对话框

单击"Statistics"按钮,进入对话框如图 6.4 所示。选择"Estimates"(默认选项)、"Model fit"(默认选项)、"Confidence intervals"(回归系数的 95% 可信区间)、"Descriptives"(描述统计量)、"Casewise diagnostics"中的"All cases"(残差诊断)。

单击"Plots"按钮,进入对话框如图 6.5 所示,作散点图,在"Scatter"下,选"DEPENDNT"为"Y"轴变量,"＊ZPRED"为"X"轴变量。

单击"Save"按钮,对话框如图 6.6 所示。选择保存以下新变量:"Predicted Values"中的"Unstandardized"(未标准化预测值,新变量为 pre_1)、"S. E. of mean predictions"(预测值的标准误差,新变量为 sep_1)、"Residuals"中的"Unstandardized"(未标准化残差,新变量为 RES_1)、"Prediction Intervals"中的"Mean"(预测值的均数的可信区间,新变量 LMCI_1 为下限,UMCI_1 为上限)、"Prediction Intervals"中的"Individual"(预测值的个体值的可信区间,新变量 LICI_1 为下限,UICI_1 为上限)、"Confidence Interval"(默认为 95% 的置信区间)。

单击"OK"按钮运行程序。可得到输出结果如表 6.4~表 6.8,图 6.7~图 6.8 所示。

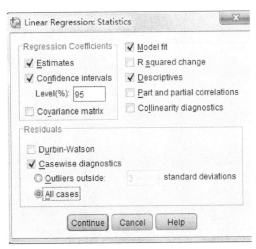

图 6.4 Linear Regression：Statistics 对话框

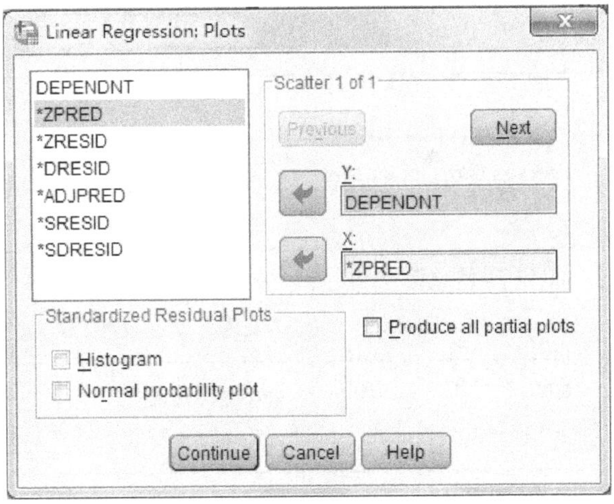

图 6.5 Linear Regression：Plots 对话框

图 6.6 Linear Regression：Save 对话框

表 6.4 描述统计量

Descriptive Statistics

	Mean	Std. Deviation	N
人均消费支出	11 583.069	5 414.947 8	16
人均可支配收入	16 232.494	8 257.430 3	16

表 6.5　相　关　系　数
Correlations

		人均消费支出	人均可支配收入
Pearson Correlation	人均消费支出	1.000	1.000
	人均可支配收入	1.000	1.000
Sig. (1-tailed)	人均消费支出	0.000	0.000
	人均可支配收入	0.000	0.000
N	人均消费支出	16	16
	人均可支配收入	16	16

表 6.6　模　型　摘　要
Model Summary[b]

Model	R	R Square	Adjusted R Square	Std. Error of the Estimate
1	1.000[a]	0.999	0.999	132.439 4

a. Predictors：(Constant)，人均可支配收入。
b. Dependent Variable：人均消费支出。

表 6.7　方　差　分　析　表
ANOVA

Model		Sum of Squares	df	Mean Square	F	Sig.
1	Regression	439 579 334.171	1	439 579 334.171	25 061.258	0.000[b]
	Residual	245 562.724	14	17 540.195		
	Total	439 824 896.894	15			

表 6.8　回　归　系　数
Coefficients[a]

Model		Unstandardized Coefficients		Standardized Coefficients	t	Sig.	95.0% Confidence Interval for B	
		B	Std. Error	Beta			Lower Bound	Upper Bound
1	(Constant)	941.312	74.934		12.562	0.000	780.595	1 102.029
	人均可支配收入	0.656	0.004	1.000	158.307	0.000	0.647	0.664

a. Dependent Variable：人均消费支出。

表 6.9　回　归　诊　断
Casewise Diagnostics[a]

Case Number	Std. Residual	人均消费支出	Predicted Value	Residual
1	−0.456	4 998.0	5 058.377	−60.377 0
2	−0.977	5 309.0	5 438.353	−129.353 2
3	0.293	6 029.9	5 991.141	38.758 7

Case Number	Std. Residual	人均消费支出	Predicted Value	Residual
4	0.116	6 510.9	6 495.547	15.352 6
5	0.484	7 182.1	7 117.958	64.141 6
6	0.925	7 942.9	7 820.351	122.549 3
7	0.347	8 696.6	8 650.647	45.952 6
8	0.139	9 997.5	9 979.056	18.443 6
9	−0.333	11 242.9	11 286.946	−44.045 7
10	0.482	12 264.6	12 200.764	63.836 3
11	0.018	13 471.5	13 469.121	2.378 7
12	−0.593	15 160.9	15 239.459	−78.559 3
13	−2.803	16 674.3	17 045.527	−371.226 6
14	1.475	18 488.0	18 292.643	195.356 7
15	0.884	19 968.0	19 850.966	117.034 5
16	−0.002	21 392.0	21 392.243	−0.242 6

a. Dependent Variable：人均消费支出。

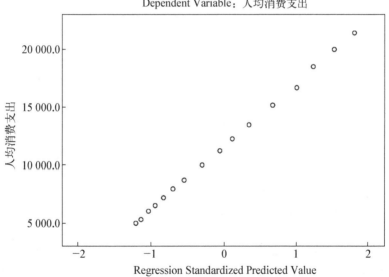

Scatterplot
Dependent Variable：人均消费支出

图 6.7　散点图

图 6.8　Save 增加的新变量

结果分析如下。

表 6.4 是描述统计量(Descriptive)的结果,显示变量 y 和 x 的均值(Mean)、标准差(Std. Deviation)和例数(N)。

表 6.5 是简单相关系数表,可以看出人均消费支出与人均可支配收入的相关系数近似等于 1。

表 6.6 是模型摘要,相关系数 $R=1$,判定系数 R Square$=0.999$,调整判定系数 Adjusted R Square$=0.999$,估计值的标准误差 Std. Error of the Estimate$=132.439\,4$。

表 6.7 是方差分析结果,显示了偏差平方和、自由度、均方、F 检验统计量、P 值。其中,回归的均方 Regression Mean Square $=439\,579\,334.171$,残差的均方 Residual Mean Square$=17\,540.195$,$F=25\,061.258$,$P=0.000$。线性回归方程显著。

表 6.8 是回归系数结果,常数项(Constant)$=941.312$,回归系数(B)$=0.656$,回归系数的标准误差(Std. Error)$=0.004$,回归系数的 t 检验的 t 值$=158.307$,$P=0.000$,认为回归系数显著有意义。

表 6.9 是对全部观测单位进行回归诊断结果(Casewise diagnostic-All Cases),显示每一列样本的标准化残差(Std. Residual)、因变量 y 的实测值和预测值(Predicted value)、残差(Residual)。

图 6.7 是散点图,选择 DEPENDENT(Y 轴变量)与 * ZPRED(X 轴变量)作图,两变量呈直线趋势,表明该方程的预测效果很好。

图 6.8 是 Save 的结果,增加新变量到正在使用的数据文件中。

6.2
多元线性回归分析

在实际问题中,影响因变量 y 的自变量往往不止一个,如果 p 个自变量 x_1, x_2, $\cdots$, x_p 与随机变量 y 之间存在着相关关系,通常就意味当 x_1, x_2, $\cdots$, x_p 变量取定值后,y 便有相应的值与之对应。假设随机变量 y 与相关变量 x_1, x_2, $\cdots$, x_p 之间存在线性关系

$$y=\beta_0+\beta_1 x_1+\beta_2 x_2+\cdots+\beta_p x_p+\varepsilon \qquad (6-38)$$

其中,随机变量 y 称为被解释变量(因变量),x_1, x_2, $\cdots$, x_p 称为解释变量(自变量),ε 为随机误差,随机误差项可以概括表示由于人们的认识以及其他客观原因的局限而没有考虑的种种偶然因素。β_0, β_1, β_2, $\cdots$, β_p 为未知参数,常称它们为回归系数。线性回归模型的"线性"是针对未知参数 $\beta_i (i=0, 1, 2, \cdots, p)$ 而言的。对于回归解释变量的线性是非本质的,因为解释变量是非线性时,通常可以通过变量的替换把它转化成线性的。

6.2.1 数学模型

如果 $(x_{i1}, x_{i2}, \cdots, x_{ip}; y_i)$,$i=1, 2, \cdots, n$ 是变量 $(x_1, x_2, \cdots, x_p; y)$ 的一组观测值,则线性回归模型可表示为

$$y_i=\beta_0+\beta_1 x_{i1}+\beta_2 x_{i2}+\cdots+\beta_p x_{ip}+\varepsilon_i, i=1, 2, \cdots, n \qquad (6-39)$$

为了估计模型参数的需要,古典线性回归模型通常应满足以下几个基本假设。

1. 随机误差项具有零均值和等方差，即

$$
\begin{cases}
E(\varepsilon_i) = 0, \ i = 1, 2, \cdots, n \\
\mathrm{cov}(\varepsilon_i, \varepsilon_j) = \begin{cases} \sigma^2, \ i = j \\ 0, \ i \neq j \end{cases} (i, j = 1, 2, \cdots, n)
\end{cases}
\tag{6-40}
$$

这个假定常称为高斯-马尔柯夫条件。

2. 正态分布假定条件

$$
\begin{cases}
\varepsilon_i \sim N(0, \sigma^2), \ i = 1, 2, \cdots, n \\
\varepsilon_1, \varepsilon_2, \cdots, \varepsilon_n \ \text{相互独立}
\end{cases}
\tag{6-41}
$$

由上述假定和多元正态分布的性质可知，随机变量 y 遵从 n 维正态分布。

为了书写的方便，通常采用矩阵形式，记

$$
Y = \begin{pmatrix} y_1 \\ y_2 \\ \vdots \\ y_n \end{pmatrix} \quad \beta = \begin{pmatrix} \beta_0 \\ \beta_1 \\ \vdots \\ \beta_p \end{pmatrix} \quad X = \begin{pmatrix} 1 & X_{11} & \cdots & X_{1p} \\ 1 & X_{21} & \cdots & X_{2p} \\ \vdots & \vdots & \vdots & \vdots \\ 1 & X_{n1} & \cdots & X_{np} \end{pmatrix} \quad \varepsilon = \begin{pmatrix} \varepsilon_1 \\ \varepsilon_2 \\ \vdots \\ \varepsilon_n \end{pmatrix}
$$

则多元线性回归模型可表示为

$$
\boldsymbol{Y} = \boldsymbol{X\beta} + \boldsymbol{\varepsilon}
\tag{6-42}
$$

上述的正态分布假定条件可表示为

$$
\varepsilon \sim N(0, \sigma^2 \boldsymbol{I}_n)
\tag{6-43}
$$

I_n 为 n 阶单位矩阵，0 表示分量全为零的向量。由多元正态分布的性质可知，随机向量 Y 遵从 n 维正态分布，回归模型式(6-42)的数学期望为

$$
E(\boldsymbol{Y}) = \boldsymbol{X\beta}
\tag{6-44}
$$

6.2.2 参数的最小二乘估计

多元线性回归方程未知参数 β_0，β_1，β_2，$\cdots$，β_p 的估计与一元线性回归方程的参数估计原理一样，仍然可以采用最小二乘估计。已知式(6-39)矩阵形式表示的回归模型 $\boldsymbol{Y} = \boldsymbol{X\beta} + \boldsymbol{\varepsilon}$，所谓最小二乘法，就是寻找参数 β_0，β_1，β_2，$\cdots$，β_p 的估计值 $\hat{\beta}_0$，$\hat{\beta}_1$，$\hat{\beta}_2$，$\cdots$，$\hat{\beta}_p$，使离差平方和 $Q(\beta_0, \beta_1, \cdots, \beta_p) = \sum\limits_{i=1}^{n}(y_i - \beta_0 - \beta_1 x_{i1} - \beta_2 x_{i2} - \cdots - \beta_p x_{ip})^2$ 最小，则 $\hat{\beta}_0$，$\hat{\beta}_1$，$\hat{\beta}_2$，$\cdots$，$\hat{\beta}_p$ 满足条件

$$
Q(\hat{\beta}_0, \hat{\beta}_1, \cdots, \hat{\beta}_p) = \min_{\beta_0, \beta_1, \cdots, \beta_p} \sum_{i=1}^{n}(y_i - \beta_0 - \beta_1 x_{i1} - \beta_2 x_{i2} - \cdots - \beta_p x_{ip})^2
\tag{6-45}
$$

求得的 $\hat{\beta}_0$，$\hat{\beta}_1$，$\hat{\beta}_2$，$\cdots$，$\hat{\beta}_p$ 为回归参数 β_0，β_1，β_2，$\cdots$，β_p 的最小二乘估计。

由于 Q 是关于 β_0，β_1，β_2，$\cdots$，β_p 的非负二次函数，因而它的最小值总是存在的。根据微积分中求极值的原理，$\hat{\beta}_0$，$\hat{\beta}_1$，$\hat{\beta}_2$，$\cdots$，$\hat{\beta}_p$ 应满足下列方程组

$$\begin{cases} \dfrac{\partial Q}{\partial \hat{\beta}_0}\bigg|_{\beta_0=\hat{\beta}_0} = -2\sum_{i=1}^{n}(y_i - \hat{\beta}_0 - \hat{\beta}_1 x_{i1} - \hat{\beta}_2 x_{i2} - \cdots - \hat{\beta}_p x_{ip}) = 0 \\[2mm] \dfrac{\partial Q}{\partial \hat{\beta}_1}\bigg|_{\beta_1=\hat{\beta}_1} = -2\sum_{i=1}^{n}(y_i - \hat{\beta}_0 - \hat{\beta}_1 x_{i1} - \hat{\beta}_2 x_{i2} - \cdots - \hat{\beta}_p x_{ip})x_{i1} = 0 \\[2mm] \vdots \\[2mm] \dfrac{\partial Q}{\partial \hat{\beta}_p}\bigg|_{\beta_p=\hat{\beta}_p} = -2\sum_{i=1}^{n}(y_i - \hat{\beta}_0 - \hat{\beta}_1 x_{i1} - \hat{\beta}_2 x_{i2} - \cdots - \hat{\beta}_p x_{ip})x_{ip} = 0 \end{cases} \tag{6-46}$$

整理后得到正规方程组

$$\begin{aligned} \sum(\hat{\beta}_0 + \hat{\beta}_1 x_{i1} + \hat{\beta}_2 x_{i2} + \cdots + \hat{\beta}_p x_{ip}) &= \sum y_i \\ \sum(\hat{\beta}_0 + \hat{\beta}_1 x_{i1} + \hat{\beta}_2 x_{i2} + \cdots + \hat{\beta}_p x_{ip})x_{i1} &= \sum y_i x_{i1} \\ \vdots \\ \sum(\hat{\beta}_0 + \hat{\beta}_1 x_{i1} + \hat{\beta}_2 x_{i2} + \cdots + \hat{\beta}_p x_{ip})x_{ip} &= \sum y_i x_{ip} \end{aligned} \tag{6-47}$$

该正规方程组也可以用矩阵形式表示

$$\boldsymbol{X}'\boldsymbol{X}\hat{\boldsymbol{\beta}} = \boldsymbol{X}'\boldsymbol{Y} \tag{6-48}$$

当 $\boldsymbol{X}'\boldsymbol{X}$ 的逆矩阵存在时，$\boldsymbol{\beta}$ 的最小二乘估计可表示为

$$\hat{\boldsymbol{\beta}} = (\boldsymbol{X}'\boldsymbol{X})^{-1}\boldsymbol{X}'\boldsymbol{Y} \tag{6-49}$$

求得 β 的最小二乘估计 $\hat{\beta}$ 后，称

$$\hat{y}_i = \hat{\beta}_0 + \hat{\beta}_1 x_{i1} + \hat{\beta}_2 x_{i2} + \cdots + \hat{\beta}_p x_{ip}, \ i=1, 2, \cdots, n \tag{6-50}$$

为拟合值，以 $\hat{y}_i$ 为分量构成拟合值向量

$$\hat{\boldsymbol{Y}} = \begin{bmatrix} \hat{y}_1 \\ \hat{y}_2 \\ \vdots \\ \hat{y}_n \end{bmatrix}$$

式(6-50)用矩阵形式表示为

$$\hat{\boldsymbol{Y}} = \boldsymbol{X}\hat{\boldsymbol{\beta}} = \boldsymbol{X}(\boldsymbol{X}'\boldsymbol{X})^{-1}\boldsymbol{X}'\boldsymbol{Y} = \boldsymbol{H}\boldsymbol{Y} \tag{6-51}$$

其中 $\boldsymbol{H} = \boldsymbol{X}(\boldsymbol{X}'\boldsymbol{X})^{-1}\boldsymbol{X}'$ 被称为"帽子矩阵"。观测值 $\boldsymbol{Y}$ 和拟合值 $\hat{\boldsymbol{Y}}$ 之间的差值称为残差，用矩阵表示为

$$\boldsymbol{e} = \boldsymbol{Y} - \hat{\boldsymbol{Y}} = (\boldsymbol{I}_n - \boldsymbol{H})\boldsymbol{Y} \tag{6-52}$$

残差平方和 $\sum\limits_{i=1}^{n}(y_i - \hat{y}_i)^2$ 记为 S_{E}，用矩阵表示为

$$\boldsymbol{S}_{\mathrm{E}} = \sum_{i=1}^{n}(y_i - \hat{y}_i)^2 = (\boldsymbol{Y} - \hat{\boldsymbol{Y}})'(\boldsymbol{Y} - \hat{\boldsymbol{Y}}) = \boldsymbol{e}'\boldsymbol{e} \tag{6-53}$$

6.2.3 最小二乘估计的性质

性质 1　线性，即估计量 $\hat{\boldsymbol{\beta}}$ 为随机变量 $\boldsymbol{Y}$ 的线性函数。

证明　已知在多元线性回归中，回归系数 $\hat{\boldsymbol{\beta}}$ 的估计量为 $\hat{\boldsymbol{\beta}} = (\boldsymbol{X}'\boldsymbol{X})^{-1}\boldsymbol{X}'\boldsymbol{Y}$，根据回归模型

假设知，X 是固定的设计矩阵，因此$\hat{\boldsymbol{\beta}}$ 是 $\boldsymbol{Y}$ 的一个线性变换。

性质 2　无偏性，即$\hat{\boldsymbol{\beta}}$ 是 $\boldsymbol{\beta}$ 的无偏估计。

证明　$E(\hat{\boldsymbol{\beta}}) = E[(\boldsymbol{X}'\boldsymbol{X})^{-1}\boldsymbol{X}'\boldsymbol{Y}] = (\boldsymbol{X}'\boldsymbol{X})^{-1}\boldsymbol{X}'E(\boldsymbol{Y}) = (\boldsymbol{X}'\boldsymbol{X})^{-1}\boldsymbol{X}'\boldsymbol{X}\boldsymbol{\beta} = \boldsymbol{\beta}$

所以$\hat{\boldsymbol{\beta}}$ 是 $\boldsymbol{\beta}$ 的无偏估计。

性质 3　$\hat{\boldsymbol{\beta}}$ 的方差为 $D(\hat{\boldsymbol{\beta}}) = \sigma^2(\boldsymbol{X}'\boldsymbol{X})^{-1}$。

证明

$$
\begin{aligned}
D(\hat{\boldsymbol{\beta}}) &= \operatorname{cov}(\hat{\boldsymbol{\beta}}, \hat{\boldsymbol{\beta}}) = E\{[\hat{\boldsymbol{\beta}} - E(\hat{\boldsymbol{\beta}})][\hat{\boldsymbol{\beta}} - E(\hat{\boldsymbol{\beta}})]'\} = E[(\hat{\boldsymbol{\beta}} - \boldsymbol{\beta})(\hat{\boldsymbol{\beta}} - \boldsymbol{\beta})'] \\
&= E\{[(\boldsymbol{X}'\boldsymbol{X})^{-1}\boldsymbol{X}'\boldsymbol{Y} - \boldsymbol{\beta}][(\boldsymbol{X}'\boldsymbol{X})^{-1}\boldsymbol{X}'\boldsymbol{Y} - \boldsymbol{\beta}]'\} \\
&= E\{[(\boldsymbol{X}'\boldsymbol{X})^{-1}\boldsymbol{X}'(\boldsymbol{X}\boldsymbol{\beta} + \boldsymbol{\varepsilon}) - \boldsymbol{\beta}][(\boldsymbol{X}'\boldsymbol{X})^{-1}\boldsymbol{X}'(\boldsymbol{X}\boldsymbol{\beta} + \boldsymbol{\varepsilon}) - \boldsymbol{\beta}]'\} \\
&= E\{(\boldsymbol{X}'\boldsymbol{X})^{-1}\boldsymbol{X}'\boldsymbol{\varepsilon}[(\boldsymbol{X}'\boldsymbol{X})^{-1}\boldsymbol{X}'\boldsymbol{\varepsilon}]'\} = (\boldsymbol{X}'\boldsymbol{X})^{-1}\boldsymbol{X}'E(\boldsymbol{\varepsilon}\boldsymbol{\varepsilon}')\boldsymbol{X}(\boldsymbol{X}'\boldsymbol{X})^{-1} \\
&= (\boldsymbol{X}'\boldsymbol{X})^{-1}\boldsymbol{X}'E(\sigma^2\boldsymbol{I}_n)\boldsymbol{X}(\boldsymbol{X}'\boldsymbol{X})^{-1} = \sigma^2(\boldsymbol{X}'\boldsymbol{X})^{-1}
\end{aligned}
$$

性质 4　高斯-马尔柯夫定理：在满足 $E(\boldsymbol{Y}) = \boldsymbol{X}\boldsymbol{\beta}$ 和 $D(\boldsymbol{Y}) = \sigma^2\boldsymbol{I}_n$ 条件下，$\boldsymbol{\beta}$ 的任一线性函数 $\boldsymbol{c}'\boldsymbol{\beta}$ 的最小方差线性无偏估计（Best Linear Unbiased Estimator，BLUE）为 $\boldsymbol{c}'\hat{\boldsymbol{\beta}}$，其中 $\boldsymbol{c}'$ 是任一 $p+1$ 维常数向量，$\hat{\boldsymbol{\beta}}$ 是 $\boldsymbol{\beta}$ 的最小二乘估计。证明过程省略。

性质 5　$\operatorname{cov}(\hat{\boldsymbol{\beta}}, \boldsymbol{e}) = 0$。该性质说明估计值$\hat{\boldsymbol{\beta}}$ 与残差 $\boldsymbol{e}$ 不相关。

性质 6　当满足 $\boldsymbol{Y} \sim N[\boldsymbol{X}\boldsymbol{\beta}, \sigma^2(\boldsymbol{X}'\boldsymbol{X})^{-1}]$ 时，则 $\hat{\boldsymbol{\beta}} \sim N[\boldsymbol{\beta}, \sigma^2(\boldsymbol{X}'\boldsymbol{X})^{-1}]$，$S_E/\sigma^2 = \boldsymbol{e}'\boldsymbol{e}/\sigma^2 \sim \chi^2(n-p-1)$ 且 S_E 和$\hat{\boldsymbol{\beta}}$ 独立。证明过程省略。

6.2.4　回归方程的显著性

在实际问题的研究中，我们事先并不能断定随机变量 y 与变量 $x_1, x_2, \cdots, x_p$ 之间确有线性关系，在进行回归参数的估计前，我们用多元线性回归方程去拟合随机变量 y 与变量 $x_1, x_2, \cdots, x_p$ 之间的关系，只是根据一些定性分析所作的一种假设。因此，和一元线性回归方程的显著性检验类似，在求出线性回归方程后，还需对回归方程进行显著性检验。

对多元线性回归方程的显著性检验就是要看自变量 $x_1, x_2, \cdots, x_p$ 从整体上对随机变量 y 是否有明显的影响。为此提出原假设

$$H_0: \beta_1 = \beta_2 = \cdots = \beta_p = 0 \tag{6-54}$$

如果 H_0 被接受，则表明随机变量 y 与 $x_1, x_2, \cdots, x_p$ 的线性回归模型没有意义。类似一元线性回归检验，通过总离差平方和分解方法，可以构造对 H_0 进行检验的统计量。正态随机变量 $y_1, y_2, \cdots, y_n$ 的偏差平方和可以分解为

$$\sum_{i=1}^{n}(y_i - \overline{y})^2 = \sum_{i=1}^{n}(y_i - \hat{y}_i + \hat{y}_i - \overline{y})^2 = \sum_{i=1}^{n}(\hat{y}_i - \overline{y})^2 + \sum_{i=1}^{n}(y_i - \hat{y}_i)^2 \tag{6-55}$$

$S_T = \sum_{i=1}^{n}(y_i - \overline{y})^2$ 为总的偏差平方和，$S_R = \sum_{i=1}^{n}(\hat{y}_i - \overline{y})^2$ 为回归平方和，$S_E = \sum_{i=1}^{n}(y_i - \hat{y}_i)^2$ 为残差平方和。因此，平方和分解式可以简写为

$$S_T = S_R + S_E \tag{6-56}$$

回归平方和与残差平方和分别反映了 $\beta \neq 0$ 所引起的差异和随机误差的影响。构造 F 检验统计量

$$F = \frac{S_R/p}{S_E/(n-p-1)} \tag{6-57}$$

在正态假设下，当原假设 $H_0: \beta_1 = \beta_2 = \cdots = \beta_p = 0$ 成立时，F 服从自由度为 $(p, n-p-1)$ 的

F 分布。对于给定的显著水平 α，当 F 值大于临界值 $F_a(p, n-p-1)$ 时，拒绝 H_0，说明回归方程显著，x 与 y 有显著的线性关系。

实际应用中，我们还可以用复相关系数、判定系数来评价回归方程对原始数据的拟合程度。复相关系数 R 定义为

$$R = \sqrt{\frac{S_R}{S_T}} \tag{6-58}$$

由平方和分解式(6-56)可知，复相关系数的取值范围为 $0 \leqslant R \leqslant 1$。$R$ 越接近 1 表明 S_E 越小，回归方程拟合越好。R 的平方即为判定系数 R^2。

在多元线性回归模型中，随着自变量个数的增加，残差平方和逐渐减少，R^2 也随之增大。但实际应用中，并不是自变量个数越多，模型就越好。当自变量个数较多、样本量较小时，R^2 倾向于高估实际的拟合优度。为了避免这种情形，常用修正的判定系数比较多元线性回归方程的拟合优度，其计算公式为

$$R_a^2 = 1 - \frac{S_E/(n-p-1)}{S_T/(n-1)} = 1 - (1-R^2) \times \frac{n-1}{n-p-1}$$

6.2.5 回归系数的显著性

若方程通过显著性检验，仅说明 β_0，β_1，β_2，$\cdots$，β_p 不全为零，并不意味着每个自变量对 y 的影响都显著，所以就需要我们对每个自变量进行显著性检验。若某个系数 $\beta_j = 0$，则 x_j 对 y 影响不显著，因此我们总想从回归方程中剔除这些次要的、无关的变量。检验 x_i 是否显著，等于假设

$$H_{0j}: \beta_j = 0, \quad j = 1, 2, \cdots, p$$

若接受 H_{0j} 假设，则 x_j 不显著；若拒绝 H_{0j} 假设，则 x_j 显著。

已知 $\hat{\boldsymbol{\beta}} \sim N[\boldsymbol{\beta}, \sigma^2(\boldsymbol{X'X})^{-1}]$，记 $(\boldsymbol{X'X})^{-1} = (c_{ij})$ $i, j = 0, 1, 2, \cdots, p$，可知 $\hat{\beta}_j \sim N(\beta_j, c_{ij}\sigma^2)$，$j = 0, 1, 2, \cdots, p$，据此可构造 t 统计量

$$t_j = \frac{\hat{\beta}_j}{\sqrt{c_{jj}}\,\hat{\sigma}} \tag{6-59}$$

其中回归标准差为

$$\hat{\sigma} = \sqrt{\frac{1}{n-p-1}\sum_{i=1}^{n}e_i^2} = \sqrt{\frac{1}{n-p-1}\sum_{i=1}^{n}(y_i - \hat{y}_i)^2} \tag{6-60}$$

当原假设 $H_{0j}: \beta_j = 0$ 成立时，式(6-59)构造的 t_j 统计量服从自由度为 $n-p-1$ 的 t 分布。给定显著性水平 α，当 $|t_j| \geqslant t_{\alpha/2}$ 时拒绝原假设 $H_{0j}: \beta_j = 0$，认为 x_j 对 y 影响显著，当 $|t_j| < t_{\alpha/2}$ 时，接受原假设 $H_{0j}: \beta_j = 0$，认为 x_j 对 y 影响不显著。

6.2.6 预测

当多元线性回归方程检验是显著的，且每个系数都显著不为 0 时，可利用回归方程作预测。对新给定的 $X = X_0 = (x_{01}, x_{02}, \cdots, x_{0p})'$，将其代入回归方程得

$$\hat{y}_0 = \hat{\beta}_0 + \hat{\beta}_1 x_{01} + \hat{\beta}_2 x_{02} + \cdots + \hat{\beta}_p x_{0p} \tag{6-61}$$

可以证明 $\hat{y}_0$ 的方差为 $D(\hat{y}_0) = \left[\dfrac{1}{n} + \displaystyle\sum_{i=1}^{p}\sum_{j=1}^{p}c_{ij}(x_{0i} - \bar{x}_i)(x_{0j} - \bar{x}_j)\right]\sigma^2$，则有

$$y_0 - \hat{y}_0 \sim N[0, \sigma^2 + D(\hat{y}_0)] \tag{6-62}$$

从而可以求得置信水平为 $1-\alpha$ 的预测区间

$$\left\{ \hat{y}_0 - \sqrt{F_\alpha(1, f_E)\left[1 + \sum_{i=1}^{p}\sum_{j=1}^{p} c_{ij}(x_{0i} - \bar{x}_i)(x_{0j} - \bar{x}_j)\right]}\hat{\sigma}, \right.$$

$$\left. \hat{y}_0 + \sqrt{F_\alpha(1, f_E)\left[1 + \sum_{i=1}^{p}\sum_{j=1}^{p} c_{ij}(x_{0i} - \bar{x}_i)(x_{0j} - \bar{x}_j)\right]}\hat{\sigma} \right\} \tag{6-63}$$

当 n 较大时，X_0 和 $\bar{X}$ 很接近时，置信水平为 $1-\alpha=95\%$ 对应的 $\hat{y}_0$ 近似预测区间为

$$(\hat{y}_0 - 2\hat{\sigma}, \hat{y}_0 + 2\hat{\sigma}) \tag{6-64}$$

6.2.7 多元线性回归的 SPSS 应用

例 6.6 某地某种产品 2009—2015 年七年的销售额与它的流通费用及利润的资料如表 6.10 所示，试给出该产品的销售利润与消费额、流通费用之间的回归关系。若 2016 年的销售额为 540 万元，流通费为 370 万元时，其利润区间为多少？

表 6.10 销售额与流通费用及利润的资料

年　份	2009	2010	2011	2012	2013	2014	2015
销售额 x_1/万元	500	480	520	515	525	532	550
流通费用 x_2/万元	350	315	360	355	351	367	374
利润额 y/万元	124	142	132	134	147	140	149

设变量 x_1 表示销售额，变量 x_2 表示流通费用，变量 y 表示利润额。假设因变量 y 和自变量 x_1、x_2 的线性回归模型为

$$y = \beta_0 + \beta_1 x_1 + \beta_2 x_2 + \varepsilon$$

用 SPSS 软件求解该二元线性回归方程的解。多元线性回归的 SPSS 操作和一元线性回归的操作类似，点击 Analyze→Regression→Linear 进入线性回归对话框，在左侧的源变量栏中选择"利润额[y]"作为因变量进入"Dependent"栏中，选择"销售额[x1]"和"流通费用[x2]"作为自变量进入"Independent(s)"栏中，"Method"仍采用"Enter"（默认值，强制输入法），如图 6.9 所示。

单击"Statistics"按钮，进入对话框如图 6.10 所示。选择"Estimates"（默认选项）、"Model fit"（默认选项）、"Confidence intervals"（回归系数的 95% 可信区间）、"Descriptives"（描述统计量）。

单击"Plots"按钮，进入对话框如图 6.11 所示，做标准化残差的直方图，选择"Histogram"选项。

单击"Save"按钮，进入对话框如图 6.12 所示，选择保存新变量："Predicted Values"中的"Unstandardized"（未标准化预测值，新变量为 PRE_1）、"S. E. of mean Predictions"（预测值的标准误，新变量为 SEP_1）、"Residuals"中的"Unstandardized"（未标准化残差，新变量为 RES_1）、"Prediction Intervals"中的"Individual"（预测值的个体值的可信区间，新变量 LICI_1 为下限，UICI_1 为上限）、"Confidence Interval"（默认为 95% 的置信区间）。

单击"OK"按钮，运行程序。可得到输出结果如表 6.11～表 6.15，图 6.13 和图 6.14 所示。

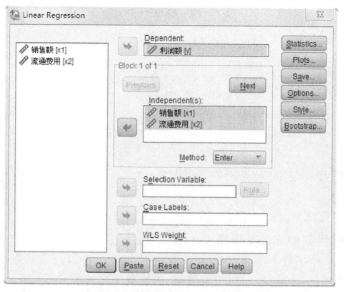

图 6.9　Linear Regression 对话框

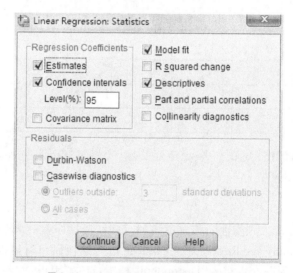

图 6.10　Linear Regression：Statistics 对话框

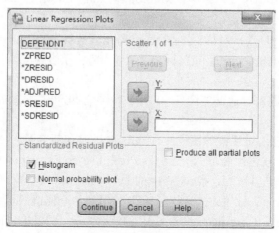

图 6.11　Linear Regression：Plots 对话框

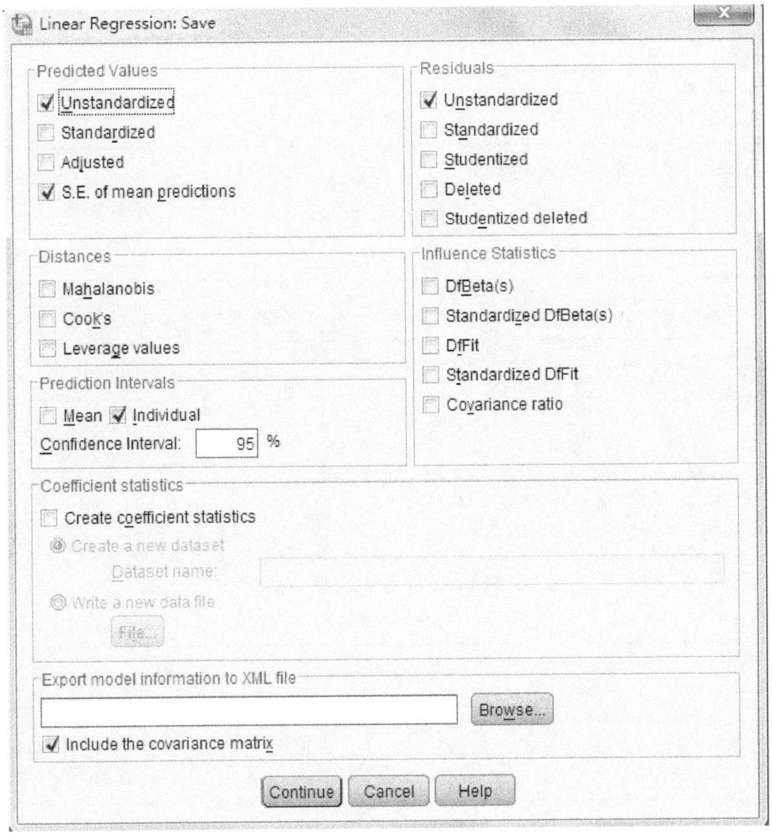

图 6.12　Linear Regression：Save 对话框

表 6.11　描 述 统 计 量

	Mean	Std. Deviation	N
利润额	138.29	8.845	7
销售额	517.43	22.538	7
流通费用	353.14	18.916	7

表 6.12　相 关 分 析

		利 润 额	销 售 额	流通费用
Pearson Correlation	利润额	1.000	0.455	0.080
	销售额	0.455	1.000	0.923
	流通费用	0.080	0.923	1.000
Sig.（1 - tailed)	利润额	0.000	0.153	0.432
	销售额	0.153	0.000	0.002
	流通费用	0.432	0.002	0.000
N	利润额	7	7	7
	销售额	7	7	7
	流通费用	7	7	7

表 6.13 模 型 摘 要

Model	R	R Square	Adjusted R Square	Std. Error of the Estimate
1	0.992[a]	0.984	0.975	1.391

a. Predictors：(Constant)，流通费用，销售额。

表 6.14 方 差 分 析

ANOVA[a]

Model		Sum of Squares	df	Mean Square	F	Sig.
1	Regression	461.691	2	230.846	119.342	0.000[b]
	Residual	7.737	4	1.934		
	Total	469.429	6			

a. Predictors：(Constant)，流通费用，销售额。

b. Dependent Variable：利润额。

表 6.15 回 归 系 数

Coefficients[a]

Model		Unstandardized Coefficients		Standardized Coefficients	t	Sig.	95% Confidence Interval for B	
		B	Std. Error	Beta			Lower Bound	Upper Bound
1	(Constant)	−5.048	13.564		−0.372	0.729	−42.707	32.611
	销售额	1.007	0.065	2.566	15.399	0.000	0.826	1.189
	流通费用	−1.070	0.078	−2.288	−13.728	0.000	−1.286	−0.853

a. Dependent Variable：利润额。

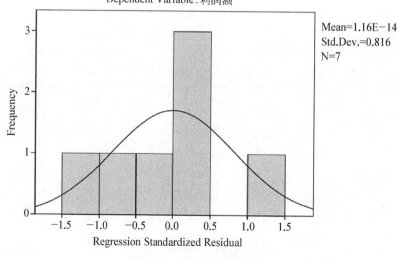

图 6.13 标准化残差的直方图

结果分析如下。

表 6.11 是描述统计量(Descriptive)的结果，显示变量 y 和 x_1、x_2 的均数(Mean)、标准差

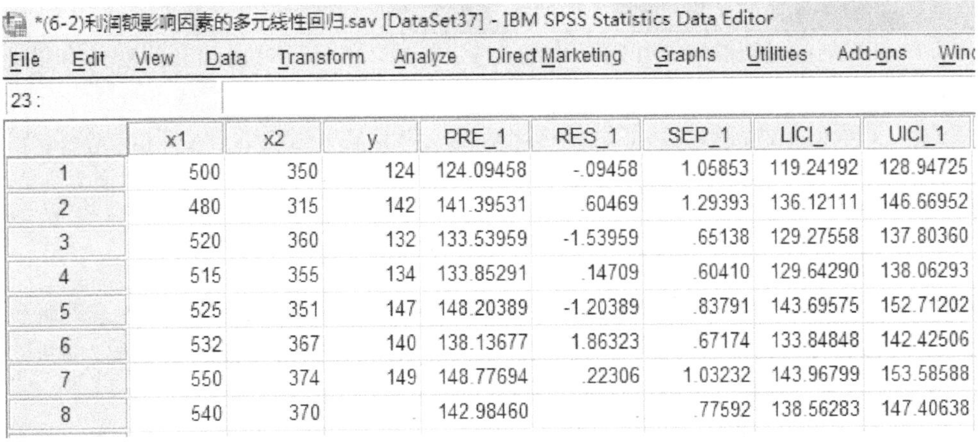

	x1	x2	y	PRE_1	RES_1	SEP_1	LICI_1	UICI_1
1	500	350	124	124.09458	-.09458	1.05853	119.24192	128.94725
2	480	315	142	141.39531	.60469	1.29393	136.12111	146.66952
3	520	360	132	133.53959	-1.53959	.65138	129.27558	137.80360
4	515	355	134	133.85291	.14709	.60410	129.64290	138.06293
5	525	351	147	148.20389	-1.20389	.83791	143.69575	152.71202
6	532	367	140	138.13677	1.86323	.67174	133.84848	142.42506
7	550	374	149	148.77694	.22306	1.03232	143.96799	153.58588
8	540	370	.	142.98460	.	.77592	138.56283	147.40638

图 6.14　Save 增加的新变量

(Std. Deviation)和例数(N)。

表 6.12 是相关分析的结果，流通费用和销售额的相关系数为 0.923，单尾单侧检验 $P=0.002$，相关度高。

表 6.13 是模型摘要，复相关系数 $R=0.992$，判定系数 R Square=0.984，调整判定系数 Adjusted R Square=0.975，估计值的标准误差 Std. Error of the Estimate=1.391。

表 6.14 是方差分析结果，回归的均方 Regression Mean Square=230.846，残差的均方 Residual Mean Square=1.934，$F=119.342$，$P=0.000$。线性回归方程显著。

表 6.15 是偏回归系数结果，常数项(Constant)=−5.048，销售额回归系数=1.007，回归系数的标准误差(Std. Error)=0.065，回归系数的 t 检验的 t 值=15.399，$P=0.000$，流通费用回归系数=−1.07，回归系数的标准误差(Std. Error)=0.078，回归系数的 t 检验的 t 值为−13.728，$P=0.000$，认为两个回归系数都显著有意义。求得回归方程为 $y=-5.048+1.007x_1-1.07x_2+\varepsilon$。

图 6.13 是残差的直方图。正态曲线被加载在直方图上，判断标准化残差是否呈正态分布。

图 6.14 是 Save 的结果，增加新变量到正在使用的数据文件中。根据此图可以看出，销售额为 540 万元、流通费用为 370 万元时的利润额的预测值为 142.984 60 万元，个体值的 95% 置信水平的预测区间为(138.562 83, 147.406 38)。

将销售额 540 万元和流通费用 370 万元代入回归方程，得到 2016 年利润额的估计值 $\hat{y}$ 为 142.83，销售额 540 万元和流通费用 370 万元比较接近销售额和流通费用的均值，因此采用式(6-64)求 $\hat{y}$ 近似预测区间，由表 6.13 可得 $\hat{\sigma}=1.391$，置信水平为 95%对应的 $\hat{y}$ 近似预测区间为(140.05, 145.61)。与图 6.14 的结果相比较发现两者有一定的差异，是因为这里求的是近似预测区间。实际应用中，直接使用 SPSS 的“Save”输出预测值更加便捷。

6.3 逐步回归分析

在实际问题中，建立回归模型时，我们首先碰到的问题便是如何确定回归自变量，通常都是根据所研究的问题，结合经济理论罗列出对因变量可能有影响的一些因素作为自变量。如果我们遗漏了某些重要的变量,回归方程的效果肯定不会好,如果我们考虑过多的自变量,在回归方程中引入某些对问题研究影响不大的变量,或者有些变量可能和其他变量有很大程度的重叠,如果回归模型把这样一些变量都选进来,可能因为 S_E 的自由度减小而使 σ^2 的估计增大,影响回归方程的预测的精度。因此挑选出对因变量有显著影响的自变量,构造"最优"回归方程十分重要。

6.3.1 "最优"回归方程的选择

构造"最优"回归方程有多种方法,人们提出了一些较为简便、实用、快速的选择最优方程的方法,这些方法各有优缺点,至今还没有绝对最优的方法。目前常用的方法有"前进法""后退法""逐步回归法",而逐步回归法因为计算简便最受推崇。

逐步回归的基本思想是:将变量一个一个引入,每引入一个变量后,对已选入的变量要进行逐个检验,当原引入的变量由于后面变量的引入而变得不再显著时,要将其剔除。引入一个变量或从回归方程中剔除一个变量,为逐步回归的一步,每一步都要进行 F 检验,以确保每次引入新的变量之前回归方程中只包含显著的变量。这个过程反复进行,直到既无显著的自变量选入回归方程,也无不显著自变量从回归方程中剔除为止。

6.3.2 逐步回归计算步骤

假设 $(x_{a1}, x_{a2}, \cdots, x_{ap}; y_a)$,$\alpha=1, 2, \cdots, n$ 是变量 $(x_1, x_2, \cdots, x_p; y)$ 的一组观测值,方便起见记可供选择的变量个数 $p = m-1$,记因变量 $y = x_m$。对观测数据做"标准化"变换

$$z_{aj} = \frac{x_{ai} - \bar{x}_j}{\sigma_j}, \ \alpha=1, 2, \cdots, n, \ j=1, 2, \cdots, m \quad (6-65)$$

其中 $\bar{x}_j = \frac{1}{n}\sum_{\alpha=1}^{n} x_{aj}$,$\sigma_j = \sum_{\alpha=1}^{n}(x_{aj} - \bar{x}_j)^2$。"标准化"变换后,便可建立 $y = x_m$ 与 $x_1, x_2, \cdots, x_{m-1}$ 的"标准化"回归方程,记作

$$\hat{z}_{am} = d_1 z_{a1} + d_2 z_{a2} + \cdots + d_{m-1} z_{a, m-1} \quad (6-66)$$

如记结构矩阵 $\boldsymbol{X}$ 和观测向量 $\boldsymbol{Z}$ 分别为

$$\boldsymbol{X} = \begin{bmatrix} z_{11} & z_{12} & \cdots & z_{1, m-1} \\ z_{21} & z_{22} & \cdots & z_{2, m-1} \\ \vdots & \vdots & \vdots & \vdots \\ z_{n1} & z_{n2} & \cdots & z_{n, m-1} \end{bmatrix} \quad \boldsymbol{Z} = \begin{bmatrix} z_{1m} \\ z_{2m} \\ \vdots \\ z_{nm} \end{bmatrix}$$

正规方程组的系数矩阵与常数向量分别为

$$\boldsymbol{X}'\boldsymbol{X} = \begin{bmatrix} r_{11} & r_{12} & \cdots & r_{1, m-1} \\ r_{21} & r_{22} & \cdots & r_{2, m-1} \\ \vdots & \vdots & \vdots & \vdots \\ r_{m-1, 1} & z_{m-1, 2} & \cdots & z_{m-1, m-1} \end{bmatrix} = \boldsymbol{R} \quad \boldsymbol{X}'\boldsymbol{Z} = \begin{bmatrix} r_{1m} \\ r_{2m} \\ \vdots \\ r_{m-1, m} \end{bmatrix} = \boldsymbol{B}$$

求解式(6-66)中的系数 $d_1, d_2, \cdots, d_{m-1}$ 即求解线性方程组

$$\boldsymbol{R} \begin{pmatrix} d_1 \\ d_2 \\ \vdots \\ d_{m-1} \end{pmatrix} = \boldsymbol{B} \qquad (6-67)$$

为方便起见把 $\boldsymbol{R}$ 推广到 m 阶方阵

$$\boldsymbol{R}^{(0)} = \begin{pmatrix} \boldsymbol{R} & \boldsymbol{B} \\ \boldsymbol{B}' & r_{mm} \end{pmatrix} = (r_{ij}) \qquad (6-68)$$

求解线性方程组式(6-67)中的系数 $d_1, d_2, \cdots, d_{m-1}$，可对 $\boldsymbol{R}^{(0)}$ 作"求解求逆紧凑"变换 $\boldsymbol{L}_k$，用 r_{ij} 和 r'_{ij} 分别表示变换前后矩阵中的元素

$$\boldsymbol{L}_k \begin{cases} r'_{kk} = 1/r_{kk}, \\ r'_{kj} = r_{kj}/r_{kk}, \ j \neq k, \\ r'_{ik} = -r_{ik}/r_{kk}, \ i \neq k \\ r'_{ij} = r_{ij} - r_{ik}r_{kj}/r_{kk}, \ i, j \neq k \end{cases} \qquad (6-69)$$

若对 $\boldsymbol{R}^{(0)}$ 依次做 $\boldsymbol{L}_{k_1}, \boldsymbol{L}_{k_2}, \cdots, \boldsymbol{L}_{k_l}$ 变换，记最后所得矩阵为 $\boldsymbol{R}^{(l)} = [r_{ij}^{(l)}]$，则系数 $d_1, d_2, \cdots, d_{m-1}$ 的解即为 $\boldsymbol{R}^{(l)}$ 矩阵最后一列的值，记 $d_{k_j} = r_{k_j, m}^{(l)}$，$j = 1, 2, \cdots, l$。

逐步回归变量选择的步骤如下。

1. 选择第一个变量

第一步是要从 $m-1$ 个变量里挑选一个变量，从而使得构造的线性方程 $\hat{z}_m = d_i^{(1)} z_i$，$i = 1, 2, \cdots, m-1$ 的回归平方和最大。通过对 $\boldsymbol{R}^{(0)}$ 作"求解求逆紧凑"变换，可求得线性方程的 $d_i^{(1)}$ 系数，同时可得 z_i 的偏回归平方和

$$V_i^{(1)} = \frac{r_{im}^2}{r_{ii}}$$

选取最大的偏回归平方和，记 $V_{k_1}^{(1)} = \max\{V_i^{(1)}\}$，构造 F 统计量

$$F_1^{(1)} = \frac{V_{k_1}^{(1)}}{r_{mm} - V_{k_1}^{(1)}}(n-2)$$

若 $F_1^{(1)} > F_\alpha[1, n-2]$ 则说明变量 z_{k_1} 显著，引入线性回归方程。同时对 $\boldsymbol{R}^{(0)}$ 作变换，记 $\boldsymbol{R}^{(1)} = \boldsymbol{L}_{k_1} \boldsymbol{R}^{(0)} = [r_{ij}^{(1)}]$。

2. 选择第二个变量

从剩余的 $m-2$ 个变量里挑选一个变量，使得加入变量 z_i 后的回归方程 $\hat{z}_m = d_{k_1}^{(2)} z_k + d_i^{(2)} z_i$，$i = 1, 2, \cdots, m-1$，$i \neq k_1$ 具有最大回归平方和。这一步做法和上一步类似，根据变换矩阵 $\boldsymbol{R}^{(1)} = \boldsymbol{L}_{k_1} \boldsymbol{R}^{(0)} = [r_{ij}^{(1)}]$，计算 z_i 的偏回归平方和

$$V_i^{(2)} = \frac{[r_{im}^{(1)}]^2}{r_{ii}^{(1)}}$$

选取最大的偏回归平方和，记 $V_{k_2}^{(2)} = \max\limits_{i \neq k_1}\{V_i^{(2)}\}$，构造 F 统计量

$$F_1^{(2)} = \frac{V_{k_2}^{(2)}}{r_{mm}^{(1)} - V_{k_2}^{(2)}}(n-3)$$

若 $F_1^{(2)} > F_a(1, n-3)$ 则引入变量 z_{k_2}，同时对 $\boldsymbol{R}^{(1)}$ 作变换，记 $R^{(2)} = \boldsymbol{\L}_{k_2} \boldsymbol{R}^{(1)} = [r_{ij}^{(2)}]$。 否则表明已无显著变量引入，结束变量挑选工作。

3. 对原有变量重新检验

有新的变量 z_{k_2} 选入后，要对原有的 z_{k_1} 变量的系数重新作显著性检验，如果原有变量系数变得不显著了，就要从方程中剔除；如果显著，则保留该变量。从 $\boldsymbol{R}^{(2)}$ 出发，可以求得 z_m 关于 z_{k_1} 和 z_{k_2} 的回归方程

$$\hat{z}_m = d_{k_1}^{(2)} z_{k_1} + d_{k_2}^{(2)} z_{k_2}$$

z_{k_1} 的偏回归平方和为

$$V_{k_1}^{(2)} = \frac{[r_{k_1 m}^{(2)}]^2}{r_{k_1 k_1}^{(2)}}$$

则检验 z_{k_1} 的系数是否显著的 F 统计量为

$$F_2^{(2)} = \frac{V_{k_1}^{(2)}}{r_{mm}^{(2)}}(n-3)$$

若 $F_2^{(2)} > F_a(1, n-3)$ 则保留变量 z_{k_1}，继续挑选新变量，否则剔除变量 z_{k_1}，同时对 $\boldsymbol{R}^{(2)}$ 作 $\boldsymbol{\L}_{k_1}$ 变换。

4. 在已有多个变量情况下，对原有变量检验

若回归方程已有 l 个变量 $z_{k_1}, z_{k_2}, \cdots, z_{k_l}$，$\boldsymbol{R}^{(0)}$ 矩阵经过 $\boldsymbol{\L}_{k_1}, \boldsymbol{\L}_{k_2}, \cdots, \boldsymbol{\L}_{k_l}$ 变换后的矩阵为 $\boldsymbol{R}^{(l)}$，要检验方程中有无不显著的变量，变量对应的偏回归平方和为

$$V_{k_j}^{(l)} = \frac{[r_{k_j m}^{(l)}]^2}{r_{k_j k_j}^{(l)}}, \ j=1, 2, \cdots, l$$

选取最小的偏回归平方和，记 $V_k^{(l)} = \min_j \{V_{k_j}^{(l)}\}$，构造 F 统计量

$$F_2^{(l)} = \frac{V_k^{(l)}}{r_{mm}^{(l)}}(n-l-1)$$

若 $F_2^{(l)} > F_a(1, n-l-1)$ 则保留所有变量，再进行新变量挑选，否则剔除变量 z_k，对 $\boldsymbol{R}^{(l)}$ 作 $\boldsymbol{\L}_k$ 变换，重复上述步骤对剩余的变量作显著性检验，直到没有变量需要剔除为止，再考虑挑选新变量。

5. 在已有多个变量情况下，重新挑选新变量

若回归方程的 l 个变量 $z_{k_1}, z_{k_2}, \cdots, z_{k_l}$ 都予以保留下来，则要考虑是否可以挑选新的变量。计算剩余变量的偏回归平方和

$$V_i^{(l+1)} = \frac{[r_{im}^{(l)}]^2}{r_{ii}^{(l)}}, \ i=1, 2, \cdots, m-1, \ i \neq k_1, k_2, \cdots, k_l$$

取最大偏回归平方和，记 $V_k^{(l+1)} = \max_i \{V_i^{(l+1)}\}$，构造 F 统计量

$$F_1 = \frac{V_k^{(l+1)}}{r_{mm}^{(l)} - V_k^{(l+1)}}(n-l-2)$$

若 $F_1 > F_a(1, n-l-2)$ 则引入变量 z_k,同时对 $\boldsymbol{R}^{(l)}$ 作变换 $\boldsymbol{Ł}_k$。否则表明已无显著变量可引入,结束变量挑选工作。

6.3.3 逐步回归的 SPSS 应用

例 6.7 这里对例 5.1 的数据进行分析,找出影响数学家年工资的主要因素,建立多元线性回归模型。

从菜单 Analyze→Regression→Linear,进入线性回归对话框,在左侧的源变量栏中选择"y"作为因变量进入"Dependent"栏中,选择"x1""x2""x3"作为自变量进入"Independent(s)"栏中,"Method"栏中选择"Stepwise"(逐步回归法),如图 6.15 所示。

图 6.15 Linear Regression 对话框

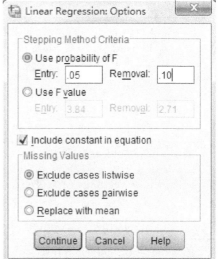

图 6.16 Linear Regression:Options 对话框

单击 Options 按钮,进入对话框如图 6.16 所示。"Use probability of F"(使用 F 显著水平值)中的"Entry"表示变量进入时的显著性水平,"Rcmovc"表示变量删除时的显著性水平,研究者可以根据需要自行设定,本例采用系统默认值 0.05、0.10,即当候选变量中最大 F 值的 P 值小于或等于 0.05 时,引入相应变量,在引入方程的变量中,最小 F 值的 P 值大于或等于 0.10 时,则剔除该变量。

点击"OK"按钮,运行程序。可得到输出结果如表 6.16~表 6.20 所示。

表 6.16 引入或剔除的变量
Variables Entered/Removed[a]

Model	Variables Entered	Variables Removed	Method
1	工作时间	.	Stepwise (Criteria: Probability-of-F-to-enter $\leq$ 0.050, Probability-of-F-to-remove $\geq$ 0.100).
2	研究成果	.	Stepwise (Criteria: Probability-of-F-to-enter $\leq$ 0.050, Probability-of-F-to-remove $\geq$ 0.100).

a. Dependent Variable:年工资额。

表 6.17　模型摘要

Model Summary

Model	R	R Square	Adjusted R Square	Std. Error of the Estimate
1	0.859[a]	0.737	0.725	2.869 84
2	0.910[b]	0.828	0.811	2.377 81

a. Predictors：(Constant)，工作时间。

b. Predictors：(Constant)，工作时间，研究成果。

表 6.18　方差分析表

ANOVA[a]

Model		Sum of Squares	df	Mean Square	F	Sig.
1	Regression	508.069	1	508.069	61.689	0.000[b]
	Residual	181.191	22	8.236		
	Total	689.260	23			
2	Regression	570.527	2	285.263	50.454	0.000[c]
	Residual	118.733	21	5.654		
	Total	689.260	23			

a. Dependent Variable：年工资额。

b. Predictors：(Constant)，工作时间。

c. Predictors：(Constant)，工作时间，研究成果。

表 6.19　回归系数

Coefficients[a]

Model		Unstandardized Coefficients		Standardized Coefficients	t	Sig.
		B	Std. Error	Beta		
1	(Constant)	29.048	1.454		19.978	0.000
	工作时间	0.419	0.053	0.859	7.854	0.000
2	(Constant)	23.251	2.120		10.969	0.000
	工作时间	0.341	0.050	0.700	6.831	0.000
	研究成果	1.443	0.434	0.340	3.324	0.003

a. Dependent Variable：年工资额。

表 6.20　模型外变量

Excluded Variables[a]

Model		Beta In	t	Sig.	Partial Correlation	Collinearity Statistics Tolerance
1	研究成果	0.340[b]	3.324	0.003	0.587	0.782
	资助额	0.338[b]	3.250	0.004	0.579	0.768
2	资助额	−0.082[c]	−0.109	0.914	−0.024	0.015

a. Dependent Variable：年工资额。

b. Predictors in the Model：(Constant)，工作时间。

c. Predictors in the Model：(Constant)，工作时间，研究成果。

结果分析如下。

表 6.16 显示变量的引入或剔除过程,逐步回归法首先是引入了变量"工作时间",建立了模型(Model)1,然后引入了变量"研究成果",建立了模型 2,没有变量剔除。

表 6.17 显示各个模型的拟合情况,模型 2 的复相关系数 $R=0.910$、判定系数 R Square $=0.828$、调整判定系数 Adjusted R Square $=0.811$,估计值的标准误差 Std. Error of the Estimate $=2.377\,81$。

表 6.18 显示各个模型的方差分析结果,模型 2 的回归均方 Regression Mean Square $=285.263$,残差的均方 Residual Mean Square $=5.654$,$F=50.454$,$P=0.000$。线性回归方程显著。

表 6.19 显示各个模型的偏回归系数结果,模型 2 的常数项(Constant) $=23.251$,"工作时间"的回归系数 $=0.341$,回归系数的标准误差(Std. Error) $=0.05$,回归系数检验的 t 值 $=6.831$,$P=0.000$;"研究成果"的回归系数 $=1.443$,回归系数的标准误差(Std. Error) $=0.434$,回归系数检验的 t 值 $=3.324$,$P=0.003$。按照 $\alpha=0.05$ 的显著性水平,认为两个偏回归系数都显著有意义。模型 2 的回归方程为 $y=23.251+0.341x_2+1.443x_1+\varepsilon$。

表 6.20 显示各个模型方程外的变量的相关统计量,包括 Beta、t 值、P 值、偏相关系数(Partial correlation)和共线性统计的容忍值(Collinearity Statistics Tolerance)。可见模型 2 外的变量的偏回归系数的 $P=0.914>0.05$,故不能引入方程。

6.4

含定性自变量的回归分析

前面建立的都是定量变量 x 与 y 因变量的回归模型,在实际问题的研究中,经常会碰到一些非数量型的变量,称之为定性变量,例如性别、区域、类别、阶段等。在建立一个经济问题的回归方程时,经常需要考虑这些定性变量。本章主要介绍自变量含定性变量的回归模型。

在回归分析中,通常对一些自变量是定性变量的情形先给了数量化处理,处理方法是引进只取 0 和 1 两个值的虚拟自变量将定性变量数量化。当某一属性出现时,虚拟变量取值为 1,否则取值为 0。

6.4.1 两分定性变量的回归

若定性变量只取两类可能值,例如考察某高校教师的薪资情况,y 为教师的工资,x 为教师工作年份,另外考虑性别对教师工资的影响,分为男和女两类。对这个问题的数量化方法是引入一个 $0\sim1$ 型变量 D,也称为虚拟变量

$$D_i=1 \quad 表示性别为男$$
$$D_i=0 \quad 表示性别为女$$

则教师工资的回归模型为

$$y_i=\beta_0+\beta_1x_i+\beta_2D_i+\varepsilon_i$$

其中 i 表示第 i 个人,$i=1,2,\cdots,n$。男教师的平均工资为

$$E(y_i\mid D_i=1)=\beta_0+\beta_1x_i+\beta_2$$

女教师的平均工资为

$$E(y_i \mid D_i = 0) = \beta_0 + \beta_1 x_i$$

这里有一个前提条件,就是认为男教师与女教师回归直线的斜率 β_1 是相等的,也就是说,不论是男教师还是女教师,工作年份每增加一年,工资 y 平均都增加相同的数量 β_1。求解上述回归方程的参数,仍然采用线性回归方程的普通最小二乘法。

例 6.8 研究某地文化程度对家庭储蓄的影响,在一个中等收入的样本框中,随机调查了 13 户高学历家庭与 14 户中低学历的家庭。因变量 y 为上一年家庭储蓄增加额,自变量 x_1 为上一年家庭总收入,自变量 x_2 表示家庭学历。高学历家庭 $x_2 = 1$,低学历家庭 $x_2 = 0$,调查数据见表 6.21。

表 6.21 文化程度对家庭储蓄的影响

序　号	y/元	x_1/万元	x_2	序　号	y/元	x_1/万元	x_2
1	235	2.3	0	15	3 256	3.8	1
2	346	3.2	1	16	3 256	4.6	1
3	365	2.8	0	17	3 567	4.2	1
4	468	3.5	1	18	3 658	3.7	1
5	658	2.6	0	19	4 588	3.5	0
6	867	3.2	1	20	6 436	4.8	1
7	1 085	2.6	0	21	9 047	5.0	1
8	1 236	3.4	0	22	7 985	4.2	0
9	1 238	2.2	0	23	8 950	3.9	0
10	1 345	2.8	1	24	9 865	4.8	0
11	2 365	2.3	0	25	9 866	4.6	0
12	2 365	3.7	1	26	10 235	4.8	0
13	3 256	4.0	1	27	10 140	4.2	0
14	3 256	2.9	0				

建立 y 与 x_1、x_2 的线性回归方法,用普通最小二乘法求解,SPSS 输出结果如表 6.22～表 6.24 所示。

表 6.22 模型摘要

Model	R	R Square	Adjusted R Square	Std. Error of the Estimate
1	0.938[a]	0.879	0.869	1 289.337 17

a. Predictors:(Constant),家庭学历,上一年家庭总收入。

表 6.23 方差分析

ANOVA[a]

Model		Sum of Squares	df	Mean Square	F	Sig.
1	Regression	290 361 360.269	2	145 180 680.135	87.332	0.000[b]
	Residual	39 897 368.027	24	1 662 390.334		
	Total	330 258 728.296	26			

a. Predictors:(Constant),家庭学历,上一年家庭总收入。

b. Dependent Variable:上一年家庭储蓄增加额。

表 6.24 回 归 系 数

Coefficients[a]

Model		Unstandardized Coefficients		Standardized Coefficients	t	Sig.
		B	Std. Error	Beta		
1	(Constant)	−7 975.571	1 094.003		−7.290	0.000
	上一年家庭总收入	3 825.765	304.747	0.921	12.554	0.000
	家庭学历	−3 701.558	513.708	−0.529	−7.206	0.000

a. Dependent Variable：上一年家庭储蓄增加额。

由表 6.22～表 6.24 结果可知，两个自变量 x_1、x_2 的系数都是显著的，决定系数 $R^2 = 0.879$，回归方程为 $\hat{y} = -7\,975.571 + 3\,825.765x_1 - 3\,701.558x_2$。这个结果表明，中等收入的家庭每增加 1 万元收入，平均拿出 3 826 元作为储蓄。高学历家庭每年的平均储蓄额少于低学历的家庭，平均少约 3 700 元。

6.4.2 多分定性变量的回归

假设考虑做个人保健支出对个人收入和教育水平的回归，由于教育变量是定性的，考虑相互排斥的三个教育水平：低于中学、中学和大学。不同于先前，我们的定性教育变量有多于两个的分类。初步设想引进三个虚拟变量，以处理教育的三个水平：

$$\begin{cases} D_1 = 1, & 低于中学 \\ D_1 = 0, & 其他 \end{cases} \qquad \begin{cases} D_2 = 1, & 中学 \\ D_2 = 0, & 其他 \end{cases} \qquad \begin{cases} D_3 = 1, & 大学 \\ D_3 = 0, & 其他 \end{cases}$$

但是这样做却产生了一个新的问题，即 3 个自变量之和恒等于 1，即 $D_1 + D_2 + D_3 = 1$，构成完全多重共线性。解决这个问题的方法很简单，我们只需去掉一个 0～1 型变量，只保留 2 个 0～1 型自变量即可。例如去掉 D_3，只保留 D_1、D_2。

假定在保健年度支出对年度收入的回归中，三个教育分类有相同的斜率和不同的截距，我们可以写出如下模型：

$$y_i = \beta_0 + \beta_1 D_{1i} + \beta_2 D_{2i} + \beta_3 x_i + \varepsilon_i$$

其中，y_i 是保健年度支出；x_i 为年度收入；$D_1 = 1$ 表示低于中学教育；$D_2 = 1$ 表示中学教育，在上面的虚拟变量的赋值中，我们人为地把"低于中学教育"类当作基底类，截距 β_0 代表该类的截距。

一般情况下，一个定性变量有 k 类可能的取值时，需要引入 $k-1$ 个 0～1 型自变量。当 $k=2$ 时，只需要引入一个 0～1 型自变量即可，这和两分定性变量的回归一致。对于包含多个 0～1 型自变量的计算，仍然是采用普通的线性最小二乘回归方法。

例 6.9 表 6.25 列的是 1986 年美国 50 个州和哥伦比亚特区公立学校教师平均工资水平和地方政府对公立学校的支出数据，这 51 个地方被分为三个地理区域：1）东北和中部，2）南部，3）西部。考察学校教师平均工资水平与地方政府对公立学校的支出和区域的关系。

表 6.25 教师平均工资水平和地方政府对公立学校的支出数据

工资水平	支 出	D_1	D_2	工资水平	支 出	D_1	D_2
19 583	3 346	1	0	26 800	4 642	1	0
20 263	3 114	1	0	29 470	4 669	1	0
20 235	3 554	1	0	26 610	4 888	1	0

工资水平	支　出	D_1	D_2	工资水平	支　出	D_1	D_2
30 678	5 710	1	0	22 250	3 731	0	1
27 170	5 536	1	0	20 940	2 853	0	1
25 853	4 168	1	0	21 800	2 533	0	1
24 500	3 547	1	0	22 934	2 729	0	1
24 274	3 159	1	0	18 443	2 305	0	1
27 170	3 621	1	0	19 538	2 642	0	1
30 168	3 782	1	0	20 460	3 124	0	1
26 525	4 247	1	0	21 419	2 752	0	1
27 360	3 982	1	0	25 160	3 429	0	1
21 690	3 568	1	0	22 482	3 947	0	0
21 974	3 155	1	0	20 969	2 509	0	0
20 816	3 059	1	0	27 224	5 440	0	0
18 095	2 967	1	0	25 892	4 042	0	0
20 939	3 285	1	0	22 644	3 402	0	0
22 644	3 914	1	0	24 640	2 829	0	0
24 624	4 517	0	1	22 341	2 297	0	0
27 186	4 349	0	1	25 610	2 932	0	0
33 990	5 020	0	1	26 015	3 705	0	0
23 382	3 594	0	1	25 788	4 123	0	0
20 627	2 821	0	1	29 132	3 608	0	0
22 795	3 366	0	1	41 480	8 349	0	0
21 570	2 920	0	1	25 845	3 766	0	0
22 080	2 980	0	1				

用 y 表示教师平均工资水平，x 表示地方政府对公立学校的支出，虚拟变量 D_1 和 D_2 表示区域变量，设 y 和 x、D_1、D_2 满足线性方程

$$y_i = \beta_0 + \beta_1 D_{1i} + \beta_2 D_{2i} + \beta_3 x_i + \varepsilon_i$$

其中　$D_1 = 1$　若该州位于东北和中北部地区

　　　$= 0$　位于美国其他地区

　　　$D_2 = 1$　若该州位于南部地区

　　　$= 0$　位于美国其他地区

用普通最小二乘法求解该方程，SPSS 输出结果如下表 6.26～表 6.28 所示。

表 6.26　模　型　摘　要

Model	R	R Square	Adjusted R Square	Std. Error of the Estimate
1	0.850[a]	0.722	0.705	2 272.682 95

a. Predictors：(Constant)，支出，东北和中北部地区，南部地区。

表 6.27　方 差 分 析

ANOVA[a]

Model		Sum of Squares	df	Mean Square	F	Sig.
1	Regression	631 354 697.641	3	210 451 565.880	40.745	0.000[b]
	Residual	242 759 126.987	47	5 165 087.808		
	Total	874 113 824.627	50			

a. Predictors：(Constant),支出,东北和中北部地区,南部地区。

b. Dependent Variable：工资水平。

表 6.28　回 归 系 数

Coefficients[a]

Model		Unstandardized Coefficients		Standardized Coefficients	t	Sig.
		B	Std. Error	Beta		
1	(Constant)	13 266.720	1 396.611		9.499	0.000
	东北和中北部地区	−1 677.789	802.063	−0.199	−2.092	0.042
	南部地区	−1 143.763	862.078	−0.130	−1.327	0.191
	支出	3.289	0.318	0.830	10.344	0.000

a. Dependent Variable：工资水平。

得到回归方程 $\hat{y}_i = 13\,266.72 - 1\,677.789D_{1i} - 1\,143.763D_{2i} + 3.289x_i$，回归方程 F 值的 P 值 $= 0.000$，回归方程显著，东北和中北部地区和支出对应的偏回归系数 t 值的 P 值很小，偏回归系数显著，但南部地区对应的偏回归系数不显著。对于东北和中北部地区，教师平均工资水平区域性差别明显，南部地区区域差别不明显，在前两个因素不变的条件下，公共支出每增加 1 美元，公立学校教师平均工资水平上升 3.289 美元。

6.5

违背基本假设的回归分析

在回归模型的基本假设中，假定随机误差项 ε_1，ε_2，$\cdots$，ε_n 具有相同的方差，独立或不相关，即对于所有样本点，有

$$\begin{cases} E(\varepsilon_i) = 0, \quad i = 1, 2, \cdots, n \\ \operatorname{cov}(\varepsilon_i, \varepsilon_j) = \begin{cases} \sigma^2, i = j \\ 0, i \neq j \end{cases} (i, j = 1, 2, \cdots, n) \end{cases}$$

又称为高斯-马尔柯夫(Gauss-Markov)条件。另外经典线性回归模型还假定自变量 x 之间无多重共线性。

但在建立实际问题的回归模型时，经常存在与此假设相违背的情况。本章将介绍计量经济建模中常见的违背基本假设的三种情况，第一种是异方差性，即

$$\operatorname{var}(\varepsilon_i) \neq \operatorname{var}(\varepsilon_j), i \neq j \tag{6-70}$$

第二种是自相关性,即

$$\text{cov}(\varepsilon_i, \varepsilon_j) \neq 0, \ i \neq j \tag{6-71}$$

第三种是多重共线性,指一个回归模型中的一些或全部解释变量之间存在一种"完全"或准确的线性关系,即

$$C_1 x_1 + C_2 x_2 + \cdots + C_p x_p = 0 \tag{6-72}$$

且 C_1, C_2, $\cdots$, C_p 不全为零。本章将介绍异方差性、自相关性、多重共线性产生的背景和原因以及其带来的影响,并描述相应的诊断及处理方法。

6.5.1 异方差性

1. 异方差性产生的背景和原因

在实际问题中,当我们建立回归分析模型时,经常会出现某些因素随着解释变量观测值的变化对被解释变量产生不同的影响,导致随机误差具有不同的方差。下面结合几个具体的例子来看看异方差性产生的背景和原因。

例6.10 研究居民家庭的收入和消费水平关系时,设立一简单的线性回归模型

$$y_i = \beta_0 + \beta_1 x_i + \varepsilon_i, \ i = 1, 2, \cdots, n$$

其中 x_i 表示第 i 户家庭的收入,y_i 表示第 i 户家庭的消费。在这个例子里,我们可以看到由于各户收入状况不同,并且存在不同的消费观念和习惯,通常存在异方差性。低收入的家庭消费比较集中,一般只购买生活必需品,所以消费差异比较小;而高收入家庭可选择的消费品就比较多,各种消费品的价格差异很大,所以消费金额的差异就较大,最终导致了家庭收入和消费支出的回归模型中,模型随机误差项 ε_i 具有不同方差。

例6.11 研究在一段时间里,打字出错个数和练习时间的关系,和前面例子一样,我们可以设立一线性回归模型

$$y_i = \beta_0 + \beta_1 x_i + \varepsilon_i, \ i = 1, 2, \cdots, n$$

此时 x_i 表示第 i 个人的打字练习时间,y_i 表示这个人的打字出错个数。由于人类是具有学习能力的,我们通常看到,打字出错个数随练习时间的增加而减少,而打错字数的方差也相应减少。从上面的两个例子可以看出,引起异方差的原因多种多样,通常样本数据为截面数据时容易出现异方差性。

2. 异方差性的后果

在存在异方差时,如果仍用普通最小二乘法估计参数,将出现低估 β 的真实方差的情况,从而将导致回归系数的 t 检验值高估,可能造成本来不显著的某些回归系数变成显著。这将给回归方程的进一步应用带来一定影响。概括起来,异方差性可能导致以下几个问题:参数估计量非有效,变量的显著性检验失去意义,模型的预测失效。

3. 异方差性的检验

异方差性检验的方法有很多,这里介绍常用的两种。第一种是残差图分析法,以残差 e_i 为纵坐标,以(1)拟合值 $\hat{y}$、(2)自变量、(3)观测时间或序号为横坐标画散点图。如果回归模型适合于样本数据,那么残差 e_i 应反映 ε_i 所假定的性质。以残差 e_i 为纵坐标,x 为横坐标的散点图为例,当回归模型满足同方差假定时,残差图上的 n 个点散布应该是随机的,无任何规律,如图 6.17(a)所示。如果回归模型存在异方差时,残差图上的点的散布呈现出相应的趋势,具有明显的规律,因而可认为模型具有异方差,通常分为递增型、递减型和复杂型三类,如图 6.17[(b)(c)(d)]所示。

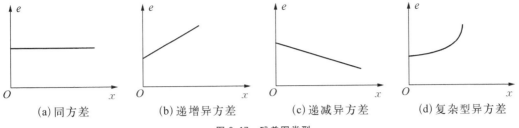

| (a)同方差 | (b)递增异方差 | (c)递减异方差 | (d)复杂型异方差 |

图 6.17　残差图类型

第二种是怀特（White）检验，首先作 y 关于 x 的普通最小二乘回归，求出 ε_i 的估计值 e_i，然后作以下辅助回归（以二元回归为例）

$$e_i^2 = \alpha_1 + \alpha_2 x_{2i} + \alpha_3 x_{3i} + \alpha_4 x_{2i}^2 + \alpha_5 x_{3i}^2 + \alpha_6 x_{2i} x_{3i} + \varepsilon_i' \qquad (6-73)$$

可以证明的辅助回归方程的可决系数 R^2 满足

$$nR^2 \sim \chi^2(h) \qquad (6-74)$$

其中 h 表示辅助回归方程中解释变量的个数，若 $nR^2 \leqslant \chi_a^2$，可认为异方差问题不存在，否则表明残差与解释变量的某种组合有显著的相关性，存在异方差性。当然，在多元回归中，由于辅助回归方程中可能有太多解释变量，从而使自由度减少，有时可去掉交叉项。

4. 加权最小二乘法

如果模型检验出存在异方差性，可用加权最小二乘法进行估计。其基本思想为：加权最小二乘法是对原模型加权，使之变成一个新的不存在异方差性的模型，然后采用最小二乘法估计其参数。

假设线性回归方程 $\boldsymbol{Y} = \boldsymbol{X}\boldsymbol{\beta} + \boldsymbol{\varepsilon}$ 存在异方差性，$\text{cov}(\boldsymbol{\varepsilon}) = E(\boldsymbol{\varepsilon}\boldsymbol{\varepsilon}') = \sigma^2 \boldsymbol{W}$，其中

$$W = \begin{pmatrix} w_1 & & & \\ & w_2 & & \\ & & \ddots & \\ & & & w_n \end{pmatrix} \qquad (6-75)$$

$\boldsymbol{W}$ 是一对称正定矩阵，存在一可逆矩阵 $\boldsymbol{D}$ 使得

$$\boldsymbol{W} = \boldsymbol{D}\boldsymbol{D}' \qquad (6-76)$$

用 D^{-1} 左乘 $Y = X\beta + \varepsilon$，得到新的线性回归方程

$$\boldsymbol{D}^{-1}\boldsymbol{Y} = \boldsymbol{D}^{-1}\boldsymbol{X}\boldsymbol{\beta} + \boldsymbol{D}^{-1}\boldsymbol{\varepsilon} \qquad (6-77)$$

$$\boldsymbol{Y}^* = \boldsymbol{X}^*\boldsymbol{\beta} + \boldsymbol{\varepsilon}^*$$

新模型具有同方差性，因为

$$\text{cov}(\boldsymbol{\varepsilon}^*) = E(\boldsymbol{\varepsilon}^*\boldsymbol{\varepsilon}^{*'}) = E(\boldsymbol{D}^{-1}\boldsymbol{\varepsilon}\boldsymbol{\varepsilon}'\boldsymbol{D}^{-1'}) = \boldsymbol{D}^{-1}E(\boldsymbol{\varepsilon}\boldsymbol{\varepsilon}')\boldsymbol{D}^{-1'} = \boldsymbol{D}^{-1}\sigma^2\boldsymbol{W}\boldsymbol{D}^{-1'} = \sigma^2\boldsymbol{I}$$

用最小二乘估计法估计新模型，记估计参数为 $\hat{\boldsymbol{\beta}}^*$，则

$$\hat{\boldsymbol{\beta}}^* = (\boldsymbol{X}^{*'}\boldsymbol{X}^*)^{-1}\boldsymbol{X}^{*'}\boldsymbol{Y}^* = (\boldsymbol{X}'\boldsymbol{W}^{-1}\boldsymbol{X})^{-1}\boldsymbol{X}'\boldsymbol{W}^{-1}\boldsymbol{Y} \qquad (6-78)$$

这就是原模型 $\boldsymbol{Y} = \boldsymbol{X}\boldsymbol{\beta} + \boldsymbol{\varepsilon}$ 的加权最小二乘估计量。

在使用加权最小二乘法时，为了消除异方差性的影响，观测值的权数应该是观测值误差项

方差的倒数,即

$$w_i = \frac{1}{\sigma_i^2} \tag{6-79}$$

可以对原模型进行普通最小二乘估计,得到随机误差项的近似估计量 e_i,以此构成权矩阵 $\sigma^2 \boldsymbol{W}$ 的估计量,再以 $1/|e_i|$ 为权重进行加权最小二乘估计。

例 6.12 中国城镇居民的人均消费支出,主要由人均总收入决定,而人均工资性收入占人均总收入的一半以上,现分别考察人均工资性收入和其他收入对中国城镇居民消费支出的影响。表 6.29 所示的是 2015 年中国各地城镇居民家庭收入与消费支出的相关数据。

表 6.29　中国 2015 年各地区城镇居民家庭人均收入与消费支出相关数据　　单位:元

地区	人均消费支出 y	人均工资性收入 x_1	其他收入 x_2	地区	人均消费支出 y	人均工资性收入 x_1	其他收入 x_2
北　京	24 045.9	27 961.8	13 141.3	湖　北	14 496.0	14 191.0	8 712.9
天　津	20 024.2	21 523.8	11 420.2	湖　南	14 609.0	13 237.1	9 567.5
河　北	12 531.1	13 154.5	8 744.9	广　东	22 396.4	23 632.2	10 412.2
山　西	12 211.5	14 973.6	7 126.7	广　西	14 244.0	14 693.5	8 515.9
内蒙古	17 717.1	16 872.6	7 918.2	海　南	14 456.6	14 672.3	8 137.6
辽　宁	16 593.6	14 846.1	11 069.6	重　庆	16 573.1	15 415.4	9 395.6
吉　林	14 613.5	13 535.3	8 124.3	四　川	15 049.5	14 249.3	8 079.0
黑龙江	12 983.6	11 700.5	7 667.3	贵　州	12 585.7	12 309.2	7 733.7
上　海	26 253.5	31 109.3	13 645.2	云　南	13 883.9	14 408.3	8 592.1
江　苏	18 825.3	20 102.1	12 417.0	西　藏	11 184.3	17 672.1	2 552.1
浙　江	21 545.2	22 385.1	15 609.7	陕　西	15 332.8	15 547.1	7 058.7
安　徽	15 011.7	14 812.5	8 712.1	甘　肃	12 847.1	12 514.9	5 983.6
福　建	18 593.2	19 976.0	10 901.9	青　海	12 346.3	12 614.4	7 132.2
江　西	12 775.7	13 348.1	7 802.1	宁　夏	14 067.2	13 965.6	7 936.6
山　东	15 778.2	19 856.1	8 149.5	新　疆	13 891.7	14 432.1	5 762.5
河　南	13 733.0	13 666.5	8 230.7				

设人均工资性收入用 x_1 表示,其他收入用 x_2 表示,人均消费支出用 y 表示,假设 x_1、x_2 与 y 满足回归模型

$$y_i = \beta_0 + \beta_1 x_{1i} + \beta_2 x_{2i} + \varepsilon_i$$

先用普通最小二乘法,得到回归方程 $\hat{y} = 2\,148.671 + 0.523x_1 + 0.566x_2$,并保存估计得到的残差 RES_1,然后计算其方差保存至变量 RES_2。

首先,采用残差图方法分析异方差的存在性。SPSS 的操作步骤如下:在线性回归分析的主对话框中,点击"Plots",打开"Plots"对话框(图 6.5),以"ZRESID"作为 y 轴,以"ZPRED"作为 x 轴,即可输出如图 6.18 所示的残差图。可以看出模型可能存在一定的异方差,但不是很明显。

Scatterplot
Dependent Variable：人均消费支出

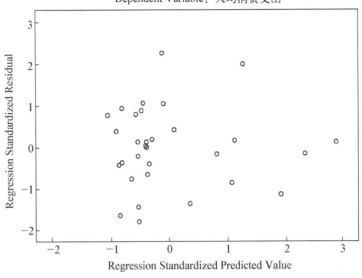

图 6.18　残差图

接下来，采用怀特检验，验证回归方程的异方差性。根据式（6-73）作辅助回归（辅助回归方程中只保留了显著的 x_1、x_2 及 x_1 的平方项），求得可决系数，$R^2 = 0.317$，于是 $nR^2 = 9.827$，$\alpha = 5\%$ 下，临界值 $\chi^2_{0.05}(3) = 7.815$，$nR^2 > \chi^2_{0.05}(3)$，存在异方差性。

利用 SPSS 软件可以确定 $w_i = \dfrac{1}{\sigma_i^m}$ 幂指数 m 的最优取值。对例 6.12 的数据，依次点选 Statistics→Regression→Weight Estimation 进入估计权函数对话框，如图 6.19 所示。将因变

图 6.19　选择估计权数对话框

量 y 与自变量 x_1、x_2 选入各自的变量框,根据式(6-79),把误差项方差 RES_2 选入 Weight 变量框,如图 6.20 所示。运算后得系数估计结果如表 6.30 所示。

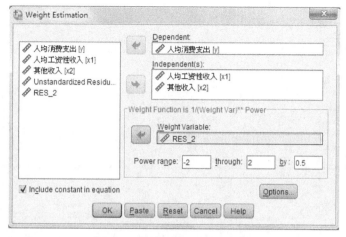

图 6.20 Weight Estimation 对话框

表 6.30 回归系数
Coefficients

	Unstandardized Coefficients		Standardized Coefficients		t	Sig.
	B	Std. Error	Beta	Std. Error		
(Constant)	2 252.336	199.575			11.286	0.000
x_1	0.532	0.014	0.762	0.019	39.289	0.000
x_2	0.538	0.041	0.257	0.019	13.239	0.000

通常幂指数(Power)的默认取值范围为 $[-2,2]$,输出结果显示对数似然函数(Log-likelihood Function)达到极大时,幂指数 m 有最优取值。在这个例子里,最优幂指数为 $m=1$,其对数似然函数值为 -230.114。加权最小二乘的 $R^2=0.998$,F 值 $=6\,951.526$,而普通最小二乘的 $R^2=0.931$,F 值 $=190.05$,这说明加权最小二乘估计的效果好于普通最小二乘的效果。

6.5.2 自相关性

1. 自相关性产生的背景和原因

在实际问题的研究中,还会遇到变量在时序上出现相关的情形,即变量前后的数值之间存在相关的关系,这种现象叫自相关性。产生序列自相关的原因通常可以归结为以下几个方面。

(1)模型设定的偏误,在模型设定时,遗漏了关键变量,或者采用了错误的回归形式。由于遗漏的变量在时间顺序上的影响是正相关的,回归模型的误差项就会有明显的正相关,这是因为误差项包含了遗漏变量的影响。例如在研究居民消费水平影响因素的问题中,忽略居民可支配收入这个重要变量,很可能导致误差正相关,因为居民收入对消费的影响很可能是正相关的。或者正确的回归方程应该是指数形式,简单的采用线性形式,不能完全回归的剩余部分也被归到误差项内,也会造成误差项的自相关性。

(2)经济变量的滞后性。许多经济变量都会产生滞后性的影响,例如物价指数、国民收入、货币发行量、居民消费等,这类变量前期的值会对后期的值产生一定的影响。还是结合前面居民消费的例子,由于居民的消费习惯和观念具有一定惯性,通常消费习惯的影响被包含在随机误差中,序列也可能出现自相关性。

(3) 数据加工整理导致的误差项自相关性。在实际经济问题中,有些数据是通过已知数据生成的。因此,新生成的数据与原数据间就有了内在的联系,表现出序列相关性。例如季度数据来自月度数据的简单平均,这种平均的计算减弱了每月数据的波动性,从而使随机误差项出现序列相关。

2. 自相关性的后果

计量经济学模型一旦出现序列相关性,如果仍采用普通最小二乘法估计模型参数,会产生下列不良后果:参数估计量非有效,在大样本情况下,参数估计量虽然具有一致性,但仍然不具有渐近有效性。在变量的显著性检验中,统计量是建立在参数方差正确估计基础之上的,如果序列相关,估计的参数方差出现偏误,变量的显著性检验就失去意义。另外区间预测与参数估计值的方差有关,在方差有偏误的情况下,使得预测估计不准确,预测精度降低。

3. 相关性的检验

由于随机误差项在序列相关时对普通最小二乘法的应用带来了非常严重的后果,如何检验误差项是否具有序列相关性就成为一个重要的问题。这里介绍两种比较重要的方法。第一种是图示检验法,先用普通最小二乘法估计回归模型参数,求出残差 e_t,用 e_t 近似随机项 ε_t 的真实值。可以按照时间顺序绘制残差项 e_t 的图形,如果 e_t 随着时间呈锯齿状规律变化,且不断改变符号,表明 e_t 具有负的序列相关性,如图 6.21(b)所示。若 e_t 随着时间逐次变化并不是频繁地改变符号,则 e_t 具有正的序列相关性,如图 6.21(a)所示。也可以绘制 e_t, e_{t-1} 的散点图,如果大部分点都落在第 Ⅰ、Ⅲ 象限,则表明随机项 ε_t 存在正的序列相关性,如图 6.21(c)所示,如果大部分点都落在第 Ⅱ、Ⅳ 象限,则表明随机项 ε_t 存在负的序列相关性,如图 6.21(d)所示。

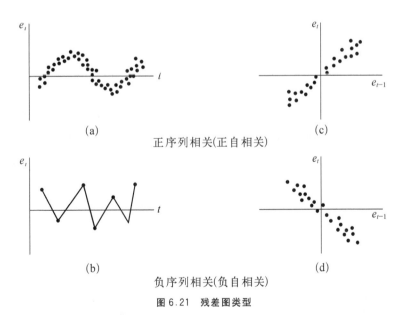

图 6.21　残差图类型

第二种方法是德宾-瓦森(Durbin-Watson)检验法。DW 检验是德宾(J. Durbin)和瓦森(G. S. Watson)于 1951 年提出的一种检验序列自相关的方法。该方法只能用于检验随机扰动项具有一阶自回归形式的序列相关问题,但这种检验方法是建立计量经济学模型中最常用的方法。

DW 检验假设随机扰动项的一阶自回归形式为

$$\varepsilon_t = \rho \varepsilon_{t-1} + u_t$$

为了检验序列的相关性,构造的假设是

$$H_0: \rho = 0$$

即不存在一阶自回归,构造 DW 统计量前首先要求出回归估计式的残差 e_t,定义 DW 统计量

$$DW = \frac{\sum_{t=2}^{n} (\hat{e}_t - \hat{e}_{t-1})^2}{\sum_{t=2}^{n} e_t^2} \tag{6-80}$$

当 n 足够大时,可认为 $\sum_{t=2}^{n} e_t^2$ 与 $\sum_{t=2}^{n} e_{t-1}^2$ 近似相等,则 DW 统计量可近似为

$$DW \approx 2 \left[1 - \frac{\sum_{t=2}^{n} \hat{e}_t \hat{e}_{t-1}}{\sum_{t=2}^{n} e_t^2} \right] \approx 2(1 - \hat{\rho}) \tag{6-81}$$

因此 DW 值与 $\hat{\rho}$ 的对应关系如表 6.31 所示。

表 6.31 DW 统计量与 $\hat{\rho}$ 对应关系表

$\hat{\rho}$	DW	误差项的自相关性
-1	4	完全负自相关
$(-1, 0)$	$(2, 4)$	负自相关
0	2	无自相关
$(0, 1)$	$(0, 2)$	正自相关
1	0	完全正自相关

根据样本容量 n 和解释变量的数目 k(这里包括常数项)查 DW 分布表,得临界值 d_L 和 d_U,然后依下列准则考察计算得到的 DW 值,以决定模型的自相关状态,见表 6.32。

表 6.32 DW 统计量判别表

$0 \leqslant DW \leqslant d_L$	误差项 $\varepsilon_1, \varepsilon_2, \cdots, \varepsilon_n$ 间存在正相关
$d_L < DW \leqslant d_U$	不能判定是否有自相关
$d_U < DW < 4 - d_U$	误差项 $\varepsilon_1, \varepsilon_2, \cdots, \varepsilon_n$ 间无自相关
$4 - d_U \leqslant DW < 4 - d_L$	不能判定是否有自相关
$4 - d_L \leqslant DW \leqslant 4$	误差项 $\varepsilon_1, \varepsilon_2, \cdots, \varepsilon_n$ 间存在负相关

为了便于记忆,上述的判别准则也可以用图 6.22 表示。

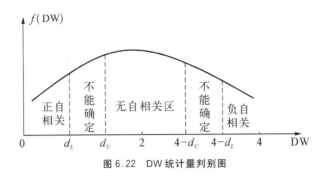

图 6.22 DW 统计量判别图

4. 自相关的处理方法

如果模型被检验证明存在序列相关性,则需要发展新的方法估计模型,最常用的就是广义差分法。广义差分法就是用增量数据代替原来的样本数据,将原来的回归模型变为差分形式的模型。

若原回归模型

$$y = \beta_0 + \beta_1 x_1 + \beta_2 x_2 + \cdots + \beta_p x_p + \varepsilon$$

存在 l 阶自回归

$$\varepsilon_t = \rho_1 \varepsilon_{t-1} + \rho_2 \varepsilon_{t-2} + \cdots + \rho_l \varepsilon_{t-l} + u_t$$

可将原模型变换为

$$\begin{aligned}
y_t - \rho_1 y_{t-1} - \rho_2 y_{t-2} - \cdots - \rho_l y_{t-l} = {} & \beta_0 (1 - \rho_1 - \cdots - \rho_l) + \beta_1 (x_{1,t} - \rho_1 x_{1,t-1} \\
& - \rho_2 x_{1,t-2} - \cdots - \rho_l x_{1,t-l}) + \cdots + \beta_p (x_{p,t} - \rho_1 x_{p,t-1} \\
& - \rho_2 x_{p,t-2} - \cdots - \rho_l x_{p,t-l}) + \varepsilon_t
\end{aligned}$$

$$(6-82)$$

该模型为广义差分模型,不存在序列相关问题,可进行普通最小二乘估计。

应用广义最小二乘法或广义差分法,必须已知随机误差项的相关系数 $\rho_1, \rho_2, \cdots, \rho_l$,实际上,人们并不知道它们的具体数值,所以必须首先对它们进行估计。这里介绍一种常用的估计方法:德宾(Durbin)两步法。该方法仍是先估计 $\rho_1, \rho_2, \cdots, \rho_l$,再对差分模型进行估计。

下面以一元回归模型为例介绍德宾两步法的步骤。第一步,变换差分模型为下列形式

$$y_t = \rho_1 y_{t-1} + \rho_2 y_{t-2} + \cdots + \rho_l y_{t-l} + \beta_0 (1 - \rho_1 - \cdots - \rho_l) + \beta_1 (x_t - \rho_1 x_{t-1} - \rho_2 x_{t-2} - \cdots - \rho_l x_{t-l}) + \varepsilon_t$$

$$(6-83)$$

其中 $t = 1+l, 2+l, \cdots, n$。进行普通最小二乘估计,得到 y 前面的系数 $\rho_1, \rho_2, \cdots, \rho_l$ 的估计值 $\hat{\rho}_1, \hat{\rho}_2, \cdots, \hat{\rho}_l$。第二步,将估计的 $\hat{\rho}_1, \hat{\rho}_2, \cdots, \hat{\rho}_l$ 代入差分模型

$$\begin{aligned}
y_t - \rho_1 y_{t-1} - \rho_2 y_{t-2} - \cdots - \rho_l y_{t-l} = {} & \beta_0 (1 - \rho_1 - \cdots - \rho_l) + \beta_1 (x_{1,t} - \rho_1 x_{1,t-1} - \rho_2 x_{1,t-2} - \cdots \\
& - \rho_l x_{1,t-l}) + \varepsilon_t
\end{aligned}$$

$$(6-84)$$

然后用普通最小二乘法,可以得到参数 $\beta_0 (1 - \hat{\rho}_1 - \cdots - \hat{\rho}_l)$ 和 β_1 的估计值,已知 $\hat{\rho}_1, \hat{\rho}_2, \cdots, \hat{\rho}_l$ 的估计值,因此可得 β_0 和 β_1 的估计值。

例 6.13 研究中国商品进口与国内生产总值的关系,表 6.33 所列的是 1996—2014 年中国商品进口与国内生产总值数据。

表 6.33　1996—2014 年中国商品进口与国内生产总值数据

年份	国内生产总值 GDP/亿元	商品进口 m/ 亿美元	年份	国内生产总值 GDP/亿元	商品进口 m/ 亿美元
1996	71 813.6	1 388.33	2006	219 438.5	7 914.61
1997	79 715.0	1 423.70	2007	270 232.3	9 561.16
1998	85 195.5	1 402.37	2008	319 515.5	11 325.67
1999	90 564.4	1 656.99	2009	349 081.4	10 059.23
2000	100 280.1	2 250.94	2010	413 030.3	13 962.44
2001	110 863.1	2 435.53	2011	489 300.6	17 434.84
2002	121 717.4	2 951.70	2012	540 367.4	18 184.05
2003	137 422.0	4 127.60	2013	595 244.4	19 499.89
2004	161 840.2	5 612.29	2014	643 974.0	19 592.35
2005	187 318.9	6 599.53			

设 m 为商品进口值,GDP 为国内生产总值,通过普通最小二乘法建立如下中国商品进口方程

$$\hat{m}_t = -796.787 + 0.035GDP_t$$

首先用杜宾-瓦森法,检验序列的自相关性。SPSS 软件有专门的回归模型诊断工具,用来计算 DW 值,依次点选 Analyze→Regression→Linear 进入线性回归对话框,再点选 Statistics 按钮,选择对话框下方的 Durbin-Watson 选项,如图 6.23 所示,输出 DW 值=0.970。取显著水平 $\alpha = 5\%$,由于 $n=19$,$k=1$(包含常数项),查表得 $d_L = 1.18$,$d_U = 1.40$。又因 $DW < d_L$,故样本序列存在正自相关性。图 6.24 绘制的是 e_t,e_{t-1} 的散点图,可以看到大部分点都落在第 I、III 象限,则表明随机项 ε_t 存在正的序列相关性,和前面杜宾-瓦森法得到的结论一致。

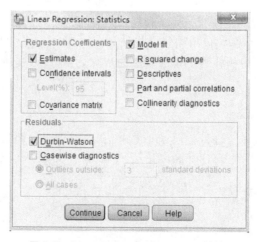

图 6.23　Linear Regression：Statistics 对话框

然后采用德宾两步法对序列自相关性进行修正,考虑一阶自回归的情况,估计模型 $m_t = \rho_1 m_{t-1} + \beta_0^* + \beta_1^* \cdot GDP_t + \beta_2^* \cdot GDP_{t-1} + \varepsilon_t$,得到 ρ_1 的估计值 $\hat{\rho}_1 = 0.374$。对变量作差分变换

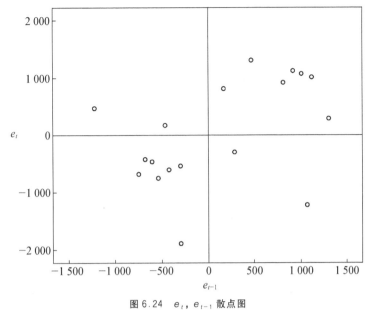

图 6.24 e_t，e_{t-1} 散点图

$$m_t^* = m_t - 0.374m_{t-1}$$
$$GDP_t^* = GDP_t - 0.374GDP_{t-1}$$

则 m^* 关于 GDP^* 的普通最小二乘估计结果为

$$\hat{m}_t^* = -381.750 + 0.034GDP_t^*$$

此时 DW 统计量的值为 1.449，取 $\alpha = 5\%$，$d_L = 1.16$，$d_U = 1.39$。因此序列已不存在自相关性。若一阶自回归修正后的序列仍有自相关性，可以考虑二阶的回归模式。

6.5.3　多重共线性

1. 多重共线性产生的背景和原因

在研究实际问题时，考虑的解释变量往往有很多个，解释变量之间完全不相关的情形是非常少见的。客观地说，某一经济现象，涉及多个影响因素时，这多个影响因素之间大都有一定的相关性。当这一组变量间有较强的相关性时，我们就认为是一种违背多元线性回归模型基本假设的情形。

当我们所研究的经济问题涉及时间序列资料时，由于经济变量随时间往往存在共同的变化趋势，使得它们之间容易出现共线性。例如，我国近年来的经济增长态势很好，经济增长对各种经济现象都产生影响，使得多种经济指标相互密切关联。比如我们要研究我国居民消费情况，影响居民消费的因素很多，一般有职工平均工资、农民平均收入、银行利率、全国零售物价指数、国债利率、货币发行量、储蓄额、前期消费额等，这些因素显然既对居民消费产生重要影响，它们之间又有着很强的相关性。

对于许多利用截面数据建立回归方程的问题常常也存在自变量高度相关的情形。例如，以企业的截面数据为样本估计生产函数，由于要素资本投入、劳动力投入、科技投入、能源供应量等都与企业的生产规模有关，所以它们之间存在较强的相关性。

2. 多重共线性的后果

设回归模型 $\boldsymbol{Y} = \boldsymbol{X}\boldsymbol{\beta} + \boldsymbol{\varepsilon}$，若存在多重共线性，则对矩阵 $\boldsymbol{X}$ 的列向量存在不全为零的一组数 C_1，C_2，$\cdots$，C_p，使得 $C_1 x_{i,1} + C_2 x_{i,2} + \cdots + C_p x_{i,p} = 0$，$i = 1, 2, \cdots, n$。矩阵 $\boldsymbol{X}$ 的秩

$\mathrm{rank}(X) < p+1$，如存在完全共线性，即 C_1，C_2，$\cdots$，C_p 全不为零，则 $(X'X)^{-1}$ 不存在，回归参数的最小二乘估计表达式 $\hat{\boldsymbol{\beta}} = (X'X)^{-1}X'Y$ 不成立，无法得到参数的估计量，即完全共线性下参数估计量不存在。

在实际问题研究中，经常遇到近似共线性的情形，即 C_1，C_2，$\cdots$，C_p 不全为零，但 $|X'X| \approx 0$，$\hat{\boldsymbol{\beta}}$ 的反差阵 $D(\hat{\boldsymbol{\beta}}) = \sigma^2(X'X)^{-1}$ 对角元很大，因而 $\hat{\boldsymbol{\beta}}$ 的估计精度很低。这里，以二元回归为例说明，假设回归方程 $y = \beta_1 x_1 + \beta_2 x_2 + \varepsilon$

$$\mathrm{var}(\hat{\beta}_1) = \sigma^2(X'X)_{11}^{-1} = \frac{\sigma^2 \sum x_{2i}^2}{\sum x_{1i}^2 \sum x_{2i}^2 (\sum x_{1i}x_{2i})^2}$$

$$= \frac{\sigma^2 / \sum x_{1i}^2}{1 - (\sum x_{1i}\sum x_{2i})^2 / \sum x_{1i}^2 \sum x_{2i}^2} = \frac{\sigma^2}{\sum x_{1i}^2} \cdot \frac{1}{1-r^2}$$

其中 $\dfrac{(\sum x_{1i}x_{2i})^2}{\sum x_{1i}^2 \sum x_{2i}^2}$ 即为变量 x_1，x_2 的线性相关系数的平方 r^2。同样还可以求得 $\hat{\beta}_2$ 的方差估计值 $\mathrm{var}(\hat{\beta}_2) = \dfrac{\sigma^2}{\sum x_{2i}^2} \cdot \dfrac{1}{1-r^2}$。可知，随着自变量 x_1 与 x_2 的相关性增强，$\hat{\beta}_1$ 和 $\hat{\beta}_2$ 的方差将逐渐增大。当 x_1 与 x_2 完全相关时，即 $r=1$ 时，方差将变为无穷大。

如果模型中两个解释变量具有线性相关性，例如 $x_2 = \lambda x_1$，此时，x_1 和 x_2 前的参数 β_1、β_2 并不反映各自与被解释变量之间的结构关系，而是反映它们对被解释变量的共同影响。导致 β_1、β_2 失去了应有的经济含义，于是表现为回归系数的正负号也可能出现倒置，使得无法对回归方程得到合理的经济解释，直接影响到最小二乘法的应用效果，降低回归方程的应用价值。

3. 多重共线性的诊断

一般情况下，当回归方程的解释变量之间存在着很强的线性关系，回归方程的检验高度显著时，有些与因变量 y 的简单相关系数绝对值很高的自变量，其回归系数不能通过显著性检验，甚至出现有的回归系数所带符号与实际经济意义不符，这时我们就认为变量间存在着多重共线性。多重共线性的诊断有多重判断方法，这里主要介绍方差扩大因子法。

对自变量作中心标准化处理，则 $X^{*'}X^* = (r_{ij})$ 为自变量的相关阵。记

$$C = (c_{ij}) = (X^{*'}X^*)^{-1} \tag{6-85}$$

称其主对角线元素 $\mathrm{VIF}_j = c_{jj}$ 为自变量 x_j 的方差扩大因子（Variance Inflation Factor，VIF）。可以求得

$$\mathrm{var}(\hat{\beta}_j) = L_{jj}c_{jj}\sigma^2, \quad j=1, 2, \cdots, p \tag{6-86}$$

其中 L_{jj} 为 x_j 的离差平方和，可以看出由上式作为衡量自变量 x_j 的方差扩大程度的因子是恰如其分的。记 R_j^2 为自变量 x_j 对其余 $p-1$ 个自变量的复决定系数，可以证明

$$c_{jj} = \frac{1}{1-R_j^2} \tag{6-87}$$

上式同样也可以作为方差扩大因子 VIF_j 的定义。

由于 R_j^2 度量了自变量 x_j 与其余 $p-1$ 个自变量的线性相关程度，这种相关程度越强，说

明自变量之间的多重共线性越严重，R_j^2 也就越接近于 1，VIF_j 也就越大。反之，x_j 与其余 $p-1$ 个自变量线性相关程度越弱，自变量间的多重共线性也就越弱，R_j^2 就越接近于零，VIF_j 也就越接近于 1。由此可见 VIF_j 的大小反映了自变量之间是否存在多重共线性，因此可由它来度量多重共线性的严重程度。经验表明，当 $\text{VIF}_j \geqslant 10$ 时，就说明自变量 x_j 与其余自变量之间有严重的多重共线性，且这种多重共线性可能会过度地影响最小二乘估计值。

例 6.14　用 SPSS 软件诊断例 6.7 中的多重共线性问题。在线性回归对话框的 Statistic 选项框中点选 Collinearity diagnostics 共线性诊断选项，如图 6.25 所示。

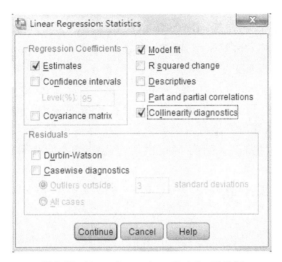

图 6.25　Linear Regression：Statistics 对话框

采用 Enter 方法作回归，得到输出结果见表 6.34。

表 6.34　回 归 系 数

Coefficients[a]

Model		Unstandardized Coefficients		Standardized Coefficients	t	Sig.	Collinearity Statistics	
		B	Std. Error	Beta			Tolerance	VIF
1	(Constant)	23.463	2.909		8.064	0.000		
	研究成果	1.786	3.165	0.421	0.564	0.579	0.015	64.745
	工作时间	0.342	0.052	0.702	6.596	0.000	0.761	1.314
	资助额	−0.346	3.163	−0.082	−0.109	0.914	0.015	65.899

a. Dependent Variable：年工资额。

从输出结果表 6.34 看到，"研究成果""资助额"两个变量的方差扩大因子（VIF）很大，远远超过 10，说明如果简单采用 Enter 法强制输入三个自变量的回归方程存在着严重的多重共线性。第 5 章表 5.2 简单相关系数中，研究成果和资助额的相关系数达到 0.992，表明这两个变量间高度相关，多重共线性存在。但若相关系数都较小且不显著，仅仅说明两个变量间的线性关系不存在，但并不意味着多变量间的多重共线性不存在。

4. 消除多重共线性的方法

当通过检验，发现解释变量中存在严重的多重共线性时，我们就要设法消除这种共线性。

方法一　剔除一些不重要的解释变量。通常在经济问题的建模中，出于我们认识水平的局限,容易考虑过多的自变量。当涉及自变量较多时,大多数回归方程都受到多重共线性的影响。这时,最常用的办法是首先用 6.3 节逐步回归分析的方法选择自变量。当回归方程中的全部自变量都通过显著性检验后,回归方程中仍然存在严重的多重共线性,有几个变量的方差扩大因子大于 10,我们可把方差扩大因子最大者所对应的自变量首先剔除,再重新建立回归方程,如果仍然存在严重的多重共线性,则继续剔除方差扩大因子最大者所对应的自变量,直到回归方程中不再存在严重的多重共线性为止。由于篇幅原因,不再举例说明该方法的应用,具体内容参看 6.3 节。

方法二 增大样本容量。多重共线性的主要后果是参数估计量具有较大的方差,所以采取适当方法减小参数估计量的方差,虽然没有消除模型中的多重共线性,但却能消除多重共线性造成的后果,一个可行的方法就是增加样本容量。

在实践中,当我们所选的变量个数接近样本容量 n 时,自变量就容易产生共线性。所以我们在运用回归分析研究经济问题时,要尽可能使样本容量 n 远大于自变量个数。但增大样本容量的方法在有些经济问题中是不现实的,因为在经济问题中,许多自变量是不受控制的,或由于种种原因不可能再得到一些新的样本数据。在有些情况下,虽然可以增大一些样本数据,但自变量个数较多时,我们往往难以确定增加什么样的数据才能克服多重共线性。

小结

本章系统介绍了一元、多元线性回归的数学模型,以及回归模型未知参数的估计、最小二乘估计的性质、回归方程的显著性检验、回归系数的区间估计、回归模型的主要应用、预测和控制等问题,并结合实例详细介绍了线性回归的 SPSS 软件应用。

对于实际情况中常常遇到的如何确定回归方程自变量的问题,本章介绍了用逐步回归法确定自变量子集对应的最优回归方程,并结合实例介绍了逐步回归的 SPSS 操作。

本章介绍了含有两分和多分定性自变量的回归模型,这类变量都可以转化为 0—1 型虚拟变量,然后采用一般线性回归模型的方法求解。

本章同时介绍了违反经典线性回归模型假设的三种情况,包括异方差性、自相关性和多重共线性,分析了三类情况产生的背景、原因及其影响,并针对不同情况描述了相应的诊断和处理方法。

本章主要术语

一元线性回归、多元线性回归、逐步回归、含定性变量的回归分析、异方差性、自相关性、多重共线性

思考与练习

1. 经典线性回归方程的基本假设是什么?
2. 简述最小二乘估计的基本原理和最小二乘估计的性质。
3. 简述逐步回归的基本原理。
4. 异方差性、自相关性、多重共线性如何进行检验和修正?

5. 如何选择回归的自变量,构建最优回归模型?

6. 研究国家财政收入问题,建立国家财政收入回归模型,我们以财政收入 y(亿元)为因变量,自变量如下: x_1 为农业增加值(亿元); x_2 为工业增加值(亿元); x_3 为建筑业增加值(亿元); x_4 为房地产业增加值; x_5 为人口数(万人); x_6 为社会消费总额(亿元); x_7 为受灾面积(万公顷)。从《中国统计年鉴》或国家统计局网站收集 2000 年以来的年度数据,对模型的多重共线性进行讨论,选取合适的自变量建立多元线性回归模型,找出影响国家财政收入的主要因素。

·第7章·
聚类分析

相关实例

> ➤ 银行在进行个人贷款业务时,会对贷款者的资格进行审核,包括贷款者的收入水平、抵押状况、有无不良信用记录等信息,然后根据这些信息对贷款者的资信进行分类并给予相应的贷款额度。银行所关心的是客户所提供的个人信息中的各项指标,然后按照一定的标准进行分类。这就涉及如何对这些信息进行综合评价并进行分类的问题。

> ➤ 在经济研究中,由于各地区的经济发展水平不同,往往要将各地区划为不同的类型去研究。经济学家会收集反映各地区经济发展水平的各项指标数据,包括工业总产值、实现净利润、各项税额和就业率等,然后根据这些指标将不同的地区划为几类分别进行研究。

　　上述例子中,一个样本包含了多项变量,而不同样本各自所具有的变量值都是不同的,我们需要根据这些不同的变量将样本划为不同的类别。如何划分? 划分的标准是什么? 这就是本章所要解决的问题。

7.1
聚类分析的概念及分类

　　聚类分析(Cluster Analysis)又称群分析,是根据"物以类聚"的道理,对样品或指标进行分类的一种多元统计分析方法,它们讨论的对象是大量的样品,要求能合理地按各自的特性来进行合理的分类,没有任何模式可供参考或依循,即是在没有先验知识的情况下进行的。聚类分析起源于分类学,在古老的分类学中,人们主要依靠经验和专业知识来实现分类,很少利用数学工具进行定量的分类。随着人类科学技术的发展,对分类的要求越来越高,以致有时仅凭经验和专业知识难以确切地进行分类,于是人们逐渐地把数学工具引用到了分类学中,形成了数值分类学,之后又将多元分析的技术引入数值分类学形成了聚类分析。

聚类分析被应用于很多方面,在商业上,聚类分析被用来发现不同的客户群,并且通过购买模式刻画不同的客户群的特征;在生物上,聚类分析被用来对动植物分类和对基因进行分类,获取对种群固有结构的认识;在保险行业上,聚类分析通过一个高的平均消费来鉴定汽车保险单持有者的分组,同时根据住宅类型、价值、地理位置来鉴定一个城市的房产分组;在因特网应用上,聚类分析被用来在网上进行文档归类来修复信息。

聚类分析的内容十分丰富,按其分类对象的不同分为 Q -型聚类分析(对样品分类),它是根据被观测的样品的各种特征,将特征相似的样品归并为一类;R -型聚类分析(对指标或变量分类)是根据被观测的变量之间的相似性,将特征相似的变量归并为一类。

聚类分析按其分类方法又分为系统聚类法、动态聚类法等。系统聚类分析也称为分层聚类法(Hierarchical Cluster),它是聚类分析中应用最广泛的一种方法。分层聚类的思想是:开始将样品或指标各视为一类,根据类与类之间的距离或相似程度将最相似的类加以合并,再计算新类与其他类之间的相似程度,并选择最相似的类加以合并,这样每合并一次就减少一类,不断继续这一过程,直到所有样品(或指标)合并为一类为止。动态聚类法也称为快速聚类法,或 K -均值聚类法(K-Means Cluster)。快速聚类的思想是:开始按照一定方法选取一批聚类中心,让样品向最近的聚心凝聚,形成初始分类,然后按最近距离原则不断修改不合理分类,直至合理为止。

7.2
相似性的度量

在进行聚类分析时,样品间的相似度或变量之间的相似程度都需要有一个衡量指标。我们通常选择距离这一概念来刻画样品间的"靠近"程度;而对指标的相似度往往用某种相似系数来刻画。而这些衡量标准都与变量值有关,我们知道,变量值既可能是用数值表述的精确变量,也可能是用语言描述的定性变量,如"较好,一般,较差"等。通常情况下,我们会对定性变量进行变换处理,即将定性变量转换成数值变量,以方便分析研究。

假设我们选取了 n 个样品,每个样品都有 p 个指标,这样样品的不同指标值就构成了一个 $n \times p$ 的数据矩阵

$$\boldsymbol{X} = \begin{array}{c} X_1 \\ X_2 \\ \vdots \\ X_n \end{array} \begin{array}{cccc} x_1 & x_2 & \cdots & x_p \\ \begin{bmatrix} x_{11} & x_{12} & \cdots & x_{1p} \\ x_{21} & x_{22} & \cdots & x_{2p} \\ \vdots & \vdots & & \vdots \\ x_{n1} & x_{n2} & \cdots & x_{np} \end{bmatrix} \end{array}$$

其中 $x_{ij}(i=1, 2, \cdots, n, j=1, 2, \cdots, p)$ 为第 i 个样品的第 j 个指标的观测数据。第 i 个样品 $\boldsymbol{X}_i$ 为矩阵 $\boldsymbol{X}$ 的第 i 行描述,所以任何两个样品 $\boldsymbol{X}_K$ 与 $\boldsymbol{X}_L$ 之间的相似性,可以通过矩阵 $\boldsymbol{X}$ 中的第 K 行与第 L 行的相似程度来刻画;任何两个变量 $\boldsymbol{x}_K$ 与 $\boldsymbol{x}_L$ 之间的相似性,可以通过第 K 列与第 L 列的相似程度来刻画。

7.2.1 距离

1. 样品间的距离定义

在上列矩阵中,每个样品有 p 个指标,故可以把每个样品看成 p 维空间中的一个点,n 个

样品就组成 p 维空间中的 n 个点,此时很自然想到用距离来衡量样品间的靠近程度。

$\boldsymbol{X}_i$ 为样品 $\boldsymbol{X}_i$ 的 p 个指标组成的向量,x_{ij} 表示第 i 个样品的第 j 个指标,第 j 个指标的均值和标准差分别记作 $\overline{x_j}$ 和 s_j。用 d_{ij} 表示第 i 个样品和第 j 个样品之间的距离,下面列出几种常见的距离定义式。

(1)布洛克距离(Block) 两样品 p 个指标值绝对差的总和

$$d_{ij} = \sum_{k=1}^{p} | x_{ik} - x_{jk} | \qquad (7-1)$$

(2)欧式距离(Euclidean distance) 两样品 p 个指标值之差平方和的平方根

$$d_{ij} = \left[\sum_{k=1}^{p} (x_{ik} - x_{jk})^2 \right]^{\frac{1}{2}} \qquad (7-2)$$

(3)明可夫斯基距离(Minkowski) 两样品 p 个指标值绝对差的 q 次幂总和的 q 次方根

$$d_{ij} = \left[\sum_{k=1}^{p} | x_{ik} - x_{jk} |^q \right]^{\frac{1}{q}} \qquad (7-3)$$

(4)切比雪夫距离(Chebychev) 两样品 p 个指标值绝对差的最大值

$$d_{ij} = \max_{1 \le k \le p} | x_{ik} - x_{jk} | \qquad (7-4)$$

(5)马氏距离(Mahalanobis)

设 Σ 表示指标的协差阵,即:

$$\Sigma = (\sigma_{ij})_{p \times p}$$

其中 $\sigma_{ij} = \dfrac{1}{n-1} \sum_{a=1}^{n} (x_{ai} - \overline{x_i})(x_{aj} - \overline{x_j}) \qquad i,j = 1,2,\cdots,p$

$$\overline{x_i} = \frac{1}{n} \sum_{a=1}^{n} x_{ai} \qquad \overline{x_j} = \frac{1}{n} \sum_{a=1}^{n} x_{aj}$$

如果 Σ^{-1} 存在,则两个样品之间的马氏距离为

$$d_{ij} = (\boldsymbol{X}_i - \boldsymbol{X}_j)^{\mathrm{T}} \boldsymbol{\Sigma}^{-1} (\boldsymbol{X}_i - \boldsymbol{X}_j) \qquad (7-5)$$

样品 $\boldsymbol{X}$ 到总体 G 的马氏距离定义为

$$d^2(\boldsymbol{X}, G) = (\boldsymbol{X} - \boldsymbol{\mu})^{\mathrm{T}} \boldsymbol{\Sigma}^{-1} (\boldsymbol{X} - \boldsymbol{\mu}) \qquad (7-6)$$

其中 $\boldsymbol{\mu}$ 为总体的均值向量,$\boldsymbol{\Sigma}$ 为协方差阵。

2. 样品与小类、小类与小类之间的距离定义

所谓小类,是在聚类过程中根据样品之间的靠近程度形成的中间类,小类和样品、小类与小类继续聚合,最终将所有样品都包括在一个大类中。在计算一个样品与小类之间的距离时,我们将单一样品作为一类处理,这样样品与小类间的距离就转换为小类与小类之间的距离。我们用 $\boldsymbol{X}_i$ 表示第 i 个样品,类 G_i 与类 G_j 的距离用 D_{ij} 表示。

在 SPSS 聚类运算过程中,需要计算样品与小类、小类与小类之间的亲疏程度。SPSS 提供了多种计算方法。

(1)最短距离法(Nearest Neighbor):以两类中距离最近的两个样品之间的距离作为类

间距离。

（2）最长距离法（Furthest Neighbor）：以两类中距离最远的两个样品之间的距离作为类间距离。

（3）类间平均连接距离（Between-group linkage）：以两类样品两两之间距离的平均数作为类间距离。

（4）类内平均连接距离（Within-group linkage）：将两类样品合并为一类后，以合并后类中所有样品之间的平均距离作为类间距离。

（5）重心法（Centroid Clustering）：以两类变量均值之间的距离作为类间距离。

（6）离差平方和法（Ward method）：该方法是 Ward 提出来的，所以又称为 Ward 法。具体做法是先将 n 个样品各自归成一类，然后每次减少一类，随着类与类的不断聚合，类内的离差平方和必然不断增大，选择使离差平方和增加最小的两类合并，直到所有的样品归为一类为止。

7.2.2　相似系数

对两个指标之间的相似程度我们用相似系数来衡量，用 C_{ij} 表示第 i 个指标与第 j 个指标的相似系数。它们的值越大，表明指标之间的关系越密切；值越小，表明指标之间的关系越疏远。常用的相似系数有下面两种。

（1）夹角余弦（Cosine）

$$C_{ij} = \frac{\sum_{k=1}^{n} x_{ki} x_{kj}}{\left[\left(\sum_{k=1}^{n} x_{ki}^2 \right) \sum_{k=1}^{n} x_{kj}^2 \right]^{\frac{1}{2}}} \tag{7-7}$$

（2）皮尔逊相关系数（Pearson correlation）

$$C_{ij} = \frac{\sum_{k=1}^{n} (x_{ki} - \overline{x_i})(x_{kj} - \overline{x_j})}{\left[\sum_{k=1}^{n} (x_{ki} - \overline{x_i})^2 \sum_{k=1}^{n} (x_{kj} - \overline{x_j})^2 \right]^{\frac{1}{2}}} \tag{7-8}$$

7.3

系统聚类法

系统聚类分析（Hierarchical Clustering Method）是目前国内外使用得最多的一种聚类分析方法，它包含以下几个步骤。

（1）构造 n 个类，每个类只包含一个样品。

（2）计算 n 个类两两之间的距离，并得出最初的距离矩阵。

（3）将距离最近的两类合并为一个新类。

（4）计算新类与剩下各类两两之间的距离。若类的个数等于1，转到步骤（5），否则回到步骤（3）。

（5）画聚类图。

（6）决定类的个数和类。

由于类与类之间距离的计算方法不同，从而形成了不同的系统聚类方法。

1. 最短距离法

定义类 G_p 与 G_q 之间的距离为两类最近样品的距离，即 $D_{pq} = \min\limits_{X_i \in G_p, X_j \in G_q} d_{ij}$。

设类 G_p 与 G_q 合并成一个新类别为 G_r，则任一类 G_k 与 G_r 的距离是

$$
\begin{aligned}
D_{kr} &= \min_{X_i \in G_k, X_j \in G_r} d_{ij} \\
&= \min\{\min_{X_i \in G_k, X_j \in G_p} d_{ij}, \min_{X_i \in G_k, X_j \in G_q} d_{ij}\} \\
&= \min\{D_{kp}, D_{kq}\}
\end{aligned}
\tag{7-9}
$$

最短距离法聚类的步骤如下。

（1）定义样品之间的距离，计算样品两两距离，得一距离阵记为 $D_{(0)}$，开始每个样品自成一类，显然这时 $D_{ij} = d_{ij}$。

（2）找出 $D_{(0)}$ 的非对角线最小元素，设为 d_{pq}，则将 G_p 与 G_q 合并成一个新类，记为 G_r，即 $G_r = \{G_p, G_q\}$。

给出计算新类与其他类的距离公式：$D_{kr} = \min\{D_{kp}, D_{kq}\}$

（3）将 $D_{(0)}$ 中第 p、q 行及 p、q 列通过上面公式并成一个新行新列，新行新列对应 G_r，所得到的矩阵记为 $D_{(1)}$。

（4）对 $D_{(1)}$ 重复上述对 $D_{(0)}$ 的（2）、（3）两步骤得 $D_{(2)}$；如此下去，直到所有的元素并成一类为止。

如果某一步骤 $D_{(k)}$ 中的非对角线最小的元素不止一个，则对应这些最小元素的类可以同时合并。

为了便于理解最短距离法的计算步骤，现在举一个最简单的数字例子进行说明。

例 7.1 设抽取五个样品，每个样品只测一个指标，它们是 1，2，3.5，7，9，试用最短距离法对五个样品进行分类。

（1）定义样品间距离采用绝对距离，计算样品两两距离，得距离阵 $D_{(0)}$，如表 7.1：

表 7.1 距 离 阵 $D_{(0)}$

	$G_1 = \{X_1\}$	$G_2 = \{X_2\}$	$G_3 = \{X_3\}$	$G_4 = \{X_4\}$	$G_5 = \{X_5\}$
$G_1 = \{X_1\}$	0				
$G_2 = \{X_2\}$	1	0			
$G_3 = \{X_3\}$	2.5	1.5	0		
$G_4 = \{X_4\}$	6	5	3.5	0	
$G_5 = \{X_5\}$	8	7	5.5	2	0

（2）找出 $D_{(0)}$ 中非对角线最小元素是 1，即 $d_{12} = 1$，则将 G_1 与 G_2 合并成一个新类，记为 $G_6 = \{X_1, X_2\}$。

（3）计算新类 G_6 与其他类的距离，按公式

$$D_{i6} = \min(D_{i1}, D_{i2}) \quad i = 3, 4, 5$$

即将表 $D_{(0)}$ 的前两行两列取较小的一列得 $D_{(1)}$，如表 7.2 所示。

表 7.2 距 离 阵 $D_{(1)}$

	$G_6 = \{X_1, X_2\}$	$G_3 = \{X_3\}$	$G_4 = \{X_4\}$	$G_5 = \{X_5\}$
$G_6 = \{X_1, X_2\}$	0			
$G_3 = \{X_3\}$	1.5	0		
$G_4 = \{X_4\}$	5	3.5	0	
$G_5 = \{X_5\}$	7	5.5	2	0

(4) 找出 $D_{(1)}$ 中非对角线最小元素是 1.5,则将相应的两类 G_3 和 G_6 合并为 $G_7 = \{X_1, X_2, X_3\}$,然后再按公式计算各类与 G_7 的距离,即将 G_3 与 G_6 相应的两行两列归并为一行一列,新的行列由原来的两行(列)中较小的一个组成,计算结果得 $D_{(2)}$,如表 7.3 所示。

表 7.3 距 离 阵 $D_{(2)}$

	$G_7 = \{X_1, X_2, X_3\}$	$G_4 = \{X_4\}$	$G_5 = \{X_5\}$
$G_7 = \{X_1, X_2, X_3\}$	0		
$G_4 = \{X_4\}$	3.5	0	
$G_5 = \{X_5\}$	5.5	2	0

(5) 找出 $D_{(2)}$ 中非对角线最小元素是 2,则将 G_4 和 G_5 合并为 $G_8 = \{X_4, X_5\}$,最后再按公式计算 G_7 与 G_8 的距离,即将 G_4 与 G_5 相应的两行两列归并为一行一列,新的行列由原来的两行(列)中较小的一个组成,计算结果得 $D_{(3)}$,如表 7.4 所示。

表 7.4 距 离 阵 $D_{(3)}$

	$G_7 = \{X_1, X_2, X_3\}$	$G_8 = \{X_4, X_5\}$
$G_7 = \{X_1, X_2, X_3\}$	0	
$G_8 = \{X_4, X_5\}$	3.5	0

最后将 G_7 和 G_8 合并成 G_9,上述并类过程可用图 7.1 表述。横坐标的刻度是聚类的距离。

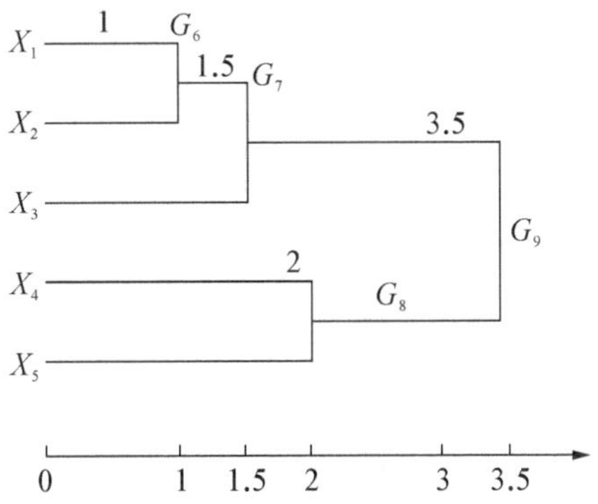

由图 7.1 看到分成两类 $\{X_1, X_2, X_3\}$ 及 $\{X_4, X_5\}$ 比较合适,在实际问题中有时给出一个阈值 T 进行分类。如 $T = 0.9$,则五个样品各成一类;$1 \leqslant T \leqslant 1.5$,则分四类;$1.5 \leqslant T \leqslant 2$,则分三类;$2 \leqslant T \leqslant 3.5$,则分两类;$T \geqslant 3.5$,则五个样品成为一类。

图 7.1 谱系图

2. 最长距离法

定义类 G_p 与 G_q 之间的距离为两类最远样品的距离,即 $D_{pq} = \max\limits_{X_i \in G_p,\, X_j \in G_q} d_{ij}$。

最长距离法与最短距离法的并类步骤完全一样,也是将各样品先自成一类,然后将非对角线上最小元素对应的两类合并。设某一步将类 G_p 与 G_q 合并为 G_r,则任一类 G_k 与 G_r 的距

离用最长距离公式为

$$D_{kr} = \max_{X_i \in G_k, \, X_j \in G_r} d_{ij}$$

$$= \max\{ \max_{X_i \in G_k, \, X_j \in G_p} d_{ij}, \, \max_{X_i \in G_k, \, X_j \in G_q} d_{ij} \} \qquad (7-10)$$

$$= \max\{D_{kp}, \, D_{kq}\}$$

再找非对角线最小元素的两类合并,直至所有的样品全归为一类为止。

将例 7.1 应用最长距离法按聚类步骤(1)~(3)进行归类,如表 7.5~表 7.8 所示。

表 7.5 距离阵 $D_{(0)}$

	G_1	G_2	G_3	G_4	G_5
$G_1 = \{X_1\}$	0				
$G_2 = \{X_2\}$	1	0			
$G_3 = \{X_3\}$	2.5	1.5	0		
$G_4 = \{X_4\}$	6	5	3.5	0	
$G_5 = \{X_5\}$	8	7	5.5	2	0

表 7.6 距离阵 $D_{(1)}$

	G_6	G_3	G_4	G_5
$G_6 = \{X_1, X_2\}$	0			
$G_3 = \{X_3\}$	2.5	0		
$G_4 = \{X_4\}$	6	3.5	0	
$G_5 = \{X_5\}$	8	5.5	2	0

表 7.7 距离阵 $D_{(2)}$

	G_6	G_7	G_3
$G_6 = \{X_1, X_2\}$	0		
$G_7 = \{X_4, X_5\}$	8	0	
$G_3 = \{X_3\}$	2.5	5.5	0

表 7.8 距离阵 $D_{(3)}$

	G_7	G_8
$G_7 = \{X_4, X_5\}$	0	
$G_8 = \{X_1, X_2, X_3\}$	8	0

最后,将 G_7 和 G_8 合并成 G_9。其聚类图如图 7.2 所示,与最短距离法分类情况类似,只是并类的距离不同。

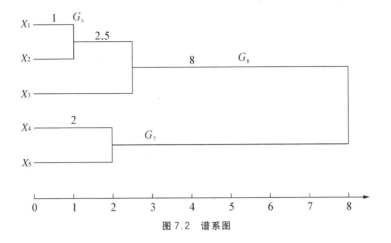

图 7.2 谱系图

3. 中间距离法

定义类与类之间的距离既不采用两类之间最近的距离,也不采用两类之间最远的距离,而是采用介于两者之间的距离,故称为中间距离法(图 7.3)。

如果在某一步将类 G_p 与类 G_q 合并为类 G_r,任一类 G_k 和 G_r 距离公式为

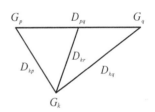

图 7.3 中间距离法

$$D_{kr}^2 = \frac{1}{2}D_{kp}^2 + \frac{1}{2}D_{kq}^2 + \beta D_{pq}^2 \qquad -\frac{1}{4} \leqslant \beta \leqslant 0 \qquad (7-11)$$

当 $\beta = -\frac{1}{4}$ 时,由初等几何知 D_{kr} 就是图 7.3 三角形的中线。

如果用最短距离法,则 $D_{kr} = D_{kp}$;如果用最长距离法,则 $D_{kr} = D_{kq}$;如果取夹在这两边的中线作为 D_{kr},则 $D_{kr} = \sqrt{\frac{1}{2}D_{kp}^2 + \frac{1}{2}D_{kq}^2 - \frac{1}{4}D_{pq}^2}$,由于距离公式中的量都是距离的平方,为了计算上的方便,可将表 $D_{(0)}, D_{(1)}, D_{(2)}, \cdots$ 中的元素都用相应元素的平方代替而得表 $D_{(0)}^2, D_{(1)}^2, D_{(2)}^2, \cdots$

将例 7.1 用中间距离法分类,取 $\beta = -\frac{1}{4}$。

(1) 将每个样品看做自成一类,因此 $D_{ij} = d_{ij}$,得表 $D_{(0)}$,然后将 $D_{(0)}$ 中元素平方得 $D_{(0)}^2$,见表 7.9。

表 7.9 距 离 阵 $D_{(0)}^2$

	G_1	G_2	G_3	G_4	G_5
$G_1 = \{X_1\}$	0				
$G_2 = \{X_2\}$	1	0			
$G_3 = \{X_3\}$	6.25	2.25	0		
$G_4 = \{X_4\}$	36	25	12.25	0	
$G_5 = \{X_5\}$	64	49	30.25	4	0

（2）找出 $D_{(0)}^2$ 中非对角线最小元素是 1，则将 G_1、G_2 合并成一个新类 G_6。

（3）按中间距离公式计算新类 G_6 与其他的平方距离得 $D_{(1)}^2$，见表 7.10。

表 7.10　距离阵 $D_{(1)}^2$

	G_6	G_3	G_4	G_5
$G_6 = \{X_1, X_2\}$	0			
$G_3 = \{X_3\}$	4	0		
$G_4 = \{X_4\}$	30.25	12.25	0	
$G_5 = \{X_5\}$	56.25	30.25	4	0

（4）找出 $D_{(1)}^2$ 中非对角线最小元素是 $D_{36} = D_{54} = 4$，则将 G_3 和 G_6 合并成 G_7，将 G_4 和 G_5 合并成 G_8。

（5）最后，计算 G_7 和 G_8 的平方距离，得 $D_{(2)}^2$，如表 7.11 所示：

表 7.11　距离阵 $D_{(2)}^2$

	G_7	G_8
$G_7 = \{X_1, X_2, X_3\}$	0	
$G_8 = \{X_4, X_5\}$	30.25	0

其聚类图如图 7.4 所示。

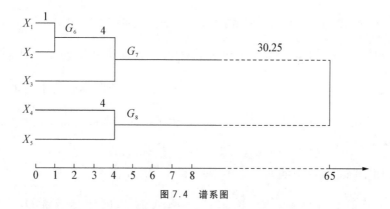

图 7.4　谱系图

不难看出此聚类图的形状和前面两种聚类图一致，只是并类距离不同。而且可以发现中间距离法的并类距离大致处于它们的中间。

4. 重心法

从物理的观点来看，一个类用它的重心（该类样品的均值）作代表比较合理，类与类之间的距离就用重心之间的距离来表示。若样品之间采用欧式距离，设某一步将类 G_p 与类 G_q 合并为类 G_r，它们各有 n_p、n_q、$n_r (n_r = n_p + n_q)$ 个样品，它们的重心用 $\overline{x_p}$、$\overline{x_q}$ 和 $\overline{x_r}$ 表示，显然

$$\overline{x} = \frac{1}{n_r}(n_p \overline{x_p} + n_q \overline{x_q})$$

某一类 G_k 的重心为 $\overline{x_k}$，它与新类 G_r 的距离是

$$D^2(k, r) = (\overline{\boldsymbol{x_k}} - \overline{\boldsymbol{x_r}})^{\mathrm{T}}(\overline{\boldsymbol{x_k}} - \overline{\boldsymbol{x_r}}) \tag{7-12}$$

可以证明 $D^2(k, r)$ 有如下的形式

$$D^2(k, r) = \frac{n_p}{n_r}D^2(k, p) + \frac{n_q}{n_r}D^2(k, q) - \frac{n_p}{n_r} \cdot \frac{n_q}{n_r}D^2(p, q)$$

这就是重心法的距离递推公式。

将例 7.1 用重心法分类。

重心法的初始距离阵 $D^2_{(0)}$ 与中间距离法相同,见表 7.12。

表 7.12　平方距离阵 $D^2_{(0)}$

	G_1	G_2	G_3	G_4	G_5
$G_1 = \{X_1\}$	0				
$G_2 = \{X_2\}$	1	0			
$G_3 = \{X_3\}$	6.25	2.25	0		
$G_4 = \{X_4\}$	36	25	12.25	0	
$G_5 = \{X_5\}$	64	49	30.25	4	0

首先将 G_1 与 G_2 合并成一个新类 G_6,计算 G_6 与其他类重心之间的平方距离得 $D^2_{(1)}$ 阵,如表 7.13 所示。

表 7.13　平方距离阵 $D^2_{(1)}$

	G_6	G_3	G_4	G_5
$G_6 = \{X_1, X_2\}$	0			
$G_3 = \{X_3\}$	4	0		
$G_4 = \{X_4\}$	30.25	12.25	0	
$G_5 = \{X_5\}$	56.25	30.25	4	0

非对角线元素最小为 4,可将 G_3 和 G_6 合并成 G_7,将 G_4 和 G_5 合并成 G_8。计算新类与其他重心间的平方距离得 $D^2_{(2)}$ 阵,如表 7.14 所示。

表 7.14　平方距离阵 $D^2_{(2)}$

	G_7	G_8
$G_7 = \{X_1, X_2, X_3\}$	0	
$G_8 = \{X_4, X_5\}$	34.03	0

最后将 G_7 与 G_8 合并为 G_9,其聚类图如图 7.5 所示。

5. 类平均法

在重心法中用重心距离代替类间距离具有很好的代表性,但也有一定的缺点,它没有充分利用全体样本的信息,为此可以考虑用两类元素两两之间的平均平方距离来定义两类间的距离平方,即

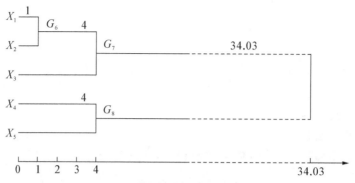

图 7.5 谱系图

$$D_{pq}^2 = \frac{1}{n_p n_q} \sum_{X_i \in G_p} \sum_{X_j \in G_q} d_{ij}^2 \qquad (7-13)$$

在此定义下距离递推公式很容易得到

$$D_{kr}^2 = \frac{1}{n_k n_r} \sum_{X_i \in G_k} \sum_{X_j \in G_r} d_{ij}^2 = \frac{1}{n_k n_r} \left[\sum_{X_i \in G_k} \sum_{X_j \in G_p} d_{ij}^2 + \sum_{X_i \in G_k} \sum_{X_j \in G_q} d_{ij}^2 \right]$$

即

$$D_{kr}^2 = \frac{n_p}{n_r} D_{kp}^2 + \frac{n_q}{n_r} D_{kq}^2$$

以上五种聚类方法的思想与步骤都是相似的,所不同的仅仅是类间距离的定义,而下面一种系统聚类法的考虑方法与前面不同。

6. 离差平方和法(Ward 方法)

此方法是由 Ward 提出来的,其统计思想是,如果类分得合理,则同类样品间的离差平方和应当较小,而类与类之间的离差平方和应当较大,按此原则考虑聚类步骤。

假定共有 n 个样品,共分 g 类:G_1,G_2,$\cdots$,G_g,x_{ij} 表示 G_j 类中第 i 个样品的 p 个指标向量,$\overline{x_j}$ 表示 G_j 的重心坐标,G_j 中共有 n_j 个样品,G_j 中 n_j 个样品的离差平方和为

$$S_j = \sum_{i=1}^{n_j} (\boldsymbol{x}_{ij} - \overline{\boldsymbol{x}_j})^{\mathrm{T}} (\boldsymbol{x}_{ij} - \overline{\boldsymbol{x}_j}) \qquad (7-14)$$

全部样品类内离差平方和为

$$S = \sum_{j=1}^{g} S_j$$

对固定的 g 要找一个使 S 达到最小的分类是非常困难的。Ward 提出了一个找局部最优解的方法,其过程与系统聚类法类似,具体步骤是:先将 n 个样品各自分成一类,此时,$S_1 = S_2 = \cdots = S_n = 0$,然后逐步合并,每合并一次离差平方和就要增加,而并类的原则是选择使 S 增加最小的两类合并,如此一直进行到所有样品归为一类为止。

将例 7.1 用 Ward 法分类如下。

(1) 将五个样品各自分成一类,显然这时类内离差平方和 $S = 0$。

(2) 将一切可能的任意两列合并,计算所增加的离差平方和,取其中较小的 S 所对应的类合并,例如将 $G_1 = \{X_1\}$、$G_2 = \{X_2\}$ 合并成一类,它的离差平方和 $S = (1-1.5)^2 +$

$(2-1.5)^2=0.5$，如果将 $G_1=\{X_1\}$、$G_3=\{X_3\}$ 合并，它的离差平方和 $S=(1-2.25)^2+$ $(3.5-2.25)^2=3.125$，将一切可能的两类合并的离差平方和都算出，列表 7.15 如下。

表 7.15　平方距离阵 $D_{(0)}^2$

	G_1	G_2	G_3	G_4	G_5
$G_1=\{X_1\}$	0				
$G_2=\{X_2\}$	0.5	0			
$G_3=\{X_3\}$	3.125	1.125	0		
$G_4=\{X_4\}$	18	12.5	6.125	0	
$G_5=\{X_5\}$	32	24.5	15.125	2	0

表 7.15 中非对角线最小元素是 0.5，说明将 G_1 与 G_2 合并成为 G_6 增加的 S 最少，计算 G_6 与其他类的距离得 $D_{(1)}^2$ 阵，列于表 7.16。

表 7.16　平方距离阵 $D_{(1)}^2$

	G_6	G_3	G_4	G_5
$G_6=\{X_1,X_2\}$	0			
$G_3=\{X_3\}$	2.667	0		
$G_4=\{X_4\}$	20.167	6.125	0	
$G_5=\{X_5\}$	37.5	15.125	2	0

表 7.16 非对角线最小元素是 2，将 G_4、G_5 合并成 G_7，计算 G_7 与其他类的距离得 $D_{(2)}^2$ 阵，列于表 7.17。

表 7.17　平方距离阵 $D_{(2)}^2$

	G_6	G_3	G_7
$G_6=\{X_1,X_2\}$	0		
$G_3=\{X_3\}$	2.667	0	
$G_7=\{X_4,X_5\}$	42.25	13.5	0

表 7.17 非对角线最小元素是 2.667，将 G_3、G_6 合并成 G_8，计算 G_8 与 G_7 的距离得 $D_{(3)}^2$ 阵，列于表 7.18。

表 7.18　平方距离阵 $D_{(3)}^2$

	G_7	G_8
$G_8=\{X_1,X_2,X_3\}$	0	
$G_7=\{X_4,X_5\}$	40.83	0

最后将 G_7 与 G_8 合并为 G_9。

用增加最小的离差平方和代替合并的平方距离也可画出聚类图如图 7.6 所示。

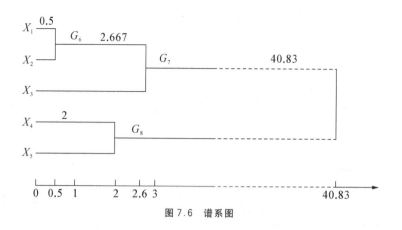

图 7.6　谱系图

7.4
动态聚类法

7.4.1　动态聚类的思想

系统聚类法是一种比较成功的聚类方法。然而当样本点数量十分庞大时,则是一件非常繁重的工作,且聚类的计算速度也比较慢。比如在市场抽样调查中,有 4 万人就其对衣着的偏好作了回答,希望能迅速将他们分为几类。这时,采用系统聚类法就很困难,而动态聚类法就会显得方便、适用。

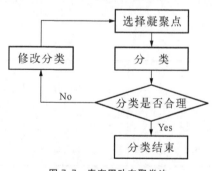

图 7.7　麦奎因动态聚类法

动态聚类法也称为 K － 均值法,它是由麦奎因(MacQueen, 1967)提出的,特别适用于在样本容量很大情况下的聚类。这种算法的基本思想是将每一个样品分配给最近中心(均值)的类中,它的基本过程如图 7.7 所示。

例 7.2　用一个简单的例子来说明动态聚类法的工作过程。例如我们要把图 7.8(a)中的点分成两类。快速聚类的步骤如下。

1. 随机选取两个点 $x_1^{(1)}$ 和 $x_2^{(1)}$ 作为聚核,如图 7.8(b)所示。

2. 对于任何点 x_k,分别计算 $d[x_k, x_1^{(1)}]$ 和 $d[x_k, x_2^{(1)}]$。

3. 若 $d[x_k, x_1^{(1)}] < d[x_k, x_2^{(1)}]$,则将 x_k 划为第一类,否则划为第二类。于是得图 7.8(c)的两个类。

4. 分别计算两个类的重心,则得 $x_1^{(2)}$ 和 $x_2^{(2)}$,如图 7.8(d)所示,以其为新的聚核,对空间中的点进行重新分类,得到新分类,如图 7.8(e)。

7.4.2　选择凝聚点和确定初始分类

凝聚点就是一批有代表性的点,是欲形成类的中心。凝聚点的选择直接决定初始分类,对分类结果也有很大影响,由于凝聚点的选择不同,其最终分类结果也将出现不同,故选择时要

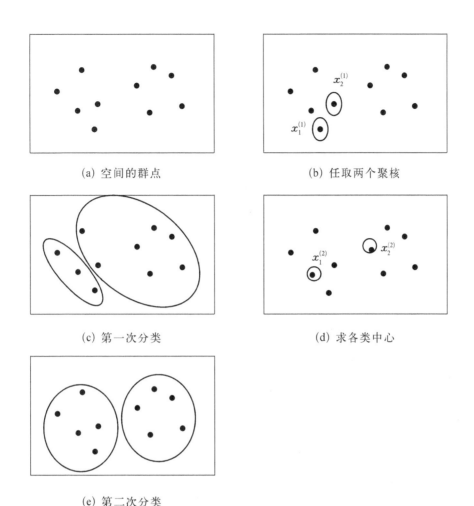

(a) 空间的群点　　　　　　　　　(b) 任取两个聚核

(c) 第一次分类　　　　　　　　　(d) 求各类中心

(e) 第二次分类

图 7.8　动态聚类法分类说明

慎重。通常选择凝聚点的方法有以下几种。

（1）人为选择，当人们对所欲分类的问题有一定了解时，应根据经验，预先确定分类个数和初始分类，并从每一类中选择一个有代表性的样品作为凝聚点。

（2）将数据人为地分为 A 类，计算每一类的重心，将这些重心作为凝聚点。

（3）用密度法选择凝聚点。以某个正数 d 为半径，以每个样品为球心，落在这个球内的样品数（不包括作为球心的样品）就叫做这个样品的密度。计算所有样品点的密度后，首先选择密度最大的样品作为第一凝聚点，并且人为地确定一个正数 D（一般 $D>d$，常取 $D=2d$）。然后选出密度次大的样品点，若它与第一个凝聚点的距离大于 D，则将其作为第二个凝聚点；否则舍去这点，再选密度次于它的样品。这样，按密度大小依次考察，直至全部样品考察完毕为止。此方法中，d 要给得合适，太大了使凝聚点个数太少，太小了使凝聚点个数太多。

（4）人为地选择一正数 d，首先以所有样品的均值作为第一凝聚点。然后依次考察每个样品，若某样品与已选定的凝聚点的距离均大于 d，则该样品作为新的凝聚点，否则考察下一个样品。

（5）随机地选择，如果对样品的性质毫无所知，可采用随机数表来选择，打算分几类就选几个凝聚点。或者就用前 A 个样品作为凝聚点（假设分 A 类）。这种方法一般不提倡使用。

7.4.3 衡量聚类结果的合理性指标和算法终止的标准

假设初始决定的分类数为 k，P_i^n 表示在第 n 次聚类后得到的第 i 类集合，$i = 1, 2, 3, \cdots, k$，$\boldsymbol{A}_i^{(n)}$ 为第 n 次聚类后得到的第 i 类集合的重心（即作为第 $n+1$ 次聚类时的聚核），n_i 为对应的第 i 类集合所包含的样品数，则有

$$\boldsymbol{A}_i^{(n)} = \frac{1}{n_i} \sum_{\boldsymbol{x}_l \in P_i^n} \boldsymbol{x}_l \quad n = 1, 2, \cdots \tag{7-15}$$

第 i 类中所有元素与其重心的距离的平方和为

$$D\left[\boldsymbol{A}_i^{(n)}, P_i^n\right] = \sum_{\boldsymbol{x}_l \in P_i^n} d^2\left[\boldsymbol{x}_l, \boldsymbol{A}_i^{(n)}\right] \tag{7-16}$$

第 n 次聚类后，所有 k 个类中所有元素与其各自重心的距离的平方和为

$$u_n = \sum_{i=1}^{k} D\left[\boldsymbol{A}_i^{(n)}, P_i^n\right] = \sum_{i=1}^{k} \sum_{\boldsymbol{x}_l \in P_i^n} d^2\left[\boldsymbol{x}_l, \boldsymbol{A}_i^{(n)}\right] \tag{7-17}$$

若分类不合理时，u_n 会非常大，随着分类的迭代次数不断增大，它的值会逐渐变小，并趋于稳定。假设我们事先给定一个充分小量 ε，当

$$\frac{|u_{n+1} - u_n|}{u_{n+1}} \leqslant \varepsilon$$

我们认为已经得到了合理的分类，终止分类过程。

7.4.4 动态聚类与系统聚类的比较

动态聚类法和系统聚类法一样，都是以距离的远近亲疏为标准进行聚类的，但是两者的不同之处也是明显的：系统聚类对不同的类数产生一系列的聚类结果，而动态聚类法只能产生指定类数的聚类结果。具体类数的确定，离不开实践经验的积累，有时也可以借助系统聚类法以一部分样品为对象进行聚类，其结果作为动态聚类法确定类数的参考。

7.5
有序聚类法

有序样本聚类法又称为最优分段法。该方法是由费歇（Fisher）在 1958 年提出来的。它主要适用于样本由一个变量描述的情况，或者将多变量综合成为一个变量来分析。

有序聚类是将有时间先后、层次顺序或生长过程的样本进行聚类，聚类后形成的小类并不改变原有样本的先后顺序。对有序样本 $\boldsymbol{x}_1, \boldsymbol{x}_2, \cdots, \boldsymbol{x}_i, \boldsymbol{x}_{i+1}, \cdots, \boldsymbol{x}_j, \boldsymbol{x}_{j+1}, \cdots, \boldsymbol{x}_n$，$\boldsymbol{x}_i$ 为 p 维向量，给定样本数 n 和分类数 k，以 $d(i, j)$ 表示 $\{\boldsymbol{x}_i, \boldsymbol{x}_{i+1}, \cdots, \boldsymbol{x}_j\}$ 类离差平方和，$1 \leqslant i \leqslant j \leqslant n$，则费希尔（Fisher）准则要求：各类 $d(i, j)$ 之和为最小，基于这一思想使得分类为最优。其中类离差平方和为

$$d(i, j) = \sum_{r=i}^{j} \left[\boldsymbol{x}_r - \overline{\boldsymbol{x}_{ij}}\right]^{\mathrm{T}} \left[\boldsymbol{x}_r - \overline{\boldsymbol{x}_{ij}}\right]$$

$\{\boldsymbol{x}_i, \boldsymbol{x}_{i+1}, \cdots, \boldsymbol{x}_j\}$ 类的均值向量为

$$\overline{\boldsymbol{x}_{ij}} = \frac{1}{j-i+1} \sum_{r=i}^{j} \boldsymbol{x}_r$$

将 n 个样本分为 k 类

$$\{\boldsymbol{x}_1, \boldsymbol{x}_2, \cdots, \boldsymbol{x}_{j_1}\}, \{\boldsymbol{x}_{j_1+1}, \boldsymbol{x}_{j_1+2}, \cdots, \boldsymbol{x}_{j_2}\}, \cdots,$$
$$\{\boldsymbol{x}_{j_{k-1}+1}, \boldsymbol{x}_{j_{k-1}+2}, \cdots, \boldsymbol{x}_{j_k}\} (1 \leqslant j_1 < j_2 < \cdots < j_k = n)$$

定义 n 个样本分成 k 类的误差记为

$$e[P(n, k)] = \sum_{r=1}^{k} d(j_{r-1}+1, j_r) \tag{7-18}$$

其中 $j_0 = 0$，$d(j_{r-1}+1, j_r)$ 是 $\{\boldsymbol{x}_{j_{r-1}+1}, \boldsymbol{x}_{j_{r-1}+2}, \cdots, \boldsymbol{x}_{j_r}\}$ 类的离差平方和。按费歇准则，应最小。当 n、k 给定时，将 e 达到最小时的分类称为最优分类。实际计算时费歇递推公式为

$$e[P(n, 2)] = \min_{2 \leqslant j \leqslant n} \{d(1, j-1) + d(j, n)\} \tag{7-19}$$
$$e[P(n, k)] = \min_{k \leqslant j \leqslant n} \{e[P(j-1, k-1)] + d(j, n)\}$$

例 7.3　为了研究近年来的中国经济发展状况，搜集了 1989—2003 年中国国内生产总值（GDP）指数（上年＝100），如表 7.19 所示（本表按不变价格计算），试划分增长段。

表 7.19　1989—2003 年中国国内生产总值（GDP）指数（上年＝100）

年　份	1989	1990	1991	1992	1993	1994	1995	1996
指数/％	104.1	103.8	109.2	114.2	113.5	112.6	110.5	109.6
年　份	1997	1998	1999	2000	2001	2002	2003	
指数/％	108.8	107.8	107.1	107.8	107.3	108.0	109.1	

这是一个有序聚类问题。首先计算类离差平方和，根据公式 $d(i, j) = \sum_{r=i}^{j} (\boldsymbol{x}_r - \overline{\boldsymbol{x}_{ij}})^{\mathrm{T}}$ $(\boldsymbol{x}_r - \overline{\boldsymbol{x}_{ij}})$ 计算得到的各个类离差平方和如表 7.20 所示。

表 7.20　各个类离差平方和的 $d(i, j)$ 值

$d(i, j)$	1	2	3	4	5	6	7
1	0.000						
2	0.045	0.000					
3	18.420	14.580	0.000				
4	72.608	54.107	12.500	0.000			
5	98.372	68.848	14.660	0.245	0.000		
6	109.413	73.552	14.728	1.287	0.405	0.000	
7	110.160	73.573	17.540	7.740	4.740	2.205	0.000
8	110.169	74.489	22.340	15.428	9.810	4.740	0.405

$d(i,j)$	1	2	3	4	5	6	7
9	110.869	76.975	29.060	24.393	15.860	8.047	1.447
10	113.749	82.420	39.175	36.340	24.393	13.352	3.968
11	118.600	89.989	51.180	49.649	34.109	19.700	7.412
12	120.397	93.305	57.109	56.189	38.289	21.894	8.180
13	123.332	97.890	64.287	63.816	43.462	24.959	9.629
14	124.164	99.572	67.440	67.167	45.340	25.740	9.779
15	124.209	99.592	67.772	67.549	45.376	25.804	10.262

$d(i,j)$	8	9	10	11	12	13	14	15
1								
2								
3								
4								
5								
6								
7								
8	0.000							
9	0.320	0.000						
10	1.627	0.500	0.000					
11	3.628	1.460	0.245	0.000				
12	3.848	1.468	0.327	0.245	0.000			
13	4.553	1.732	0.380	0.260	0.125	0.000		
14	4.557	1.780	0.580	0.530	0.260	0.245	0.000	
15	5.509	3.229	2.455	2.452	1.730	1.647	0.605	0.000

接下来计算最小误差值,根据最小误差函数可以得到

$$e[P(3,2)] = \min_{2 \leqslant j \leqslant 3}\{d(1, j-1) + d(j, 3)\}$$
$$= \min\{d(1,1) + d(2,3), d(1,2) + d(3,3)\}$$
$$= \min\{0 + 14.580, 0.045 + 0\}$$
$$= 0.045(3)$$

这是 3 个样本 x_1,x_2,x_3 分为 $\{x_1, x_2\}$、$\{x_3\}$ 两类的最小误差,记号 0.045(3) 表示第 2 类样本的起始标号为 3,即从 x_3 开始。

$$e[P(4, 2)] = \min_{2 \leqslant j \leqslant 4} \{d(1, j-1) + d(j, 4)\}$$
$$= \min\{d(1, 1) + d(2, 4), d(1, 2) + d(3, 4), d(1, 3) + d(4, 4)\}$$
$$= \min\{0 + 54.107, 0.045 + 12.500, 18.420 + 0\}$$
$$= 12.545(3)$$

这是 x_1, x_2, x_3, x_4 分为 2 类的最小误差,记为 12.545(3)。依次类推,我们可以得到所有的 $e[P(n, 2)]$ $(2 \leqslant n \leqslant 15)$。

接着我们将样本分为 3 类,依据递推公式有

$$e[P(4, 3)] = \min_{3 \leqslant j \leqslant 4} \{e[P(j-1, 2)] + d(j, 4)\}$$
$$= \min\{e[P(2, 2)] + d(3, 4), e[P(3, 2)] + d(4, 4)\}$$
$$= \min\{0 + 12.500, 0.045 + 0\}$$
$$= 0.045(4)$$

这是将 x_1, x_2, x_3, x_4 分为 3 类,第 3 类为 $\{x_4\}$,记为 0.045(4),余下样本 x_1, x_2, x_3 分为 2 类,第 1 类为 $\{x_1, x_2\}$,第 2 类为 $\{x_3\}$。

$$e[P(5, 3)] = \min_{3 \leqslant j \leqslant 5} \{e[P(j-1, 2)] + d(j, 5)\}$$
$$= \min\{e[P(2, 2)] + d(3, 5), e[P(3, 2)] + d(4, 5), e[P(4, 2)] + d(5, 5)\}$$
$$= \min\{0 + 14.660, 0.045 + 0.245, 12.545 + 0\}$$
$$= 0.29(4)$$

这是将 x_1, x_2, x_3, x_4, x_5 分为 3 类,最小误差 0.29(4)。同理,我们可以得到所有的 $e[P(n, 3)]$ $(3 \leqslant n \leqslant 15)$。

因此,根据有序聚类的最小误差函数 $e[P(n, k)]$ $(n = 3, 4, \cdots, 15; k = 2, 3, \cdots, 14)$,可以得到表 7.21。

表 7.21 有序聚类的最小函数 $e(n, k)$

$e(n, k)$	2	3	4	5	6	7	8
2	0(2)						
3	0.045(3)	0(3)					
4	12.545(3)	0.045(4)	0(4)				
5	14.705(3)	0.290(4)	0.045(5)	0(5)			
6	14.773(3)	1.332(4)	0.29(6)	0.045(6)	0(6)		
7	17.585(3)	7.785(4)	1.332(7)	0.29(7)	0.045(7)	0(7)	
8	22.385(3)	15.178(7)	1.737(7)	0.695(7)	0.29(8)	0.045(8)	0(8)
9	29.105(3)	16.22(7)	2.779(7)	1.652(8)	0.61(8)	0.29(9)	0.045(9)
10	39.22(3)	18.741(7)	5.3(7)	2.237(9)	1.195(9)	0.61(10)	0.29(10)
11	51.225(3)	21.213(8)	8.744(7)	3.024(10)	1.897(10)	0.855(10)	0.535(10)
12	57.154(3)	21.433(8)	9.512(7)	3.106(10)	1.979(10)	0.937(10)	0.617(10)

$e(n,k)$	2	3	4	5	6	7	8
13	64.332(3)	22.138(8)	10.961(7)	3.159(10)	2.032(10)	0.99(10)	0.67(10)
14	67.485(3)	22.142(8)	11.111(7)	3.359(10)	2.232(10)	1.19(10)	0.87(10)
15	67.817(3)	23.094(8)	11.594(7)	4.966(9)	3.359(15)	2.232(15)	1.19(15)

$e(n,k)$	9	10	11	12	13	14	15
2							
3							
4							
5							
6							
7							
8							
9	0(9)						
10	0.045(10)	0(10)					
11	0.29(11)	0.045(11)	0(11)				
12	0.372(10)	0.29(12)	0.045(12)	0(12)			
13	0.425(10)	0.305(11)	0.17(12)	0.045(13)	0(13)		
14	0.625(10)	0.425(14)	0.305(14)	0.17(14)	0.045(14)	0(14)	
15	0.87(15)	0.625(15)	0.425(15)	0.305(15)	0.17(15)	0.045(15)	0(15)

假设 k 值给定为 5，即 15 个样本分为 5 类，由上表可知，有序聚类最小误差函数值为 4.966(9)，即样本 $\{x_9,x_{10},x_{11},x_{12},x_{13},x_{14},x_{15}\}$ 为第 5 类；余下 8 个样本分为 4 类，由 1.737(7) 可知，$\{x_7,x_8\}$ 为第 4 类；再余下 6 个样本分为 3 类，由 1.332(4) 可知，第 3 类为 $\{x_4,x_5,x_6\}$；最后余下 3 个样本分为 2 类，由 0.045(3) 可知，第 1 类为 $\{x_1,x_2\}$，第 2 类为 $\{x_3\}$。因此，我们可以得到所有不同 G_k 值的分类情况，如表 7.22 所示。

表 7.22 最优分割结果表

分类数	误差函数值	最优分割结果
2	67.817	1—2，3—15
3	23.094	1—2，3—7，8—15
4	11.594	1—2，3，4—6，7—15
5	4.966	1—2，3，4—6，7—8，9—15
6	3.359	1—2，3，4—6，7—9，10—14，15
7	2.232	1—2，3，4—6，7，8—9，10—14，15

分类数	误差函数值	最优分割结果
8	1.19	1—2, 3, 4—5, 6, 7, 8—9, 10—14, 15
9	0.87	1—2, 3, 4—5, 6, 7, 8, 9, 10—14, 15
10	0.625	1—2, 3, 4, 5, 6, 7, 8, 9, 10—14, 15
11	0.425	1—2, 3, 4, 5, 6, 7, 8, 9, 10—13, 14, 15
12	0.305	1—2, 3, 4, 5, 6, 7, 8, 9, 10, 11—13, 14, 15
13	0.17	1—2, 3, 4, 5, 6, 7, 8, 9, 10, 11, 12—13, 14, 15
14	0.045	1—2, 3, 4, 5, 6, 7, 8, 9, 10, 11, 12, 13, 14, 15

7.6
聚类分析的 SPSS 应用

7.6.1 系统聚类分析(Hierarchical Cluster)

1. 基本原理

系统聚类法是聚类分析中用得最多的一种分析,它既可进行样品的聚类分析,也可进行变量的聚类分析。其基本原理是:开始将 n 个对象各自作为一类,并规定对象之间的距离和类与类之间的距离,然后将距离最近的两类合并成一个新类,计算新类与其他类之间的距离;重复进行两个最近类的合并,每次减少一类,直至将所有的对象合并为一类。

2. 实验步骤

例 7.4 表 7.23 是我国 31 个省市自治区 2015 年的 6 项主要经济指标(变量)数据,采用系统聚类法进行分类,并对结果进行分析。

表 7.23　2015 年不同地区的 6 项经济指标数据

地区	人均 GDP (元/人)	财政收入 (亿元)	固定资产投资(亿元)	年末总人口 (万人)	人均消费支出(元)	社会消费品零售总额(亿元)
北　京	106 497	4 723.86	7 495.99	2 171	33 802.77	10 338.0
天　津	107 960	2 667.11	11 831.99	1 547	24 162.46	5 257.3
河　北	40 255	2 649.18	29 448.27	7 425	13 030.69	12 990.7
山　西	34 919	1 642.35	14 074.15	3 664	11 729.05	6 033.7
内蒙古	71 101	1 964.48	13 702.22	2 511	17 178.53	6 107.7
辽　宁	65 354	2 127.39	17 917.89	4 382	17 199.80	12 787.2
吉　林	51 086	1 229.35	12 705.29	2 753	13 763.91	6 651.9
黑龙江	39 462	1 165.88	10 182.95	3 812	13 402.54	7 640.2
上　海	103 796	5 519.50	6 352.70	2 415	34 783.55	10 131.5
江　苏	87 995	8 028.59	46 246.87	7 976	20 555.56	25 876.8
浙　江	77 644	4 809.94	27 323.32	5 539	24 116.88	19 784.7

地区	人均 GDP（元/人）	财政收入（亿元）	固定资产投资（亿元）	年末总人口（万人）	人均消费支出（元）	社会消费品零售总额（亿元）
安 徽	35 997	2 454.30	24 385.97	6 144	12 840.11	8 908.0
福 建	67 966	2 544.24	21 301.38	3 839	18 850.19	10 505.9
江 西	36 724	2 165.74	17 388.13	4 566	12 403.37	5 925.5
山 东	64 168	5 529.33	48 312.44	9 847	14 578.36	27 761.4
河 南	39 123	3 016.05	35 660.35	9 480	11 835.13	15 740.4
湖 北	50 654	3 005.53	26 563.90	5 852	14 316.50	14 003.2
湖 南	42 754	2 515.43	25 045.08	6 783	14 267.34	12 024.0
广 东	67 503	9 366.78	30 343.03	10 849	20 975.70	31 517.6
广 西	35 190	1 515.16	16 227.78	4 796	11 401.00	6 348.1
海 南	40 818	627.70	3 451.22	911	13 575.02	1 325.1
重 庆	52 321	2 154.83	14 353.24	3 017	15 139.54	6 424.0
四 川	36 775	3 355.44	25 525.9	8 204	13 632.1	13 877.7
贵 州	29 847	1 503.38	10 945.54	3 530	10 413.75	3 283.0
云 南	28 806	1 808.15	13 500.62	4 742	11 005.41	5 103.2
西 藏	31 999	137.13	1 295.68	324	8 245.76	408.5
陕 西	47 626	2 059.95	18 582.24	3 793	13 087.22	6 578.1
甘 肃	26 165	743.86	8 754.23	2 600	10 950.76	2 907.2
青 海	41 252	267.13	3 210.63	588	13 611.34	691.0
宁 夏	43 805	373.45	3 505.45	668	13 815.63	789.6
新 疆	40 036	1 330.85	10 813.03	2 360	12 867.4	2 606.0

（1）在 SPSS 中录入数据（图 7.9）。

图 7.9　录入数据

（2）选择"Analyze→classify→Hierarchical Cluster"，打开系统聚类分析对话框（图7.10）。

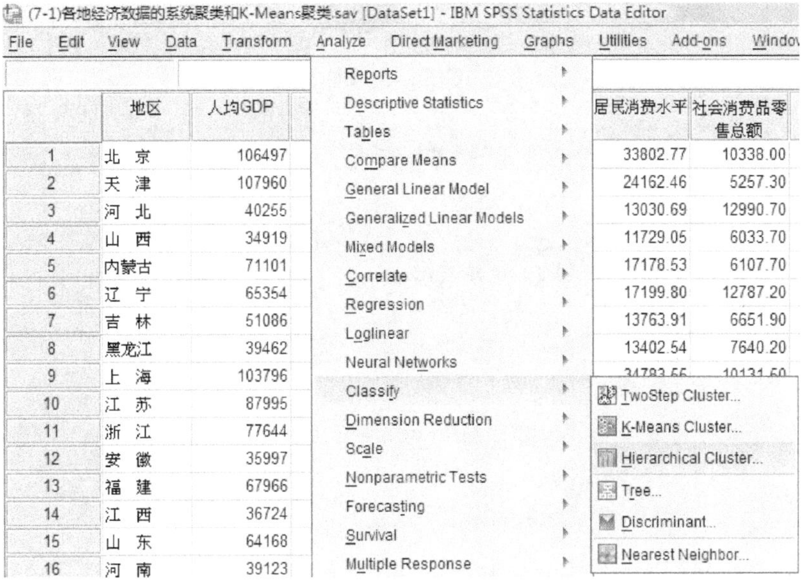

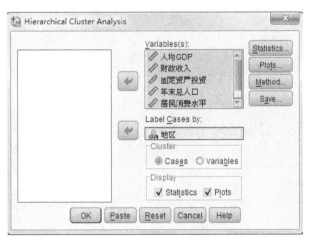

图7.10 打开系统聚类分析对话框

（3）在主对话框中将用于聚类的所有变量选入"Variables(s)"，把区分样本的标签变量（本例为"地区"）选入"Label Cases by"。

在"Cluster"组中选择聚类类型：要进行R型聚类（变量聚类）分析，应指定"Variables"；要进行Q型聚类（样品聚类）分析，则指定"Cases"。系统默认作Q型聚类（样品聚类）。将标识变量通过下面一个箭头按钮转移到按钮右侧的"Label Cases by："下面的矩形框中（图7.11）。

图7.11 选择参与系统聚类分析的变量

如果不使用系统默认值，或由于参与分析的变量量纲不一致，需要另外指定选择项时，则应该根据需要有选择性地执行下述某些步骤。

（4）单击"Method"按钮，展开系统聚类分析的方法选择对话框，即"Hierarchical Cluster Analysis：Method"。

"Cluster Method"下拉框中给出了可以选择的计算类间距离的方法，系统默认的是组间平均链锁法（Between-groups linkage）（本例选择了Ward's method）；"Measure"框中给出的是计算样品间距离的方法(本例使用了 Squared Euclidean distance),Interval 适用于连续型变量,SPSS 默认计算欧式距离平方,Counts 适用于顺序尺度或名义尺度的变量,Binary 适用于二值变量;在"Transform Values"的"Standardize"框中选择是否对原始数据进行标准化处理(本例选择了"Z scores")(图 7.12),点击"Continue"回到主对话框。

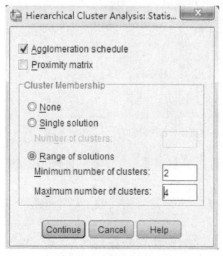

图 7.12　聚类方法选择

（5）SPSS 系统聚类分析默认输出的分析结果有凝聚状态表（Agglomeration Schedule）和冰柱图（Icicle）。

点击"Statistics"选中"Agglomeration schedule"。选择"Single solutions"时,应在框内输入相应的数字（表示指定要分成 m 类时各样本所属的类）;选择"Range of solution"时,应在"Minimum number of clusters"框内输入最小的类别数,在"Maximum number of clusters"框内输入最大的类别数（表示指定要分成最少 m 类、最多 n 类时各样本所属的类）。本例选择从2 类到 4 类的分类结果样本所属的类别（图 7.13）,点击"Continue"回到主对话框,此时分析结果中就包括分为 2 类到 4 类时每个地区所属的类别。

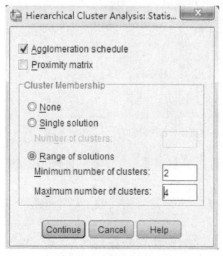

图 7.13　选定凝聚状态表　　　　　图 7.14　选定冰柱图与树状图

点击"Plots",选中"Dendrogram"(图 7.14),点击"Continue"回到主对话框,此时分析结果中就包括了树状图。

(6)点击"Save",然后在弹出的对话框中选择"Range of solutions",分别输入"2"和"4",表示将整个样本分为 2 类至 4 类时每个地区的对应类别保存为新的变量。然后点击"Continue",最后回到主对话框中点击"OK"。

完成上述步骤后,会得到凝聚状态表(表 7.24)、每个地区的分类结果(表 7.25)、树状图(图 7.16)、Save 运行后得到的类别变量(图 7.17)。

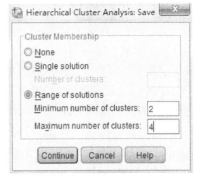

图 7.15　类别保存对话框

表 7.24　聚 类 进 度
Agglomeration Schedule

Stage	Cluster Combined		Coefficients	Stage Cluster First Appears		Next Stage
	Cluster 1	Cluster 2		Cluster 1	Cluster 2	
1	29	30	0.009	0	0	2
2	21	29	0.037	0	1	17
3	14	20	0.108	0	0	8
4	1	9	0.205	0	0	23
5	4	25	0.331	0	0	8
6	3	18	0.462	0	0	11
7	7	22	0.596	0	0	12
8	4	14	0.737	5	3	14
9	24	28	0.889	0	0	13
10	6	13	1.052	0	0	18
11	3	23	1.303	6	0	15
12	7	27	1.567	7	0	21
13	24	31	1.882	9	0	19
14	4	8	2.291	8	0	19
15	3	17	2.724	11	0	16
16	3	12	3.197	15	0	20
17	21	26	3.965	2	0	26
18	5	6	4.736	0	10	25
19	4	24	5.948	14	13	21
20	3	16	7.433	16	0	27
21	4	7	9.127	19	12	26
22	10	15	11.064	0	0	24
23	1	2	14.169	4	0	29
24	10	19	17.366	22	0	29
25	5	11	21.476	18	0	27
26	4	21	29.077	21	17	28
27	3	5	39.440	20	25	28
28	3	4	70.103	27	26	30
29	1	10	114.585	23	24	30
30	1	3	180.000	29	28	0

表 7.24 给出了聚类的过程。

第 1 列是聚类的步骤号。第 2 列和第 3 列给出了每一步被合并的对象(这里是地区)。首先把 31 个地区各自作为一类(共有 31 类)。第 1 步是把距离最近的两个地区 29(青海)和地区 30(宁夏)合并成一类。在后面的步骤中,对于包含多个样本的新类别,实际上是用类中的一个样本来代表该类别,比如,第 2 步被合并的是 21(海南)和地区 29(青海),这里的"29"实际上是指在第 1 步中被合并的类别,只是用"29"表示 29(青海)所在的类别。

第 4 列给出每一步被合并的两个类之间的聚类系数(即距离),距离按从小到大排列,越早合并的类距离越近。0.009 是地区 29(青海)和地区 30(宁夏)之间的距离,而 0.037 是先被合并的第一小类与地区 21(海南)之间的距离。本例中,选用的系统聚类方法是离差平方和法,所以这里的距离实际上是离差平方和的增加量。

第 5 列和第 6 列表示本步聚类中参与聚类的是原始的样本还是已经合并的小类,"0"表示本步聚类的是原始的样本,第一次出现在聚类过程中,其他数字则表示第几步聚类生成的小类参与了本步聚类。第 7 列给出了在每一步中合并形成的新类别下一次将在第几步中与其他类别合并。例如,在第 2 步中,参与聚类的是第 1 步形成的小类(29 号样本所在的类)和地区 21(海南),第 5 列的"1"表示 29 号的类是在第 1 步中形成的小类,而"0"表示地区 21(海南)是第一次出现在本步聚类中的原始样本,第 7 列中的"17"表示这一类将在第 17 步中与其他类别合并,其余类推。

表 7.25 是在输出窗口中给出的结果,可以很清晰地看出每个地区所属的类别。

表 7.25 分成 2 类~4 类时各地区所属的类别

Cluster Membership				Cluster Membership			
Case	4 Clusters	3 Clusters	2 Clusters	Case	4 Clusters	3 Clusters	2 Clusters
1 北　京	1	1	1	17 湖　北	2	2	2
2 天　津	1	1	1	18 湖　南	2	2	2
3 河　北	2	2	2	19 广　东	4	3	1
4 山　西	3	2	2	20 广　西	3	2	2
5 内蒙古	2	2	2	21 海　南	3	2	2
6 辽　宁	2	2	2	22 重　庆	3	2	2
7 吉　林	3	2	2	23 四　川	2	2	2
8 黑龙江	3	2	2	24 贵　州	3	2	2
9 上　海	1	1	1	25 云　南	3	2	2
10 江　苏	4	3	1	26 西　藏	3	2	2
11 浙　江	2	2	2	27 陕　西	3	2	2
12 安　徽	2	2	2	28 甘　肃	3	2	2
13 福　建	2	2	2	29 青　海	3	2	2
14 江　西	3	2	2	30 宁　夏	3	2	2
15 山　东	4	3	1	31 新　疆	3	2	2
16 河　南	2	2	2				

从图 7.16 可以直观地观测整个聚类过程和结果。图中的第 1 行表明计算类间距离的方法是"Ward's method";第 2 行是类别合并的相对距离,它是把类别间的最大距离作为相对距离 25,其余的距离都换算成与之相比的相对距离大小。

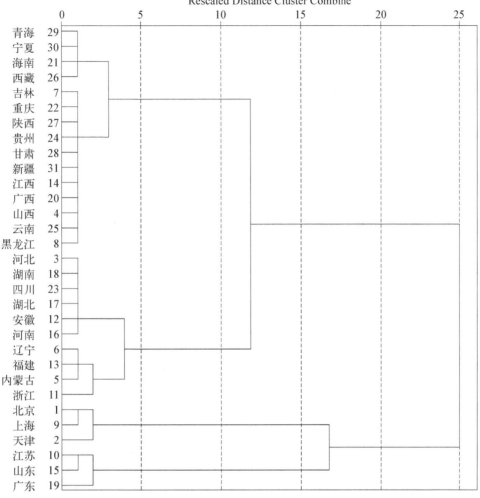

图 7.16　树状图

　　图 7.16 中左边一列是参加聚类的对象（这里是地区）；第 2 列是地区的编号；图 7.16 中线的长短表示类别之间的相对距离远近。该图提供了 1～31 个类别的所有分类结果，想要分成几类可根据实际情况而定。比如，要分成两类，把右边最长的两条横线纵向"切断"；想要分成四类，就把右边的 4 条横线"切断"；等等。

　　就本例而言，分成四类似乎比较合适，每一类别中包括的地区如表 7.26 所示。

表 7.26　31 个地区分成四类时的系统聚类结果

类　别	地　　区	地区个数
第一类	北京，天津，上海	3
第二类	河北，内蒙古，辽宁，浙江，安徽，福建，河南，湖北，湖南，四川	10
第三类	山西，吉林，黑龙江，江西，广西，海南，重庆，贵州，云南，西藏，陕西，甘肃，青海，宁夏，新疆	15
第四类	江苏，山东，广东	3

	地区	人均GDP	财政收入	固定资产投资	年末总人口	居民消费水平	社会消费品零售总额	CLU4_1	CLU3_1	CLU2_1
1	北京	106497	4723.86	7495.99	2171	33802.77	10338.00	1	1	1
2	天津	107960	2667.11	11831.99	1547	24162.46	5257.30	1	1	1
3	河北	40255	2649.18	29448.27	7425	13030.69	12990.70	2	2	2
4	山西	34919	1642.35	14074.15	3664	11729.05	6033.70	3	2	2
5	内蒙古	71101	1964.48	13702.22	2511	17178.53	6107.70	2	2	2
6	辽宁	65354	2127.39	17917.89	4382	17199.80	12787.20	2	2	2
7	吉林	51086	1229.35	12705.29	2753	13763.91	6651.90	3	2	2
8	黑龙江	39462	1165.88	10182.95	3812	13402.54	7640.20	3	2	2

图 7.17　数据窗口的类别变量

图 7.17 是 Save 选项对应的输出结果,与表 7.25 的结果相同,但图 7.17 的类别是在数据窗口中得到的新变量,可以用于进一步统计分析,比如方差分析、输出每类的描述统计量等。

7.6.2　K-均值聚类分析(K-Means Cluster)

1. 基本原理

快速聚类过程适用于对大样本进行快速聚类,特别是对形成的类的特征(各变量值范围)有了一定认识时,此聚类方法使用起来尤其得心应手。首先,指定要形成的聚类数为 k 个;其次,由系统选择 k 个(聚类的类数)样品点(也可由用户指定)作为聚类的初始类聚核(凝聚点),对样本进行初始分类;第三,调整分类,计算每个样品点到各类聚核的距离,把每个样品点归入距聚核最近的那一类;第四,这样每类中可能有若干个样品,重新计算每一类的重心(每个类中各个变量的均值),以此作为第二次迭代的聚核;第五,根据这个聚核重复第三、四步,直到聚核的迭代标准达到要求,聚类过程结束。

2. 实验步骤

例 7.5　沿用例 7.4。根据 31 个地区的 6 项经济指标数据,采用 K-均值聚类法进行分类,并对结果进行分析。

首先,如果原始变量取值差异较大,应先将原始数据进行标准化,以避免变量值差异过大对分类结果产生影响。可以先观察 6 项经济指标的有关描述统计量,如表 7.27 所示。

表 7.27　描述统计量
Descriptive Statistics

	N	Minimum	Maximum	Mean	Std. Deviation
人均 GDP	31	26 165	107 960	53 083.81	23 308.500
财政收入	31	137.13	9 366.78	2 677.485 8	2 137.713 84
固定资产投资	31	1 295.68	48 312.44	17 949.918 7	11 805.445 96
年末总人口	31	324	10 849	4 422.19	2 817.232
居民消费水平	31	8 245.76	34 783.55	15 856.044 2	6 188.558 09
社会消费品零售总额	31	408.50	31 517.60	9 687.974 2	7 846.606 09
Valid N (listwise)	31				

从表 7.27 中的均值可以看出,6 项指标的数量级有较大差异,所以有必要进行标准化处理。数据标准化的过程如下:选择"Analyze→Descriptive Statistics→Descriptives",进入主对话框,将需要标准化的变量选入"Variable(s)",然后勾选"Save standardized values as variables",最后点击"OK",标准化后的数据将出现在原始数据表中。

（1）选择"Analyze"下拉菜单，并选择"Classify→K-Means Cluster"，进入主对话框（图 7.18）。

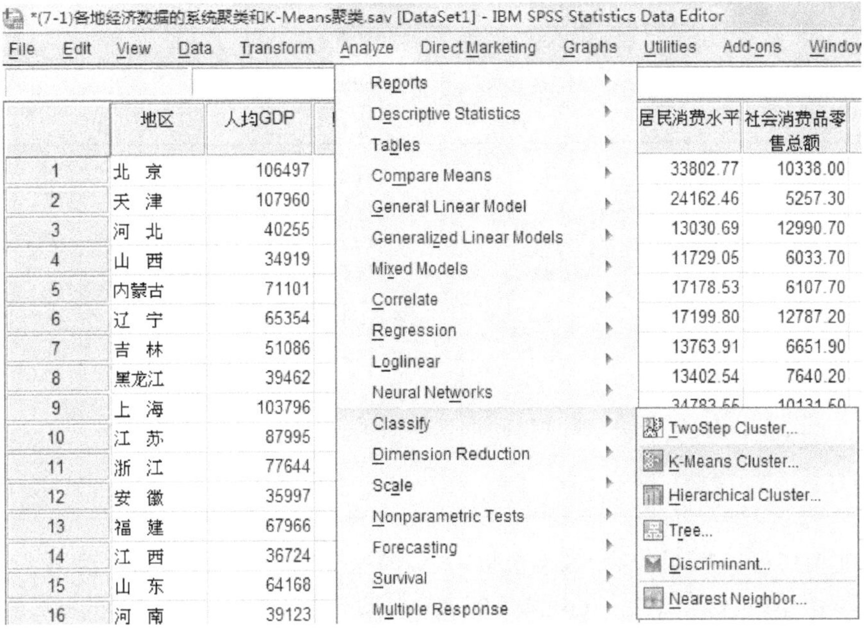

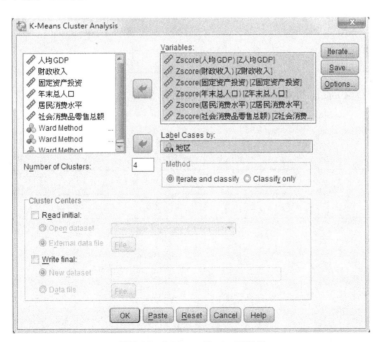

图 7.18 K-Means Cluster 菜单

（2）在主对话框中将用于聚类的所有标准化后的变量选入"Variable(s)"，把区分样本的标签变量（本例为"地区"）选入"Label Cases by"，在"Number of Clusters"下输入想要分类的数目（本例为"4"）（图 7.19）。

图 7.19 K-Means Cluster 对话框

（3）点击"Iterate"并在"Maximum Iterations"中输入最大迭代次数（本例使用隐含的 10 次），点击"Continue"回到主对话框；点击"Save"并选择"Cluster membership"，点击

"Continue"回到主对话框;点击"Options"并选择"Initial cluster centers"和"ANOVA table"（本项可根据需要选择）。最后点击"OK"。

按上述步骤输出的主要结果如表 7.28～表 7.33 所示。

表 7.28　初始聚类中心
Initial Cluster Centers

	Cluster			
	1	2	3	4
Zscore(人均 GDP)	0.618 62	2.354 34	1.053 70	−0.904 60
Zscore(财政收入)	3.129 18	−0.004 85	0.997 54	−1.188 35
Zscore(固定资产投资)	1.049 78	−0.518 23	0.793 99	−1.410 73
Zscore(年末总人口)	2.281 25	−1.020 57	0.396 42	−1.454 69
Zscore(居民消费水平)	0.827 28	1.342 22	1.334 86	−1.229 73
Zscore(社会消费品零售总额)	2.782 05	−0.564 66	1.286 76	−1.182 61

表 7.28 列出每一类别的初始聚类聚核,本例的这些中心是由 SPSS 自动生成的,它实际上就是数据集中的某一条记录。聚类聚核的选择原则是聚核点距离其他点尽可能远。

表 7.29　迭 代 过 程
Iteration History

Iteration	Change in Cluster Centers			
	1	2	3	4
1	1.460	0.965	2.186	1.557
2	0.000	0.737	0.000	0.104
3	0.000	0.000	0.000	0.000

从表 7.29 中可以看出每次迭代过程中类别聚核的变化,随着迭代次数的增加,类别聚核点的变化越来越小。本例只 3 次就已经收敛了。

表 7.30　最终聚类中心
Final Cluster Centers

	Cluster			
	1	2	3	4
Zscore(人均 GDP)	0.863 98	2.273 87	−0.101 21	−0.531 42
Zscore(财政收入)	2.322 14	0.760 63	0.123 71	−0.647 61
Zscore(固定资产投资)	2.006 21	−0.795 37	0.674 10	−0.606 22
Zscore(年末总人口)	1.822 76	−0.844 04	0.703 93	−0.579 47
Zscore(居民消费水平)	0.460 07	2.433 56	−0.046 96	−0.516 14
Zscore(社会消费品零售总额)	2.382 85	−0.141 77	0.473 38	−0.686 48

表 7.30 中的数据表示各个类别在各变量上的平均值。如第一类的 0.863 98 表示被分到第一类的地区(江苏、山东和广东)标准化后的人均 GDP 的均值。

表 7.31 方 差 分 析 表

ANOVA

	Cluster		Error		F	Sig.
	Mean Square	df	Mean Square	df		
Zscore(人均 GDP)	7.454	3	0.283	27	26.347	0.000
Zscore(财政收入)	8.254	3	0.194	27	42.535	0.000
Zscore(固定资产投资)	7.981	3	0.224	27	35.570	0.000
Zscore(年末总人口)	7.312	3	0.299	27	24.486	0.000
Zscore(居民消费水平)	7.561	3	0.271	27	27.905	0.000
Zscore(社会消费品零售总额)	8.884	3	0.124	27	71.625	0.000

利用方差分析表 7.31 可以判断所分的类别是否合理。从表中可以看出,分类后各变量在不同类别之间的差异都是显著的(P 值均接近 0),表示把 31 个地区分成 4 类是比较合理的。

表 7.32 分 4 类时每个地区所属的类别

Cluster Membership

Case Number	地区	Cluster	Distance	Case Number	地区	Cluster	Distance
1	北 京	2	0.563	17	湖 北	3	0.299
2	天 津	2	1.439	18	湖 南	3	0.505
3	河 北	3	0.782	19	广 东	1	1.460
4	山 西	4	0.577	20	广 西	4	0.946
5	内蒙古	4	1.567	21	海 南	4	1.046
6	辽 宁	3	1.261	22	重 庆	4	0.861
7	吉 林	4	0.589	23	四 川	3	0.952
8	黑龙江	4	0.580	24	贵 州	4	0.667
9	上 海	2	0.903	25	云 南	4	0.966
10	江 苏	1	1.046	26	西 藏	4	1.613
11	浙 江	3	2.186	27	陕 西	4	0.932
12	安 徽	3	0.999	28	甘 肃	4	0.773
13	福 建	3	1.408	29	青 海	4	1.220
14	江 西	4	0.975	30	宁 夏	4	1.177
15	山 东	1	1.381	31	新 疆	4	0.269
16	河 南	3	1.605				

根据表 7.32 的结果,得到的最后分类如表 7.33 所示。

表 7.33 31 个地区的 K-均值聚类结果

类 别	地 区	地区个数
第一类	江苏,山东,广东	3
第二类	北京,天津,上海	3

类　别	地　　　　区	地区个数
第三类	河北,辽宁,浙江,安徽,福建,河南,湖北,湖南,四川	9
第四类	山西,内蒙古,吉林,黑龙江,江西,广西,海南,重庆,贵州,云南,西藏,陕西,甘肃,青海,宁夏,新疆	16

从分类结果看,第一类属于经济较发达地区;第二类则属于经济发达地区(与系统聚类法的第一类一致);第三类属于中等发达地区;第四类属于欠发达地区,读者可以把该结果与系统聚类法的分类结果进行比较。当然,也可以尝试分成 2 类、3 类、5 类等,并对不同分类结果进行比较。

小结

聚类分析就是分析如何对样品(或变量)进行量化分类的问题。本章首先介绍了如何衡量样品之间靠近程度的距离和相似度这两个概念。然后根据聚类分析的分类,分别探讨了系统聚类法、动态聚类法和有序样品聚类。对这三种聚类方法的介绍主要是从其理论推导展开的,并相应地给出了具体的实例进行分析。

从分析中可以看到,三种聚类方法分别针对了不同的取样情况。在样品分类需要考虑样品的时间先后顺序时,采用的是有序样品聚类法。而在其他情况下,通常使用系统聚类法和动态聚类法,两者在使用时主要考虑的是样品容量的大小,以方便快速地得出分类结果。

本章主要术语

距离　相关系数　系统聚类　动态聚类　有序聚类

思考与练习

1. 什么是距离,它有哪几种定义?

2. 系统聚类法和动态聚类法有哪些异同?

3. 查阅《中国统计年鉴》或国家统计局网站(www.stats.gov.cn)或其他数据库有关我国城镇居民家庭八大类支出的最新资料,分别运用系统聚类法和动态聚类法对我国 31 个省市自治区的消费水平进行分类,并讨论其分类的合理性。

·第8章·
判别分析

相关实例

➤ 在经济学中,我们需要根据人均国民收入、人均工农业产值、人均消费水平等多种指标来判定一个国家的经济发展程度所属类型;在考古学中,根据发掘出来的人类头盖骨的高、宽等特征来判断其是男性还是女性;在医疗诊断中,根据某人的体检指标(如体温、血压、白细胞等)来判断此人是有病还是无病。

在上述例子中,我们已知了一些个体的特征观察值,然后需要根据这些特征值来判断其所属的类型。那么如何来对这些个体进行判定? 进行判定的依据是什么? 这就是本章所要解决的问题。

8.1
引 言

判别分析(Discriminatory Analysis)产生于 20 世纪 30 年代,是利用已知类别的样本建立判别模型,为未知类别的样本判别的一种统计方法。近年来,判别分析在自然科学、社会学及经济管理学科中都有广泛的应用。判别分析的特点是根据已掌握的、历史上每个类别的若干样本的数据信息,总结出客观事物分类的规律性,建立判别公式和判别准则。当遇到新的样本点时,只要根据总结出来的判别公式和判别准则,就能判别该样本点所属的类别。

判别分析与聚类分析都要求对样本进行分类,但两者的分析内容和要求是不一样的。聚类分析是给定了一定数量的样品,但这些样品应该划分成怎样的类别还不清楚,需要通过聚类分析来决定。判别分析是已知样品应分为怎样的类别,即在类别已知的情况下,判别每一个样品应属于怎样的类别。判别分析与聚类分析都要求对样本进行分类,两者虽然不同,但也有一定的联系。判别分析中,在决定某一样本应属于哪一类型时,往往也使用聚类分析中的一些思想和方法。

判别分析用统计模型的语言来描述就是,设有 k 个总体 $G_1, G_2, \cdots, G_k$,希望建立一个准则,对给定的任意一个样本 x,依据这个准则就能判断它是来自哪个总体。当然,我们应当要求这种准则在某种意义下是最优的。例如,错判概率最小或判别损失最小等。常用的判别方法主要有距离判别法、Fisher 判别法、Bayes 判别法和逐步判别法。

8.2
距离判别法

距离判别是以给定样品与各总体间距离的计算值为准则进行类别判定的一种方法。对于样品与各个总体的相应距离中,以距离最近的一个总体作为判别的准则,即给定的某一样品,应属于与之距离最近的一个总体。为了进行距离判定,应计算样品与各总体间的距离。在聚类分析中,我们介绍了各种距离的计算方法,距离判别中,往往使用马氏距离。由于马氏距离不受量纲的影响,两点间的马氏距离与原始数据的测量无关。马氏距离可排除变量间相关性的干扰,它给距离的计算带来了很大的方便。

8.2.1 两个总体的情形

设 G_1,G_2 为两个总体,x 为一个样品;又 $d(x,G_1)$,$d(x,G_2)$ 分别为样品 x 到 G_1,G_2 的距离,距离判别法的一般规律为:

(1) 若 $d(x,G_1) < d(x,G_2)$,则样品 x 属于 G_1;

(2) 若 $d(x,G_1) > d(x,G_2)$,则样品 x 属于 G_2;

(3) 若 $d(x,G_1) = d(x,G_2)$,则待判。

在实际中,若 $G_1 \sim N(\boldsymbol{\mu}_1, \boldsymbol{\Sigma}_1)$,$G_2 \sim N(\boldsymbol{\mu}_2, \boldsymbol{\Sigma}_2)$,那么样品 x 到总体 G_1,G_2 的距离可以采用马氏距离

$$d^2(x, G_1) = (x - \boldsymbol{\mu}_1)^{\mathrm{T}} \boldsymbol{\Sigma}_1^{-1} (x - \boldsymbol{\mu}_1)$$
$$d^2(x, G_2) = (x - \boldsymbol{\mu}_2)^{\mathrm{T}} \boldsymbol{\Sigma}_2^{-1} (x - \boldsymbol{\mu}_2)$$

在协方差 $\boldsymbol{\Sigma}_1 = \boldsymbol{\Sigma}_2 = \boldsymbol{\Sigma}$ 时,

$$
\begin{aligned}
d^2(x, G_1) - d^2(x, G_2) &= (x - \boldsymbol{\mu}_1)^{\mathrm{T}} \boldsymbol{\Sigma}^{-1} (x - \boldsymbol{\mu}_1) - (x - \boldsymbol{\mu}_2)^{\mathrm{T}} \boldsymbol{\Sigma}^{-1} (x - \boldsymbol{\mu}_2) \\
&= x^{\mathrm{T}} \boldsymbol{\Sigma}^{-1} x - 2x^{\mathrm{T}} \boldsymbol{\Sigma}^{-1} \boldsymbol{\mu}_1 + \boldsymbol{\mu}_1^{\mathrm{T}} \boldsymbol{\Sigma}^{-1} \boldsymbol{\mu}_1 - [x^{\mathrm{T}} \boldsymbol{\Sigma}^{-1} x - 2x^{\mathrm{T}} \boldsymbol{\Sigma}^{-1} \boldsymbol{\mu}_2 + \boldsymbol{\mu}_2^{\mathrm{T}} \boldsymbol{\Sigma}^{-1} \boldsymbol{\mu}_2] \\
&= -2x^{\mathrm{T}} \boldsymbol{\Sigma}^{-1} (\boldsymbol{\mu}_1 - \boldsymbol{\mu}_2) + \boldsymbol{\mu}_1^{\mathrm{T}} \boldsymbol{\Sigma}^{-1} \boldsymbol{\mu}_1 - \boldsymbol{\mu}_2^{\mathrm{T}} \boldsymbol{\Sigma}^{-1} \boldsymbol{\mu}_2 \\
&= -2x^{\mathrm{T}} \boldsymbol{\Sigma}^{-1} (\boldsymbol{\mu}_1 - \boldsymbol{\mu}_2) + (\boldsymbol{\mu}_1 + \boldsymbol{\mu}_2)^{\mathrm{T}} \boldsymbol{\Sigma}^{-1} (\boldsymbol{\mu}_1 - \boldsymbol{\mu}_2) \\
&= -2 \left(x - \frac{\boldsymbol{\mu}_1 + \boldsymbol{\mu}_2}{2} \right)^{\mathrm{T}} \boldsymbol{\Sigma}^{-1} (\boldsymbol{\mu}_1 - \boldsymbol{\mu}_2)
\end{aligned}
$$

记

$$w(x) = \left(x - \frac{\boldsymbol{\mu}_1 + \boldsymbol{\mu}_2}{2} \right)^{\mathrm{T}} \boldsymbol{\Sigma}^{-1} (\boldsymbol{\mu}_1 - \boldsymbol{\mu}_2) \tag{8-1}$$

则 $d^2(x, G_1) - d^2(x, G_2) = -2w(x)$

显然,距离判别法的判别规则可表述为:

(1) 若 $w(x) > 0$,则 x 属于 G_1;

（2）若 $w(\boldsymbol{x}) < 0$，则 $\boldsymbol{x}$ 属于 G_2；

（3）若 $w(\boldsymbol{x}) = 0$，则待判。

又若记 $\alpha = \boldsymbol{\Sigma}^{-1}(\boldsymbol{\mu}_1 - \boldsymbol{\mu}_2)$，$\bar{\boldsymbol{\mu}} = \dfrac{\boldsymbol{\mu}_1 + \boldsymbol{\mu}_2}{2}$，则可见，$w(\boldsymbol{x})$ 为 $\boldsymbol{x}$ 的线性函数，故常称 $w(\boldsymbol{x})$ 为线性判别函数，其中 α 为判别系数。

8.2.2 多总体情况

1. 协方差阵相同

设有 k 个总体 G_1，G_2，$\cdots$，G_k，它们的均值分别是 $\boldsymbol{\mu}_1$，$\boldsymbol{\mu}_2$，$\cdots$，$\boldsymbol{\mu}_k$，协方差阵均为 $\boldsymbol{\Sigma}$。类似于两总体的讨论，判别函数为

$$w_{ij}(\boldsymbol{x}) = \left(\boldsymbol{x} - \frac{\boldsymbol{\mu}_i + \boldsymbol{\mu}_j}{2}\right)^{\mathrm{T}} \boldsymbol{\Sigma}^{-1}(\boldsymbol{\mu}_i - \boldsymbol{\mu}_j) \quad i, j = 1, 2, \cdots, k \tag{8-2}$$

相应的判别规则是

$$\begin{cases} \boldsymbol{x} \in G_i & \text{若 } w_{ij}(\boldsymbol{x}) > 0, \forall i \neq j \\ \text{待判别} & \text{若某个 } w_{ij}(\boldsymbol{x}) = 0 \end{cases}$$

当 $\boldsymbol{\mu}_1$，$\boldsymbol{\mu}_2$，$\cdots$，$\boldsymbol{\mu}_k$，$\boldsymbol{\Sigma}$ 未知时，设从 G_a 中抽取的样本为 $\boldsymbol{x}_1^{(a)}$，$\cdots$，$\boldsymbol{x}_{n_a}^{(a)}$，$(a = 1, 2, \cdots, k)$，则它们的估计为

$$\hat{\boldsymbol{\mu}}_a = \bar{\boldsymbol{x}}^{(a)} = \frac{1}{na} \sum_{j=1}^{na} \boldsymbol{x}_j^{(a)}, \ a = 1, 2, \cdots, k, \ \hat{\boldsymbol{\Sigma}} = \frac{1}{n-k} \sum_{a=1}^{k} \boldsymbol{A}a \tag{8-3}$$

式中，$n = n_1 + n_2 + \cdots + n_k$。

$$\boldsymbol{A}_a = \sum_{j=1}^{na} \left[\boldsymbol{x}_j^{(a)} - \bar{\boldsymbol{x}}^{(a)}\right]\left[\boldsymbol{x}_j^{(a)} - \bar{\boldsymbol{x}}^{(a)}\right]^{\mathrm{T}}$$

2. 协方差阵不相同

这时判别函数为

$$V_{ij}(\boldsymbol{x}) = (\boldsymbol{x} - \boldsymbol{\mu}_t)^{\mathrm{T}} \boldsymbol{\Sigma}_t^{-1}(\boldsymbol{x} - \boldsymbol{\mu}_i) - (\boldsymbol{x} - \boldsymbol{\mu}_j)^{\mathrm{T}} \boldsymbol{\Sigma}_j^{-1}(\boldsymbol{x} - \boldsymbol{\mu}_j) \tag{8-4}$$

这时的判别规则为

$$\begin{cases} \boldsymbol{x} \in G_i & \text{若 } V_{ij}(\boldsymbol{x}) < 0, \ \forall i \neq j \\ \text{待判别} & \text{若某个 } V_{ij}(\boldsymbol{x}) = 0 \end{cases}$$

当 $\boldsymbol{\mu}_1$，$\boldsymbol{\mu}_2$，$\cdots$，$\boldsymbol{\mu}_k$；$\boldsymbol{\Sigma}_1$，$\boldsymbol{\Sigma}_2$，$\cdots$，$\boldsymbol{\Sigma}_k$ 未知时，$\hat{\boldsymbol{\mu}}_a$ 的估计与协方差阵相同时的估计一致，而

$$\hat{\boldsymbol{\Sigma}}_a = \frac{1}{n_a - 1} \boldsymbol{A}_a \quad a = 1, \cdots, k$$

式中，$\boldsymbol{A}_a$ 与协方差阵相同时的估计一致。

8.3
Fisher 判别法

Fisher 判别法是 Fisher 于 1936 年提出的，该法是按类内方差尽量小、类间方差尽量大的

准则来求判别函数的。其基本原理是利用投影技术，将 k 组 p 维数据投影到某个方向，使得数据的投影组与组之间尽可能分开。组与组的分开借用了方差分析的思想。我们首先介绍两总体的情形，并推广到多总体情形。

8.3.1 两总体 Fisher 判别法

1. 基本思想

从两个总体中抽取具有 p 个指标的样品观测数据，根据方差分析的思想构造一个判别函数 $y = c_1 x_1 + c_2 x_2 + \cdots + c_p x_p$，其中系数 $c_1, c_2, \cdots, c_p$ 确定的原则是使两组间的区别最大，而使每个组内部的离差最小。有了判别式后，对于一个新的样品，将它的 p 个指标值代入判别函数中求出 y 值，然后与判别临界值（或称分界点）进行比较，就可以判断它应属于哪一个总体。

2. 判别函数的导出

假设有两个总体 G_1、G_2，从第一个总体中抽取 n_1 个样品，从第二个总体中抽取 n_2 个样品，每个样品观测 p 个指标。

假设新建立的判别函数为 $y = c_1 x_1 + c_2 x_2 + \cdots + c_p x_p$，现将属于不同总体的样品观测值代入判别函数中，得

$$y_i^{(1)} = c_1 x_{i1}^{(1)} + c_2 x_{i2}^{(1)} + \cdots + c_p x_{ip}^{(1)} \quad i = 1, 2, \cdots, n_1$$
$$y_i^{(2)} = c_1 x_{i1}^{(2)} + c_2 x_{i2}^{(2)} + \cdots + c_p x_{ip}^{(2)} \quad i = 1, 2, \cdots, n_2$$

对上边两式分别左右相加，再除以相应的样品个数，则有

$$第一组样品的"重心" \quad \overline{y}^{(1)} = \sum_{k=1}^{p} c_k \overline{x_k}^{(1)}$$

$$第二组样品的"重心" \quad \overline{y}^{(2)} = \sum_{k=1}^{p} c_k \overline{x_k}^{(2)}$$

此时，最优的线性判别函数为：两重心的距离越大越好，两个组内的离差平方和越小越好。

综合上述思想，就是要求 $I = \dfrac{[\overline{y}^{(1)} - \overline{y}^{(2)}]^2}{\sum\limits_{i=1}^{n_1} [y_i^{(1)} - \overline{y}^{(1)}]^2 + \sum\limits_{i=1}^{n_2} [y_i^{(2)} - \overline{y}^{(2)}]^2}$ 越大越好。

记 $Q = Q(c_1, c_2, \cdots, c_p) = [\overline{y}^{(1)} - \overline{y}^{(2)}]^2$ 为两组间离差平方和。$F = F(c_1, c_2, \cdots, c_p) = \sum\limits_{i=1}^{n_1} [y_i^{(1)} - \overline{y}^{(1)}]^2 + \sum\limits_{i=1}^{n_2} [y_i^{(2)} - \overline{y}^{(2)}]^2$ 为两组内的离差平方和。
则

$$I = \frac{Q}{F} \tag{8-5}$$

利用微积分求极值的必要条件可求出使 I 达到最大值的 $c_1, c_2, \cdots, c_p$，从而求得判别函数为

$$y = c_1 x_1 + c_2 x_2 + \cdots + c_p x_p \tag{8-6}$$

有了判别函数之后，欲建立判别准则还要确定判别临界值（分界点）y_0，在两总体先验概率相等的假设下，一般常取 y_0 为 $\overline{y}^{(1)}$ 与 $\overline{y}^{(2)}$ 的加权平均值，即

$$y_0 = \frac{n_1 \overline{y}^{(1)} + n_2 \overline{y}^{(2)}}{n_1 + n_2}$$

如果由原始数据求得 $\overline{y}^{(1)}$ 与 $\overline{y}^{(2)}$，且满足 $\overline{y}^{(1)} > \overline{y}^{(2)}$，则建立判别准则为：对一个新样品 $\boldsymbol{x} = (x_1, x_2, \cdots, x_p)^{\mathrm{T}}$ 代入判别函数中，所取得的值记为 y，若 $y > y_0$，则判定 $\boldsymbol{x} \in G_1$；若 $y < y_0$，则判定 $\boldsymbol{x} \in G_2$。如果 $\overline{y}^{(1)} < \overline{y}^{(2)}$，则判别准则相反。

3. 分析过程

（1）建立判别函数

求 $I = \dfrac{Q(c_1, c_2, \cdots, c_p)}{F(c_1, c_2, \cdots, c_p)}$ 的最大值点 $c_1, c_2, \cdots, c_p$，根据极值原理，需解方程组

$$\begin{cases} \dfrac{\partial \ln I}{\partial c_1} = 0 \\ \dfrac{\partial \ln I}{\partial c_2} = 0 \\ \quad\vdots \\ \dfrac{\partial \ln I}{\partial c_p} = 0 \end{cases}$$

可得到 $c_1, c_2, \cdots, c_p$，写出判别函数 $y = c_1 x_1 + c_2 x_2 + \cdots + c_p x_p$。

（2）计算判别临界值 y_0，然后根据判别准则对新样品进行判别分类。

（3）检验判别效果（当两个总体协方差阵相同且总体服从正态分布）。

$$H_0 : E\boldsymbol{x}_a^{(1)} = \boldsymbol{\mu}_1 = E\boldsymbol{x}_a^{(2)} = \boldsymbol{\mu}_2 \quad H_1 : \boldsymbol{\mu}_1 \neq \boldsymbol{\mu}_2$$

检验统计量：

$$F = \frac{(n_1 + n_2 - 2) - p + 1}{(n_1 + n_2 - 2)p} T^2 \underset{(\text{在} H_0 \text{成立})}{\sim} F(p, n_1 + n_2 - p - 1)$$

其中

$$T^2 = (n_1 + n_2 - 2) \left\{ \sqrt{\frac{n_1 n_2}{n_1 + n_2}} [\overline{\boldsymbol{X}}^{(1)} - \overline{\boldsymbol{X}}^{(2)}]^{\mathrm{T}} \boldsymbol{S}^{-1} \sqrt{\frac{n_1 n_2}{n_1 + n_2}} [\overline{\boldsymbol{X}}^{(1)} - \overline{\boldsymbol{X}}^{(2)}] \right\}$$

$$S = (s_{ij})_{p \times p}, \; s_{ij} = \sum_{a=1}^{n_1} [x_{ai}^{(1)} - \overline{x}_i^{(1)}][x_{aj}^{(1)} - \overline{x}_j^{(1)}] + \sum_{a=1}^{n_2} [x_{ai}^{(2)} - \overline{x}_i^{(2)}][x_{aj}^{(2)} - \overline{x}_j^{(2)}]$$

$$\overline{\boldsymbol{X}}^{(i)} = [\overline{x}_1^{(i)}, \overline{x}_2^{(i)}, \cdots, \overline{x}_p^{(i)}]^{\mathrm{T}}$$

给定检验水平 a，查 F 分布表，确定临界值 F_a。若 $F > F_a$，则 H_0 被否定，认为判别有效；否则认为判别无效。

一般来说，参与构造判别函数的样品个数不宜太少，否则会影响判别函数的优良性；判别函数选用的指标也不宜太多，否则不仅使用不方便，而且影响预报的稳定性。因此，建立判别函数之前应仔细挑选几个对分类有显著作用的指标，使两类平均值之间的差异尽量大些。

8.3.2　多总体 Fisher 判别法

对两总体 Fisher 判别法进行推广，可得到多总体的 Fisher 判别法。

设有 k 个总体 G_1，G_2，$\cdots$，G_k，从中抽取样品数分别为 n_1，n_2，$\cdots$，n_k，令 $n = n_1 + n_2 + \cdots + n_k$。$\boldsymbol{x}_a^{(i)} = [x_{a1}^{(i)}, x_{a2}^{(i)}, \cdots, x_{ap}^{(i)}]$ 为第 i 个总体的第 a 个样品的观测向量。

设判别函数为

$$y(\boldsymbol{x}) = c_1 x_1 + c_2 x_2 + \cdots + c_p x_p = \boldsymbol{c}^{\mathrm{T}} \boldsymbol{x} \tag{8-7}$$

其中

$$\boldsymbol{c} = (c_1, c_2, \cdots, c_p)^{\mathrm{T}}, \boldsymbol{x} = (x_1, x_2, \cdots, x_p)^{\mathrm{T}}$$

记 $\bar{\boldsymbol{x}}^{(i)}$ 和 $\boldsymbol{s}^{(i)}$ 分别是总体 G_i 内 $\boldsymbol{x}$ 的样本均值向量和样本协方差阵，根据求随机变量线性组合的均值和方差的性质可知，$y(\boldsymbol{x})$ 在 G_i 上的样本均值和样本方差为

$$\bar{y}^{(i)} = \boldsymbol{c}^{\mathrm{T}} \bar{\boldsymbol{x}}^{(i)}, \sigma_i^2 = \boldsymbol{c}^{\mathrm{T}} \boldsymbol{s}^{(i)} \boldsymbol{c}$$

记 $\bar{\boldsymbol{x}}$ 为总的均值向量，则 $\bar{y} = \boldsymbol{c}^{\mathrm{T}} \bar{\boldsymbol{x}}$。

在多总体情况下，Fisher 准则就是要选取系数向量 $\boldsymbol{c}$，使

$$\lambda = \frac{\displaystyle\sum_{i=1}^{k} n_i [\bar{y}^{(i)} - \bar{y}]^2}{\displaystyle\sum_{i=1}^{k} q_i \sigma_i^2} \tag{8-8}$$

达到最大，其中 q_i 是人为的正的加权系数，它可以取为先验概率。如果取 $q_i = n_i - 1$，并将 $\bar{y}^{(i)} = \boldsymbol{c}^{\mathrm{T}} \bar{\boldsymbol{x}}^{(i)}$，$\bar{y} = \boldsymbol{c}^{\mathrm{T}} \bar{\boldsymbol{x}}$，$\sigma_i^2 = \boldsymbol{c}^{\mathrm{T}} \boldsymbol{s}^{(i)} \boldsymbol{c}$ 代入上式可化为

$$\lambda = \frac{\boldsymbol{c}^{\mathrm{T}} \boldsymbol{A} \boldsymbol{c}}{\boldsymbol{c}^{\mathrm{T}} \boldsymbol{E} \boldsymbol{c}}$$

其中 $\boldsymbol{E}$ 为组内离差阵，$\boldsymbol{A}$ 为组间离差平方和，即

$$\boldsymbol{E} = \sum_{i=1}^{k} q_i \cdot \boldsymbol{s}^{(i)}$$
$$\boldsymbol{A} = \sum_{i=1}^{k} n_i [\bar{\boldsymbol{x}}^{(i)} - \bar{\boldsymbol{x}}][\bar{\boldsymbol{x}}^{(i)} - \bar{\boldsymbol{x}}]^{\mathrm{T}} \tag{8-9}$$

为求 λ 的最大值，根据极值存在的必要条件，令 $\dfrac{\partial \lambda}{\partial c} = 0$，可得

$$\boldsymbol{A} \boldsymbol{c} = \lambda \boldsymbol{E} \boldsymbol{c}$$

这说明 λ 及 $\boldsymbol{c}$ 恰好是 $\boldsymbol{A}$、$\boldsymbol{E}$ 矩阵的广义特征根及其对应的特征向量。由于一般都要求加权协方差阵 $\boldsymbol{E}$ 是正定的，因此由代数知识可知，上式非零特征根个数 m 不超过 $\min(k-1, p)$，又因为 $\boldsymbol{A}$ 为非负定的，所以非零特征根必为正根，记为 $\lambda_1 \geqslant \lambda_2 \geqslant \cdots \geqslant \lambda_m > 0$，于是可构造 m 个判别函数

$$y_l(\boldsymbol{x}) = \boldsymbol{c}^{(l)\mathrm{T}} \boldsymbol{x} \quad l = 1, 2, \cdots, m \tag{8-10}$$

对于每一个判别函数必须给出一个用以衡量判别能力的指标 p_i 定义为

$$p_i = \frac{\lambda_l}{\displaystyle\sum_{i=1}^{m} \lambda_i} \quad l = 1, 2, \cdots, m \tag{8-11}$$

m_0 个判别函数 y_1，y_2，$\cdots$，y_{m_0} 的判别能力定义为

$$sp_{m_0} = \sum_{l=1}^{m_0} p_l = \frac{\sum_{l=1}^{m_0} \lambda_l}{\sum_{i=1}^{m} \lambda_i} \tag{8-12}$$

如果 sp_{m_0} 达到某个特定的值（比如 85%），则认为 m_0 个判别函数就够了。

有了判别函数之后，如何对待判的样品进行分类？通常有两种方法。

1. 不加权法

记

$$\overline{y_l}^{(i)} = \boldsymbol{c}^{(l)\mathrm{T}} \overline{\boldsymbol{x}}^{(i)} \quad l = 1, 2, \cdots, m_0 ; i = 1, 2, \cdots, k \tag{8-13}$$

对待判样品 $\boldsymbol{x} = (x_1, x_2, \cdots, x_p)^{\mathrm{T}}$，计算

$$y_l(\boldsymbol{x}) = \boldsymbol{c}^{(l)\mathrm{T}} \boldsymbol{x}$$

$$D_i^2 = \sum_{l=1}^{m_0} [y_l(\boldsymbol{x}) - \overline{y_l}^{(i)}]^2 \quad i = 1, 2, \cdots, k \tag{8-14}$$

若 $D_r^2 = \min_{1 \leqslant i \leqslant k} D_i^2$，则判 $\boldsymbol{x} \in G_r$。

2. 加权法

考虑到每个判别函数的判别能力不同，记

$$D_i^2 = \sum_{l=1}^{m_0} [y_l(\boldsymbol{x}) - \overline{y_l}^{(i)}]^2 \lambda_l \quad i = 1, 2, \cdots, k \tag{8-15}$$

其中 λ_l 是由 $\boldsymbol{A}\boldsymbol{c} = \lambda \boldsymbol{E}\boldsymbol{c}$ 求出的特征根。

若 $D_r^2 = \min_{1 \leqslant i \leqslant k} D_i^2$，则判 $\boldsymbol{x} \in G_r$。

8.4

Bayes 判别法

此前讨论的判别分析方法，计算简单、结论明确，实用性很强。但它们也存在着一些缺点：一是判别方法与两个总体各自出现的概率的大小完全无关；二是判别方法与错判之后造成的损失无关，这是不合理的。Bayes 判别则是考虑这两个因素后而提出的一种判别方法。Bayes 判别的基本思想是认为所有 G 个类别都是空间中互斥的子域，每个观测都是空间中的一个点。在考虑先验概率的前提下，利用 Bayes 公式按照一定准则构造一个判别函数，分别计算该样品落入各个子域的概率，所有概率中最大的一类就被认为是该样品所属的类别。

设有 k 个总体 G_1，G_2，$\cdots$，G_k，其 P 维分布密度函数分布为 $f_1(\boldsymbol{x})$，$f_2(\boldsymbol{x})$，$\cdots$，$f_k(\boldsymbol{x})$，各总体出现的先验概率分布为 q_1，q_2，$\cdots$，q_k，$\sum_{i=1}^{k} q_i = 1$，对于样品 $\boldsymbol{x} = (x_1, x_2, \cdots, x_p)^{\mathrm{T}}$，需判定 $\boldsymbol{x}$ 归属哪一个总体。把 $\boldsymbol{x}$ 看成是 P 维欧式空间 R^p 的一个点，那么，Bayes 判别规则期望对样本空间实现一个划分：R_1，R_2，$\cdots$，R_k，这个划分即考虑各总体出现的概率又考虑使

误差的可能性最小,这个划分就成了一个判别规则,即若 x 落入 $R_i(i=1, 2, \cdots, k)$,则 $x \in G_i$。

根据 Bayes 公式,样品 x 来自 G_i 的条件概率(后验概率)为

$$P(G_i \mid \boldsymbol{x}) = \frac{q_i f_i(\boldsymbol{x})}{\sum_{j=1}^{k} q_j f_j(\boldsymbol{x})} \qquad (8-16)$$

若 x 属于 G_i,而被误判为 $G_j(i \neq j)$ 的概率为 $1 - P(G_i \mid \boldsymbol{x})$。当因误判而产生的损失函数为 $L(j \mid i)$,那么错判的平均损失为

$$E(i \mid \boldsymbol{x}) = \sum_{j \neq i} \left[\frac{q_i f_i(\boldsymbol{x})}{\sum_{j=1}^{k} q_j f_j(\boldsymbol{x})} \cdot L(j \mid i) \right] \qquad (8-17)$$

它表示了本属于第 i 个总体的样品被错判为第 j 个总体的损失。判别一个样品属于哪一类,自然既希望属于这一类的后验概率大,又希望错判为这一类的平均损失小。在实际应用中确定损失函数比较困难,故常假设各种错判的损失一样。此时,要使 $P(G_i|\boldsymbol{x})$ 最大与 $E(i|\boldsymbol{x})$ 最小是等价的。这样,建立判别函数就只需使 $P(G_i|\boldsymbol{x})$ 最大,它等价于应使 $q_i f_i(\boldsymbol{x})$ 最大,故判别函数为

$$y_i(\boldsymbol{x}) = q_i f_i(\boldsymbol{x}) \quad (i=1, 2, \cdots, k) \qquad (8-18)$$

判别规则为:当 x 落入 R_i,则 $x \in G_i$,其中

$$R_i = \{ \boldsymbol{x} \mid y_i(\boldsymbol{x}) = \max_{1 \leqslant j \leqslant k} y_j(\boldsymbol{x}) \}$$

或者说,对于 x,若 $y_i(\boldsymbol{x}) = \max\limits_{1 \leqslant j \leqslant k} y_j(\boldsymbol{x})$,则 $x \in G_i$

当 $G_i \sim N_p(\boldsymbol{\mu}_i, \boldsymbol{\Sigma}_i)$ 时有

$$y_i(\boldsymbol{x}) = q_i (2\pi)^{-\frac{p}{2}} \mid \boldsymbol{\Sigma}_i \mid^{-\frac{1}{2}} \exp\left\{ -\frac{1}{2}(\boldsymbol{x} - \boldsymbol{\mu}_i)^{\mathrm{T}} \boldsymbol{\Sigma}_i^{-1}(\boldsymbol{x} - \boldsymbol{\mu}_i) \right\} \qquad (8-19)$$

令 $Z_i(\boldsymbol{x}) = \ln\left[(2\pi)^{-\frac{p}{2}} y_i(\boldsymbol{x}) \right]$,则判别函数为

$$Z_i(\boldsymbol{x}) = \ln q_i - \frac{1}{2}\ln \mid \boldsymbol{\Sigma}_i \mid - \frac{1}{2}\boldsymbol{x}^{\mathrm{T}} \boldsymbol{\Sigma}_i^{-1} \boldsymbol{x} + \boldsymbol{x}^{\mathrm{T}} \boldsymbol{\Sigma}_i^{-1} \boldsymbol{\mu}_i - \frac{1}{2}\boldsymbol{\mu}_i^{\mathrm{T}} \boldsymbol{\Sigma}_i^{-1} \boldsymbol{\mu}_i \qquad (8-20)$$

其中,$i=1, 2, \cdots, k$,判别规则为

若 $\qquad Z_i(\boldsymbol{x}) = \max\limits_{1 \leqslant j \leqslant k} Z_j(\boldsymbol{x})$,则 $x \in G_i$

这时的后验概率为

$$P(G_i \mid \boldsymbol{x}) = \frac{\exp\{Z_i(\boldsymbol{x})\}}{\sum_{j=1}^{k} \exp\{Z_j(\boldsymbol{x})\}} \qquad (8-21)$$

当 $\boldsymbol{\Sigma} = \boldsymbol{\Sigma}_1 = \boldsymbol{\Sigma}_2 = \cdots = \boldsymbol{\Sigma}_k$ 时,由于判别函数 $Z_i(\boldsymbol{x})$ 式中第二、第三项与 i 无关,故判别函数可简化为

$$Z_i(\boldsymbol{x}) = \ln q_i + \boldsymbol{x}^{\mathrm{T}} \boldsymbol{\Sigma}_i^{-1} \boldsymbol{\mu}_i - \frac{1}{2} \boldsymbol{\mu}_i^{\mathrm{T}} \boldsymbol{\Sigma}_i^{-1} \boldsymbol{\mu}_i \quad (i = 1, 2, \cdots, k) \tag{8-22}$$

而判别规则不变。

可以证明，当 $k = 2$ 时，若 $q_1 = q_2$ 且两总体的误判概率相等时，Bayes 判别与距离判别等价。

当总体参数未知时，可通过各总体的典型样本来估计。设 G_i 的典型样本容量为 n_i，均值为 $\bar{\boldsymbol{x}}^{(i)}$，离差阵为 $\boldsymbol{L}_{xx}^{(i)}$，$i = 1, 2, \cdots, k$，$\sum_{i=1}^{k} n_i = n$，$\sum_{i=1}^{k} \boldsymbol{L}_{xx}^{(i)} = \boldsymbol{L}_{xx}$，则 $\boldsymbol{S} = \hat{\boldsymbol{\Sigma}} = \dfrac{1}{n-k} \boldsymbol{L}_{xx}$。

判别函数为

$$\begin{aligned}
Z_i(\boldsymbol{x}) &= \ln q_i - \frac{1}{2} [\bar{\boldsymbol{x}}^{(i)}]^{\mathrm{T}} \boldsymbol{S}^{-1} \bar{\boldsymbol{x}}^{(i)} + \boldsymbol{x}^{\mathrm{T}} \boldsymbol{S}^{-1} \bar{\boldsymbol{x}}^{(i)} \\
&= \ln q_i + c_{0i} + c_{1i} x_1 + c_{2i} x_2 + \cdots + c_{pi} x_p \\
&= \ln q_i + c_{0i} + \boldsymbol{C}_i^{\mathrm{T}} \boldsymbol{x}
\end{aligned} \tag{8-23}$$

其中

$$q_i = \frac{n_i}{n}, \quad \boldsymbol{C}_i = (c_{1i}, c_{2i}, \cdots, c_{pi})^{\mathrm{T}} = \boldsymbol{S}^{-1} \bar{\boldsymbol{x}}^{(i)}, \quad c_{0i} = -\frac{1}{2} (\bar{\boldsymbol{x}}^{(i)})^{\mathrm{T}} \boldsymbol{S}^{-1} \bar{\boldsymbol{x}}^{(i)}$$

同样，判别规则不变。

判别函数建立后，即可按原判别规则对任一样品判别归属。

但在 Bayes 判断规则之前，设 $G_i \sim N_p(\boldsymbol{\mu}_i, \boldsymbol{\Sigma})$，有必要进行统计检验

$$H_{01}: \boldsymbol{\mu}_1 = \boldsymbol{\mu}_2 = \cdots = \boldsymbol{\mu}_k$$

可以证明：$\sum_{i=1}^{k} \boldsymbol{L}_{xx}^{(i)} \sim W_p(n-k, \boldsymbol{\Sigma})$，$\boldsymbol{B} \sim W_p(k-1, \boldsymbol{\Sigma})$，且 $\sum_{i=1}^{k} \boldsymbol{L}_{xx}^{(i)}$ 与 $\boldsymbol{B}$ 相互独立，所以有威尔克斯统计量

$$\Lambda(p, n-k, k-1) = \frac{|\boldsymbol{L}_{xx}|}{|\boldsymbol{L}_{xx} + \boldsymbol{B}|} \tag{8-24}$$

其中，$n = \sum_{i=1}^{k} n_i$。这样

$$V = -\left(n - 1 - \frac{p+k}{2}\right) \ln \Lambda(p, n-k, k-1) \tag{8-25}$$

近似服从 $\chi^2[p(k-1)]$。用它可以检验 H_{01}。

当 H_{01} 被接受，说明 k 个总体是一样的，也就没有必要建立判别函数；但若 H_{01} 被拒绝，就需要检验每两个总体之间差异的显著性，即要检验

$$H_{02}: \boldsymbol{\mu}_i = \boldsymbol{\mu}_j \quad (i, j = 1, 2, \cdots, k, i \neq j)$$

使用统计量为

$$F_{ij} = \frac{(n-p-k+1) n_i n_j}{p(n-k)(n_i+n_j)} d_{ij}^2 \sim F(p, n-p-k+1) \tag{8-26}$$

其中，d_{ij}^2 为两个总体之间的马氏距离

$$d_{ij}^{\hat{2}} = \left[\bar{x}^{(i)} - \bar{x}^{(j)}\right]^{\mathrm{T}} c \left(c^{\mathrm{T}} \hat{\Sigma} c\right)^{-1} c^{\mathrm{T}} \left[\bar{x}^{(i)} - \bar{x}^{(j)}\right]$$

其中，$\hat{\Sigma} = \dfrac{L_{xx}}{n-k}$。

经检验，若某两个总体差异不显著，则将这两个总体合并为一个总体，由剩下的互不相同的总体重新建立判别函数。

当 $c^{\mathrm{T}} \hat{\Sigma} c = 1$ 时，

$$d_{ij}^{\hat{2}} = \left\{c^{\mathrm{T}} \left[\bar{x}^{(i)} - \bar{x}^{(j)}\right]\right\}^2$$

但对 Fisher 判别来说，由其判别函数可以看到，它对总体分布并无限制，只要总体的均值与总体协方差阵存在且总体的协方差阵可逆即可。因此，应用 Fisher 判别之前，通常不进行上述的检验。一般地，对经验样品回判率大于 80% 就可以使用 Fisher 判别。

8.5
逐步判别法

在判别问题中，对判别能力产生影响的变量往往很多，但是影响有大有小，如果将其中最主要的变量忽略了，由此建立的判别函数其效果不一定好，当判别变量个数较多时，如果不加选择地一概采用来建立判别函数，不仅计算量大，还由于变量之间的相关性，可能使求解逆矩阵的计算精度下降，建立的判别函数不稳定。因此适当地筛选变量的问题就成为一个很重要的事情。凡是有筛选变量能力的判别分析方法统称为逐步判别法。与通常的判别分析一样，逐步判别也有许多不同的原则，从而产生各种方法。本节所讨论的逐步判别分析方法是在多组判别分析基础上发展起来的一种方法，判别准则为 Bayes 判别函数，其基本思路和逐步回归分析类似，采用"有进有出"的算法，变量按其是否重要逐步引入，原引入的变量，也可能由于其后新变量的引入使之丧失重要性而被剔除，每步引入或剔除变量，都作相应的统计检验，使最后的 Bayes 判别函数仅保留"重要"的变量。

逐步判别法中需对变量的重要性进行区分，那么如何来对变量的判别能力进行测量呢？此时要用到威尔克斯统计量。

根据多元方差分析的原理，定义 A 为样本点的组内离差平方和，T 为样本点的总离差平方和，此时有

$$\Lambda = \frac{|A|}{|T|} \tag{8-27}$$

要分析某一变量是否有显著的判别能力，可按以下步骤来进行。

设判别函数中已经有 q 个变量，记为 X^*，这时考虑是否需要增加变量 X_j，此时可计算偏威尔克斯统计量

$$\Lambda(X_j \mid X^*) = \Lambda(X^*, X_j) / \Lambda(X^*) \tag{8-28}$$

其中，$\Lambda(X^*, X_j)$ 表示 X^* 与 X_j 的威尔克斯统计量。可以证明

$$F = \frac{n-k-q}{k-1} \cdot \frac{1 - \Lambda(X_j \mid X^*)}{\Lambda(X_j \mid X^*)} \sim F_\alpha(k-1, n-k-q)$$

记 $F_{进} = F_a(k-1, n-k-q)$，若有 $F \geqslant F_{进}$，则表明变量 $\boldsymbol{X}_j$ 判别能力显著，在判别函数中应增加变量 $\boldsymbol{X}_j$。

对于判别函数中已存在的 q 个变量 $\boldsymbol{X}^*$ 中，是否有对判别能力不显著的变量存在，若存在，则应将其从判别函数中剔除。如考虑变量 $\boldsymbol{X}_k$ 是否可从判别函数中剔除，记删除 $\boldsymbol{X}_k$ 的变量组为 $\boldsymbol{X}^*(k)$，则类似地有

$$F = \frac{n-k-q+1}{k-1} \cdot \frac{1-\Lambda[X_k \mid X^*(k)]}{\Lambda[X_k \mid X^*(k)]} \sim F_a(k-1, n-k-q+1)$$

此时，如果有 $F < F_a(k-1, n-k-q+1) = F_{出}$，则表明变量 $\boldsymbol{X}_k$ 的判别能力不显著，需要将 $\boldsymbol{X}_k$ 从 $\boldsymbol{X}^*$ 中删除掉。

重复上述变量引入和剔除的过程，直至既不能引入新变量，又不能剔除已选进判别函数中的变量，此时将已选中的变量来建立判别函数。

8.6
判别分析的 SPSS 应用

例 8.1 如表 8.1 所示，13 个省(市、自治区)按经济效益已分为两大类，若又取得三个省的经济效益资料，试对其进行判别分析。

表 8.1 13 个省(市、自治区)经济效益指标

地区	工业增加值率 $x_1/\%$	总资产贡献率 $x_2/\%$	资产负债率 $x_3/\%$	流动资产周转次数 x_4	成本费用利润率 $x_5/\%$	劳动生产率 $x_6/$(元/人年)	产品销售率 $x_7/\%$	类别
北京	27.90	5.22	57.23	1.31	2.63	2 987.95	98.10	1
天津	27.28	8.12	58.84	1.85	6.80	8 191.27	99.35	2
河北	36.46	8.12	60.28	1.49	5.49	2 629.81	98.90	1
山西	36.80	5.41	62.59	0.88	2.49	4 413.53	97.97	1
内蒙古	38.09	6.09	57.37	1.24	2.31	5 129.88	99.02	1
辽宁	28.15	7.36	59.49	1.48	4.67	7 955.68	98.37	2
吉林	28.18	8.28	64.72	1.28	6.20	141.03	98.89	2
上海	29.29	9.01	47.48	1.51	7.21	8 816.16	99.46	2
江苏	26.48	8.58	59.73	1.68	4.48	6 044.81	98.26	2
浙江	26.48	10.84	55.04	1.85	6.67	6 785.21	98.22	2
安徽	32.67	7.35	60.96	1.36	2.67	5 674.30	99.11	1
福建	34.22	10.89	58.52	1.85	6.79	1 263.70	97.84	2
江西	28.51	6.40	67.53	1.19	1.55	9 123.49	98.11	1
山东	32.60	11.70	61.54	1.92	8.42	52 621.24	98.32	待判
河南	30.77	7.39	65.02	1.23	4.07	29 296.86	98.31	待判
湖北	33.75	7.46	62.58	1.23	4.58	49 374.62	101.23	待判

实验步骤如下。

（1）建立或录入数据文件，数据中必须包括一个表明已知观测量所属类别的变量和若干用于分类特征的变量（图8.1）。

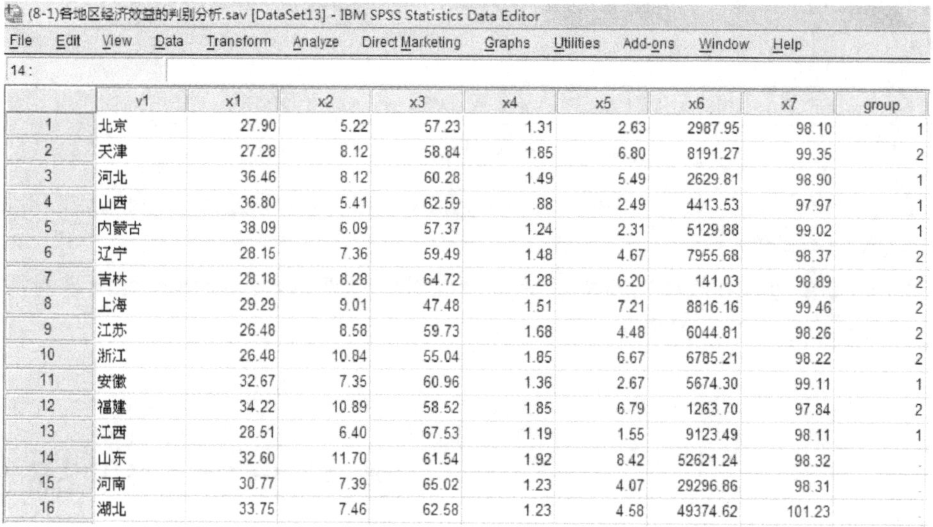

图8.1 录入数据

（2）选择"Analyze → Classify → Discriminant"打开判别分析对话框"Discriminant Analysis"（图8.2）。

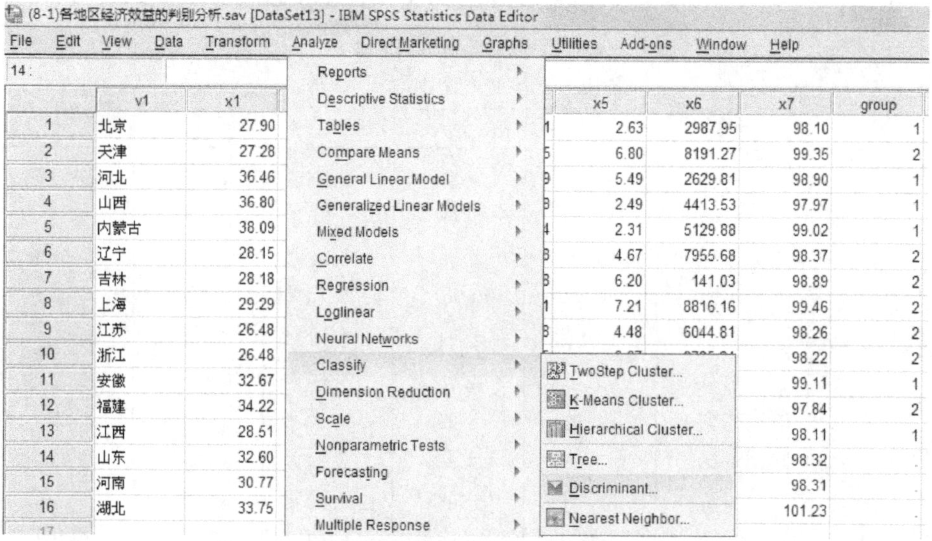

图8.2 "判别分析"菜单的选择

（3）选择分类变量及其范围。

在主对话框图8.4左边的矩形框中选择表明已知观测量所属类别的变量（本例为Group，一定是离散变量），按上面一个箭头按钮，使该变量名移到箭头按钮右边"Grouping Variable"下面的矩形框，此时矩形框下面的"Define Range ..."（定义范围）按钮变为可用，按该按钮，系统弹出一个小对话框，供指定该分类变量的数值范围。

在"Minimum:"后面的矩形框中输入该分类变量的最小值；在"Maximum:"后面的矩形

框中输入该分类变量的最大值。本例中分类变量的范围为 1 到 2，所以在最小值和最大值中分别输入"1"和"2"（图 8.3）。

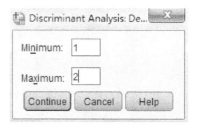

图 8.3　分类变量及其范围的设定

（4）指定判别分析的自变量。

在主对话框左边的变量表中选择表明观测量特征的变量，按下面一个箭头按钮，把选中的变量"x₁，…，x₇"移到"Independents："下面的矩形框中，作为参与判别分析的变量。系统提供两类判别方式供选择：一是 Enter independents together，即判别的原始变量全部进入判别方程，当你认为所有自变量都能对观测量特性提供丰富的信息时，可使用该选择项，这也是系统默认项；二是 Use stepwise method，即采用逐步的方法选择变量进入方程。对于后者，系统有 5 种逐步选择方式（图 8.4）。

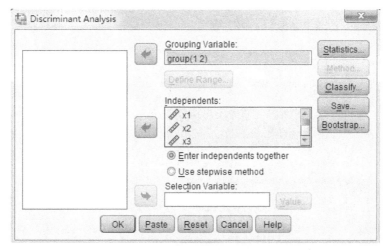

图 8.4　Independents 对话框

（5）指定输出的描述统计量和判别函数系数。

在主对话框中单击"Statistics"按钮，系统弹出相应的子对话框，如图 8.5 所示。在"Function Coefficients"（判别函数系数）组的矩形框中选择判别函数系数的输出形式（本例同时勾选"Fisher's"和"Unstandardized"）。

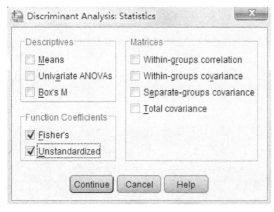

图 8.5　Discriminant Analysis：Statistics 对话框

Fisher's：可以直接用于对新样品进行判别分类的贝叶斯（Bayes）判别系数（注：在输出结果的末尾，给出的 Classification Function Coefficients 下注明是 Fisher's linear diserimin a functions，但经验证实为贝叶斯线性判别函数。因为按判别函数值最大的一组进行归类这种思想是 Fisher 提出来的，因此 SPSS 用 Fisher 对贝叶斯方法进行命名）。

Unstandardized：未经标准化处理的典则判别函数的系数，也即一般意义的费希尔判别函数系数（系统默认给出的是标准化的费希尔判别函数系数），可用于计算判别分数。

（6）指定判别分类参数和判别输出结果。

在主对话框中单击"Classify"按钮，系统弹出相应的子对话框，如图 8.6 所示。在"Prior Probabilities"组的矩形框中选择先验概率，两者选其一（本例采用默认选项"All groups equal"），将"Display"组的矩形框中三个选项都选中。"Casewise results"表示输出每个样品的分类结果，包括每个样品的判别分数、后验概率、实际组和预测组编号等。"Summary table"和"Leave-one-out classfication"表示输出判别函数预测分类结果的总结，包括每组的正确、错误判别例数及其相应的比率，可以据此检验判别分析的效果。其中，"Summary table"为自身验证（Original）方法，表示将用来建立判别函数的各样品代入判别函数中检验每例样品是否正确判别，从而计算正确、错误判别率。自身验证效果好，并不能说明该函数用来判别外部数据的效果也好，实用价值不是很大。"Leave-one-out classfication"方法，为交互验证（Cross-validated）方法，表示在建立判别函数时依次去掉一例，然后用建立起的判别函数对该例进行判别，比较有效地避免了异常点的干扰。

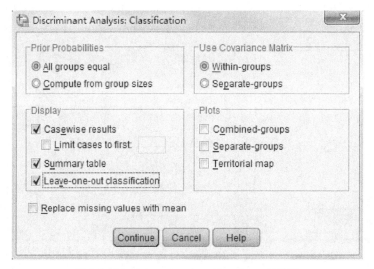

图 8.6　Discriminant Analysis：Classifiction 对话框

（7）指定生成并保存在数据文件中的新变量。

在主对话框中单击"Save"按钮，系统弹出"Discriminant Analysis：save"子对话框，如图 8.7 所示。

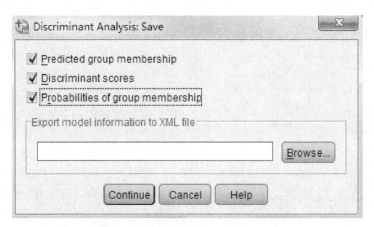

图 8.7　Discriminant Analysis：Save 对话框

在工作数据文件中将建立以下三个新变量，可以选择其一（本例对三个都进行勾选）。Predicted group membership：要求建立一个新变量，表明用 Bayes 判别函数判别样品所属组别的值（预测的组成员）。Discriminant score：要求建立用 Fisher 判别函数计算的判别得分的新变量。Probabilities of group membership：要求建立表明样品属于某一类的贝叶斯（Bayes）后验概率的新变量。

主要输出结果如下。

（1）未标准化的典则判别函数系数如表 8.2 所示。

未标准化的典则判别函数系数，即费希尔判别函数系数，可以将样品观察值直接代入函数，求出判别得分。本例费希尔判别函数为

$$Y_1 = 59.979 - 0.189x1 + 0.178x2 + 0.02x3 - 0.667x4 + 0.921x5 - 0.614x7$$

表 8.2　费希尔判别函数系数
Canonical Discriminant Function Coefficients

	Function
	1
x1	−0.189
x2	0.178
x3	0.020
x4	−0.667
x5	0.921
x6	0.000
x7	−0.614
(Constant)	59.979

Unstandardized coefficients

表 8.3　贝叶斯判别函数系数
Classification Function Coefficients

	group	
	1	2
x1	−3.920	−4.684
x2	92.565	93.285
x3	7.815	7.895
x4	58.119	55.420
x5	−163.500	−159.775
x6	−0.033	−0.033
x7	507.238	504.755
(Constant)	−2.518E4	−2.494E4

Fisher's linear discriminant functions

（2）贝叶斯判别函数系数如表 8.3 所示。

表中第 2、3 列表示样品代入相应列的贝叶斯判别函数系数，本例各类贝叶斯判别函数如下。

第一类　$F_1 = -25\ 180 - 3.92x1 + 92.565x2 + 7.815x3 + 58.119x4 - 163.5x5 - 0.033x6 + 507.238x7$

第二类　$F_2 = -24\ 940 - 4.684x1 + 93.285x2 + 7.895x3 + 55.42x4 - 159.775x5 - 0.033x6 + 504.755x7$

将两样品的自变量值代入上述两个贝叶斯判别函数，得到两个函数值，比较这两个函数值，哪个函数值比较大就可将该样品判入该类。例如，将待判样品山东的观测值分别代入函数，得到 $F_1 = 23\ 126.21$，$F_2 = 23\ 136.71$，比较两个函数值，得出 F_2 较大，可以认为待判样品山东省应该属于第二类。

（3）样品判别结果如表 8.4 和表 8.5 所示。

表 8.4 中，样品实际所属组 Actual Group，其中样品 14、15、16 待判；样品预测所属组 Predicted Group，可以看出，三个待判样品都被判归为第二组；其他结果分别表示贝叶斯判别法的第一大（后验）概率 P(G=g|D=d)、第二大（后验）概率、与组中心的马氏距离，以及费希尔判别法的每个典则判别函数的判别得分 Discriminant Scores。

表 8.4　样品判别结果
Casewise Statistics

Case Number		Actual Group	Highest Group					Second Highest Group			Discriminant Scores
			Predicted Group	P(D>d | G=g)		P(G=g | D=d)	Squared Mahalanobis Distance to Centroid	Group	P(G=g | D=d)	Squared Mahalanobis Distance to Centroid	Function 1
				p	df						
Original	1	1	1	0.570	1	0.997	0.322	2	0.003	12.095	−1.611
	2	2	2	0.680	1	1.000	0.170	1	0.000	19.869	2.279
	3	1	1	0.130	1	0.887	2.293	2	0.113	6.407	−0.664
	4	1	1	0.551	1	1.000	0.356	2	0.000	21.547	−2.775
	5	1	1	0.072	1	1.000	3.244	2	0.000	34.182	−3.979
	6	2	2	0.312	1	0.984	1.022	1	0.016	9.208	0.856
	7	2	2	0.767	1	0.999	0.088	1	0.001	14.052	1.570
	8	2	2	0.571	1	1.000	0.321	1	0.000	21.269	2.433
	9	2	2	0.367	1	0.989	0.815	1	0.011	9.877	0.965
	10	2	2	0.159	1	1.000	1.984	1	0.000	29.745	3.276
	11	1	1	0.816	1	1.000	0.054	2	0.000	18.303	−2.411
	12	2	2	0.860	1	0.999	0.031	1	0.001	14.970	1.691
	13	1	1	0.583	1	0.997	0.301	2	0.003	12.230	−1.630
	14	ungrouped	2	0.000	1	1.000	42.907	1	0.000	112.271	8.417
	15	ungrouped	2	0.718	1	1.000	0.130	1	0.000	19.414	2.228
	16	ungrouped	2	0.677	1	1.000	0.174	1	0.000	19.913	2.284

表 8.5　分 类 结 果
Classification Results[a,c]

	group		Predicted Group Membership		Total
			1	2	
Original	Count	1	6	0	6
		2	0	7	7
		Ungrouped cases	0	3	3
	%	1	100.0	0.0	100.0
		2	0.0	100.0	100.0
		Ungrouped cases	0.0	100.0	100.0
Cross-validated[b]	Count	1	3	3	6
		2	1	6	7
	%	1	50.0	50.0	100.0
		2	14.3	85.7	100.0

　　a. 100.0% of original grouped cases correctly classified.

　　b. Cross validation is done only for those cases in the analysis. In cross validation, each case is classified by the functions derived from all cases other than that case.

　　c. 69.2% of cross-validated grouped cases correctly classified.

表 8.5 的左半部分"group"表示每例样品的实际类别,右半部分"Predicted Group Membership"表示判别函数的预测类别。自身验证(Original)方法的结果表明:属于第一组的样品总数为 6,判别为第一组的样品数为 6,判别为第二组的样品数为 0,第一组的所有样品全都正确判别;属于第二组的样品总数为 7,判别为第一组的样品数为 0,判别为第二类的样品数为 7,第二组的所有样品全都正确判别。未知类别"Ungrouped cases"的样品数为 3,判别为第二组的样品数为 3。根据表中的"count"结果可以计算得到相应的正确判别率、错误判别率,如表中的"%"所示:第一组、第二组的正确判别率均为 100%,错误判别率均为 0%。对于交互验证(Cross-validated)方法,第一组的正确判别率为 $3/6=50\%$,错误判别率为 $3/6=50\%$,第二组的正确判别率为 $6/7=85.7\%$,错误判别率为 $1/7=14.3\%$,由此可以看出第一组的错判比率较高。表 8.5 下方的注释表明"Original"方法的总的正确判别率为 100%,"Cross validation"方法总的正确判别率为 69.2%,其计算公式为:$(3+6)/(6+7)=69.2\%$。

(4) 在数据编辑窗口,保存了三个新变量(图 8.8),变量名"Dis_1"表示判别样品所属组别的值;变量名"Dis1_1"表示将样品各观测值代入判别函数所得到的判别得分;变量名"Dis1_2""Dis2_2"分别表示样品属于第一组、第二组的贝叶斯后验概率值。从图 8.8 可以看出,待判样品山东、河南、湖北均被判到第二组。

	v1	x1	x2	x3	x4	x5	x6	x7	group	Dis_1	Dis1_1	Dis1_2	Dis2_2
1	北京	27.9000	5.2200	57.2300	1.3100	2.6300	2987.9500	98.1000	1	1	-1.61067	.99723	.00277
2	天津	27.2800	8.1200	58.8400	1.8500	6.8000	8191.2700	99.3500	2	2	2.27917	.00005	.99995
3	河北	36.4600	8.1200	60.2800	1.4900	5.4900	2629.8100	98.9000	1	1	-.66413	.88668	.11332
4	山西	36.8000	5.4100	62.5900	.8800	2.4900	4413.5300	97.9700	1	1	-2.77469	.99997	.00003
5	内蒙古	38.0900	6.0900	57.3700	1.2400	2.3100	5129.8800	99.0200	1	1	-3.97944	1.00000	.00000
6	辽宁	28.1500	7.3600	59.4900	1.4800	4.6700	7955.6800	98.3700	2	2	.85608	.01642	.98358
7	吉林	28.1800	8.2800	64.7200	1.2800	6.2000	141.0300	98.8900	2	2	1.57030	.00093	.99907
8	上海	29.2900	9.0100	47.4800	1.5100	7.2100	8816.1600	99.4600	2	2	2.43349	.00003	.99997
9	江苏	26.4800	8.5800	59.7300	1.6800	4.4800	6044.8100	98.2600	2	2	.96451	.01065	.98935
10	浙江	26.4800	10.8400	55.0400	1.8500	6.6700	6785.2100	98.2200	2	2	3.27561	.00000	1.00000
11	安徽	32.6700	7.3500	60.9600	1.3600	2.6700	6674.3000	99.1100	1	1	-2.41103	.99989	.00011
12	福建	34.2200	10.8900	58.5200	1.8500	6.7900	1263.7000	97.8400	2	2	1.69080	.00057	.99943
13	江西	28.5100	6.4000	67.5300	1.1900	1.5500	9123.4900	98.1100	1	1	-1.62999	.99744	.00256
14	山东	32.6000	11.7000	61.5400	1.9200	8.4200	52621.2400	98.3200		2	8.41748	.00000	1.00000
15	河南	30.7700	7.3900	65.0200	1.2300	4.0700	29296.8600	98.3100		2	2.22778	.00006	.99994
16	湖北	33.7500	7.4600	62.5800	1.2300	4.5800	49374.6200	101.2300		2	2.28402	.00005	.99995

图 8.8 "Save"运行后产生的新变量

(5) 组重心结果如下表所示。

表 8.6 组 重 心 函 数

Functions at Group Centroids

group	Function
	1
1	-2.178
2	1.867

Unstandardized canonical discriminant functions evaluated at group means.

表中的数据为第一组、第二组的组重心,它是将第一组、第二组的均值代入未标准化的 Fisher 判别函数中计算得到的结果。SPSS 只给出了 Fisher 判别函数的系数,但并未给出每例样品的分类结果,但我们可以进一步采用距离判别方法,计算比较待判样品到哪一组的组重心距离更近,从而给出 Fisher 函数的判别结果。比如待判样品山东,将各变量值分别代入未标准化的 Fisher 判别函数中,计算判别得分为 8.417,也可以通过图 8.8 中的"Dis1_1"一列找出山东的判别得分。显然,$|8.417-(-2.178)|>|8.417-1.867|$,到第二组组重心的距离更近。因此,将山东判别到第二组。若 SPSS 输出两个以上的 Fisher 判别函数,需计算多维空间的欧式距离或马氏距离,同样可以利用组重心计算给出分类结果。

小结

本章介绍了判别分析的基本思想,对距离判别法、Fisher 判别法、Bayes 判别法和逐步判别法的原理和应用进行了总结。通过本章的学习,读者应能了解:判别分析法的基本思想,距离判别法、Fisher 判别法、Bayes 判别法和逐步判别法等判别分析方法的基本思想和原理,并能进行相应的应用。应重点掌握距离判别法、Fisher 判别法的基本思想和原理及应用。

本章主要术语

马氏距离　Fisher 判别法　Bayes 判别法　逐步判别法

思考与练习

1. 试述判别分析的基本思想。
2. 试述 Fisher 判别分析的基本思想。
3. 试述判别分析与聚类分析的联系和区别。
4. 某超市经销十种品牌的饮料,其中有四种畅销,三种滞销,三种平销。下表是这十种品牌饮料的销售价格(元)和顾客对各种饮料的口味评分、信任度评分的平均数。

销售情况	产品序号	销售价格	口味评分	信任度评分
畅　销	1	2.2	5	8
	2	2.5	6	7
	3	3.0	3	9
	4	3.2	8	6
平　销	5	2.8	7	6
	6	3.5	8	7
	7	4.8	9	8

销售情况	产品序号	销售价格	口味评分	信任度评分
滞 销	8	1.7	3	4
	9	2.2	4	2
	10	2.7	4	3

（1）根据数据建立贝叶斯判别函数,并根据此判别函数对原样本进行回判。

（2）现有一新品牌的饮料在该超市试销,其销售价格为 3.0,顾客对其口味的评分平均为 8,信任评分平均为 5,试预测该饮料的销售情况。

·第9章·
主成分分析

相关实例

➢ **居民生活质量综合评价**。为了全面分析我国各省市自治区的城市居民生活质量状况,选取如下6个指标:职工人均工资、人均住房面积、人均城市道路面积、人均公园绿地面积、批发零售贸易商品销售总额、旅游外汇收入。但事实上,这些指标存在一定的相关性,所以将它们综合成几个不相关的指标后再进行分析。

➢ **量体裁衣**。上衣的尺寸特征有:领长、袖长、衣长、胸围、袖宽、肩宽等指标,每个人都有自己的尺寸,服装厂要生产一批上衣,不是按照这些指标一一组合进行生产,而是抓住大多数人的主要差异所在,把这些指标综合成一个指标,如特大码(XL)、大码(L)、中码(M)、小码(S)、特小码(XS)。

上述例子中,都涉及将多个指标综合成少数几个指标的问题,如何综合?综合后的指标有什么特征及用途?本章介绍的主成分分析正是要回答这些问题。

9.1
引 言

主成分的概念最早由英国生物统计学家 Karl Pearson 在 1901 年提出,但当时仅限于非随机变量的讨论,之后由霍特林(Hotelling)于 1933 年将其扩展到随机变量。

在众多领域的研究中,人们为了避免遗漏重要的信息,往往选取与之有关的较多的指标进行分析,这些"指标"在多元统计中也称作"变量"。例如在评价企业的经营业绩时,要考虑许多指标,如利润、产值、产品数量、产品质量、固定资产、流动资产等。若要全部列出,也许可以有几十个指标。但选取的变量过多,不但会增加计算量,使本来不复杂的现象变得复杂,而且有可能造成信息的重叠即变量之间可能高度相关,这样会给问题分析和解释带来困难,甚至会影响最终统计分析的结果。如在进行回归分析时,变量之间的多重共线性会使得回归分析的结果受到质疑。因此人们希望对这些变量加以"改造",用少数的互不相关的新变量反映原始变量所提供的绝大部分信息,通过对新变量的分析解决问题。由这几个新变量出发还有可能得到一个总的指标,按此总指标来排序、分类,问题就可能简单多了。

主成分分析正是解决上述问题的一种行之有效的方法。主成分分析(principal components analysis)是利用降维的思想,在力保数据信息损失最少的原则下,把多个指标转化为少数几个综合指标的一种对多变量数据进行最佳综合简化的多元统计方法。也就是说,将原来的高维空间的问题转化为低维空间来处理,显然,问题会变得简单些。在主成分分析中,通常将转化生成的综合指标称为"主成分"。主成分是原始变量的线性组合,且主成分之间互不相关。这样,只需考虑少数几个主成分研究复杂问题,既不丢掉原始数据主要信息,又容易抓住主要矛盾,避开变量之间共线性的问题,便于进一步分析,提高分析效率。

主成分分析的主要功能是压缩指标个数、简化数据,但要注意的是,主成分分析方法往往是一种达到目的的手段,需与其他方法结合起来使用。也就是说,主成分分析不能看成是研究的结果,而应继续采用其他统计方法以解决实际问题。例如,可以使用生成的主成分进行回归分析,避免变量间的多重共线性,也可以对主成分作因子分析、聚类分析、判别分析等。

本章主要介绍主成分分析的模型、几何解释、主成分的推导及其 SPSS 的应用。

9.2 主成分分析的数学模型及其几何意义

9.2.1 数学模型

假设我们所讨论的实际问题中,设有 n 个样品,每个样品观测 p 个指标,我们把这 p 个指标看作 p 个随机变量,记为 $\boldsymbol{X} = (x_1, x_2, \cdots, x_p)'$。设随机向量 $\boldsymbol{X}$ 的均值为 $\boldsymbol{\mu}$,协方差矩阵为 $\boldsymbol{\Sigma}$。主成分分析就是要把这 p 个指标的问题,转变为讨论 p 个指标的线性组合的问题。对 $\boldsymbol{X}$ 进行线性变换,可以生成新的综合指标即主成分,记为 $y_1, y_2, \cdots, y_p$。则主成分分析的数学模型为

$$\begin{cases} y_1 = l_{11}x_1 + l_{21}x_2 + \cdots + l_{p1}x_p = \boldsymbol{l}_1'\boldsymbol{X} \\ y_2 = l_{12}x_1 + l_{22}x_2 + \cdots + l_{p2}x_p = \boldsymbol{l}_2'\boldsymbol{X} \\ \vdots \\ y_p = l_{1p}x_1 + l_{2p}x_2 + \cdots + l_{pp}x_p = \boldsymbol{l}_p'\boldsymbol{X} \end{cases} \tag{9-1}$$

则由上式,可得

$$\text{var}(y_j) = \boldsymbol{l}_j'\boldsymbol{\Sigma}\boldsymbol{l}_j, \quad j = 1, 2, \cdots, p \tag{9-2}$$

$$\text{cov}(y_j, y_k) = \boldsymbol{l}_j'\boldsymbol{\Sigma}\boldsymbol{l}_k, \quad j, k = 1, 2, \cdots, p \tag{9-3}$$

而主成分是那些不相关的 $y_1, y_2, \cdots, y_p$ 组合,即 $\text{cov}(y_j, y_k) = 0 (j \neq k)$,同时使得式(9-2)中的方差尽可能大。但满足这样条件的 $y_1, y_2, \cdots, y_p$ 组合有若干个。因为对于任意常数 c,cy_j 也能满足条件,但

$$\text{var}(cy_j) = c^2 \boldsymbol{l}_j'\boldsymbol{\Sigma}\boldsymbol{l}_j, \quad j = 1, 2, \cdots, p$$

会随 c 的增大而无限增大,问题将变得没有实际意义。一种比较简便的方法是只考虑 $\boldsymbol{l}_j$ 为单

位长度的系数向量,即满足

$$l'_j l_j = 1, \text{即 } l_{j1}^2 + l_{j2}^2 + \cdots + l_{jp}^2 = 1, \quad j = 1, 2, \cdots, p \qquad (9-4)$$

于是,我们给出主成分的下述定义。

定义 1 我们称线性组合 $y_j = l'_j X = l_{1j} x_1 + l_{2j} x_2 + \cdots + l_{pj} x_p$ 为 $x_1, x_2, \cdots, x_p$ 的第 $j(j=1, 2, \cdots, p)$ 个主成分。如果其系数向量满足下列条件

(1) 正则条件:$l'_j l_j = 1$;

(2) 正交条件:$l'_j l_k = 0$,$k = 1, 2, \cdots, j-1$,$k < j$;

(3) 最大方差条件:$\mathrm{var}(y_j) = l'_j \Sigma l_j$ 最大。

(4) 主成分的方差依次递减,重要性依次递减,即

$$\mathrm{var}(l'_1 X) \geqslant \mathrm{var}(l'_2 X) \geqslant \cdots \geqslant \mathrm{var}(l'_p X)$$

实际研究中,通常只取前面几个方差最大的主成分代替原始变量作进一步分析。至于各主成分的具体求解方法,我们放到下一节介绍。

9.2.2 几何意义

假设我们所讨论的实际问题中,有 n 个样品,每个样品观测 p 个指标,则 p 个指标构成 p 维空间,n 个样品就是 p 维空间的 n 个点。若最终选取了 m 个主成分 $Y = (y_1, y_2, \cdots, y_m)'(m < p)$,相当于在 m 维空间描述 n 个样品的特征。则主成分分析就是如何将 p 维空间的问题转化到 m 维空间来处理,这实际上是一个降维的过程。

为了方便起见,我们假定只有两个变量 x_1 和 x_2,且两个变量存在相关关系,这意味着两个变量提供的信息有重叠。在由变量 x_1 和 x_2 所确定的二维平面中,n 个样品点所散布的情况如椭圆状。由图 9.1 可以看出这 n 个样品点无论是沿着 x_1 轴方向或 x_2 轴方向都具有较大的离散性,其离散的程度可以分别用观测变量 x_1 的方差和 x_2 的方差定量地表示。显然,如果只考虑 x_1 和 x_2 中的任何一个,那么包含在原始数据中的经济信息将会有较大的损失。但仔细观察椭圆的长短轴,会发现:在长轴方向,数据的变化明显较大,而短轴方向变化则较小。若在椭圆长轴方向取坐标轴 y_1,短轴方向取坐标轴 y_2,这相当于平面上作一个坐标变换,即将原坐标轴按逆时针方向旋转 θ 角度,得到新坐标轴 y_1 和 y_2。根据旋转变换公式

$$\begin{cases} y_1 = x_1 \cos\theta + x_2 \sin\theta \\ y_2 = -x_1 \sin\theta + x_2 \cos\theta \end{cases}$$

显然,y_1、y_2 是原始变量 x_1、x_2 的线性组合,其矩阵形式为

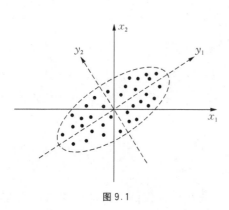

图 9.1

$$\begin{pmatrix} y_1 \\ y_2 \end{pmatrix} = \begin{pmatrix} \cos\theta & \sin\theta \\ -\sin\theta & \cos\theta \end{pmatrix} \begin{pmatrix} x_1 \\ x_2 \end{pmatrix} = L'X$$

式中,L 为旋转交换矩阵,根据代数知识可知,L 为正交矩阵,即满足

$$L' = L^{-1}, \quad L'L = I$$

经过这样的旋转变换后,原始数据的大部分信息集中到 y_1 轴上,对数据中包含的信息起到了浓缩作用。从图 9.1 中可以看出,二维平面上 n 个点的波动(可以用方差表现)大部分可以体现为 y_1 轴即长轴上

的波动,而在 y_2 轴即短轴上的波动很小。如果长短轴相差较大即椭圆比较扁平,我们可以只考虑 y_1 轴上的波动而忽略 y_2 轴上的波动。如此一来,二维空间的问题就转化到一维空间解决。就是说,研究某些问题时,即使只考虑 y_1 一个变量不考虑 y_2 关系也不大。事实上,长短轴相差越大,降维也就越合理。

y_1,y_2 除了可以对包含在 x_1,x_2 中的信息起着浓缩作用之外,还具有不相关(图形中表现为正交)的性质,这就使得在研究复杂的问题时避免了信息重叠所带来的虚假性。

多维变量的情形类似,只不过是一个高维椭球,无法直观地观察。每个变量都有一个坐标轴,所以有几个变量就有几个轴。首先把椭球的各个轴都找出来,再用代表大多数数据信息的最长的几个轴作为新变量,这样,降维过程也就完成了。

经过上述的分析可以看出,主成分分析的过程就是坐标系旋转的过程,各主成分与原始变量的线性关系就是新坐标系与原坐标系的变换关系。在新坐标系中,第一主成分对应的坐标轴方向就是原始数据波动最大的方向,其次是第二主成分对应的坐标轴方向,依次类推。

9.3 主成分的推导及其性质

9.3.1 总体主成分

1. 从协方差矩阵出发求解主成分

设 p 维随机向量 $\boldsymbol{X} = (x_1, x_2, \cdots, x_p)'$ 的协方差矩阵为 $\boldsymbol{\Sigma}$,则

$$
\boldsymbol{\Sigma} = \begin{pmatrix} \text{var}(x_1) & \text{cov}(x_1, x_2) & \cdots & \text{cov}(x_1, x_p) \\ \text{cov}(x_2, x_1) & \text{var}(x_2) & \cdots & \text{cov}(x_2, x_p) \\ \vdots & \vdots & \vdots & \vdots \\ \text{cov}(x_p, x_1) & \text{cov}(x_p, x_2) & \cdots & \text{var}(x_p) \end{pmatrix} \triangleq \begin{pmatrix} \sigma_{11} & \sigma_{12} & \cdots & \sigma_{1p} \\ \sigma_{21} & \sigma_{22} & \cdots & \sigma_{2p} \\ \vdots & \vdots & \vdots & \vdots \\ \sigma_{p1} & \sigma_{p2} & \cdots & \sigma_{pp} \end{pmatrix}
$$

$\boldsymbol{\Sigma}$ 的 p 个特征值为 $\lambda_1 \geqslant \lambda_2 \geqslant \cdots \geqslant \lambda_p$,对应的 p 个单位化特征向量为 $l_1, l_2, \cdots, l_p$。并设 $\boldsymbol{Y} = (y_1, y_2, \cdots, y_p)'$ 为 $\boldsymbol{X}$ 的主成分,则 $\text{var}(\boldsymbol{Y}) = \text{var}(\boldsymbol{L}'\boldsymbol{X}) = \boldsymbol{L}'\boldsymbol{\Sigma}\boldsymbol{L}$。

引理 设 $\boldsymbol{A}$ 是 n 阶对称阵,其特征根为 $\lambda_1 \geqslant \lambda_2 \geqslant \cdots \geqslant \lambda_n$,对应的单位化特征向量为 l_1,l_2,$\cdots$,l_n,则

$$
\sup_{\substack{l_j' \boldsymbol{x} = 0, \, j = 1, 2, \cdots, i \\ \boldsymbol{x}' \boldsymbol{x} = 1}} \boldsymbol{x}' \boldsymbol{A} \boldsymbol{x} = \lambda_{i+1}
$$

且当 $\boldsymbol{x} = l_{i+1}$ 时,二次型 $\boldsymbol{x}'\boldsymbol{A}\boldsymbol{x}$ 达到上确界。

回顾 9.2 节主成分的定义:第一主成分 $y_1 = l_1'\boldsymbol{X}$,满足在 $l_1'l_1 = 1$ 时,$\text{var}(l_1'\boldsymbol{X})$ 最大;第二主成分 $y_2 = l_2'\boldsymbol{X}$,满足在 $l_2'l_2 = 1$ 及 $\text{cov}(l_1'\boldsymbol{X}, l_2'\boldsymbol{X}) = 0$ 即 $l_1'l_2 = 0$ 时,$\text{var}(l_2'\boldsymbol{X})$ 最大;……第 j 个主成分 $y_j = l_j'\boldsymbol{X}$,满足在 $l_j'l_j = 1$ 及 $\text{cov}(l_j'\boldsymbol{X}, l_k'\boldsymbol{X}) = 0 \, (k < j)$ 即 $l_j'l_k = 0$ 时,$\text{var}(l_j'\boldsymbol{X})$ 最大;……第 p 个主成分 $y_p = l_p'\boldsymbol{X}$,满足在 $l_p'l_p = 1$ 及 $\text{cov}(l_p'\boldsymbol{X}, l_k'\boldsymbol{X}) = 0 (k = 1, 2, \cdots, p-1)$ 即 $l_p'l_k = 0$ 时,$\text{var}(l_p'\boldsymbol{X})$ 最大。由引理可知,求 $\boldsymbol{X} = (x_1, x_2, \cdots, x_p)'$ 的主成分便是求协方差矩阵 $\boldsymbol{\Sigma}$ 的特征根及对应的单位化特征向量。

下面,给出主成分的性质。

性质 1 主成分的协方差阵是对角阵 $\boldsymbol{\Lambda}$,其对角线元素为特征根 λ_1,λ_2,$\cdots$,λ_p,即

$$\text{var}(\boldsymbol{Y}) = \boldsymbol{L}'\boldsymbol{\Sigma}\boldsymbol{L} \triangleq \boldsymbol{\Lambda} = \begin{pmatrix} \lambda_1 & & & \\ & \lambda_2 & & \\ & & \ddots & \\ & & & \lambda_p \end{pmatrix}。$$

证明：由于 λ_j 为 $\boldsymbol{\Sigma}$ 的特征根，而 $\boldsymbol{l}_j$ 为对应的特征向量，所以有 $\boldsymbol{\Sigma}\boldsymbol{l}_j = \lambda_j\boldsymbol{l}_j$。又因为

$$\text{cov}(y_j, y_k) = \boldsymbol{l}'_j\boldsymbol{\Sigma}\boldsymbol{l}_k = \boldsymbol{l}'_j\lambda_k\boldsymbol{l}_k = \lambda_k\boldsymbol{l}'_j\boldsymbol{l}_k = 0, \quad j, k = 1, 2, \cdots, p, j \neq k,$$
$$\text{var}(y_j) = \boldsymbol{l}'_j\boldsymbol{\Sigma}\boldsymbol{l}_j = \lambda_j\boldsymbol{l}'_j\boldsymbol{l}_j = \lambda_j, \quad j = 1, 2, \cdots, p。$$

所以，主成分的协方差阵是对角阵，且对角线元素为 $\boldsymbol{\Sigma}$ 的特征根。

性质2 协方差阵 $\boldsymbol{\Sigma}$ 和 $\boldsymbol{\Lambda}$ 的对角线元素之和（迹）相等，即

$$\text{tr}(\boldsymbol{\Sigma}) = \sum_{j=1}^{p}\sigma_{jj} = \sum_{j=1}^{p}\lambda_j = \text{tr}(\boldsymbol{\Lambda})$$

证明：$\text{tr}(\boldsymbol{\Lambda}) = \text{tr}(\boldsymbol{L}'\boldsymbol{\Sigma}\boldsymbol{L}) = \text{tr}(\boldsymbol{\Sigma}\boldsymbol{L}\boldsymbol{L}') = \text{tr}(\boldsymbol{\Sigma})$，即 $\sum\limits_{j=1}^{p}\sigma_{jj} = \sum\limits_{j=1}^{p}\lambda_j$。

性质2说明主成分分析并未改变总方差的大小。但主成分分析的目的是为了减少指标的个数，所以一般不会取 p 个主成分，而只保留 $m(m < p)$ 个主成分，这就必定引起总方差的减少。如果忽略的后 $p - m$ 个主成分的方差在总方差中所占的比例很小，那么不会给总方差带来很大影响。

到底 m 取多少比较合适呢？这是主成分分析中一个很重要的问题。

定义2 称 $\lambda_j / \sum\limits_{i=1}^{p}\lambda_i$ 为第 j 个主成分 y_j 的贡献率，称 $\sum\limits_{i=1}^{m}\lambda_i / \sum\limits_{i=1}^{p}\lambda_i$ 为前 m 个主成分 y_1，y_2，$\cdots$，y_m 的累积贡献率。

根据问题的性质和要求，可选取 m 使累计贡献率达到 $70\% \sim 90\%$。即只要用前 m 个主成分就可以基本反映个体间的差异，这样既不损失太多信息，又达到减少指标的目的。

m 的选取还有其他方法，如可以借助于 SPSS 中碎石图（Scree Plot），在之后的"SPSS 应用"一节再进行介绍。

性质3 $\rho(x_j, y_i) = \sqrt{\lambda_i}l_{ij} / \sqrt{\sigma_{jj}}$

证明：令 $\boldsymbol{e}_j = (0, \cdots, 0, 1, 0, \cdots, 0)'$ 为单位向量，第 j 个元素为1，则 $x_j = \boldsymbol{e}'_j\boldsymbol{X}$，

$$\text{cov}(x_j, y_i) = \text{cov}(\boldsymbol{e}'_j\boldsymbol{X}, \boldsymbol{l}'_i\boldsymbol{X}) = \boldsymbol{e}'_j\text{var}(\boldsymbol{X})\boldsymbol{l}_i = \boldsymbol{e}'_j\boldsymbol{\Sigma}\boldsymbol{l}_i = \boldsymbol{e}'_j\lambda_i\boldsymbol{l}_i = \lambda_i\boldsymbol{e}'_j\boldsymbol{l}_i = \lambda_i l_{ij}$$

又因为 $\text{var}(y_i) = \lambda_i$，$\text{var}(x_j) = \sigma_{jj}$，于是

$$\rho(x_j, y_i) = \frac{\text{cov}(x_j, y_i)}{\sqrt{\text{var}(x_j)}\sqrt{\text{var}(y_i)}} = \frac{\lambda_i l_{ij}}{\sqrt{\sigma_{jj}}\sqrt{\lambda_i}} = \frac{\sqrt{\lambda_i}l_{ij}}{\sqrt{\sigma_{jj}}}$$

定义3 第 i 个主成分 y_i 与原始变量 x_j 之间的相关系数称为因子载荷量。

因子载荷量反映了原指标 x_j 与主成分 y_i 的关系的密切程度，它为主成分的解释提供了非常重要的依据。在解释主成分的含义或是第 j 个原始变量对第 i 个主成分的重要性时，可以根据因子负荷量绝对值的大小来说明。其绝对值越接近1，说明 x_j 与主成分 y_i 的关系越密切，x_j 对 y_i 的解释越重要；其绝对值越接近0，说明 x_j 与主成分 y_i 的关系越疏远，x_j 对 y_i 的解释越不重要。

定义 4　m 个主成分 y_1，y_2，$\cdots$，y_m 对原始变量 x_j 的贡献率

$$\nu_m^{(j)} = \sum_{i=1}^{m} \left[\rho(x_j , y_i) \right]^2 = \frac{1}{\sigma_{jj}} \sum_{i=1}^{m} \lambda_i l_{ij}^2$$

它反映了前 m 个主成分所能提取原始变量 x_j 信息的比率,据此我们可以判断提取的主成分解释原始变量 x_j 的能力。特别地,$m=p$ 时,$\nu_p^{(j)} = 1$,即 p 个主成分对 x_j 的贡献率为 1,此时不会有信息的损失。若只选 $m(m < p)$ 个主成分,贡献率必然小于 1。

2. 从相关矩阵出发求解主成分

前面的讨论是基于原始变量的协方差阵 $\boldsymbol{\Sigma}$ 求解主成分的,但其结果容易受原始 p 个变量的计量单位和量纲的影响。由于不同的量纲会引起各变量取值分散程度差异较大,这时总体方差主要受方差较大的变量的控制,而主成分分析优先考虑方差大的变量,这将导致它在主成分中的地位不同。为了消除由于单位的不同及量纲的不同而可能带来的一些不合理的影响,常常将各原始变量作标准化处理。令标准化变换后的变量为

$$z_j = \frac{x_j - E(x_j)}{\sqrt{\text{var}(x_j)}}, \quad j = 1, 2, \cdots, p$$

此时向量 $\boldsymbol{Z} = (z_1, z_2, \cdots, z_p)'$ 的协方差阵为相关系数阵 $\boldsymbol{\rho} = [\rho(x_i, x_j)]_{p \times p}$。从相关矩阵出发求解主成分与从协方差阵 $\boldsymbol{\Sigma}$ 出发求解主成分是完全类似的。主成分也具有前面所述的各种性质,不同的是在形式上更为简单。现将对应的各种性质总结如下:

（1）主成分的协方差阵是对角阵 $\boldsymbol{\Lambda}$,其对角线元素为相关系数阵 $\boldsymbol{\rho}$ 的特征根 λ_1,λ_2,$\cdots$，λ_p;

（2）$\text{tr}(\boldsymbol{\Sigma}) = \text{tr}(\boldsymbol{R}) = p = \sum_{j=1}^{p} \lambda_j$;

（3）第 j 个主成分的贡献率为 λ_j / p,前 m 个主成分的累积方差贡献率为 $\sum_{i=1}^{m} \lambda_i / p$;

（4）$\rho(x_j, y_i) = \sqrt{\lambda_i} l_{ij}$;

（5）$\nu_m^{(j)} = \sum_{i=1}^{m} \left[\rho(x_j, y_i) \right]^2 = \sum_{i=1}^{m} \lambda_i l_{ij}^2$。

9.3.2　样本主成分

前面讨论的是总体的主成分,但在实际问题中,总体协方差阵 $\boldsymbol{\Sigma}$ 及相关阵 $\boldsymbol{\rho}$ 往往是未知的,需要通过样本数据来估计,然后进行主成分分析。

设有 n 个样品,每个样品观测 p 个指标。设 $\boldsymbol{X}_i = (x_{i1}, x_{i2}, \cdots, x_{ip})'$。则样本数据可表示成

$$\boldsymbol{X} = \begin{pmatrix} x_{11} & \cdots & x_{1p} \\ \vdots & & \vdots \\ x_{n1} & \cdots & x_{np} \end{pmatrix} = (\boldsymbol{X}_1, \boldsymbol{X}_2, \cdots, \boldsymbol{X}_n)'$$

则总体协方差阵 $\boldsymbol{\Sigma}$ 和相关阵 $\boldsymbol{\rho}$ 可以分别用样本协方差阵 $\boldsymbol{S}$ 和样本相关阵 $\boldsymbol{R}$ 来估计

$$\hat{\boldsymbol{\Sigma}} = \boldsymbol{S} = (s_{ij})_{p \times p} = \frac{1}{n-1} \sum_{k=1}^{n} (\boldsymbol{X}_k - \bar{\boldsymbol{X}})(\boldsymbol{X}_k - \bar{\boldsymbol{X}})'$$

$$\hat{\boldsymbol{\rho}} = \boldsymbol{R} = (r_{ij})_{p \times p}, \quad r_{ij} = \frac{s_{ij}}{\sqrt{s_{ii}}\sqrt{s_{jj}}}$$

其中，
$$s_{ij} = \frac{1}{n-1}\sum_{k=1}^{n}(x_{ki} - \bar{x}_i)(x_{kj} - \bar{x}_j), \quad \bar{x}_i = \frac{1}{n}\sum_{k=1}^{n}x_{ki}。$$

以 $\boldsymbol{S}$ 代替 $\boldsymbol{\Sigma}$，以 $\boldsymbol{R}$ 代替 $\boldsymbol{\rho}$，按照总体主成分求解的方法即可求出样本主成分。事实上，利用样本数据求解主成分的过程就是求样本协方差阵或样本相关阵的特征根和特征向量的过程。

若记标准化后的变量为 Z。作标准化变换

$$\bar{x}_j = \frac{1}{n}\sum_{k=1}^{n}x_{kj}, \quad s_j^2 = \frac{1}{n-1}\sum_{k=1}^{n}(x_{kj} - \bar{x}_j)^2, \quad z_{kj} = \frac{x_{kj} - \bar{x}_j}{s_j}$$

则标准化后的样本协方差阵 $\boldsymbol{S}$ 与相关阵 $\boldsymbol{R}$ 相同，且

$$\boldsymbol{R} = \frac{1}{n-1}\boldsymbol{Z}'\boldsymbol{Z}$$

这样利用标准化后的样本数据求解主成分会变得更加简便，此时，主成分在几何图形中的方向就是 $\boldsymbol{R}$ 的特征向量的方向。因此，在实际应用中，一般从 $\boldsymbol{R}$ 出发来求得主成分，除非原始变量所测量的单位是可比较的，或者这些变量已用某些方法标准化了。

9.4

主成分分析的基本步骤与 SPSS 应用

9.4.1 主成分分析的基本步骤

由前面几节内容的介绍基本大致可以了解主成分分析的基本步骤，本节再进一步总结归纳如下。

1. 计算相关系数阵，检验待分析的变量是否适合作主成分分析。

若 p 个指标之间完全不相关，压缩指标是不可能的即不适合作主成分分析；两个指标之间完全相关，保留一个指标；指标之间有一定的相关性但不完全相关，即 $0 < r < 1$，指标压缩才可能，适合作主成分分析。原始变量相关程度越高，降维的效果越好，选取的主成分就会相对少一些。

2. 根据研究问题所选定的初始变量的特征判断由协方差阵求主成分还是由相关阵求主成分。

究竟是由协方差阵还是相关阵求主成分没有定论，可以都试一下，分析结果的差别及发生明显差异的原因何在。一般而言，当分析中所选择的变量具有不同的计量单位，或变量水平差异很大时，应该选择基于相关系数矩阵的主成分分析。否则，基于协方差阵作主成分分析效果可能更好。

3. 求协方差阵或相关阵的特征根及对应标准化特征向量。

4. 确定主成分个数。

主成分分析希望能用尽可能少的主成分包含原始变量尽可能多的信息，一般情况下主成

分的个数应该小于原始变量的个数。那么如何确定需要保留的主成分数量？有以下几条原则可以遵循。

一是主成分的累积贡献率。一般来说，累积贡献率达到 $70\%\sim90\%$ 就比较满意了。

二是特征根。由于特征根等于主成分的方差，所以特征根可以看成是主成分影响力度大小的指标。一个经验方法是只保留那些单独能解释至少 $1/p$ 的主成分，如果是基于相关阵求主成分，保留特征根大于 1 对应的主成分。然而这个经验准则缺乏充分的理论支持，不应盲目运用。

三是碎石图。碎石图是以主成分为横坐标，特征根为纵坐标的图形。在 SPSS 中提供了这种方法。

四是综合判断。大量的实践表明，如果根据累积贡献率确定主成分数往往偏多，而用特征根来确定主成分数往往又偏低。所以，可以先根据碎石图，找到碎石图比较平缓时对应的主成分数，然后再结合累积贡献率及特征根，以确定合适的主成分数量。

5. 写出主成分的表达式，计算各样品的主成分得分(score)。

若从原 p 个指标提取了 m 个主成分，则

$$y_1 = l_{11}x_1 + l_{21}x_2 + \cdots + l_{p1}x_p$$
$$y_2 = l_{12}x_1 + l_{22}x_2 + \cdots + p_{p2}x_p$$
$$\cdots$$
$$y_m = l_{1m}x_1 + l_{2m}x_2 + \cdots + l_{pm}x_p$$

将 n 个样品的原始变量值代入上式，可以得到每个样品的主成分得分，进行后续的统计分析。也就是说，后续的统计分析不再使用原始变量，而是使用提取的主成分。

9.4.2 SPSS 操作过程及结果解释

1. 研究问题

例 9.1 为考察房地产上市公司盈利能力情况，选取反映上市公司盈利能力的指标：销售净利率 x_1，资产净利率 x_2，净资产收益率 x_3，销售毛利率 x_4。现以沪深两市证券交易所 19 家上海房地产上市公司为样本，选取 2016 年年报数据资料为原始资料(表 9.1)，对四个盈利能力指标作主成分分析。

表 9.1 2016 年 19 家房地产上市公司盈利情况指标　　　　单位：%

序　号	公　司	x_1	x_2	x_3	x_4
1	荣丰控股	-325.3121	-2.4395	-6.537	72.1805
2	三湘印象	14.0079	6.8709	15.123	32.2961
3	大名城	12.4428	2.4066	10.763	44.8632
4	华丽家族	12.1462	1.9430	3.492	28.9605
5	市北高新	13.1194	1.4307	3.584	40.6840
6	绿地控股	3.8021	1.4094	13.182	15.1131
7	华　鑫	21.4702	3.2809	8.076	63.5592
8	嘉　宝	12.3023	2.4604	7.164	30.4326

序　号	公　司	x_1	x_2	x_3	x_4
9	新黄浦	9.763 2	1.111 2	2.813	17.884 9
10	金　桥	41.910 0	3.436 0	6.951	64.776 9
11	万　业	22.669 2	9.954 5	17.800	31.636 9
12	城　投	22.998 1	4.929 7	9.625	29.793 2
13	陆家嘴	25.525 9	4.943 0	15.493	47.195 5
14	天地源	6.085 9	1.243 3	8.285	23.190 7
15	中　华	6.253 9	2.648 5	21.930	29.162 8
16	光　明	5.549 3	2.343 0	12.062	21.099 3
17	上海实业	11.482 7	2.395 3	8.532	32.904 7
18	世　茂	19.976 3	3.769 3	9.783	35.843 2
19	临　港	21.604 8	4.389 4	9.181	56.866 8

2. 实验步骤

SPSS 没有提供主成分分析的专用菜单项,需要通过因子分析的结果进行转化来完成。主成分分析作为一种手段,是因子分析模型参数估计的常用方法,也是 SPSS 默认的因子分析的方法。接下来利用因子分析菜单对例 9.1 的数据进行主成分分析。具体实验步骤如下。

（1）先进行四个变量"x1""x2""x3""x4"的相关性分析,按照第 5 章简单相关分析的 SPSS 操作步骤,进入到其主对话框,并进行变量的选择（图 9.2）;

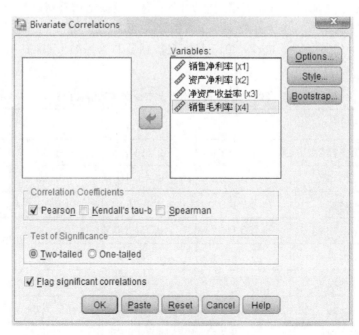

图 9.2　简单相关分析主对话框

（2）按照顺序：Analyze→Data Reduction→Factor 打开主成分分析的菜单（图9.3）；

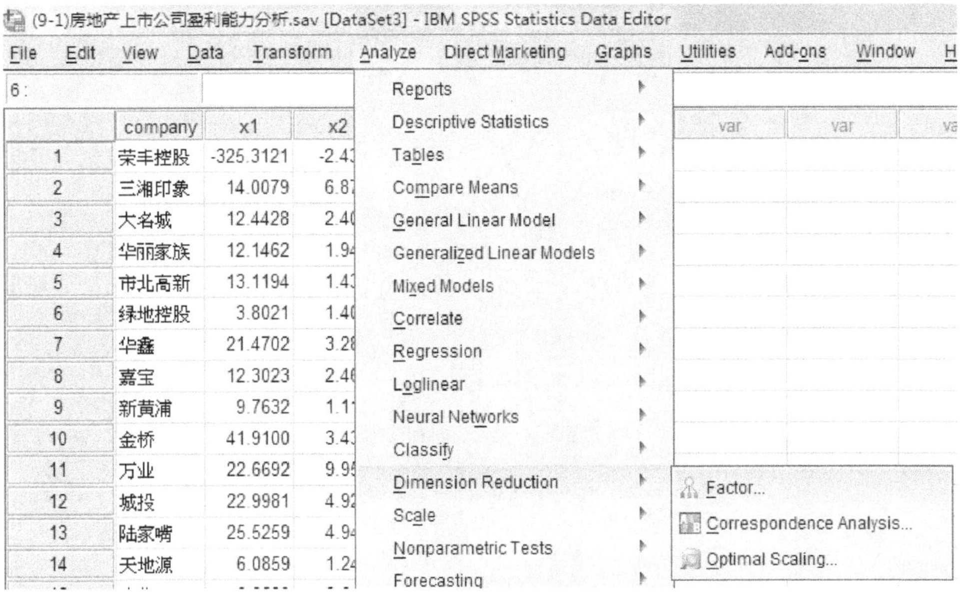

图9.3　打开主成分分析菜单

（3）在主成分分析的主对话框中，将左侧四个变量"x1""x2""x3""x4"选入到"Variables"框中（图9.4）；

图9.4　主成分分析主对话框

（4）点击"Extraction"按钮，弹出对话框，见图9.5，并选中"Scree plot"以显示碎石图。点击"Continue"按钮，返回到主对话框；

此对话框中的默认选项表明此次主成分分析是基于相关系数矩阵进行的，是按照特征根大于1的原则提取主成分。一般地，可以先采用系统默认选项输出主成分的个数，然后根据输出的累积方差贡献率确定最终的主成分个数。本例中，主成分个数确定为2，在"Extract"中选择"Fixed Number of facotrs"输入"2"即可，如图9.5所示。

（5）点击主对话框中的"OK"，可以得到输出结果，见表9.2～表9.5及图9.6。

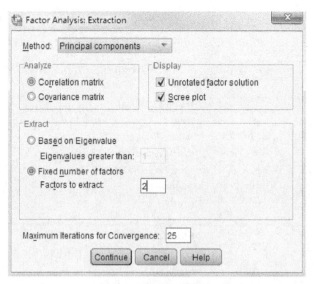

图 9.5　Extraction 对话框

表 9.2　相关系数
Correlations

		销售净利率	资产净利率	净资产收益率	销售毛利率
销售净利率	Pearson Correlation	1	0.567*	0.605**	−0.427
	Sig. (2-tailed)		0.011	0.006	0.069
	N	19	19	19	19
资产净利率	Pearson Correlation	0.567*	1	0.685**	−0.111
	Sig. (2-tailed)	0.011		0.001	0.652
	N	19	19	19	19
净资产收益率	Pearson Correlation	0.605**	0.685**	1	−0.383
	Sig. (2-tailed)	0.006	0.001		0.106
	N	19	19	19	19
销售毛利率	Pearson Correlation	−0.427	−0.111	−0.383	1
	Sig. (2-tailed)	0.069	0.652	0.106	
	N	19	19	19	19

*. Correlation is significant at the 0.05 level (2-tailed).

**. Correlation is significant at the 0.01 level (2-tailed).

表 9.3　变量共同度
Communalities

	Initial	Extraction
销售净利率	1.000	0.724
资产净利率	1.000	0.878
净资产收益率	1.000	0.794
销售毛利率	1.000	0.952

Extraction Method: Principal Component Analysis.

表 9.4 解释的总方差
Total Variance Explained

Component	Initial Eigenvalues			Extraction Sums of Squared Loadings		
	Total	% of Variance	Cumulative %	Total	% of Variance	Cumulative %
1	2.438	60.940	60.940	2.438	60.940	60.940
2	0.910	22.755	83.695	0.910	22.755	83.695
3	0.401	10.021	93.716			
4	0.251	6.284	100.000			

Extraction Method: Principal Component Analysis.

表 9.5 因子载荷矩阵
Component Matrix[a]

	Component	
	1	2
x1	0.849	−0.064
x2	0.798	0.491
x3	0.883	0.118
x4	−0.548	0.807

Extraction Method: Principal Component Analysis.

a. 2 components extracted.

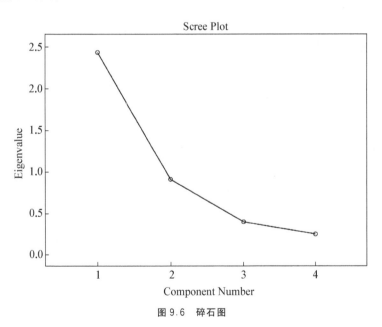

图 9.6 碎石图

3. 结果解释

（1）表 9.2 中的相关系数表明四个变量之间存在显著相关性，可以进行主成分分析。

（2）表 9.3 为变量共同度，最后一列的数据表明提取的主成分对销售净利率解释程度稍低，但也大于 0.7，其他的都在 0.85 以上，说明提取的主成分对其他三个变量的解释程度都很高。如果某个变量的共同度很低，如不到0.5，说明提取的主成分没有包含此变量的信息，需要增加主成分的个数。

（3）表9.4为方差贡献表，"Total"是特征根，"% of Variance"是每个特征根对应的方差贡献率，"Cumulative %"是累积方差贡献率；"Initial Eigenvalues"列出了所有的主成分，并按照特征根的大小排序，而"Extraction Sums of Squared Loadings"是提取的主成分对应的各项指标。可以看出第一个主成分的特征根为2.438，方差贡献率为60.940%，第二个主成分的特征根为0.910，方差贡献率为22.755%，两个主成分的累积方差贡献率达到83.695%，即两个主成分共解释了总变异的83.695%，进一步说明提取两个主成分是比较合适的。若采用系统默认选项（提取特征根大于1的主成分），则只能提取一个主成分，损失的信息量过多，表9.3中的某些变量共同度的数值也会变小很多，读者可以自己操作，此处不再列出相应输出结果。

（4）图9.6为碎石图，实际上是按特征根大小排列的主成分折线图。横坐标表示第几主成分，纵坐标表示对应特征根的值，此例在第三个特征根处变得比较平缓，表明可以提取两个主成分。

（5）表9.5为因子载荷矩阵。其中的数值是主成分与原始变量的相关系数，绝对值的大小代表了主成分与原始变量的相关程度，据此可以看出每一主成分所代表的原始变量的信息，以对主成分进行命名，但有时可能难以命名，需要进行其他处理，如进行因子旋转，这是下一章的内容，在此不作讨论。此例中，第一主成分与前三个变量的相关系数都接近1，说明它主要涵盖了前三个变量的信息，可以命名为"公司资产的获利能力"，而第二个主成分主要涵盖了第四个变量（销售毛利率）的信息，可以命名为"公司的经营能力"。

SPSS中的因子载荷矩阵并不是主成分的系数矩阵，我们可以对因子载荷矩阵进行一定的变换得到主成分的系数矩阵。具体方法为：用表9.5中每一列的元素分别除以对应列的特征根的平方根，比如，$0.849/\sqrt{2.438} = 0.544$为第一个主成分中变量$x_1$的系数，其他依次类推。计算的主成分系数矩阵见表9.6。

表9.6　主成分系数矩阵

		Component	
		1	2
	x1	0.544	−0.067
	x2	0.511	0.515
	x3	0.566	0.124
	x4	−0.351	0.846

根据表9.6，我们写出两个主成分的表达式：

$$y_1 = 0.544zx_1 + 0.511zx_2 + 0.566zx_3 - 0.351zx_4$$
$$y_2 = -0.067zx_1 + 0.515zx_2 + 0.124zx_3 + 0.846zx_4$$

由于SPSS中默认的是基于相关系数矩阵进行因子分析的，所以上式中主成分是关于标准化后的变量zx_i的线性组合。将19家公司的标准化变量值代入上式，即可得到19家公司的主成分得分。SPSS的计算步骤如下：

第一步，计算各变量x_i的标准化分数zx_i。依次点击Analyze→Descriptive Statistics→Descriptives，进入"Descriptives"对话框中，将左侧四个变量"x1""x2""x3""x4"选入到

"Variables"框中,并勾选"Save standardized values as variables",如图 9.7 所示,点击"OK",在数据窗口即可得到四列新的数据,变量名以"Zx1""Zx2""Zx3""Zx4"标记。

图 9.7　Descriptive 对话框

第二步,依次点击 Transform→Compute Variable(图 9.8),进入"Compute Variable"对话框,输入主成分的变量名 y_1、主成分的表达式,如图 9.9 所示,点击"OK",便在数据窗口得到第一主成分得分,同样的方法可以计算第二主成分得分。最终结果见图 9.10 中的"y1""y2"两列。

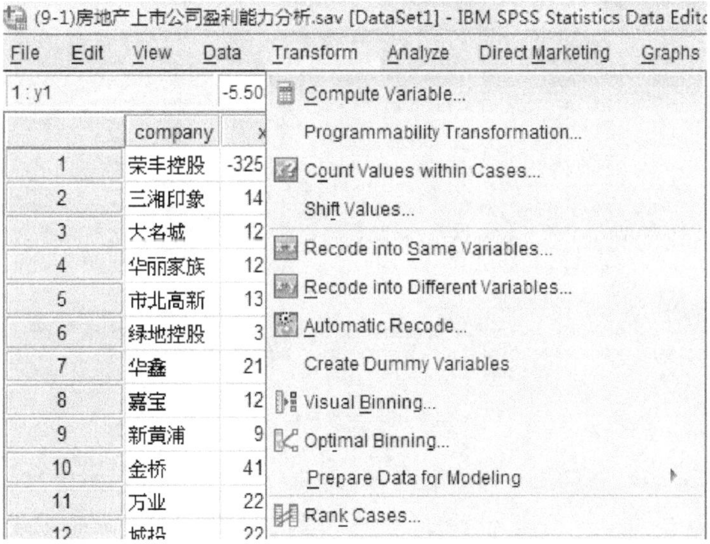

图 9.8　打开 Compute 菜单

计算主成分得分的另外一种方法是借助因子分析中的因子得分来实现。此时,需要将 4 个主成分全部保留,重新进行主成分分析。方法如下:

第一步,在图 9.5 的对话框中,在"Extract"的"Fixed Number of facotrs"中输入"4",保留四个主成分;点击因子分析主对话框中的"Scores"按钮,弹出对话框(图 9.11),选中"Save as variables",可以直接在原数据文件中生成因子得分"FAC1_1""FAC2_1""FAC3_1""FAC4_1"。点击"Continue"按钮,返回到主对话框。

图 9.9 计算主成分得分对话框

	company	x1	x2	x3	x4	Zx1	Zx2	Zx3	Zx4	y1	y2	FAC1_1	FAC2_1	FAC3_1	FAC4_1	yf1	yf2
1	荣丰控股	-325.3121	-2.4395	-6.537	72.1805	-4.10174	-2.16105	-2.54158	2.09280	-5.51	.62	-3.52713	.64521	-1.98429	-.45107	-5.51	.62
2	三湘印象	14.0079	6.8709	15.123	32.2961	.20603	1.48406	.92750	-.33594	1.51	.58	.96909	.60903	-.94656	-.96066	1.51	.58
3	大名城	12.4428	2.4066	10.763	44.8632	.18616	-.26376	.22927	.42933	-.05	.24	-.03500	.25514	.27113	.99613	-.05	.24
4	华丽家族	12.1462	1.9430	3.492	28.9605	.18240	-.44526	-.93530	-.53906	-.47	-.81	-.29986	-.85246	.89749	-.87721	-.47	-.81
5	市北高新	13.1194	1.4307	3.584	40.6840	.19475	-.64583	-.92061	.17484	-.81	-.31	-.51645	-.32674	1.20547	-.11425	-.81	-.31
6	绿地控股	3.8021	1.4094	13.182	15.1131	.07647	-.65417	.61675	-1.38229	.54	-1.43	.34687	-1.50341	-.74545	.77669	.54	-1.43
7	华鑫	21.4702	3.2809	8.076	63.5592	.30077	.07854	-.20108	1.56781	-.46	1.32	-.29505	1.38508	1.09696	.78377	-.46	1.32
8	富宝	12.3023	2.4604	7.164	30.4326	.18438	-.24269	-.34724	-.44942	-.06	-.56	-.03996	-.58737	.41161	-.34334	-.06	-.56
9	新黄浦	9.7632	1.1112	2.813	17.8849	.15215	-.77092	-1.04400	-1.21350	-.48	-1.56	-.30467	-1.63806	.77826	-1.03392	-.48	-1.56
10	金桥	41.9100	3.4360	6.951	64.7769	.56026	.13926	-.38123	1.64196	-.42	1.38	-.26677	1.44203	1.58931	.61804	-.42	1.38
11	万业	22.6692	9.9545	17.800	31.6369	.31599	2.69132	1.35624	-.37608	2.45	1.21	1.56690	1.27279	-1.44430	-2.02278	2.45	1.21
12	城投	22.9981	4.9297	9.625	29.7932	.32017	.72406	.04691	-.48835	.74	-.06	.47531	-.05858	.03116	-1.11636	.74	-.06
13	陆家嘴	25.5259	4.9430	15.493	47.1955	.35226	.72927	.98678	.57135	.92	.96	.59037	1.00367	-.30388	.77917	.92	.96
14	天地源	6.0859	1.2433	8.285	23.1907	.10546	-.71920	-.16759	-.89041	-.09	-1.15	-.05913	-1.20648	.11640	.20412	-.09	-1.15
15	中华	6.2539	2.6485	21.930	29.1628	.10759	-.16905	2.01785	-.52674	1.30	-.29	.83170	-.30319	-1.63813	2.47831	1.30	-.29
16	光明	5.5493	2.3430	12.062	21.0993	.09865	-.28866	.43730	-1.01776	.51	-.96	.32722	-1.00797	-.52543	.30716	.51	-.96
17	上海实业	11.4827	2.3953	8.532	32.9047	.17397	-.26818	-.12809	-.29888	-.01	-.42	-.00639	-.43843	.28179	.06424	-.01	-.42
18	世茂	19.9763	3.7693	9.783	35.8432	.28180	.26975	.07228	-.11994	.37	.03	.23958	.02892	.19931	-.24582	.37	.03
19	临港	21.6048	4.3894	9.181	56.8668	.30248	.51253	-.02416	1.16028	.01	1.22	.00336	1.28082	.70915	.15780	.01	1.22

图 9.10 主成分得分

图 9.11 Fcators Scores 对话框

第二步，将第一个因子得分乘以第一特征根的平方根，第二个因子得分乘以第二特征根的平方根，便可得到第一主成分、第二主成分得分，分别以"yf1""yf2"标记，具体可以在图 9.9 的 Compute Variable 对话框中输入相应的公式实现，这里不再重复。输出结果见图 9.10 中的"yf1""yf2"两列。对比两种方法得到的主成分得分，结果一致。

主成分分析的进一步应用

主成分分析仅仅是一种手段,需要与其他统计方法结合使用解决问题,如进行综合评价、主成分回归、聚类分析、判别分析、因子分析等。在上一节中,我们已经通过 SPSS 得到主成分得分,所以本节主要介绍基于主成分得分所进行的一些统计方法的应用。

9.5.1 综合评价

例 9.2 本例将继续以例 9.1 中的数据进行分析,对 19 家上市房地产公司进行综合评价。

1. 计算每个公司的综合得分

计算方法是:用每个主成分的特征根作权数,对每个主成分进行加权平均,用公式表示即为

$$y = \frac{\lambda_1}{\lambda_1 + \lambda_2} y_1 + \frac{\lambda_2}{\lambda_1 + \lambda_2} y_2$$

在图 9.9 的"Target Variable"中输入变量名称"y",在"Numeric Expression"中输入表达式"(y1 * 2.438+y2 * 0.910)/(2.438+0.910)",就可以得到综合得分"y"。

2. 分别按变量 y_1、y_2、y 对 19 个公司进行排序

要在 SPSS 中进行排序,需用到"Transform"下的"Rank cases"功能(图 9.8)。打开"Rank cases"的主对话框,将变量"y1""y2""y"选入到"Variables"框中(图 9.12),并选中"Assign Rank 1 to"下面的"Largest value",表示"1"对应的是变量的最大值。点击"OK",观察原数据文件,可以看到生成三个新变量"Ry1""Ry2""Ry",这三个变量值表示每个样品在所有样品中的顺序。

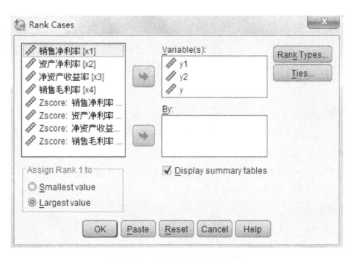

图 9.12 Rank cases 主对话框

为了方便对 19 家公司进行综合评价,现将他们的排序情况进行整理,见表 9.7。

表 9.7　19 家公司主成分得分及综合得分排序

序　号	公　司	Ry1	Ry2	Ry
1	荣丰控股	19	6	19
2	三湘印象	2	7	2
3	大名城	11	8	10
4	华丽家族	16	15	16
5	市北高新	18	12	17
6	绿地控股	6	18	12
7	华　鑫	15	2	11
8	嘉　宝	12	14	14
9	新黄浦	17	19	18
10	金　桥	14	1	9
11	万　业	1	4	1
12	城　投	5	10	5
13	陆家嘴	4	5	3
14	天地源	13	17	15
15	中　华	3	11	4
16	光　明	7	16	8
17	上海实业	10	13	13
18	世　茂	8	9	7
19	临　港	9	3	6

　　从上表可以分析出：按照综合盈利能力 y 来看，"万业"最强，其次是"三湘印象"，"荣丰控股"最差；按照公司资产获利能力 y_1 来看，"万业"最强，其次是"三湘印象"，"荣丰控股"最差；按照公司的经营能力 y_2 来看，"金桥"最强，其次是"华鑫"，"新黄浦"最差。总的来看，公司总的排名更多地取决于其"公司资产的获利能力"（y_1），因其权重更大，虽然很多公司的"销售毛利率"（y_2）较高，但其资产的获利能力较差，导致最终排名比较靠后。

9.5.2　主成分回归

　　主成分分析还有一个重要用途就是主成分回归，即根据累积贡献率的要求，选取 p 个自变量 x_1、x_2、$\cdots$、x_p 的 m 个主成分 y_1、y_2、$\cdots$、y_m，然后建立因变量 y 关于这 m 个主成分的回归方程。

　　例 9.3　根据例 5.1 中 24 位数学家的数据，建立年工资额 y 与研究成果 x_1、工作时间 x_2、资助额 x_3 之间的主成分回归方程。

　　主成分回归的步骤如下。

　　第一步，对自变量进行主成分分析，确定主成分的个数，并得到主成分得分系数矩阵及主成分得分。

　　主成分分析的部分输出结果见表 9.8、表 9.9。在表 9.8 中，第一个主成分的贡献率为 77.674%，只保留一个主成分的话，会损失较多信息，所以本例保留两个主成分，累积贡献率达 99.744%。

表 9.8　解释的总方差
Total Variance Explained

Component	Initial Eigenvalues			Extraction Sums of Squared Loadings		
	Total	% of Variance	Cumulative %	Total	% of Variance	Cumulative %
1	2.330	77.674	77.674	2.330	77.674	77.674
2	0.662	22.069	99.744	0.662	22.069	99.744
3	0.008	0.256	100.000			

Extraction Method: Principal Component Analysis.

　　表 9.9 的结果表明第一主成分 y_1 主要涵盖了研究成果和资助额的信息,而第二主成分 y_2 主要涵盖了工作时间的信息。

表 9.9　因子载荷矩阵
Component Matrix[a]

	Component	
	1	2
研究成果	0.962	−0.267
工作时间	0.687	0.726
资助额	0.966	−0.251

Extraction Method: Principal Component Analysis.
a. 2 components extracted.

　　表 9.10 中的主成分系数矩阵是表 9.10 的因子载荷除以对应特征根得到的。根据表 9.10,可以写出主成分得分表达式。

$$y_1 = 0.630zx_1 + 0.450zx_2 + 0.633zx_3$$
$$y_2 = -0.328zx_1 + 0.892zx_2 - 0.308zx_3$$

表 9.10　主成分系数矩阵

	Component	
	1	2
研究成果	0.630	−0.328
工作时间	0.450	0.892
资助额	0.633	−0.308

　　用 9.4 节中提到的两种方法计算得到主成分得分 y_1、y_2,如图 9.13 所示。

　　第二步,进行回归分析,建立标准化的因变量 zy 关于主成分 y_1、y_2 的回归方程。

　　SPSS 回归分析的输出结果见表 9.11～表 9.13。可见,回归方程是显著的,回归系数也是显著的,拟合优度也较高。由于主成分分析采用 SPSS 默认的基于相关系数矩阵进行,所以回归方程的常数项近似为 0。因此,回归方程的表达式为:

$$z\hat{y} = 0.529y_1 + 0.514y_2$$

File　Edit　View　Data　Transform　Analyze　Direct Marketing　Graphs　Utilities　Add-ons　Window　Help

7 :

	x1	x2	x3	y	Zy	Zx1	Zx2	Zx3	y1	y2
1	3.50	9.00	4.00	33.20	-1.15083	-1.43899	-1.42194	-1.52461	-2.51	-.33
2	5.30	20.00	6.00	40.30	.14614	-.04517	-.44180	.00959	-.22	-.38
3	5.10	18.00	5.90	38.70	-.14614	-.20004	-.62001	-.06712	-.45	-.47
4	5.80	33.00	6.40	46.80	1.33351	.34200	.71654	.31643	.74	.43
5	4.20	31.00	5.00	41.40	.34708	-.89695	.53833	-.75751	-.80	1.01
6	6.00	13.00	6.70	37.50	-.36534	.49687	-1.06552	.54656	.18	-1.28
7	6.80	25.00	7.50	39.00	-.09134	1.11635	.00371	1.16024	1.44	-.72
8	5.50	30.00	6.00	40.70	.21921	.10970	.44923	.00959	.28	.36
9	3.10	5.00	3.50	30.10	-1.71712	-1.74873	-1.77835	-1.90816	-3.11	-.42
10	7.20	47.00	8.00	52.90	2.44781	1.42608	1.96398	1.54379	2.76	.81

图 9.13　主成分得分

将 y_1、y_2 用主成分得分的表达式代换，得到如下结果

$$z\hat{y} = 0.529 \times (0.630zx_1 + 0.450zx_2 + 0.633zx_3) + 0.514$$
$$\times (-0.328zx_1 + 0.892zx_2 - 0.308zx_3)$$
$$= 0.165zx_1 + 0.697zx_2 + 0.177zx_3$$

表 9.11　模 型 摘 要
Model Summary

Model	R	R Square	Adjusted R Square	Std. Error of the Estimate
1	0.909[a]	0.827	0.810	0.435 516 41

Predictors：(Constant)，f2，f1。

表 9.12　方 差 分 析 表
ANOVA[a]

Model		Sum of Squares	df	Mean Square	F	Sig.
1	Regression	19.017	2	9.508	50.130	0.000[b]
	Residual	3.983	21	0.190		
	Total	23.000	23			

a. Dependent Variable：Zscore：年工资额。
b. Predictors：(Constant)，f2，f1。

表 9.13　回 归 系 数
Coefficients[a]

Model		Unstandardized Coefficients		Standardized Coefficients	t	Sig.
		B	Std. Error	Beta		
1	(Constant)	9.028E−16	0.089		0.000	1.000
	REGR factor score 1 for analysis 1	0.529	0.059	0.808	8.893	0.000
	REGR factor score 2 for analysis 1	0.514	0.112	0.418	4.602	0.000

a. Dependent Variable：Zscore：年工资额。

第三步，输出因变量与自变量的描述统计量，将回归方程中的 $z\hat{y}$ 还原成未标准化的 y，将 zx_i 还原成未标准化的 x_i，整理后即可得到因变量 y 关于 p 个自变量的回归方程。

描述统计量见表 9.14。利用此表中的均值、标准差结果，得到标准化的变量表达式，

$$z\hat{y} = \frac{\hat{y} - \bar{y}}{s_y} = \frac{\hat{y} - 39.5}{5.474}, \quad zx_1 = \frac{x_1 - \bar{x}_1}{s_1} = \frac{x_1 - 5.358}{1.291}$$

$$zx_2 = \frac{x_2 - \bar{x}_2}{s_2} = \frac{x_2 - 24.958}{11.223}, \quad zx_3 = \frac{x_3 - \bar{x}_3}{s_3} = \frac{x_3 - 5.988}{1.304}$$

将上述表达式代入 zy 关于 zx_1、zx_2、zx_3 的回归方程中，

$$\frac{\hat{y} - 39.5}{5.474} = 0.165 \times \frac{x_1 - 5.358}{1.291} + 0.697 \times \frac{x_2 - 24.958}{11.223} + 0.177 \times \frac{x_3 - 5.988}{1.304}$$

整理得到 y 关于 x_1、x_2、x_3 的回归方程，

$$\hat{y} = 22.817 + 0.700x_1 + 0.340x_2 + 0.743x_3$$

表 9.14 描 述 统 计 量
Descriptive Statistics

	N	Minimum	Maximum	Mean	Std. Deviation
年工资额	24	30.10	52.90	39.500 0	5.474 29
研究成果	24	3.10	8.00	5.358 3	1.291 42
工作时间	24	5.00	47.00	24.958 3	11.222 95
资助额	24	3.50	8.30	5.987 5	1.303 61
Valid N (listwise)	24				

将主成分回归方程与第 6 章逐步回归的方程

$$\hat{y} = 23.251 + 1.443x_1 + 0.341x_2$$

对比，发现两者的常数项、x_2 的回归系数相差很小，而 x_1 的回归系数相差较大，原因在于 x_1 和 x_3 的相关性很强，逐步回归中没有包含变量 x_3，它对因变量的影响已经体现在 x_1 对因变量的影响中。

通过上述例子可以看出，主成分回归对于消除变量间的相关性具有明显的效果。但给回归方程的解释带来一定的困难，其回归系数不再具有普通回归方程回归系数的含义，这点需要读者特别注意。此外，主成分回归的参数估计是一种有偏估计。实际应用中，主成分回归更多地作为解决多重共线性问题的一种方法。

小结

主成分分析是将多个有相互关系的指标转化为少数几个综合指标的一种常用的统计方法：在尽可能多地保留原始变量的信息前提下，研究如何从原始变量中提取少数几个彼此不

相关的变量,以作进一步统计分析。

主成分分析可以从协方差阵或相关阵出发求主成分,如何确定合适的主成分数目是一个比较关键的问题。

主成分分析仅仅是一种手段,需要利用得到的主成分得分进行后续的分析。

本章主要术语

主成分(principal component)   主成分分析(principal component analysis)
特征根(eigenvalues)   方差贡献率(percent of variance)
累积方差贡献率(cumulative percent of variance)

思考与练习

1. 简述主成分分析的基本思想。
2. 主成分分析有哪些应用?
3. 主成分的个数如何选择?
4. 主成分的含义及特征是什么?
5. 查阅《中国统计年鉴》或利用国家统计局网站(www. stats. gov. cn)或其他数据库的最新资料,选取合理的变量,对我国 31 个省市自治区规模以上工业企业的经济效益进行主成分分析。

·第 10 章·

因子分析

相关实例

➤ 在企业形象或品牌形象的研究中,消费者可以通过一个由 24 个指标构成的评价体系,评价百货商场的 24 个方面的优劣。消费者主要关心的内容是三个方面,即商店的环境、商店的服务和商品的价格。因子分析方法可以通过 24 个变量,找出反映商店环境、商店服务和商品价格的三个潜在因子,对商店进行综合评价。

➤ 奥林匹克十项全能比赛,有百米跑、跳远、铅球、跳高、400 米跑、110 米跨栏、铁饼、撑竿跳高、标枪、1 500 米跑等十个项目。现记录了 34 名运动员 1988 年奥赛的成绩,需要研究的问题是:十项全能所包括的运动技能可概括为几项? 十项全能可压缩为哪几个比赛项目? 如何对 34 名运动员的十项全能成绩进行分类?

上述例子中,"因子"究竟代表了什么? 其含义又如何解释? 得到的这些"因子"有什么用途? 本章介绍的因子分析正是要回答这些问题。

10.1

引 言

因子分析(Factor Analysis)是主成分分析的推广,它也是利用降维的思想,从研究原始变量相关矩阵出发,把一些具有错综复杂关系的变量归结为少数几个综合因子的一种多变量的统计分析方法。"因子分析"的名称于 1931 年由 Thurstone 首次提出,但它的概念起源于 1904 年著名统计学家斯皮尔曼(C. Spearman)发表的一篇研究人的智力的定义和测量的文章。他对某学校的 33 个学生的 6 门课(古典语、法语、英语、数学、判别和音乐)的成绩进行了分析,从这 6 门课成绩的样本相关系数入手,得出了仅有一个公因子的因子模型,这个公因子可被解释为"一般智力",它对所有课程的成绩都有贡献,但对不同课程的贡献程度又是不相同的。之后,开始了因子分析的理论及它在心理学、教育学领域的应用研究。但由于计算量大,当时缺少强有力计算工具的支持,从而阻碍了其作为统计学一种方法的发展。随着高速计算机的出现,重新激发了许多学者对因子分析理论和计算方面的研究兴趣,因子分析得到了快速的发展,其应用也扩展到社会学、医学、地理学及管理学等各个领域,取得了显著成果,其理论和方法也变得更加丰富。

因子分析的基本思想是,在保证数据信息丢失最少的原则下,利用降维的思想,它通过研究众多变量之间的内部依赖关系,从原始变量的相关矩阵出发,找出这些真正相关的变量,并把相关性较强的变量归为一类,最终形成几类假想变量,不同类间变量的相关性则较低。每类变量代表了一个"公共因子",即一种内在结构,因子分析就是寻找该结构,并解释每个因子的含义。这里的假想变量是不可观测的潜在变量,能够反映原来众多变量的主要信息。如"智力""爱好""能力""商店环境""服务质量"等都是不可观测的。因子分析正是利用这些潜在变量或本质因子(基本特征)去解释可观测的原始变量的一种工具。换言之,因子分析是希望于一组具有相关性的数据中,将原来的高维变量空间降维处理为低维变量空间,而这个低维变量空间是由新的因子构成的。显然,变量个数越少,处理起问题越容易。

因子分析主要功能是简化数据,探测数据的基本结构。目的是分解原始变量,从中归纳"潜在类别"(公共因子),并把原始变量分解成两部分之和的形式:一部分是少数几个共同因子的线性组合,另一部分是与公因子无关的特殊因子。除此之外,因子分析还可以利用提炼出的少数几个公共因子代替原始变量进行回归分析、聚类分析、判别分析等。

对比因子分析和主成分分析,可以发现两者都是处理多变量数据的一种统计方法,都可以达到对数据简化的目的,但两者又有着很大的不同。主成分分析仅仅是变量变换,找出原始变量的线性组合(主成分),其功能是简化原有的变量,强调的是解释数据变异的能力,适合作数据简化,模型中没有误差项,"主成分"是作指标用的,一般找不出实际意义;而因子分析要寻找变量内部的相关性及潜在的公共因子,其功能在于解释原始变量之间的关系,强调的是变量之间的相关性,适合检测数据结构;模型中有误差项,以潜在的假想变量和随机影响变量的线性组合表示原始变量;一般需要进行旋转才能对因子进行命名与解释,公因子一般有实际意义。

因子分析可以用来研究变量之间的相关关系,称之为 R 型因子分析;也可以用来研究样品间的相关关系,称之为 Q 型因子分析。从全部计算过程看,R 型因子分析和 Q 型因子分析是一样的,只不过出发点不同:R 型因子分析从变量间的相关系数矩阵出发,而 Q 型因子分析从样品间的相似系数矩阵出发,针对的是同一观测数据,可以根据所要求的目的决定采用哪一类型的因子分析。本章重点介绍 R 型因子分析。

10.2

因子分析的一般模型

10.2.1　因子分析的数学模型

设有 n 个样品,每个样品观测 p 个变量,这 p 个变量之间有较强的相关性。由于数据进行标准化变换后,不改变变量之间的相互关系,而又能消除量纲及数量级的不同所造成的影响,使问题得到简化,所以,接下来的讨论都建立在已经标准化的数据之上。将样本观测数据进行标准化处理的变量为 $\boldsymbol{X}=(x_1, x_2, \cdots, x_p)'$,则此时的 $x_i(i=1, 2, \cdots, p)$ 均值为 0,标准差为 1。

因子分析的一般模型为:

$$\begin{cases} x_1 = a_{11}f_1 + a_{12}f_2 + \cdots + a_{1m}f_m + \varepsilon_1 \\ x_2 = a_{21}f_1 + a_{22}f_2 + \cdots + a_{2m}f_m + \varepsilon_2 \\ \vdots \\ x_p = a_{p1}f_1 + a_{p2}f_2 + \cdots + a_{pm}f_m + \varepsilon_p \end{cases} \qquad (10-1)$$

式中，$f_1, f_2, \cdots, f_m (m \leqslant p)$ 称为公因子(common factor)；a_{ij} 称为因子载荷(factor loadings)，反映了 x_i 和 f_j 之间的相关程度；ε_i 称为特殊因子(unique factor)，是不能被前 m 个公共因子包含的部分，代表公因子以外的其他因素影响，实际分析时可以忽略不计。上述模型也可以表示为矩阵形式

$$\boldsymbol{X} = \boldsymbol{A}\boldsymbol{F} + \boldsymbol{\varepsilon} \qquad (10-2)$$

式中，$\boldsymbol{A} = (a_{ij})_{p \times m}$ 为因子载荷矩阵，公因子向量 $\boldsymbol{F} = (f_1, f_2, \cdots, f_m)'$ 是不可观测的 m 维列向量，并假定

(1) $E(\boldsymbol{F}) = 0$，$\text{var}(\boldsymbol{F}) = \boldsymbol{I}_m$，即各公因子的均值为 0，标准差为 1，且公因子之间相互独立；

(2) $E(\boldsymbol{\varepsilon}) = 0$，$\text{var}(\boldsymbol{\varepsilon}) = \boldsymbol{\Phi} = \text{diag}(\boldsymbol{\Phi}_1, \boldsymbol{\Phi}_2, \cdots, \boldsymbol{\Phi}_p)$，即 ε_i 之间相互独立，且均值为 0，标准差为 $\boldsymbol{\Phi}_i$；

(3) $\text{cov}(\boldsymbol{F}, \boldsymbol{\varepsilon}) = 0$，即 $\text{cov}(f_j, \varepsilon_i) = 0$，$i \neq j$，公因子与特殊因子之间也是相互独立的。

模型(10-2)也称为正交因子模型，因为它假定公因子之间相互独立。从几何意义来理解，$\boldsymbol{F}$ 可视为高维空间中相互垂直的 m 个坐标轴。若把 x_i 看成是 m 维空间中的一个向量，则 a_{ij} 表示 x_i 在坐标轴 f_j 上的投影。

10.2.2　因子分析模型与回归模型的比较

将式(10-1)与回归分析模型

$$y_i = \beta_0 + x_{i1}\beta_1 + x_{i2}\beta_2 + \cdots + x_{ip}\beta_p + \varepsilon_i, \quad i = 1, 2, \cdots, n$$

作比较，可以发现两者形式上很类似，如特殊因子 ε_i 类似于回归模型中的误差项，a_{ij} 类似于回归模型中的标准回归系数(数据标准化处理后建立的回归方程的回归系数)。但参数的意义与"自变量"的性质却不相同，它们的不同之处列在表 10.1 中。

表 10.1　因子分析模型与回归分析模型的比较

	因子分析模型	回归分析模型
待估参数	因子载荷 a_{ij}	回归系数 β_i
"自变量"的性质	f_i 是不可观测的潜在变量	x_i 是可观测的显变量
"自变量"个数的特点	m 是未知的	p 是已知的
"自变量"之间的关系	相互独立	可能相关

10.2.3　因子分析模型的性质

根据模型(10-2)及相关假定，可以得到

$$\begin{aligned} \text{var}(\boldsymbol{X}) &\overset{\triangle}{=} \boldsymbol{\Sigma} = \text{var}(\boldsymbol{A}\boldsymbol{F} + \boldsymbol{\varepsilon}) \\ &= E(\boldsymbol{A}\boldsymbol{F} + \boldsymbol{\varepsilon})(\boldsymbol{A}\boldsymbol{F} + \boldsymbol{\varepsilon})' = \boldsymbol{A}'E(\boldsymbol{F}\boldsymbol{F})\boldsymbol{A}' + E(\boldsymbol{\varepsilon}\boldsymbol{\varepsilon}') \\ &= \boldsymbol{A}\text{var}(\boldsymbol{F})\boldsymbol{A}' + \text{var}(\boldsymbol{\varepsilon}) = \boldsymbol{A}\boldsymbol{A}' + \boldsymbol{\Phi} \end{aligned}$$

也就是说,在正交因子模型的假定下,随机向量 $\boldsymbol{X}$ 的协方差矩阵 $\boldsymbol{\Sigma}$ 要分解成两部分。应该注意,这种分解并不是唯一的。设 $\boldsymbol{T}$ 为一个 $m \times m$ 正交矩阵,则 $\boldsymbol{TT}' = \boldsymbol{T}'\boldsymbol{T} = \boldsymbol{I}$。于是

$$\boldsymbol{\Sigma} = \boldsymbol{ATT}'\boldsymbol{F} + \boldsymbol{\Phi} = \boldsymbol{AF} + \boldsymbol{\Phi}$$

若令 $\boldsymbol{A}^* = \boldsymbol{AT}$,$\boldsymbol{F}^* = \boldsymbol{T}'\boldsymbol{F}$,则模型(10-2)可表示为

$$\boldsymbol{X} = \boldsymbol{A}^*\boldsymbol{F}^* + \boldsymbol{\varepsilon} \tag{10-3}$$

且满足因子模型的条件

(1) $E(\boldsymbol{F}^*) = E(\boldsymbol{T}'\boldsymbol{F}) = \boldsymbol{T}'E(\boldsymbol{F}) = \boldsymbol{0}$,$\operatorname{var}(\boldsymbol{F}^*) = \operatorname{var}(\boldsymbol{T}'\boldsymbol{F}) = \boldsymbol{T}'\operatorname{var}(\boldsymbol{F})\boldsymbol{T} = \boldsymbol{I}_m$;

(2) $E(\boldsymbol{\varepsilon}) = \boldsymbol{0}$,$\operatorname{var}(\boldsymbol{\varepsilon}) = \operatorname{diag}(\boldsymbol{\Phi}_1, \boldsymbol{\Phi}_2, \cdots, \boldsymbol{\Phi}_p)$;

(3) $\operatorname{cov}(\boldsymbol{F}^*, \boldsymbol{\varepsilon}) = \operatorname{cov}(\boldsymbol{T}'\boldsymbol{F}, \boldsymbol{\varepsilon}) = \boldsymbol{T}'\operatorname{cov}(\boldsymbol{F}, \boldsymbol{\varepsilon}) = 0$

这说明公因子 $\boldsymbol{F}$ 并不是唯一的,因子载荷矩阵 $\boldsymbol{A}$ 也不是唯一的。只要对公因子左乘一个正交矩阵即作一正交变换,就可以得到新的公因子。在几何上,一次正交变换对应着坐标轴的一次旋转。在旋转后的坐标系中,因子载荷也发生了变化,所以,因子载荷矩阵也不唯一。

10.2.4 因子分析的几个重要概念

为了更好地理解因子分析模型及计算结果,需要对模型中的各个参数的含义有正确的理解。

1. 因子载荷(Factor loadings)

因子载荷是因子分析模型中最重要的一个统计量,是连接观察变量和公因子之间的纽带。根据模型(10-1),可以得到

$$\operatorname{cov}(x_i, f_j) = \operatorname{cov}(a_{i1}f_1 + a_{i2}f_2 + \cdots + a_{im}f_m + \varepsilon_i, f_j) = \sum_{k=1}^{m} a_{ik}\operatorname{cov}(f_k, f_j)$$

当公因子之间完全不相关时,即 $\operatorname{cov}(f_k, f_j) = 0 (k \neq j)$,而 $\operatorname{cov}(f_j, f_j) = \operatorname{var}(f_j) = 1$,此时,$\operatorname{cov}(x_i, f_j) = a_{ij} = r_{x_i, f_j}$。

当公因子之间完全不相关时,a_{ij} 就是第 i 个原始变量和第 j 个公因子之间的相关系数,即 x_i 在第 j 个公因子上的相对重要性。a_{ij} 的绝对值越大,表示公因子 f_j 与变量 x_i 的关系越密切,可以据此寻找公因子 f_j 的实际含义。

进一步,当公因子之间完全不相关时,根据模型(10-1),很容易得到

$$r_{x_i, x_j} = \operatorname{cov}(x_i, x_j) = \operatorname{cov}\left(\sum_{k=1}^{m} a_{ik}f_k, \sum_{k=1}^{m} a_{jk}f_k\right) = \sum_{k=1}^{m} a_{ik}a_{jk}$$

这说明任何两个观察变量之间的相关系数等于对应的因子载荷乘积之和。因而,我们可以利用因子载荷来估计观察变量之间的相关系数,如果从观测数据计算出的相关系数和从因子模型导出的变量的相关系数差别很小,则可以说模型很好地拟合了观测数据,因子解是合适的。

2. 变量共同度(Communality)

变量共同度,也称为公因子方差,反映了 m 个公因子对原始变量 x_i 的总方差解释的比例。其表达式为

$$h_i^2 = \sum_{j=1}^{m} a_{ij}^2 \tag{10-4}$$

根据模型(10-1),可以得到

$$\text{var}(x_i) = \sum_{j=1}^{m} \text{var}(a_{ij} f_j) + \text{var}(\varepsilon_i) = \sum_{j=1}^{m} a_{ij}^2 + \sigma_i^2 = h_i^2 + \sigma_i^2 \tag{10-5}$$

由于 $\boldsymbol{X}$ 已标准化,所以,上式可以化简为

$$1 = h_i^2 + \sigma_i^2 \tag{10-6}$$

这表明观测变量 $\boldsymbol{X}$ 的方差由两部分组成:一部分是由公因子决定,变量共同度体现了所有公因子对原有变量的贡献程度,共同度越大(接近1),说明变量的原始信息被所有公因子解释的程度越高,丢失的信息量越少;另一部分是由特殊因子决定,反映了原有变量方差中,无法被公因子解释的比例。

如果大部分变量的共同度都大于0.8,则说明公因子已经基本反映了各原始变量80% 以上的信息,仅有较少的信息丢失,因子分析效果较好,原始变量空间到公共因子空间的转化性质较好。因此,各变量的共同度是衡量因子分析效果的一个重要指标。

3. 公因子的方差贡献(Contributions)

公因子 f_j 的方差贡献,等于和该因子有关的因子载荷的平方和,即

$$g_j^2 = \sum_{i=1}^{p} a_{ij}^2 \tag{10-7}$$

公因子方差贡献,反映了该因子对所有原始变量总方差的解释能力,是衡量公因子相对重要性的指标:该值越高,说明公因子的重要程度越高。

我们还可以定义公因子 f_j 方差贡献率

$$\frac{g_j^2}{\sum_{i=1}^{p} \text{var}(x_i)} = \frac{\sum_{i=1}^{p} a_{ij}^2}{p} \tag{10-8}$$

式中,由于变量 $\boldsymbol{X}$ 是已经标准化处理过,所以,$\text{var}(x_i) = 1$,$i = 1, 2, \cdots, p$。

10.3
因子载荷矩阵的估计

当给定 p 个变量 $x_1, x_2, \cdots, x_p$ 的 n 组观测值时,如何从样本协方差矩阵 $\boldsymbol{S}$ 或样本相关矩阵 $\boldsymbol{R}$ 出发(将 $\boldsymbol{S}$ 或 $\boldsymbol{R}$ 看成是总体协方差矩阵 $\boldsymbol{\Sigma}$ 或总体相关矩阵 $\boldsymbol{\rho}$ 的估计),抽取较少的 m 个因子,估计因子载荷矩阵 $\boldsymbol{A}$ 及特殊方差 $\boldsymbol{\Phi}$,从而建立因子模型,这是因子分析首先要解决的问题,也是因子分析的基本任务。估计 $\boldsymbol{A}$ 和 $\boldsymbol{\Phi}$ 的方法比较多,如主成分法、主因子法、极大似然估计法等,不同的方法求解因子载荷的出发点不同,所得结果也不完全相同。但它们的计算都比较复杂,必须借助于计算机实现。此处仅简单介绍使用较为普遍的主成分法。若要进一步学习,可以参考相关文献。

用主成分法估计因子载荷矩阵是在进行因子分析之前先对数据进行一次主成分分析,然后把贡献率较大的几个主成分作为公因子,而其他的贡献率较小的主成分作为特殊因子看待。但由于这种方法所得的特殊因子 ε_1,ε_2,$\cdots$,ε_p 之间并不相互独立,因此,用主成分法确定因子载荷并不完全符合因子分析模型的前提假设,也就是说所得的因子载荷矩阵并不完全正确。但是当共同度较大时,特殊因子所起的作用较小,因而特殊因子之间的相关性所带来的影响几乎可以忽略。由于主成分法比较简单,所以在估计载荷矩阵时,可以先考虑此方法。

用主成分法估计因子载荷矩阵的方法如下:先从样本相关矩阵出发进行主成分分析,设有 p 个变量 x_1,x_2,$\cdots$,x_p,则可以得到 p 个主成分,将其按照贡献率由大到小排列顺序,记为 y_1,y_2,$\cdots$,y_p。则主成分分析可知,主成分与原始变量之间存在如下关系式

$$\begin{cases} y_1 = l_{11}x_1 + l_{21}x_2 + \cdots + l_{p1}x_p \\ y_2 = l_{12}x_1 + l_{22}x_2 + \cdots + l_{p2}x_p \\ \vdots \\ y_p = l_{1p}x_1 + l_{2p}x_2 + \cdots + l_{pp}x_p \end{cases} \quad (10-9)$$

式中,l_{ij} 为样本相关系数矩阵 $\boldsymbol{R}$ 的特征值所对应的特征向量的分量。也可以将上式写为矩阵的形式

$$\boldsymbol{Y} = \boldsymbol{L}'\boldsymbol{X} \quad (10-10)$$

式中,$\boldsymbol{Y} = (y_1, y_2, \cdots, y_p)'$,$\boldsymbol{X} = (x_1, x_2, \cdots, x_p)'$,$\boldsymbol{L} = (l_{ij})$。由于 $\boldsymbol{L}$ 为正交矩阵,所以从 $\boldsymbol{X}$ 到 $\boldsymbol{Y}$ 的转换关系是可逆的。在式(10-8)两边同乘以 $\boldsymbol{L}$,可以得到 $\boldsymbol{X} = \boldsymbol{L}\boldsymbol{Y}$,即

$$\begin{cases} x_1 = l_{11}y_1 + l_{12}y_2 + \cdots + l_{1p}y_p \\ x_2 = l_{21}y_1 + l_{22}y_2 + \cdots + l_{2p}y_p \\ \vdots \\ x_p = l_{p1}y_1 + l_{p2}y_2 + \cdots + l_{pp}y_p \end{cases} \quad (10-11)$$

在一定的累积贡献率的前提下,保留前 m 个主成分,而后面部分用 ε_i 来代替,则式(10-11)可变为

$$\begin{cases} x_1 = l_{11}y_1 + l_{12}y_2 + \cdots + l_{1m}y_m + \varepsilon_1 \\ x_2 = l_{21}y_1 + l_{22}y_2 + \cdots + l_{2m}y_m + \varepsilon_2 \\ \vdots \\ x_p = l_{p1}y_1 + l_{p2}y_2 + \cdots + l_{pm}y_m + \varepsilon_m \end{cases} \quad (10-12)$$

式(10-12)形式上与因子分析模型(10-1)一致,且 $y_i(i=1, 2, \cdots, m)$ 之间相互独立(因为主成分相互独立),但因子分析模型中要求公因子的均值为0,方差为1,所以需要对 y 作一变换使之成为公因子。在变量 $\boldsymbol{X}$ 作标准化变换后,$\boldsymbol{Y}$ 的均值也为0,由主成分分析一章可知,$\mathrm{var}(y_i) = \lambda_i$,于是,令

$$f_i = y_i / \sqrt{\lambda_i}, \ a_{ij} = \sqrt{\lambda_i} l_{ij}, \quad (10-13)$$

则式(10-12)变为

$$\begin{cases} x_1 = a_{11}f_1 + a_{12}f_2 + \cdots + a_{1m}f_m + \varepsilon_1 \\ x_2 = a_{21}f_1 + a_{22}f_2 + \cdots + a_{2m}f_m + \varepsilon_2 \\ \vdots \\ x_p = a_{p1}f_1 + a_{p2}f_2 + \cdots + a_{pm}f_m + \varepsilon_m \end{cases}$$

这就是因子分析模型(10-1)。

不失一般性,设 $\lambda_1 \geqslant \lambda_2 \geqslant \cdots \geqslant \lambda_p$ 为样本相关阵 $\boldsymbol{R}$ 的特征根, $\boldsymbol{L}_1, \boldsymbol{L}_2, \cdots, \boldsymbol{L}_p$ 为对应的标准化特征向量。设 $m < p$,根据式(10-11),可以得到因子载荷矩阵 $\boldsymbol{A}$ 的一个解为

$$\hat{\boldsymbol{A}} = (\sqrt{\lambda_1}\boldsymbol{L}_1, \sqrt{\lambda_2}\boldsymbol{L}_2, \cdots, \sqrt{\lambda_m}\boldsymbol{L}_m) \tag{10-14}$$

共同度的估计为

$$\hat{h}_i^2 = \hat{a}_{i1}^2 + \hat{a}_{i2}^2 + \cdots + \hat{a}_{im}^2 \tag{10-15}$$

在实际应用中,有一个如何确定公因子的数目 m 的问题。其中的一个方法就是借鉴确定主成分个数的准则,即所选取的公因子的信息量的总和达到总体信息量的一个合适比例(70%~90%)为止。当然还有其他方法,10.6 节会详细介绍。

从主成分法估计载荷矩阵的过程可以看出,因子分析和主成分分析有很多相似之处,但这两种模型是有区别的,主成分分析的数学模型实质上是一种变换,而因子分析模型是描述原变量 $\boldsymbol{X}$ 相关阵结构的一种模型。当 $m = p$ 时,因子分析也对应一种变量变换,但在实际应用中,m 都小于 p。另外,在主成分分析中,每个主成分相应的系数 l_{ij} 是唯一确定的,而因子分析中因子载荷 a_{ij} 是不唯一的。

10.4
因子旋转

建立因子分析模型的目的不仅要找出公共因子及对变量进行分组,更重要的是要知道每个公因子的意义,以便对实际问题作出科学分析。如果各个变量 $x_1, x_2, \cdots, x_p$ 在某个公因子上的载荷大小相差不多,对公因子的解释就有困难,因为因子载荷表明公因子与变量之间的相关程度。这时可根据因子载荷矩阵的不唯一性,可用一个正交阵 $\boldsymbol{T}$ 右乘 $\boldsymbol{A}$ 以实现对因子载荷矩阵的旋转(由线性代数知识知,一个正交变换对应坐标系的一次旋转),从而使旋转后的因子载荷矩阵结构简化,更好地对公因子进行解释。所谓结构简化就是重新分配每个因子所解释的方差的比例,使每个变量仅在一个公共因子上有较大的载荷,而在其余公共因子上的载荷较小,即载荷矩阵每列或行的元素平方值向 0 和 1 两极分化,更易于解释。其原理有些像调整显微镜的焦距,以便更清楚地观察物体。

旋转的几何意义:从载荷散点图 10.1(以因子变量为坐标轴绘制原有变量的图形)上来理解,经过旋转后,原有变量点应出现在靠近轴的端点或原点附近,在轴的端点上的变量是在那个因子上具有较高载荷的变量,靠近原点的变量对公因子都具有较小的载荷。当然,不靠近轴的变量是不能被提取的公因子解释的变量,旋转后应避免出现这种情况。

经过因子旋转后,并不改变对数据的拟合程度,公因子对 x_i 的贡献(共同度)h_i^2 也不改变,但由于载荷矩阵发生变化,公因子本身可能发生很大变化,每一个公因子对原始变量的贡献 g_i^2 不再与原来相同,从而经过

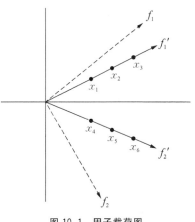

图 10.1 因子载荷图

适当旋转,可以得到比较令人满意的公因子。

因子旋转有正交旋转和斜交旋转两类。正交旋转是在因子载荷矩阵 $\boldsymbol{A}$ 右乘一正交矩阵而得。经过正交旋转而得到的新的公因子仍然保持独立的性质。而斜交旋转则放弃了因子之间彼此独立这个限制,因而可以得到更为简洁的形式,其实际意义更容易解释。不论是正交旋转还是斜交旋转,都应当使新的因子载荷要么尽可能接近于 0,要么尽可能地接近于 1。因为接近于 0 的因子载荷 a_{ij} 表明 x_i 与 f_j 的相关性很弱;而绝对值接近于 1 的因子载荷 a_{ij} 表明 x_i 与 f_j 的相关性很强,即公因子 f_j 对 x_i 变化的解释能力很强。如此一来,任一原始变量都与某些公因子存在较强的相关关系,而与另外的公因子之间的相关关系很弱,公因子的实际意义就比较容易解释。

正交旋转主要包括以下三种:方差最大正交旋转法、四次方最大正交旋转法、平均正交旋转法。本节主要简单介绍几种常见旋转方法的基本思想。

10.4.1 方差最大正交旋转(Varimax)

方差最大旋转法,是从简化因子载荷矩阵的每一列出发,目的是将因子载荷矩阵的行作简化,也就是将坐标旋转,使和每个因子有关的载荷的差异性最大化,此时,每个因子列只在少数几个变量上有很大载荷,公因子的解释也变得容易。

设已求得的因子分析模型为 $\boldsymbol{X} = \boldsymbol{A}\boldsymbol{F} + \boldsymbol{\varepsilon}$,$\boldsymbol{\Gamma} = (\gamma_{ij})_{m \times m}$ 为一正交矩阵,以 $\boldsymbol{\Gamma}$ 右乘 $\boldsymbol{A}$,记 $\boldsymbol{A}^* = \boldsymbol{A}\boldsymbol{\Gamma}$,$\boldsymbol{F}^* = \boldsymbol{\Gamma}'\boldsymbol{F}$,则 $\boldsymbol{X} = \boldsymbol{A}^*\boldsymbol{F}^* + \boldsymbol{\varepsilon}$,或者写成

$$x_i = a_{i1}^* f_1 + a_{i2}^* f_2 + \cdots + a_{im}^* f_m + \varepsilon_i, \quad i = 1, 2, \cdots, p \tag{10-16}$$

则变量的共同度为

$$h_i^{*2} = \sum_{j=1}^{m} a_{ij}^{*2} = \sum_{j=1}^{m} \left(\sum_{l=1}^{m} a_{il} \gamma_{lj} \right)^2 = \sum_{j=1}^{m} \sum_{l=1}^{m} a_{il}^2 \gamma_{lj}^2 + \sum_{j=1}^{m} \sum_{l=1}^{m} \sum_{\substack{k=1 \\ k \neq l}}^{m} a_{il} a_{ik} \gamma_{lj} \gamma_{kj} \tag{10-17}$$

$$= \sum_{l=1}^{m} a_{il}^2 \sum_{j=1}^{m} \gamma_{lj}^2 + \sum_{l=1}^{m} \sum_{k=1}^{m} a_{il} a_{ik} \sum_{\substack{j=1 \\ k \neq l}}^{m} \gamma_{lj} \gamma_{kj}$$

由正交矩阵的性质(每列或行的元素平方和等于 1,不同列或行的对应元素乘积和为 0),可知

$$\sum_{j=1}^{m} \gamma_{lj}^2 = 1, \qquad \sum_{\substack{k=1 \\ k \neq l}}^{m} \gamma_{lj} \gamma_{kj} = 0$$

于是,式(10-17)变为

$$h_i^{*2} = \sum_{l=1}^{m} a_{il}^2 = h_i^2$$

这说明变换后的变量共同度没有发生变化。

类似地,可以求出因子的方差贡献

$$g_j^{*2} = \sum_{i=1}^{p} a_{ij}^{*2} = \sum_{i=1}^{p} \left(\sum_{l=1}^{m} a_{il} \gamma_{lj} \right)^2 = \sum_{i=1}^{p} \sum_{l=1}^{m} a_{il}^2 \gamma_{lj}^2 + \sum_{i=1}^{p} \sum_{l=1}^{m} \sum_{\substack{k=1 \\ k \neq l}}^{m} a_{il} a_{ik} \gamma_{lj} \gamma_{kj} \tag{10-18}$$

$$= \sum_{l=1}^{m} \gamma_{lj}^2 \sum_{i=1}^{p} a_{il}^2 = \sum_{l=1}^{m} g_l^2 \gamma_{lj}^2$$

这说明变换后公因子的贡献发生了变化，这是由于旋转后的公因子已发生变化，不再是原来的公因子，每个新的公因子对原始变量的解释程度也随之发生变化。但所有公因子对原始变量总方差的解释程度不变，即 $\sum\limits_{j=1}^{m} g_j^{*2} = \sum\limits_{j=1}^{m}\sum\limits_{l=1}^{m} g_l^2 \cdot \gamma_{lj}^2 = \sum\limits_{l=1}^{m} g_l^2 \left(\sum\limits_{j=1}^{m} \gamma_{lj}^2\right) = \sum\limits_{l=1}^{m} g_l^2$

对已知的因子载荷矩阵进行正交变化的目的是使各个因子上的载荷实现两极分化，即实现各因子载荷之间的差异极大化，而描述差异性的统计指标为方差，所以，关键是要使得方差极大化。对于某个公因子 f_k，定义在其上的载荷之间的方差为

$$V_k = \frac{1}{p}\sum_{i=1}^{p}\left[\left(\frac{a_{ik}^{*2}}{h_i^2}\right) - \frac{1}{p}\sum_{i=1}^{p}\left(\frac{a_{ik}^{*2}}{h_i^2}\right)\right]^2 = \frac{1}{p}\sum_{i=1}^{p}\left(\frac{a_{ik}^{*2}}{h_i^2}\right)^2 - \left(\frac{1}{p}\sum_{i=1}^{p}\frac{a_{ik}^{*2}}{h_i^2}\right)^2, \ k=1, 2, \cdots, m$$

$$(10-19)$$

这里，V_k 的表达式形式类似于统计中方差公式：$S = \frac{1}{n}\sum\limits_{i=1}^{n}(x_i - \bar{x})^2 = \frac{1}{n}\sum\limits_{i=1}^{n} x_i^2 - \bar{x}^2$。之所以取 a_{ik}^{*2} 是为了消除 a_{ik}^* 符号不同的影响，除以 h_i^2 是为了消除各个变量对因子依赖程度不同的影响。因为各个变量 x_i 在某个因子 f_j 上的载荷的平方是该因子对该变量共同度的贡献，而各变量的共同度一般是互不相同的，若某个变量的共同度较大，则分配在各个因子上的载荷就大一些，反之就小一些。因此，为消除各个变量的共同度大小不同的影响，计算某一因子上的载荷的方差时，可先将各个载荷的平方除以共同度，即类似标准化变换，然后再计算标准化后的载荷的方差。所有公因子载荷之间的总方差为

$$V = \sum_{k=1}^{m} V_k \tag{10-20}$$

现在的问题转化为求一个正交矩阵 $\boldsymbol{\Gamma}$，对已知的因子载荷矩阵 $\boldsymbol{A}$ 正交变换后，新的因子载荷矩阵 $\boldsymbol{A}^* = \boldsymbol{A}\boldsymbol{\Gamma}$ 中的元素能使 V 达到极大值。

10.4.2 四次方最大旋转(Quartimax)

四次方最大旋转是从简化因子载荷矩阵的每一行出发，通过旋转因子，使每个变量只在一个因子上有较大的载荷，而在其他因子上取尽可能低的载荷。这种方法强调了对变量解释的简洁性，牺牲了对因子解释的简洁性。

四次方最大旋转法使因子载荷矩阵中每一行的因子载荷平方的方差达到最大。最大化的目标函数为

$$Q = \sum_{i=1}^{p}\sum_{j=1}^{m}\left(a_{ij}^{*2} - \frac{1}{m}\right)^2 \tag{10-21}$$

化简上式，可得

$$Q = \sum_{i=1}^{p}\sum_{j=1}^{m}\left(a_{ij}^{*2} - \frac{1}{m}\right)^2 = \sum_{i=1}^{p}\sum_{j=1}^{m}\left(a_{ij}^{*4} - \frac{2}{m}a_{ij}^{*2} + \frac{1}{m^2}\right) = \sum_{i=1}^{p}\sum_{j=1}^{m} a_{ij}^{*4} - 2 + \frac{p}{m}$$

简化后的最大化目标函数为

$$Q = \sum_{i=1}^{p}\sum_{j=1}^{m} a_{ij}^{*4} \tag{10-22}$$

10.4.3 等量最大法旋转(Equamax)

等量最大法就是把方差最大法和四次方最大法结合起来求 V 和 G 的加权平均最大。化简后最大化的目标函数为

$$Q = \sum_{i=1}^{p} \sum_{j=1}^{m} a_{ij}^{*4} - \gamma \sum_{j=1}^{m} \left(\sum_{i=1}^{p} a_{ij}^{*2} \right)^2 / p \tag{10-23}$$

权数 γ 等于 $m/2$,与因子数目有关。

10.4.4 斜交旋转

斜交旋转中,因子之间的夹角可以是任意的,即因子之间不一定是正交的,所以用斜交因子描述变量会使因子结构更为简洁。在斜交旋转中,因子载荷不再等于公因子和变量之间的相关系数,因子结构和因子模型之间是有区别的。

10.4.5 旋转方法的选择

因子旋转并不改变变量的共同度,从统计的观点看,并不能说某一种转轴方法比任何其他转轴方法好,在统计上所有的转轴法是相等的。假如有两种转轴方法导致不同的解释,则这两种转轴方法不能视为相互抵触的。可以更合理地解释为对同一事件,不同角度有不同的看法。所以,在实际应用中,没有一个准则能帮助使用者选定一种特定的旋转技术,没有可以令人信服的理由能够说某种旋转方法优于其他的方法。常常需要研究者自己由所得的结果判断,在很多时候,所计算出的结果都相差不多,我们没必要去判断哪一种转轴方法比较好。此外,选择旋转方法还可以根据研究问题的需要。如果因子分析的目标主要是进行数据化简,把很多变量浓缩为少数几个因子,而因子的确切含义是什么并不重要,可以优先考虑正交旋转;如果研究的目标是要得到几个理论上有意义的因子,可以考虑选用斜交旋转。正交旋转的优点是因子之间不相关,提供的信息不会重叠,其缺点是研究者迫使因子间不相关,但在现实中,很少有完全不相关的变量。所以,理论上,斜交旋转优于正交旋转。但斜交旋转中因子间的斜交程度受使用者定义的参数的影响,而且斜交旋转中允许因子之间具有一定的相关性。基于此,斜交旋转的优越性被大大削弱,正交旋转应用更广泛。

10.5

因子得分的估计

10.5.1 因子得分的含义

当因子模型建立后,我们往往需要反过来考察每个样品的性质及样品之间的关系,如关于百货商场综合评价的因子模型建立后,需要对每个百货商场进行综合评价或者把所有商场归类为综合评价较好、一般、较差三类,这时可以通过计算每个商场的因子得分进行分析。

由于公因能能反映原始变量的相关关系,用公因子代表原始变量时,有时更有利于描述研究对象的特征,因而往往需要反过来将公因子表示为变量(或样品)的线性组合,即

$$f_j = b_{j1}x_1 + b_{j2}x_2 + \cdots + b_{jp}x_p, \quad j = 1, 2, \cdots, m \tag{10-24}$$

称上式为因子得分函数,它可以用来计算每个样品的因子得分。从几何意义上来理解,因子得

分实际上给出的是各个样品在公共因子上的投影值或坐标值。因此,以公共因子为坐标轴,在公共因子空间中,就可以按各样品的得分值标出其空间的相对位置。这样就可以进一步得到关于原始数据的结构方面的信息。如 $m=2$,则将每个样品的 p 个变量值代入上式即可算出每个样品的因子得分 f_1 和 f_2,这样就可以在二维平面上作出因子得分的散点图,进而对样品进行分类或作进一步的统计分析。

回顾主成分的概念,可以发现其意义和作用与因子得分很相似,但又存在很大区别。在主成分分析中,当取 p 个主成分时,主成分与原始变量之间的关系是可逆的,即只要知道原始变量用主成分线性表示的表达式,就可以很方便地得到用原始变量表示主成分的表达式;而在因子分析模型中,由于因子得分函数中方程的个数 m 小于变量的个数 p,且公因子是不可观测的隐变量,载荷矩阵 A 不可逆,因此,不能直接将公因子表示为原始变量的精确线性组合,即不能精确计算出因子得分,只能对因子得分进行估计。

估计因子得分有很多方法,如加权最小二乘法、回归法。下面仅介绍回归法,它是 1939 年由 Thomson 提出来,所以又称为汤姆森回归法。

10.5.2　因子得分估计的方法——回归法

假设变量 X 及公因子 F 都已进行标准化处理,并设公因子可对 p 个变量进行回归,则有

$$\hat{f}_j = b_{j1}x_1 + b_{j2}x_2 + \cdots + b_{jp}x_p, \quad j = 1, 2, \cdots, m \tag{10-25}$$

其矩阵形式为

$$\hat{F} = BX \tag{10-26}$$

式中,$\hat{F} = [\hat{f}_1, \hat{f}_2, \cdots, \hat{f}_m]'$,$X = [x_1, x_2, \cdots, x_p]'$,$B = (b_{ij})_{m \times p}$ 为得分系数矩阵。

如果可以得到上述方程中的回归系数,则可以得到因子得分的估计值。由于

$$a_{ij} = \text{cov}(x_i, f_j) = \text{cov}(x_i, b_{j1}x_1 + b_{j2}x_2 + \cdots + b_{jp}x_p) = b_{j1}r_{i1} + b_{j2}r_{i2} + \cdots + b_{jp}r_{ip}$$

于是,可以得到如下方程组

$$\begin{bmatrix} r_{11} & r_{12} & \cdots & r_{1p} \\ r_{21} & r_{22} & \cdots & r_{2p} \\ \vdots & \vdots & & \vdots \\ r_{p1} & r_{p2} & \cdots & r_{pp} \end{bmatrix} \begin{bmatrix} b_{j1} \\ b_{j2} \\ \vdots \\ b_{jp} \end{bmatrix} = \begin{bmatrix} a_{1j} \\ a_{2j} \\ \vdots \\ a_{pj} \end{bmatrix} \tag{10-27}$$

即

$$R b_j = a_j \tag{10-28}$$

式中,R 为样本的相关系数矩阵,$b_j = [b_{j1}, b_{j2}, \cdots, b_{jp}]'$ 为第 j 个因子的得分系数,$a_j = [a_{j1}, a_{j2}, \cdots, a_{jp}]'$ 为载荷矩阵的第 j 列。

解方程组(10-28),即可求出第 j 个因子的得分系数,类似地,也可以得到其他 $m-1$ 个因子得分系数。于是,得分系数矩阵为

$$B = A'R^{-1} \tag{10-29}$$

所以,因子得分变量为

$$\hat{F} = BX = A'R^{-1}X \tag{10-30}$$

这样,在得到一组样本观测值后,就可以代入上面的关系式求出因子得分的估计值,从而

实现用少数公因子去描述原始变量的数据结构。有了因子得分，今后的统计分析就不必建立在原始变量的基础上，而只要对因子得分变量、因子得分进行分析即可。如对因子得分作聚类分析，回归分析等，尤其当因子数 m 较少时，还可以方便地把各样本点在图上表示出来，直观地描述样本的分布情况，便于进一步进行研究。

因子分析的基本步骤与 SPSS 应用

10.6.1 因子分析的基本步骤

1. 选择分析变量，检验待分析的原始变量是否适合作因子分析

因子分析的重要前提是要求原始变量具有较强的相关性。如果原始变量之间不存在较强的相关关系，则无法从较多的原始变量中提取反映某些原始变量共同特性的少数公因子来。因此，因子分析前，应对原始变量进行相关分析。最简单的就是计算相关系数矩阵。如果大部分相关系数都小于 0.3，并且未通过检验，则不适合进行因子分析。

在因子分析过程中，SPSS 还提供了三种检验方法判断数据是否适合作因子分析。这三种检验方法分别介绍如下。

(1) 巴特利特球体检验(Bartlett's test of sphericity)。以变量的相关系数矩阵为出发点。原假设是 H_0：相关系数矩阵 $\boldsymbol{R}$ 是一个单位阵，即 $\boldsymbol{R}$ 对角线上元素都是 1，非对角线元素均为 0。巴特利特球体检验的统计量根据样本的相关系数矩阵的行列式计算得到。如果该统计量的值比较大，其对应的伴随概率值(p -值)小于预先给定的显著性水平 α，则拒绝原假设(相关系数矩阵为单位阵)，认为原始变量之间存在相关性，数据适合作因子分析；反之，若 p -值大于预先给定的显著性水平 α，则数据不宜作因子分析。

(2) 反映像相关矩阵检验(Anti-image correlation matrix)。以变量的偏相关系数矩阵为出发点，将偏相关系数矩阵的每个元素取反，得到反映像相关矩阵。如果反映像相关矩阵中主对角线外的元素大多绝对值较小，对角线上的元素绝对值越接近于 1，则表明这些变量的相关性越强，越适合于作因子分析；否则不适合作因子分析。

主对角线上的元素为某变量的 MSA(Measure of Sample Adequancy)：

$$\text{MSA}_i = \frac{\sum\limits_{j \neq i} r_{ij}^2}{\sum\limits_{j \neq i} r_{ij}^2 + \sum\limits_{j \neq i} p_{ij}^2} \tag{10-31}$$

式中，r_{ij} 是变量 x_i 和 x_j 的简单相关系数，p_{ij} 是在控制了其他变量影响下变量 x_i 和 x_j 的偏相关系数。MSA_i 取值在 0 和 1 之间，越接近于 1，意味着变量 x_i 和其他变量间的相关性越强，越适合做因子分析；越接近于 0 则相关性越弱。

(3) KMO 检验(Kaiser-Meyer-Olkin)。KMO 检验统计量用于比较变量间简单相关系数和偏相关系数。其数学表达式为

$$\text{KMO} = \frac{\sum\sum\limits_{j \neq i} r_{ij}^2}{\sum\sum\limits_{j \neq i} r_{ij}^2 + \sum\sum\limits_{j \neq i} p_{ij}^2} \tag{10-32}$$

KMO 与 MSA 的区别是它将相关系数矩阵中的所有元素都加入到了平方和的计算中。KMO 越小,变量间的相关性越弱,越不适合作因子分析,且 Kaiser 给出了 KMO 检验是否适合因子分析的标准:KMO > 0.9,非常适合;0.8 < KMO < 0.9,适合;0.7 < KMO < 0.8,一般;0.5 < KMO < 0.7,不太适合,比较勉强;KMO < 0.5,不适合。

2. 提取公因子

SPSS 提供公因子提取的方法主要有:主成分分析法(Principal components)、普通最小二乘法(Unweighted least square)、广义最小二乘法(Generalized least squares)、极大似然法(Maximum likelihood)、主轴因子法(Principal Axis factoring)、α 因子提取法(Alpha)、映象分析法(Image)。其中,基于主成分模型的主成分分析法是使用最多的提取公因子的方法之一,也是 SPSS 中的默认选项。

3. 选择合适公因子的数量

公因子的数量不能太多,太多则达不到因子分析简化数据的目的;也不能太少,太少则损失原始变量的信息可能太多,所以进行因子分析时,必须要选择合适的公因子数量。其主要方法有:一是根据特征值的大小确定,一般取大于 1 的特征值,这也是 SPSS 中默认的选项;二是根据因子的累计方差贡献率来确定,一般累计方差贡献率应达到 70% 以上;三是根据碎石图(Scree plot),它是以公因子的个数为横坐标,特征值为纵坐标的,比较合适的公因子数量为碎石图趋于平稳所对应的公因子数量;四是可以根据研究者的经验。无论哪个准则,都不应生搬硬套,应具体问题具体分析,总之要使选取的公因子能合理地描述原始变量相关阵的结构,同时有利于因子模型的解释。

4. 旋转因子使得公因子具有可解释性

正交旋转主要方法有:方差最大法(Varimax)、四次方最大法(Quartimax)、平均最大正交旋转(Equamax)等。斜交旋转有直接斜交旋转(Direct Oblimin)、斜交旋转法(Promax)。之所以有这么多方法,主要是因为没有一种方法令人完全满意。其中,方差最大法最为常用。如果研究者不知道应该选用哪种旋转方法的话,可以不必选,直接用 SPSS 软件中默认的方法 Varimax。

5. 进行因子命名

因子命名是因子分析的重要目标,因子分析的过程基本都可以由统计软件包做好,但最重要的步骤,也就是"因子命名",则需要研究者以自己的专业来判定。因子命名必须要能涵盖其所代表的所有原始变量的意义,其主要依据是经过旋转后的因子载荷矩阵,可以根据因子载荷较大对应的几个原始变量的含义尝试对因子进行命名。

6. 计算因子得分,进行结果解释

公因子确定以后,对每一样本数据,希望得到它们在不同因子上的具体数值,这些数值就是因子得分。

估计因子得分常用的方法有:回归法(Regression)、巴特利特法(Bartlett)、安德森-鲁宾法(Anderson-Rubin)等。

10.6.2 SPSS 操作过程及结果解释

1. 研究问题

现欲对我国 31 个省市自治区 2015 年经济发展基本情况的八项指标进行因子分析。具体采用的指标有:GDP(单位:亿元)x_1、居民消费水平(单位:元)x_2、固定资产投资(单位:亿元)x_3、职工平均工资(单位:元)x_4、货物周转量(单位:亿吨公里)x_5、居民消费价格指数(单位:%)x_6、商品零售价格指数(单位:%)x_7、规模以上工业企业主营业务总收入(单位:亿元)x_8。数据见表 10.2。

表 10.2　2015 年 31 个省市自治区八项经济指标数据

地 区	x_1	x_2	x_3	x_4	x_5	x_6	x_7	x_8
北　京	23 014.59	33 802.77	7 495.99	111 390	901.41	101.8	98.5	18 864.90
天　津	16 538.19	24 162.46	11 831.99	80 090	2 519.22	101.7	100.3	27 969.58
河　北	29 806.11	13 030.69	29 448.27	50 921	12 007.28	100.9	100.2	45 648.10
山　西	12 766.49	11 729.05	14 074.15	51 803	3 438.55	100.6	99.3	14 624.14
内蒙古	17 831.51	17 178.53	13 702.22	57 135	4 190.30	101.1	100.5	18 925.61
辽　宁	28 669.02	17 199.80	17 917.89	52 332	11 711.92	101.4	100.5	33 243.29
吉　林	14 063.13	13 763.91	12 705.29	51 558	1 425.35	101.7	99.8	22 321.96
黑龙江	15 083.67	13 402.54	10 182.95	48 881	1 545.35	101.1	100.1	11 719.03
上　海	25 123.45	34 783.55	6 352.70	109 174	19 495.88	102.4	101.1	34 172.22
江　苏	70 116.38	20 555.56	46 246.87	66 196	8 270.23	101.7	100.6	147 074.45
浙　江	42 886.49	24 116.88	27 323.32	66 668	9 869.72	101.4	99.9	63 214.41
安　徽	22 005.63	12 840.11	24 385.97	55 139	10 402.25	101.3	99.7	39 064.41
福　建	25 979.82	18 850.19	21 301.38	57 628	5 447.49	101.7	99.9	39 591.28
江　西	16 723.78	12 403.37	17 388.13	50 932	3 753.48	101.5	100.5	32 954.82
山　东	63 002.33	14 578.16	48 312.44	57 270	8 418.04	101.2	100.2	145 628.87
河　南	37 002.16	11 835.13	35 660.35	45 403	6 948.05	101.3	99.8	73 365.96
湖　北	29 550.19	14 316.50	26 563.90	54 367	5 674.13	101.5	100.5	43 179.21
湖　南	28 902.21	14 267.34	25 045.08	52 357	3 895.53	101.4	99.9	35 410.45
广　东	72 812.55	20 975.70	30 343.03	65 788	14 882.21	101.5	99.6	119 157.86
广　西	16 803.12	11 401.00	16 227.78	52 982	4 061.82	101.5	100.1	20 442.50
海　南	3 702.76	13 575.02	3 451.22	57 600	1 181.73	101.0	99.8	1 661.72
重　庆	15 717.27	15 139.54	14 353.24	60 543	2 709.53	101.3	100.2	20 902.24
四　川	30 053.10	13 632.10	25 525.90	58 915	2 387.44	101.5	100.2	38 645.91
贵　州	10 502.56	10 413.75	10 945.54	59 701	1 379.00	101.8	100.1	9 876.81
云　南	13 619.17	11 005.41	13 500.62	52 564	1 500.27	101.9	100.8	9 829.69
西　藏	1 026.39	8 245.76	1 295.68	97 849	119.64	102.0	101.4	136.38
陕　西	18 021.86	13 087.22	18 582.24	54 994	3 263.52	101.0	99.8	19 690.66
甘　肃	6 790.32	10 950.76	8 754.23	52 942	2 225.81	101.6	101.0	8 689.37
青　海	2 417.05	13 611.34	3 210.63	61 090	445.58	102.6	101.0	2 170.66
宁　夏	2 911.77	13 815.63	3 505.45	60 380	816.93	101.1	100.1	3 472.75
新　疆	9 324.80	12 867.40	10 813.03	60 117	1 772.94	100.6	99.6	8 203.73

2. SPSS 操作过程及结果解释

在 SPSS 中进行因子分析和主成分分析的统计过程都由"Factor"功能来实现,具体操作也类似,但因子分析需用到的选项更多,比如通过因子旋转以方便因子命名等。

(1)按照顺序:Analyze→Data Reduction→Factor 进入到因子分析"Factor Analysis"主对话框中,将左侧八个变量"x1""x2"…"x8"选入到"Variables"框中,如图 10.2 所示。

(2)单击"Descriptive"按钮,弹出"Factor Analysis:Descriptive"对话框(图 10.3),选中"KMO and Bartlett's test of sphericity",该选项的输出结果见表 10.3。此表给出了 KMO 检

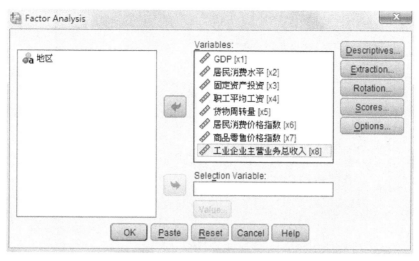

图 10.2　Factor Analysis 主对话框

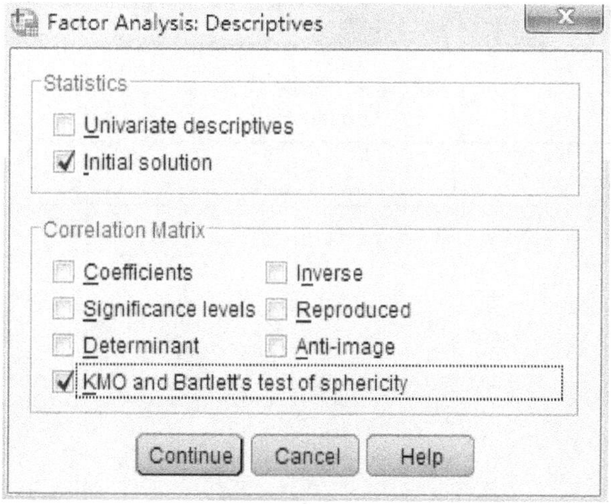

图 10.3　Factor Analysis：Descriptive 对话框

验和 Bartlett 球体检验的结果。其中 KMO 的值为 0.649，勉强可以进行因子分析，Bartlett 球体检验的 p 值为 0.000＜0.05，认为适合进行因子分析。

表 10.3　KMO and Bartlett's 检验
KMO and Bartlett's Test

Kaiser-Meyer-Olkin Measure of Sampling Adequacy.		0.649
Bartlett's Test of Sphericity	Approx. Chi-Square	211.896
	df	28
	Sig.	0.000

（3）点击"Extraction"按钮，弹出对话框（图 10.4），选中"Scree plot"以显示碎石图。此对话框中，表明提取公因子的方法为主成分分析法（Principal components），选取公因子的准则为特征值大于 1，并显示未经旋转的因子载荷矩阵，运行后的结果见表 10.4、表 10.5、表 10.6及图 10.5。

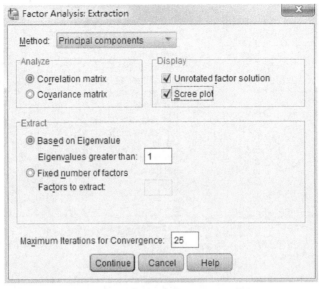

图 10.4 Factor Analysis：Extraction 对话框

表 10.4 变 量 共 同 度
Communalities

	Initial	Extraction
GDP	1.000	0.960
居民消费水平	1.000	0.919
固定资产投资	1.000	0.933
职工平均工资	1.000	0.862
货物周转量	1.000	0.629
居民消费价格指数	1.000	0.797
商品零售价格指数	1.000	0.908
工业企业主营业务总收入	1.000	0.932

Extraction Method：Principal Component Analysis.

表 10.5 解释的总方差
Total Variance Explained

Component	Initial Eigenvalues			Extraction Sums of Squared Loadings		
	Total	% of Variance	Cumulative %	Total	% of Variance	Cumulative %
1	3.385	42.307	42.307	3.385	42.307	42.307
2	2.239	27.988	70.295	2.239	27.988	70.295
3	1.316	16.452	86.747	1.316	16.452	86.747
4	0.553	6.916	93.663			
5	0.277	3.464	97.127			
6	0.140	1.751	98.878			
7	0.066	0.824	99.702			
8	0.024	0.298	100.000			

Extraction Method：Principal Component Analysis.

表 10.6　因子载荷矩阵
Component Matrix[a]

	Component		
	1	2	3
GDP	0.979	−0.031	0.032
居民消费水平	0.398	0.755	−0.435
固定资产投资	0.883	−0.362	0.147
职工平均工资	0.014	0.891	−0.260
货物周转量	0.742	0.269	0.076
居民消费价格指数	−0.052	0.763	0.460
商品零售价格指数	−0.163	0.285	0.895
工业企业主营业务总收入	0.952	−0.080	0.135

Extraction Method：Principal Component Analysis.
a. 3 components extracted.

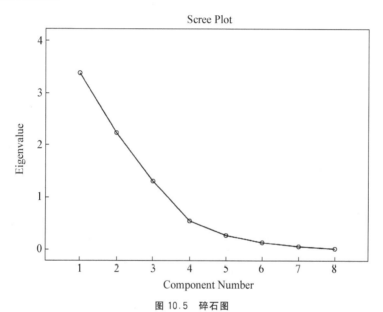

图 10.5　碎石图

表 10.4 最后一列给出了提取三个公因子后的变量共同度,除了"货物周转量"的共同度为 0.629、居民消费价格指数的共同度为 0.797 外,其他的值都在 0.85 以上,说明每个变量被提取的三个公因子说明的程度都比较高,从原始变量空间到公因子空间的转化效果较好。

由表 10.5 可知,SPSS 提取了三个公因子(其特征值都大于 1,系统默认选项)前三个因子的累计方差贡献率已达 86.747%,提取三个公因子基本可以。再结合碎石图 10.5,也可以看出,提取三个公因子比较合适,因为到第四个公因子时,特征值已开始趋于平稳。

表 10.6 为因子载荷矩阵,它是因子命名的主要依据。

由表 10.6 的结果可以计算得到下列关系:

$$0.919 = 0.398^2 + 0.755^2 + (-0.435)^2$$
$$3.385 = 0.979^2 + 0.398^2 + 0.883^2 + 0.014^2 + 0.742^2 + (-0.052)^2 + (-0.163)^2 + 0.952^2$$

即因子载荷第二行的平方和即为对应变量"居民消费水平"的变量共同度,而因子载荷第一列的平方和即为第一特征根。其他的行、列也具有类似关系。

图 10.6　Factor Analysis：Rotation 对话框

（4）为了使公因子的含义更容易解释，点击"Rotation"按钮，弹出对话框，并选中"Varimax"（方差最大化正交旋转），同时，选中"Display"下的"Loading plot(s)"，如图 10.6 所示。运行之后的结果见表 10.7、表 10.8、表 10.9 及图 10.7。

表 10.7 与表 10.5 的含义类似，只不过多出旋转后的特征根、方差贡献率及累积方差贡献率结果，对比旋转前和旋转后的"Extraction Sums of Squared Loadings"，可以发现：前三个公因子的累积贡献率相同（均为 86.747%），但每个公因子的特征根发生了变化，当然其贡献率也发生了相应变化。可以说，因子旋转相当于在确定的公因子数目 m 前提下，将相同的累积贡献率在 m 个公因子上重新分配。

表 10.7　解释的总方差
Total Variance Explained

Component	Initial Eigenvalues			Extraction Sums of Squared Loadings			Rotation Sums of Squared Loadings		
	Total	% of Variance	Cumulative %	Total	% of Variance	Cumulative %	Total	% of Variance	Cumulative %
1	3.385	42.307	42.307	3.385	42.307	42.307	3.317	41.468	41.468
2	2.239	27.988	70.295	2.239	27.988	70.295	2.100	26.245	67.713
3	1.316	16.452	86.747	1.316	16.452	86.747	1.523	19.034	86.747
4	.553	6.916	93.663						
5	.277	3.464	97.127						
6	.140	1.751	98.878						
7	.066	.824	99.702						
8	.024	.298	100.000						

Extraction Method：Principal Component Analysis.

表 10.8　旋转后的载荷矩阵
Rotated Component Matrix[a]

	Component		
	1	2	3
GDP	0.969	0.111	−0.093
居民消费水平	0.249	0.921	−0.096
固定资产投资	0.925	−0.248	−0.127
职工平均工资	−0.112	0.907	0.162
货物周转量	0.717	0.323	0.106
居民消费价格指数	−0.045	0.476	0.753
商品零售价格指数	−0.037	−0.152	0.940
工业企业主营业务总收入	0.965	0.019	−0.020

Extraction Method：Principal Component Analysis. Rotation Method：Varimax with Kaiser Normalization.

a. Rotation converged in 4 iterations.

表 10.9　因子转换矩阵
Component Transformation Matrix

Component	1	2	3
1	0.982	0.155	−0.110
2	−0.092	0.891	0.444
3	0.167	−0.426	0.889

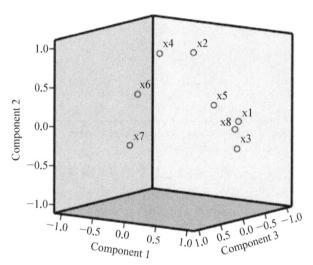

图 10.7　Component Plot in Rotated Space(旋转后因子散点图)

表 10.8 为旋转后的因子载荷矩阵,将其与表 10.6 对比,可以发现,各因子在八个变量上的载荷更趋于两极分化。

表 10.9 为因子旋转的变换矩阵。

图 10.7 为旋转后因子散点图,此图直观地描绘了三个公因子与八个原始变量的关系及变量间的关系,八个点的坐标为八个变量在三个公因子轴上的投影坐标即因子载荷。可以看出:八个点在空间中的分布呈现出一定的集聚特征。GDP(x_1)、固定资产投资(x_3)、货物周转量(x_5)、工业企业主营业务总收入(x_8)四个变量距离较近,且在第一个公因子轴上的投影坐标相对较大;居民消费水平(x_2)、职工平均工资(x_4)两个变量距离较近,且在第二个公因子轴上的投影坐标相对较大;居民消费价格指数(x_6)、商品零售价格指数(x_7)距离很近,但难以看出在哪一个公因子轴上的投影坐标较大。所以,还是借助于因子载荷矩阵进行因子命名更加准确。

(5) 本例涉及的变量较多,若要更快更准确地进行因子命名,直接通过表 10.8 还不够清晰明了,所以对因子载荷进行排序。单击"Options"按钮,弹出对话框,并选中"Sorted by size"项,如图 10.8 所示。此选项运行后的结果见表 10.10。

由表 10.10 可以看出因子载荷已按照绝对值的大小进行排序。此时,更便于解释各因子的含义。因子 1 在 GDP、工业企业主营业务总收入、固定资产投资、货物周

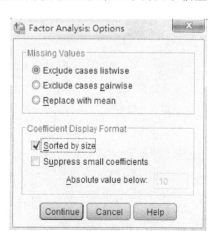

图 10.8　Factor Analysis：Options 对话框

表 10.10　旋转后的载荷矩阵
Rotated Component Matrix[a]

	Component		
	1	2	3
GDP	0.969	0.111	−0.093
工业企业主营业务总收入	0.965	0.019	−0.020
固定资产投资	0.925	−0.248	−0.127
货物周转量	0.717	0.323	0.106
居民消费水平	0.249	0.921	−0.096
职工平均工资	−0.112	0.907	0.162
商品零售价格指数	−0.037	−0.152	0.940
居民消费价格指数	−0.045	0.476	0.753

Extraction Method：Principal Component Analysis. Rotation Method：Varimax with Kaiser Normalization.
a. Rotation converged in 4 iterations.

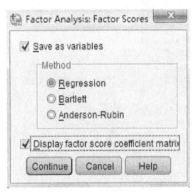

图 10.9　Fcators Scores 对话框

转量四个变量上有较大载荷，所以，该因子主要反映了这四个变量的信息，可命名为"经济发展总量因子"；因子 2 在居民消费水平、职工平均工资上有较大载荷，可命名为"消费因子"；因子 3 在商品零售价格指数、居民消费价格指数上有较大载荷，可命名为"价格因子"。

（6）为得到因子得分系数矩阵，并计算各因子得分，点击"Scores"按钮，弹出对话框，选中"Save as variables"及"Display factor score coefficient matrix"，如图 10.9 所示。运行后的结果见表 10.11（因子得分系数矩阵），仔细观察数据编辑窗口"SPSS Data Editor"可以发现原数据文件中多了"FAC1_1""FAC2_1""FAC3_1"三列数据（图 10.10），即为因子得分，可以将其以数据文件的形式保存起来，以便进行后续分析。

表 10.11　因子得分系数矩阵
Component Score Coefficient Matrix

	Component		
	1	2	3
GDP	0.289	0.022	−0.016
居民消费水平	0.030	0.460	−0.157
固定资产投资	0.290	−0.151	0.000
职工平均工资	−0.065	0.440	0.000
货物周转量	0.214	0.116	0.081
居民消费价格指数	0.012	0.153	0.464
商品零售价格指数	0.055	−0.183	0.666
工业企业主营业务总收入	0.297	−0.032	0.045

Extraction Method：Principal Component Analysis. Rotation Method：Varimax with Kaiser Normalization.

(10-1)各地经济发展指标的因子分析.sav [DataSet8] - IBM SPSS Statistics Data Editor

File Edit View Data Transform Analyze Direct Marketing Graphs Utilities Add-ons Window Help

	地区	x1	x2	x3	x4	x5	x6	x7	x8	FAC1_1	FAC2_1	FAC3_1
1	北京	23014.59	33802.77	7495.99	111390	901.41	101.8	98.5	18864.90	-.8426	3.3671	-2.1030
2	天津	16538.19	24162.46	11831.99	80090	2519.22	101.7	100.3	27969.58	-.4477	1.1669	.1592
3	河北	29806.11	13030.69	29448.27	50921	12007.28	100.9	100.2	45648.10	.7953	-.6825	-.3393
4	山西	12766.49	11729.05	14074.15	51803	3438.55	100.6	99.3	14624.14	-.5839	-.5815	-1.8246
5	内蒙古	17831.51	17178.53	13702.22	57135	4190.30	101.1	100.5	18925.61	-.3139	-.2161	-.0424
6	辽宁	28669.02	17199.80	17917.89	52332	11711.92	101.4	100.5	33243.29	.4405	-.1086	.4054
7	吉林	14063.13	13763.91	12705.29	51558	1425.35	101.7	99.8	22321.96	-.5409	-.2545	-.1770
8	黑龙江	15083.67	13402.54	10182.95	48881	1545.35	101.1	100.1	11719.03	-.6422	-.6100	-.4591
9	上海	25123.45	34783.55	6352.70	109174	19495.88	102.4	101.1	34172.22	.3985	3.2223	1.8338
10	江苏	70116.38	20555.56	46246.87	66196	8270.23	101.7	100.6	147074.5	2.4995	.0951	.7837

图 10.10 因子得分

根据表 10.11,得到三个公因子得分表达式如下:

$$f_1 = 0.289zx_1 + 0.030zx_2 + 0.290zx_3 - 0.065zx_4 + 0.214zx_5 + 0.012zx_6 + 0.055zx_7 + 0.297zx_8$$
$$f_2 = 0.022zx_1 + 0.460zx_2 - 0.151zx_3 + 0.440zx_4 + 0.116zx_5 + 0.153zx_6 - 0.183zx_7 - 0.032zx_8$$
$$f_3 = -0.016zx_1 - 0.157zx_2 + 0.081zx_5 + 0.464zx_6 + 0.666zx_7 + 0.045zx_8$$

将每个地区的八个标准化变量值代入上述表达式,即可得到图 10.10 所示的因子得分。

与主成分分析中的主成分得分一样,也可以将因子得分用于综合评价。对于此例,计算公因子得分的公式表示即为:

$$f = \frac{\lambda_1}{\lambda_1+\lambda_2+\lambda_3}f_1 + \frac{\lambda_2}{\lambda_1+\lambda_2+\lambda_3}f_2 + \frac{\lambda_3}{\lambda_1+\lambda_2+\lambda_3}f_3$$

其中,f_1、f_2、f_3 为图 10.10 中的因子得分,λ_1、λ_2、λ_3 为旋转后的特征根,分别是 3.317、2.100、1.523。利用 SPSS 的"Transform→Compute"菜单可以计算综合得分值,然后进行排序,具体操作与主成分的综合排名完全类似,这里不再详述。如果因子得分是未旋转时的结果,特征根也需要是未旋转时的特征根,这一点应特别注意。

此外,因子得分还可用于聚类分析、判别分析、回归分析等,具体过程与主成分分析完全类似,读者可以尝试将第 9 章的案例用因子分析方法来实现,对比结果的差异性。

小结

因子分析可以看作主成分分析的推广和扩展,而主成分又可以看作因子分析的一个特例,是因子分析中因子载荷估计的一种方法,但两者之间又有本质的不同。

因子分析,就是用少数几个公因子来描述原始变量之间的联系,探求观测数据中的基本结构,反映原资料的大部分信息的一种方法。

因子分析有两个核心问题:一是如何构造公因子,并确定公因子的数目;二是如何对公因子进行合理解释。因子分析的基本步骤和解决思路就是围绕这两个核心问题展开。其基本步骤有:确定原始变量是否适合作因子分析;构造公因子变量并确定合适的公因子数量;旋转因子,并对公因子进行合理解释;计算因子得分,作进一步统计分析。

本章主要术语

因子分析(Factor Analysis)　　　　因子载荷(Factor loadings)

变量共同度(Communality)　　　　方差贡献(Contributions of Variance)

思考与练习

1. 因子分析与主成分分析的异同是什么?

2. 因子分析与回归分析的异同是什么?

3. 因子分析的主要目的是什么? 为何要进行因子旋转?

4. 因子分析的主要步骤是什么?

5. 查阅《中国统计年鉴》或利用国家统计局网站(www.stats.gov.cn)或其他数据库的最新资料,选取合理的变量,运用因子分析对我国 31 个省市自治区规模以上工业企业的经济效益进行综合评价。

·第 11 章·
对应分析

相关实例

➤ 1992 年美国总统大选,克林顿击败了老布什和佩罗当选总统,欲研究不同教育程度的选民对其倾向性是否会有一定的规律性。现得到 1 847 个选民的样本数据,选取两个变量:学历(分为五类:中学以下、中学、专科、本科及研究生)和投票倾向(分为三类:选择布什、选择佩罗、选择克林顿)。如何分析投票倾向是否与教育程度有关呢? 不同的教育程度会呈现什么样的投票倾向呢?

➤ 按现行统计报表制度,城镇居民家庭人均收入主要由四部分构成,即工薪收入、经营净收入、财产性收入、转移性收入。如何根据我国 31 个省、市、自治区城镇居民家庭纯收入的数据,揭示全国城镇居民人均收入的特征以及各省、市、自治区与各收入指标间的关系?

上述问题都涉及变量之间的相互关系及变量的各状态之间的相互关系,本章将介绍解决这一类问题的多元统计方法——对应分析。

11.1 引 言

主成分分析和因子分析都是处理多变量数据的统计方法。但在某些实际问题中,既要研究变量之间的关系,还需要研究样品之间及变量与样品之间的相互关系。有些情况下还要研究由属性变量构成的汇总数据来解释变量与类别之间的相互关系。不仅如此,人们往往还需要能够在同一个直角坐标系中将这种相互关系呈现出来。为实现这一目的,就要进行对应分析。

对应分析(Correspondence Analysis)又称为相应分析,是一种多元相依变量统计分析技术。通过分析由属性变量构成的交互汇总数据来解释变量之间的内在联系。同时,使用这种技术，还可以揭示同一变量的各个类别之间的差异及不同变量各个类别之间的对应关系。而且变量划分的类别越多，这种方法的优势就越明显。

对应分析的问题简单明确，实际背景涉及自然科学和社会科学的许多领域，所以从20世纪30年代到70年代，许多著名的统计学家都致力于研究它的模型和计算准则。对应分析的思想首先由Richardson和Kuder在1933年提出，后来法国统计学家贝内泽（Jean-Paul Benzécri）和日本统计学家林知己夫（Chikio Hayashi）对该方法进行了详细的论述而使其得到了发展。并于1970年由贝内泽首次提出了对应分析的名字，一直沿用至今。

对应分析是在R型因子分析与Q型因子分析的基础上发展起来的一种多元统计分析方法，是两者的结合。所以，对应分析又称为R-Q型因子分析或相应分析。因子分析中，如果研究对象是变量，则采用R型因子分析，它是从变量的相关系数矩阵（或协方差阵）出发寻找变量的公因子；如果研究对象是样品，则采用Q型因子分析，它是从样品的相似矩阵出发，寻找样品的公因子。因子分析的优点在于可以用少数的几个公因子去提取研究对象的绝大部分信息，既减少了公因子的数目，简化了数据结构，也把握了对象之间的相互关系。但因子分析也有不足之处。一是R型因子分析与Q型因子分析往往是相互对立的，必须分别对样品和变量进行处理，即要么进行R型因子分析，要么进行Q型因子分析。即使有些问题同时作了两种分析，也无法将两者有机联系起来，不能揭示样品与指标之间的相互关系。实际上，变量和样品是分不开的，我们要通过样品来获得变量的观测值，又要通过变量对样品进行刻画和解释。即变量之间的关系只能通过样品来体现，而样品的特征和相似性又必须通过变量来刻画，这说明R型和Q型因子分析是割裂不开的。二是在实际问题的原始数据中，往往样品数目n比较大，这会给Q型因子分析的计算带来较大困难。三是在进行因子分析时，常常要对数据进行标准化变换，而这种变换只是按照列来进行的，对于变量和样品是不对等的，这给寻找Q型因子分析与R型因子分析的联系带来一定的困难。

为弥补因子分析的上述不足，在其基础上发展起了新的多元统计分析方法——对应分析。对应分析是R型因子分析与Q型因子分析的结合，它可以找出两者的内在联系，由R型因子分析的结果直接获得Q型因子分析的结果，克服了进行Q型因子分析n很大时计算量大的困难。同时，对应分析又把R型与Q型因子分析统一起来，将变量、样品的交叉表变换成一张散点图，从而将表格中包含的变量、样品的关联信息用各散点图空间位置关系的形式表现出来，以解释变量和样品间的对应关系：在图形上，邻近的变量点表示变量间相互关系比较密切；邻近的样品点表示样品间相似程度较高，或说明这些样品属于同一类型；属于同一类型的样品点群，可由与样品点群靠近的变量点所表征。这样，就把变量和样品联系起来，通过这种直观的定位图形象地呈现了变量之间、样品之间及变量与样品之间的对应关系，便于对分析结果解释和推断。

对应分析不但可以用于研究变量与样品之间的相互关系，它更广泛地用于对由属性变量构成的列联表数据的研究，利用对应分析可以在一张二维图上同时画出属性变量不同取值的情况，列联表的每一行及每一列均以二维图上的一个点来表示，以直观、简洁的形式描述属性变量各种状态之间的相互关系及不同属性变量之间的相互关系。其实，可以把每个样品都分别看成是一类，这是对原始数据最细的分类，同时把每个变量看成是一类，这样变量与样品之间的相互关系的问题可以看做是属性变量构成的列联表数据中行与列相互关系的一种特殊情况。当然，对应分析的思想和方法也是相同的。

对应分析的过程由两部分组成：表格和关联图。对应分析中的表格是一个二维表格，由行和列构成。每一行代表事物的一个属性，依次排开。列则代表不同的事物本身，它由样本集合构成，排列顺序没有特别要求。在关联图上，各个样品都浓缩为一个点集合，而样品的属性变量在图上同样也是以点集合的形式显示出来。

对应分析的基本思想是利用降维的思想,通过分析原始数据结构,对一个列联表中的行与列同时进行处理。它的最大特点就是可以在一张图上同时表示出两类属性变量的各种状态,以直观、明了的方式揭示属性变量之间及属性变量各种状态之间的相互关系。另外,对应分析还省去了公因子的选取和因子旋转等复杂的数学运算及中间过程,可以从因子载荷图上对事物进行分类,而且能够揭示分类的主要参数及依据。随着计算机软件的出现,对应分析的方法在社会科学和自然科学领域都有着广泛的应用价值。特别是近年来在市场调查与研究中,有关市场细分、产品定位、品牌形象及满意度研究等领域正得到越来越广泛的重视和应用。

然而,对应分析也有自身的一些缺陷,主要有以下几点。一是不能用于相关系数的检验。对应分析只是一种描述性的统计分析方法,它虽然可以揭示属性变量间的联系,但无法用于相关系数的检验,不能说明变量存在的相互关系是否显著。二是对应分析的维度要由研究者确定。对应分析是采用降维的思想,以较少的维度来解释列联表中行与列的关系,但维度到底取多少,没有硬性规定,可以以分析结果的可解释性及简约性作为参考。三是对应分析对极端值比较敏感。极端值对分析的结果影响比较大,在得不到比较满意的结果时,可以分析一下是否有极端值的存在。

11.2
对应分析的原理与方法

本节,我们将通过研究样品和变量相互关系的对应分析来介绍对应分析的基本原理和方法。

11.2.1 对应分析的原理

在利用统计方法分析实际问题时,若变量的量纲不同或者数量级相差很大时,通常先将变量作标准化处理,然而这种对变量进行的标准化处理是按照各个变量列进行的,并没有考虑到样品之间的差异,对于变量和样品是非对等的。为了使之具有对等性,以便将 R 型因子分析和 Q 型因子分析建立起联系,就需设法将原始数据 $X-(x_{ij})$ 变换成矩阵 $Z-(z_{ij})$,即将 x_{ij} 变换成 z_{ij} 之后,使 z_{ij} 对变量和样品具有对等性,并且能够通过其将 R 型因子分析和 Q 型因子分析联系起来。

设有 n 个样品,每个样品观测 p 个变量值。则样本数据可表示成

$$X = \begin{bmatrix} x_{11} & \cdots & x_{1p} \\ \vdots & \vdots & \vdots \\ x_{n1} & \cdots & x_{np} \end{bmatrix}$$

假定 X 的元素 x_{ij} 都大于零,若有小于零的数据,则都加上一个数,使之满足都大于零的要求。对 X 中的每个元素都作如下变换

$$z_{ij} = \frac{x_{ij} - \dfrac{x_{i.} \, x_{.j}}{x_{..}}}{\sqrt{x_{i.} \, x_{.j}}}$$

即可实现 X 到 $Z=(z_{ij})$ 的变换。其中

$$x_{i.} = \sum_{j=1}^{p} x_{ij}, \ x_{.j} = \sum_{i=1}^{n} x_{ij}, \ x_{..} = \sum_{i=1}^{n}\sum_{j=1}^{p} x_{ij} \triangleq T \ .$$

上述变换,实际上是根据在列联表进行独立性检验时采用的 χ^2 统计量

$$\chi^2 = \sum_i \sum_j \frac{\left(n_{ij} - \dfrac{n_i. \ n_{.j}}{n}\right)^2}{n_i. \ n_{.j}/n} \tag{11-1}$$

启发得到的。

为了更好地理解上述变换,我们接下来作进一步解释。

令 $\boldsymbol{P} = \boldsymbol{X}/x.. = (p_{ij})_{n \times p}$,即 $p_{ij} = x_{ij}/T$,这相当于改变了测度尺度,使变量和样品具有相同比例大小。显然 $0 < p_{ij} < 1$,且有

$$\sum_{i=1}^{n} \sum_{j=1}^{p} p_{ij} = 1$$

p_{ij} 满足概率的性质,因而 p_{ij} 可解释为"概率",而 $\boldsymbol{P}$ 为规格化的"概率"矩阵。

定义 $\left(\dfrac{p_{i1}}{p_i.}, \dfrac{p_{i2}}{p_i.}, \cdots, \dfrac{p_{ip}}{p_i.}\right) = \left(\dfrac{x_{i1}}{x_i.}, \dfrac{x_{i2}}{x_i.}, \cdots, \dfrac{x_{ip}}{x_i.}\right)$ 称为第 i 行的形象,其和为1。

$\left(\dfrac{p_{1j}}{p._{j}}, \dfrac{p_{2j}}{p._{j}}, \cdots, \dfrac{p_{nj}}{p._{j}}\right) = \left(\dfrac{x_{1j}}{x._{j}}, \dfrac{x_{2j}}{x._{j}}, \cdots, \dfrac{x_{nj}}{x._{j}}\right)$ 称为第 j 列的形象,其和为1。

其中,$p_i. = \sum\limits_{j=1}^{p} p_{ij} = x_i./T$,$p._{j} = \sum\limits_{i=1}^{n} p_{ij} = x._{j}/T$。

在定义了行形象和列形象之后,可以方便地把 $\boldsymbol{X}$ 的第 i 行表示成 p 维空间的一个点,而原始数据 $\boldsymbol{X}$ 就相当于 p 维空间的 n 个点,称为 n 个样品点,这样对 n 个样品之间相互关系的研究就可以转化为 n 个样品点的相互关系的研究;把 $\boldsymbol{X}$ 的第 j 列表示成 n 维空间的一个点,而原始数据 $\boldsymbol{X}$ 就相当于 n 维空间的 p 个点,称为 p 个变量点,对 p 个变量之间相互关系的研究就可以转化为 p 个变量点的相互关系的研究。而对点之间关系的研究常用距离的远近来刻画。这里,采用欧式距离。接下来,针对样品和变量分别考虑。

对于 R 型因子分析,任意两个样品点 k 与 l 之间的欧式距离为

$$d^2(k, l) = \sum_{j=1}^{p} \left(\frac{p_{kj}}{p_k.} - \frac{p_{lj}}{p_l.}\right)^2 \tag{11-2}$$

如此定义的距离有一个缺点,就是要受到各变量的数量级的影响,如果第 j 个变量值偏大,则式(11-2)所定义的距离中 $\left(\dfrac{p_{kj}}{p_k.} - \dfrac{p_{lj}}{p_l.}\right)^2$ 的作用就被抬高,所以用 $\dfrac{1}{p._{j}}$ 作权重,得到加权的距离公式

$$D^2(k, l) = \sum_{j=1}^{p} \left(\frac{p_{kj}}{p_k.} - \frac{p_{lj}}{p_l.}\right)^2 / p._{j} = \sum_{j=1}^{p} \left(\frac{p_{kj}}{p_k. \ \sqrt{p._{j}}} - \frac{p_{lj}}{p_l. \ \sqrt{p._{j}}}\right)^2 \tag{11-3}$$

式(11-3)定义的距离可以看成是坐标为

$$\left(\frac{p_{i1}}{p_i. \ \sqrt{p._{1}}}, \frac{p_{i2}}{p_i. \ \sqrt{p._{2}}}, \cdots, \frac{p_{ip}}{p_i. \ \sqrt{p._{p}}}\right) \qquad i = 1, 2, \cdots, n$$

的 n 个样品中任意两点 k 与 l 之间的距离。更进一步,把以概率加权后的全部样品点的数据矩阵写为

$$\boldsymbol{D(R)} = \begin{bmatrix} \dfrac{p_{11}}{p_{1.}\sqrt{p_{.1}}} & \dfrac{p_{12}}{p_{1.}\sqrt{p_{.2}}} & \cdots & \dfrac{p_{1p}}{p_{1.}\sqrt{p_{.p}}} \\[3mm] \dfrac{p_{21}}{p_{2.}\sqrt{p_{.1}}} & \dfrac{p_{22}}{p_{2.}\sqrt{p_{.2}}} & \cdots & \dfrac{p_{2p}}{p_{2.}\sqrt{p_{.p}}} \\[2mm] \vdots & \vdots & & \vdots \\[2mm] \dfrac{p_{n1}}{p_{n.}\sqrt{p_{.1}}} & \dfrac{p_{n2}}{p_{n.}\sqrt{p_{.2}}} & \cdots & \dfrac{p_{np}}{p_{n.}\sqrt{p_{.p}}} \end{bmatrix} \tag{11-4}$$

通过计算两两样品点或两两变量点之间的距离,便可以对样品点或变量点进行分类。但这样做还不能用图表示出来。为了更直观地表示变量点和样品点之间的关系,采用 R 型因子分析的处理方法时,需要根据上述的数据矩阵给出变量协方差矩阵的定义。

第 j 个变量坐标值的期望为

$$\sum_{i=1}^{n} \frac{p_{ij}}{p_{i.}\sqrt{p_{.j}}} p_{i.} = \frac{1}{\sqrt{p_{.j}}} \sum_{i=1}^{n} p_{ij} = \sqrt{p_{.j}} \tag{11-5}$$

根据样品点的坐标值和各个变量坐标值的期望,可以写出任意两个变量之间的协方差为

$$\begin{aligned} a_{ij} &= \sum_{a=1}^{n} \left(\frac{p_{ai}}{p_{a.}\sqrt{p_{.i}}} - \sqrt{p_{.i}} \right)\left(\frac{p_{aj}}{p_{a.}\sqrt{p_{.j}}} - \sqrt{p_{.j}} \right) p_{a.} \\ &= \sum_{a=1}^{n} \left(\frac{p_{ai}}{\sqrt{p_{a.}}\sqrt{p_{.i}}} - \sqrt{p_{a.}}\sqrt{p_{.i}} \right)\left(\frac{p_{aj}}{\sqrt{p_{a.}}\sqrt{p_{.j}}} - \sqrt{p_{a.}}\sqrt{p_{.j}} \right) \\ &= \sum_{a=1}^{n} \left(\frac{p_{ai} - p_{a.}\,p_{.i}}{\sqrt{p_{a.}}\sqrt{p_{.i}}} \right)\left(\frac{p_{aj} - p_{a.}\,p_{.j}}{\sqrt{p_{a.}}\sqrt{p_{.j}}} \right) \\ &= \sum_{a=1}^{n} z_{ai} z_{aj} \end{aligned} \tag{11-6}$$

其中

$$z_{ai} = \frac{p_{ai} - p_{a.}\,p_{.i}}{\sqrt{p_{a.}}\sqrt{p_{.i}}} = \frac{x_{ai} - x_{a.}\,x_{.i}}{\sqrt{x_{a.}}\sqrt{x_{.i}}}, \ a=1,2,\cdots,n; \ i=1,2,\cdots,p \tag{11-7}$$

若令 $\boldsymbol{Z} = (z_{ij})_{n \times p}$,即矩阵 $\boldsymbol{Z}$ 中的元素由 z_{ai} 所组成。可以看出,z_{ij} 对 i 和 j 是对等的。令 $\boldsymbol{A}$ 为 p 个变量的协方差矩阵,即 $\boldsymbol{A} = (a_{ij})_{p \times p}$,则

$$\boldsymbol{A} = \boldsymbol{Z'Z}$$

类似地,若要进行 Q 型因子分析,则可将 p 个变量看成是 n 维空间的点。p 个变量的坐标为

$$\left(\frac{p_{1j}}{p_{.j}}, \frac{p_{2j}}{p_{.j}}, \cdots, \frac{p_{nj}}{p_{.j}} \right)$$

这时,任意两个变量 i 与 j 之间的加权距离可表示为

$$D^2(i,j) = \sum_{k=1}^{n} \left(\frac{p_{ki}}{p_{.i}\sqrt{p_{k.}}} - \frac{p_{kj}}{p_{.j}\sqrt{p_{k.}}} \right)^2$$

此时定义的距离可以看成是坐标为

$$\left(\frac{p_{1j}}{p_{\cdot j}\sqrt{p_{1\cdot}}},\ \frac{p_{2j}}{p_{\cdot j}\sqrt{p_{2\cdot}}},\ \cdots,\ \frac{p_{nj}}{p_{\cdot j}\sqrt{p_{n\cdot}}} \right),\ j=1,\ 2,\ \cdots,\ p$$

的 p 个变量中任意两点 i 与 j 之间的距离。更进一步，把以概率加权后的全部变量点的坐标值矩阵写为

$$\mathbf{D}(\mathbf{Q})=\begin{bmatrix} \dfrac{p_{11}}{p_{\cdot 1}\sqrt{p_{1\cdot}}} & \dfrac{p_{12}}{p_{\cdot 2}\sqrt{p_{1\cdot}}} & \cdots & \dfrac{p_{1p}}{p_{\cdot p}\sqrt{p_{1\cdot}}} \\[4mm] \dfrac{p_{21}}{p_{\cdot 1}\sqrt{p_{2\cdot}}} & \dfrac{p_{22}}{p_{\cdot 2}\sqrt{p_{2\cdot}}} & \cdots & \dfrac{p_{2p}}{p_{\cdot p}\sqrt{p_{2\cdot}}} \\[4mm] \vdots & \vdots & & \vdots \\[4mm] \dfrac{p_{n1}}{p_{\cdot 1}\sqrt{p_{n\cdot}}} & \dfrac{p_{n2}}{p_{\cdot 2}\sqrt{p_{n\cdot}}} & \cdots & \dfrac{p_{np}}{p_{\cdot p}\sqrt{p_{n\cdot}}} \end{bmatrix}$$

第 i 个样品坐标值的期望为

$$\sum_{j=1}^{p}\frac{p_{ij}}{p_{\cdot j}\sqrt{p_{i\cdot}}}p_{\cdot j}=\frac{1}{\sqrt{p_{i\cdot}}}\sum_{j=1}^{j}p_{ij}=\sqrt{p_{i\cdot}}$$

根据变量点的坐标值和各个样品坐标值的期望，可以写出任意两个样品之间的协方差为

$$\begin{aligned} b_{ij} &= \sum_{a=1}^{p}\left(\frac{p_{ia}}{p_{\cdot a}\sqrt{p_{i\cdot}}}-\sqrt{p_{i\cdot}}\right)\left(\frac{p_{ja}}{p_{\cdot a}\sqrt{p_{j\cdot}}}-\sqrt{p_{j\cdot}}\right)p_{\cdot a} \\[2mm] &= \sum_{a=1}^{p}\left(\frac{p_{ia}}{\sqrt{p_{\cdot a}}\sqrt{p_{i\cdot}}}-\sqrt{p_{\cdot a}}\sqrt{p_{i\cdot}}\right)\left(\frac{p_{ja}}{\sqrt{p_{\cdot a}}\sqrt{p_{j\cdot}}}-\sqrt{p_{\cdot a}}\sqrt{p_{j\cdot}}\right) \\[2mm] &= \sum_{a=1}^{p}\left(\frac{p_{ia}-p_{\cdot a}p_{i\cdot}}{\sqrt{p_{\cdot a}}\sqrt{p_{i\cdot}}}\right)\left(\frac{p_{ja}-p_{\cdot a}p_{j\cdot}}{\sqrt{p_{\cdot a}}\sqrt{p_{j\cdot}}}\right) \\[2mm] &= \sum_{a=1}^{p}z_{ia}z_{ja} \end{aligned}$$

其中 $z_{ia}=\dfrac{p_{ia}-p_{i\cdot}\,p_{\cdot a}}{\sqrt{p_{i\cdot}}\,\sqrt{p_{\cdot a}}}=\dfrac{x_{ia}-x_{i\cdot}\,p_{\cdot a}}{\sqrt{x_{i\cdot}}\,\sqrt{x_{\cdot a}}}$，$a=1,\ 2,\ \cdots,\ p$；$i=1,\ 2,\ \cdots,\ n$

若令 $\mathbf{Z}=(z_{ij})_{n\times p}$，即矩阵 $\mathbf{Z}$ 中的元素由 z_{ai} 所组成。令 $\mathbf{B}$ 为 n 个样品的协方差矩阵，即 $\mathbf{B}=(b_{ij})_{n\times n}$，则

$$\mathbf{B}=\mathbf{Z}\mathbf{Z}'$$

由此，若将原始数据矩阵 $\mathbf{X}$ 转换为矩阵 $\mathbf{Z}$ 时，则很容易求出变量间的协方差阵 $\mathbf{A}=\mathbf{Z}'\mathbf{Z}$ 和样品间的协方差阵 $\mathbf{B}=\mathbf{Z}\mathbf{Z}'$，且 $\mathbf{A}$ 和 $\mathbf{B}$ 之间存在着简单的对应关系。此外，原始数据 x_{ij} 转换成 z_{ij} 后，对于 i 和 j 是对等的，即 z_{ij} 对变量和样品具有对等性。

11.2.2 R 型因子分析和 Q 型因子分析的对应关系

根据线性代数的知识，很容易得到下述定理及推论。

定理 $\mathbf{A}$ 和 $\mathbf{B}$ 有相同的非零特征根。

推论 若 $\mathbf{U}$ 是 $\mathbf{A}$ 的非零特征根 λ 对应的特征向量，则 $\mathbf{Z}\mathbf{U}$ 是 $\mathbf{B}$ 的特征根 λ 对应的特征向

量;若 $\boldsymbol{V}$ 是 $\boldsymbol{B}$ 的非零特征根 λ 对应的特征向量,则 $\boldsymbol{Z'V}$ 是 $\boldsymbol{A}$ 的特征根 λ 对应的特征向量。

证明:由于 $\boldsymbol{Z'Z}$ 和 $\boldsymbol{ZZ'}$ 有相同非零特征根,所以 $\boldsymbol{A}$ 和 $\boldsymbol{B}$ 有相同的非零特征根。

假设 $\boldsymbol{U}$ 是 $\boldsymbol{A}=\boldsymbol{Z'Z}$ 的非零特征根 λ 对应的特征向量,则

$$\boldsymbol{Z'ZU}=\lambda \boldsymbol{U}$$

将上式两边都左乘以 $\boldsymbol{Z}$,有

$$\boldsymbol{ZZ'}(\boldsymbol{ZU})=\lambda(\boldsymbol{ZU})$$

这说明 λ 也是 $\boldsymbol{B}$ 的特征根,且 $\boldsymbol{ZU}$ 是 $\boldsymbol{B}=\boldsymbol{ZZ'}$ 的特征根 λ 对应的特征向量。

若 $\boldsymbol{V}$ 是 $\boldsymbol{B}$ 的非零特征根 λ 对应的特征向量,则

$$\boldsymbol{ZZ'V}=\lambda \boldsymbol{V}$$

将上式两边都左乘以 $\boldsymbol{Z'}$,有

$$\boldsymbol{Z'Z}(\boldsymbol{Z'V})=\lambda(\boldsymbol{Z'V})$$

这说明 λ 也是 $\boldsymbol{A}$ 的特征根,且 $\boldsymbol{Z'V}$ 是 $\boldsymbol{A}=\boldsymbol{Z'Z}$ 的特征根 λ 对应的特征向量。

有了上述定理及推论,就可以建立 R 型因子分析与 Q 型因子分析的对应关系。从 R 型因子分析出发,通过对变量间的协方差阵 $\boldsymbol{A}=\boldsymbol{Z'Z}$ 的研究,然后经过简单变换就可以得到 Q 型因子分析的一系列结果;反过来也是如此。实践中,由于变量个数 p 一般都小于样品个数 n,所以,从 R 型因子分析出发进行计算更方便。

事实上,R 型因子分析与 Q 型因子分析的因子载荷之间也存在着对应关系。

设 $\lambda_1 \geqslant \lambda_2 \geqslant \cdots \geqslant \lambda_m$, $0 < m \leqslant \min(n, p)$ 为 $\boldsymbol{A}$ 和 $\boldsymbol{B}$ 的非零特征根,$\boldsymbol{u}_1, \boldsymbol{u}_2, \cdots, \boldsymbol{u}_m$ 为 $\boldsymbol{A}$ 的对应于 $\lambda_1, \lambda_2, \cdots, \lambda_m$ 的特征向量,$\boldsymbol{v}_1, \boldsymbol{v}_2, \cdots, \boldsymbol{v}_m$ 为 $\boldsymbol{B}$ 的对应于 $\lambda_1, \lambda_2, \cdots, \lambda_m$ 的特征向量。根据主成分一章因子载荷的相关结论,我们可以写出 R 型、Q 型因子分析的因子载荷矩阵分别为

$$\boldsymbol{R}=\begin{bmatrix} u_{11}\sqrt{\lambda_1} & u_{12}\sqrt{\lambda_2} & \cdots & u_{1m}\sqrt{\lambda_m} \\ u_{21}\sqrt{\lambda_1} & u_{22}\sqrt{\lambda_2} & \cdots & u_{2m}\sqrt{\lambda_m} \\ \vdots & \vdots & & \vdots \\ u_{p1}\sqrt{\lambda_1} & u_{p2}\sqrt{\lambda_2} & \cdots & u_{pm}\sqrt{\lambda_m} \end{bmatrix}=[\boldsymbol{u}_1, \boldsymbol{u}_2, \cdots, \boldsymbol{u}_m]\begin{bmatrix} \sqrt{\lambda_1} & & & \\ & \sqrt{\lambda_2} & & \\ & & \ddots & \\ & & & \sqrt{\lambda_m} \end{bmatrix}$$

$$\boldsymbol{Q}=\begin{bmatrix} v_{11}\sqrt{\lambda_1} & v_{12}\sqrt{\lambda_2} & \cdots & v_{1m}\sqrt{\lambda_m} \\ v_{21}\sqrt{\lambda_1} & v_{22}\sqrt{\lambda_2} & \cdots & v_{2m}\sqrt{\lambda_m} \\ \vdots & \vdots & & \vdots \\ v_{p1}\sqrt{\lambda_1} & v_{p2}\sqrt{\lambda_2} & \cdots & v_{pm}\sqrt{\lambda_m} \end{bmatrix}=[\boldsymbol{v}_1, \boldsymbol{v}_2, \cdots, \boldsymbol{v}_m]\begin{bmatrix} \sqrt{\lambda_1} & & & \\ & \sqrt{\lambda_2} & & \\ & & \ddots & \\ & & & \sqrt{\lambda_m} \end{bmatrix}$$

由于 $\boldsymbol{Zu}_i=\boldsymbol{v}_i (i=1, 2, \cdots, m)$,根据矩阵的知识,很容易得到

$$\boldsymbol{Q}=\boldsymbol{ZR}$$

这样,如果得到了 R 型因子分析的因子载荷矩阵,就可以求出 Q 型因子分析的因子载荷矩阵。

由于变量间协方差矩阵 $\boldsymbol{A}$ 与样品间协方差矩阵 $\boldsymbol{B}$ 有相同的非零特征根,而这些特征根表示各公因子所提供的方差贡献,故变量的第 k 个公因子的方差贡献与样品的第 k 个公因子的方差贡献相同,两者的贡献率也相同。从几何意义上来说也就是,R^p 中诸样品点与 R^p 中各因子轴的距离和 R^n 中诸变量点与 R^n 中相应的各因子轴的距离完全相同。这样,我们就可以用相同的因子轴同时表示变量和样品,即将变量和样品同时反映在具有相同坐标轴的因子空间中,从而把 R 型因子分析和 Q 型因子分析统一起来。

11.3.1 对应分析中重要概念的解释

对应分析中有些重要的概念,其含义对于解释对应分析的结果至关重要。

(1) 惯量(Inertia) 常说的特征根,表示的是每个维度(公因子)对变量各类别间差异的解释量。

(2) 奇异值(Singular Value) 惯量的平方根,反映了行与列各水平在二维图中分量的相关程度,是对行与列进行因子分析产生的新的综合变量的典型相关系数。

(3) 惯量比例(Proportion of Inertia) 各维度分别解释总惯量的比例,类似于因子分析中的方差贡献率。

11.3.2 对应分析的 SPSS 应用

例 11.1 对 2012 年我国 31 个省、市、自治区城镇居民工薪收入、经营净收入、财产性收入、转移性收入的数据(表 11.1)进行对应分析,以揭示全国城镇居民人均收入的特征以及各省、市、自治区与各收入指标间的关系。

表 11.1 2012 年各地区城镇居民平均每人全年家庭收入来源数据

序号	地 区	工资性收入	经营净收入	财产性收入	转移性收入
1	北 京	27 961.8	1 430.2	717.6	10 993.5
2	天 津	21 523.8	1 200.1	515.5	9 704.6
3	河 北	13 154.5	2 257.5	338.5	6 149.0
4	山 西	14 973.6	1 041.4	301.8	5 783.4
5	内蒙古	16 872.6	2 698.7	564.0	4 655.5
6	辽 宁	14 846.1	2 710.3	493.0	7 866.4
7	吉 林	13 535.3	2 168.8	324.0	5 631.5
8	黑龙江	11 700.5	1 729.3	186.1	5 752.0
9	上 海	31 109.3	2 267.2	575.8	10 802.2
10	江 苏	20 102.1	3 421.9	690.0	8 305.2
11	浙 江	22 385.1	4 694.4	1 465.3	9 450.0
12	安 徽	14 812.5	2 155.3	549.6	6 007.1
13	福 建	19 976.0	3 337.0	1 795.2	5 769.7
14	江 西	13 348.1	1 946.8	527.6	5 327.7
15	山 东	19 856.1	2 621.4	704.9	4 823.2
16	河 南	13 666.5	2 545.1	333.8	5 351.8
17	湖 北	14 191.0	2 158.3	476.2	6 078.3
18	湖 南	13 237.1	3 008.3	867.8	5 691.4
19	广 东	23 632.2	3 603.9	1 468.7	5 339.6
20	广 西	14 693.5	2 131.8	883.7	5 500.4

续表

序号	地　区	工资性收入	经营净收入	财产性收入	转移性收入
21	海　南	14 672.3	2 397.4	717.6	5 022.5
22	重　庆	15 415.4	2 183.5	538.4	6 673.6
23	四　川	14 249.3	2 017.8	633.8	5 427.3
24	贵　州	12 309.2	1 982.5	355.7	5 395.6
25	云　南	14 408.3	2 425.0	1 000.0	5 167.1
26	西　藏	17 672.1	570.9	417.9	1 563.3
27	陕　西	15 547.3	882.0	269.6	5 907.1
28	甘　肃	12 514.9	1 125.7	259.6	4 598.2
29	青　海	12 614.4	1 191.4	93.0	5 847.8
30	宁　夏	13 965.6	2 522.8	160.9	5 252.9
31	新　疆	14 432.1	1 633.2	145.5	3 983.7

1. 实验步骤

(1) 数据录入。打开 SPSS 文件，按顺序：File→New→Data 打开一个空白数据文件，首先进行变量的编辑，点击“Variable View”选项，录入三个变量，并对变量“province”和“income”进行赋值，赋值后的结果见图 11.1。

	Name	Type	Width	Decimals	Label	Values	Missing	Columns	Align	Measure
1	income	Numeric	8	1	收入	None	None	8	Right	Scale
2	province	Numeric	8	0	地区	{1, 北京}...	None	8	Right	Scale
3	category	Numeric	8	0	收入类别	{1, 工资性收...	None	8	Right	Scale

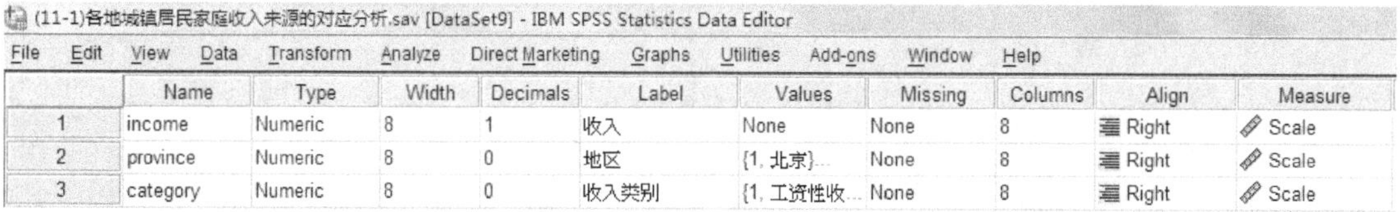

图 11.1　变量编辑窗口

其中“Values”项需要作如下设置：在弹出的对话框里，对北京至新疆的 31 省市以及工资等四项收入进行数字赋值，如图 11.2 和图 11.3 所示。

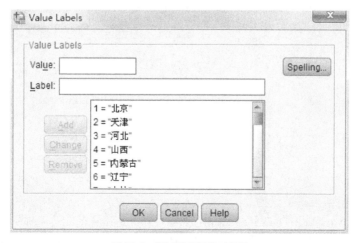

图 11.2　“地区”的赋值对话框

完成变量的编辑后，返回到“Data View”窗口，录入数据(图 11.4)。

图 11.3 "收入类别"赋值对话框

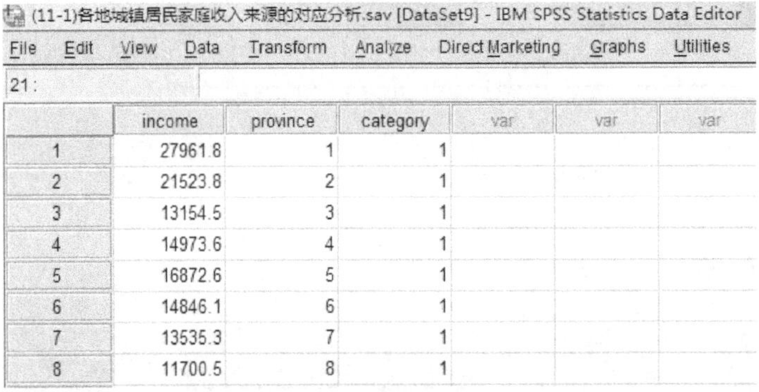

	income	province	category	var	var	var
1	27961.8	1	1			
2	21523.8	2	1			
3	13154.5	3	1			
4	14973.6	4	1			
5	16872.6	5	1			
6	14846.1	6	1			
7	13535.3	7	1			
8	11700.5	8	1			

图 11.4 数据录入窗口

（2）按顺序：Data→Weight Cases，打开"Weight Cases"对话框。把"收入"选入到"Frequency Variable"框中，单击"OK"（图 11.5），返回到"Data View"窗口。

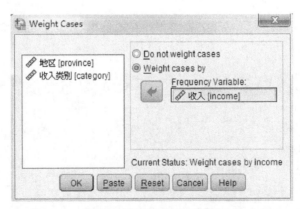

图 11.5 Weight Cases 对话框

这一步骤是为了激活"收入"，至关重要。如果"收入"没有被激活，之后要进行的对应分析的命令仍会执行，但结果是错误的。

（3）按顺序：Analyze→Data Reduction→Correspondence Analysis 选择对应分析的菜单，进入到对应分析的主对话框，将"地区"选入到"Row"框中，并点击"Define Range"打开其对话框，在"Minimum value"中输入"1"，在"Maximum value"中输入"31"，点击"Update"（图 11.7），点击"OK"，返回到主对话框；将"收入类别"选入到"Column"框中，按同样的方法，定义其范围为 1 到 4,返回到主对话框,如图 11.6 所示;点击"OK",即可输出结果。

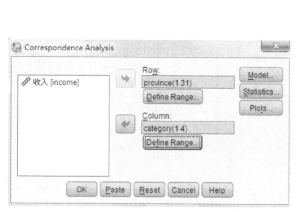

图 11.6　对应分析主对话框　　　　　　图 11.7　定义变量范围对话框

2. 结果解释

(1) 表 11.2 是对应分析表的一部分,可认为是变量"地区"与"收入类别"构成的列联表。从表中可以看出两个变量各类别的大致对应情况。此表的最后一列、最后一行"Active Margin"分别为每一行、每一列的元素和。

表 11.2　对 应 分 析 表
Correspondence Table

地　区	收　入　类　别				
	工资性收入	经营净收入	财产性收入	转移性收入	Active Margin
北　京	27 961.800	1 430.200	717.600	10 993.500	41 103.100
天　津	21 523.800	1 200.100	515.500	9 704.600	32 944.000
河　北	13 154.500	2 257.500	338.500	6 149.000	21 899.500
山　西	14 973.600	1 041.400	301.800	5 783.400	22 100.200
内蒙古	16 872.600	2 698.700	564.000	4 655.500	24 790.800
辽　宁	14 846.100	2 710.300	493.000	7 866.400	25 915.800
吉　林	13 535.300	2 168.800	324.000	5 631.500	21 659.600
黑龙江	11 700.500	1 729.300	186.100	5 752.000	19 367.900
上　海	31 109.300	2 267.200	575.800	10 802.200	44 754.500
江　苏	20 102.100	3 421.900	690.000	8 305.200	32 519.200
⋮	⋮	⋮	⋮	⋮	⋮
新　疆	14 432.100	1 633.200	145.500	3 983.700	20 194.500
Active Margin	513 378.600	68 059.900	18 371.100	189 821.600	789 631.200

(2) 表 11.3 是对应分析结果的汇总表,是对应分析最重要的表格。其中"Chi Square"是检验统计量的值,其相伴概率值(0.000)表明两组变量确实不独立,即"地区"与"收入类别"之间确实有较强的相关性。

三个惯量分别为:0.014、0.012、0.003,对应的惯量比例分别为 0.483、0.415、0.102,累积的惯量比例分别为0.483、0.898、1。前两个惯量占总惯量的比例高达0.898,所以,选取两个维度足以表示两个变量间的关系。

表11.3 结 果 汇 总
Summary[a]

Dimension	Singular Value	Inertia	Chi Square	Sig.	Proportion of Inertia		Confidence Singular Value	
					Accounted for	Cumulative	Standard Deviation	Correlation
								2
1	0.118	0.014			0.483	0.483	0.001	0.005
2	0.110	0.012			0.415	0.898	0.001	
3	0.054	0.003			0.102	1.000		
Total		0.029	22 952.610	0.000[a]	1.000	1.000		

a. 90 degrees of freedom.

(3) 表11.4为对应分析行变量"地区"取值分布表的一部分,"Mass"是边缘概率;"Score in Dimension"是变量"地区"的各个状态在两个维度上的坐标值;"Contribution"表示行变量的每一状态对每一维度特征值的贡献及每一维度对行变量的各状态的特征值的贡献,由此可以更好理解维度的来源及含义。

表11.4 行变量取值汇总
Overview Row Points[a]

地区	Mass	Score in Dimension		Inertia	Contribution				
		1	2		Of Point to Inertia of Dimension		Of Dimension to Inertia of Point		
					1	2	1	2	Total
北　京	0.052	−0.514	0.004	0.002	0.116	0.000	0.855	0.000	0.855
天　津	0.042	−0.526	−0.193	0.002	0.097	0.014	0.754	0.094	0.848
河　北	0.028	0.049	−0.367	0.000	0.001	0.034	0.017	0.896	0.913
山　西	0.028	−0.449	−0.018	0.001	0.048	0.000	0.967	0.001	0.968
内蒙古	0.031	0.201	0.266	0.001	0.011	0.020	0.252	0.411	0.664
辽　宁	0.033	0.097	−0.517	0.001	0.003	0.080	0.036	0.963	1.000
吉　林	0.027	0.022	−0.215	0.000	0.000	0.012	0.007	0.649	0.657
黑龙江	0.025	−0.140	−0.439	0.001	0.004	0.043	0.093	0.859	0.952
上　海	0.057	−0.423	0.104	0.000	0.086	0.006	0.946	0.053	1.000
江　苏	0.041	0.137	−0.185	0.000	0.007	0.013	0.325	0.544	0.868
⋮	⋮	⋮	⋮	⋮	⋮	⋮	⋮	⋮	⋮
新　疆	0.026	−0.217	0.267	0.001	0.010	0.017	0.219	0.305	0.524
Active Total	1.000			0.029	1.000	1.000			

a. Symmetrical normalization.

(4) 表11.5为对应分析列变量"收入类别"取值分布表,各指标含义同表11.4。

表 11.5 列变量取值汇总
Overview Column Points[a]

收入类别	Mass	Score in Dimension		Inertia	Contribution				
					Of Point to Inertia of Dimension		Of Dimension to Inertia of Point		
		1	2		1	2	1	2	Total
工资性收入	0.650	−0.113	0.210	0.004	0.070	0.261	0.233	0.753	0.987
经营净收入	0.086	0.907	−0.230	0.010	0.598	0.042	0.865	0.052	0.916
财产性收入	0.023	1.222	0.543	0.007	0.293	0.063	0.613	0.112	0.725
转移性收入	0.240	−0.139	−0.539	0.008	0.039	0.635	0.065	0.905	0.970
Active Total	1.000			0.029	1.000	1.000			

a. Symmetrical normalization.

(5) 图 11.8 是对应分析图,它是对应分析输出结果中最为重要的一部分。此图实际上是根据表 11.4 和表 11.5 中"Score in Dimension"列的数据描绘出来的。

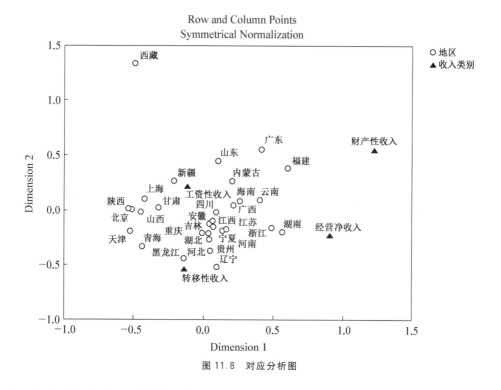

图 11.8 对应分析图

阅读此图可以按照以下原则:首先按不同变量分别检查横轴/纵轴方向上的区分情况,如果同一变量不同类别在各个方向上靠的较近,则说明这些类别在该维度上区别不大;然后是比较不同变量各个取值分类间的位置关系,落在从图形中心(0,0)点出发相同方位上大致相同区域内的不同变量的分类彼此有关系。

现按照上述原则分析图 11.8:"收入类别"四个状态在第一维度上(横轴方向)分布得更分散性,而在第二维度上(纵轴方向)相对集中些,"地区"这个变量的 31 个状态及 31 个省市自治区的分布情况也是如此,这也说明了第一维度表达了两变量更多的信息;大部分地区("西藏"

除外)都集中在"工资性收入"附近,说明大部分城镇居民仍是以"工资性收入"为家庭的主要收入来源,其次是"经营净收入",而"财产性收入"在家庭收入中最不重要,"浙江""江苏""湖南"的"经营净收入"在家庭收入中占比较重要的地位。

小结

对应分析是 R 型因子分析与 Q 型因子分析的结合,也是利用降维的思想简化数据结构,它同时对数据表中的行与列进行处理,并寻求以低维图形表示数据表中行与列之间的关系。

对应分析,从 R 型因子分析出发,通过简单的对应变换,就可以得到 Q 型因子分析的结果,反之亦然。

对于本章对应分析的思想、方法、功能及 SPSS 应用,需要重点掌握。

本章主要术语

对应分析(Correspondence Analysis)　　惯量(Inertia)

惯量比例(Prportion of Inertia)

思考与练习

1. 简述对应分析的基本思想。
2. 简述对应分析的基本功能。
3. 利用 SPSS 自带数据集 Voter. sav 分析受教育程度与投票倾向的关系。

第 12 章

典型相关分析

相关实例

➤ 为了研究扩张性财政政策实施后对宏观经济发展的影响,通常考察与财政政策有关的一系列指标如财政支出总额的增长率、财政赤字增长率、税率降低率及与经济发展的一系列指标如国内生产总值增长率、就业增长率、物价上涨率等。

➤ 在对企业创新研究过程中,常常需要研究多个创新投入(人员、研究开发经费、研究开发基础设施等)与多个创新产出(专利、科技论文、创新产品等)指标之间的关系。

上述例子中,都涉及多个变量与多个变量之间关系的问题,如何研究这两组变量之间的相关关系并给出合理解释,是本章要研究的内容。

12.1 引　言

通过第 5 章的相关分析和第 6 章的回归分析,我们已经了解到:研究两个变量的线性相关关系,可用简单相关系数;若要控制其他变量研究两个变量之间的关系,可用偏相关系数;研究一个变量与多个变量之间的线性相关关系,可用复相关系数。而本章要介绍的是研究多个变量与多个变量即两组变量之间的相关性的方法——典型相关分析(Canonical Correlation Analysis)。

在很多实际问题中,都需要研究两组变量之间的相关性。如经济学研究中,研究一组商品价格与销售量之间的关系;在婚姻的研究中,调查小伙子对他所追求的姑娘的主要指标(x_1, x_2,…,x_p)与姑娘向往的小伙子的主要指标(y_1,y_2,…,y_q),研究这两组指标之间的相关性;再如,为了研究某个地区在一定时期内的能源消耗量与经济增长之间的相关性,可以选取反映能源消耗量多少的指标(x_1,x_2,…,x_p)(如原煤、原油、电力消耗量等)及评价经济增长的指标(y_1,y_2,…,y_q)(如第一产业生产总值、第二产业生产总值、第三产业生产总值等),通过研究这两组变量之间的相关性,找出能源消耗量与经济增长之间的深层次的关系。

典型相关分析就是研究两组变量之间整体线性相关关系的一种多元统计方法。它最早起源于 Hotelling(霍泰林,1936)在《生物统计》上发表的一篇论文《两组变量之间的关系》。他所提出的方法经过多年的应用及发展逐渐趋于完善。由于典型相关分析涉及大量矩阵的计算,其应用在早期曾受到相当大的限制,但随着计算机技术及其软件的快速发展,其计算难的问题也随之得到解决,应用也越来越广泛。

典型相关分析在研究两组变量之间线性相关关系时,将每一组变量作为一个整体进行分析。它采用类似于主成分分析的方法,在每一组变量中都选择若干个有代表性的综合指标,这些综合指标是原始变量的线性组合,代表了原始变量的大部分信息,且两组综合指标的相关程度最大。新产生的综合指标称为典型相关变量,这时,通过研究典型相关变量之间的关系来反映两组变量之间的相关关系。典型相关分析在某些性质上与主成分分析类似,但又不完全相同:主成分分析考虑的是一组变量内部各个变量之间的相关关系,而典型相关分析着重于两组变量间的关系,所以有学者称其为一种"双管的主成分分析"。

典型相关分析中,关键的问题是:如何从典型相关分析的原理出发,提取典型相关变量,并通过典型变量之间的相关性来反映变量组之间的相关性。接下来将从典型相关分析的基本理论及方法、基本步骤、SPSS 应用方面分别介绍。

12.2
典型相关分析的基本理论与方法

12.2.1 典型相关分析的原理

设有两个相互关联的随机变量组 $X = (x_1, x_2, \cdots, x_p)'$ 和 $Y = (y_1, y_2, \cdots, y_q)'$,不妨设 $p \leqslant q$。X 和 Y 的协方差阵为

$$\Sigma = \text{cov} \begin{bmatrix} X \\ Y \end{bmatrix} = \begin{bmatrix} \Sigma_{11} & \Sigma_{12} \\ \Sigma_{21} & \Sigma_{22} \end{bmatrix} \tag{12-1}$$

式中,$\Sigma_{11} = \text{cov}(X)$ 为 $p \times p$ 阶方阵;$\Sigma_{22} = \text{cov}(Y)$ 为 $q \times q$ 阶方阵;$\Sigma_{12} = \text{cov}(X, Y)$ 为 $p \times q$ 阶矩阵。当 Σ 是正定阵时,Σ_{11} 和 Σ_{22} 也是正定的。

利用主成分的思想,可以把多个变量与多个变量之间的相关性转化为两个变量之间的相关性。考虑两组变量的线性组合

$$U = a'X = a_1 x_1 + a_2 x_2 + \cdots + a_p x_p \tag{12-2}$$
$$V = b'Y = b_1 y_1 + b_2 y_2 + \cdots + b_q y_q$$

其中,$a = (a_1, a_2, \cdots, a_p)'$ 和 $b = (b_1, b_2, \cdots, b_q)'$ 是任意的非零常系数向量。

则

$$\text{var}(U) = a' \text{var}(X) a = a' \Sigma_{11} a$$
$$\text{var}(V) = b' \text{var}(Y) b = b' \Sigma_{22} b \tag{12-3}$$
$$\text{cov}(U, V) = a' \text{cov}(X, Y) b = a' \Sigma_{12} b$$

于是，U 和 V 的相关系数为

$$\text{corr}(U, V) = \frac{a'\mathbf{\Sigma}_{12}b}{\sqrt{a'\mathbf{\Sigma}_{11}a}\sqrt{b'\mathbf{\Sigma}_{22}b}} \qquad (12-4)$$

典型相关分析研究的问题是如何选取 U 和 V 的最优线性组合，即如何选取系数向量 a 和 b，使得在 X、Y 和 $\mathbf{\Sigma}$ 给定的条件下，$\text{corr}(X, Y)$ 达到最大。由于随机变量 U 和 V 乘以任意常数并不改变它们之间的相关系数，所以为了防止不必要的结果重复出现，对系数向量 a 和 b 加以限制

$$\text{var}(U) = a'\mathbf{\Sigma}_{11}a = 1, \; \text{var}(V) = b'\mathbf{\Sigma}_{22}b = 1 \qquad (12-5)$$

接下来，我们给出典型相关变量及典型相关系数的定义。

定义　我们称线性组合 $(U_j, V_j)(j = 1, 2, \cdots, p)$ 为第 j 对典型变量（Canonical Variable），其中

$$U_j = a'_j X = a_{j1}x_1 + a_{j2}x_2 + \cdots + a_{jp}x_p$$

$$V_j = b'_j Y = b_{j1}y_1 + b_{j2}y_2 + \cdots + b_{jq}y_q$$

如果系数向量满足下列条件

(1) 正则化条件：$a'_j\mathbf{\Sigma}_{11}a_j = 1$，$b'_j\mathbf{\Sigma}_{22}b_j = 1$；

(2) 正交化条件：对于任意的 $i = 1, 2, \cdots, j-1$

$$\text{cov}(U_j, U_i) = a'_j\mathbf{\Sigma}_{11}a_i = 0, \; \text{cov}(U_j, V_i) = a'_j\mathbf{\Sigma}_{12}b_i = 0$$

$$\text{cov}(U_i, V_j) = a'_i\mathbf{\Sigma}_{12}b_j = 0, \; \text{cov}(V_i, V_j) = b'_i\mathbf{\Sigma}_{22}b_j = 0$$

(3) $\text{corr}(U_j, V_j) = a'_j\mathbf{\Sigma}_{12}b_j$ 达到最大；

(4) 相关系数的绝对值依次递减，即

$$|\text{corr}(U_1, V_1)| \geqslant |\text{corr}(U_2, V_2)| \geqslant \cdots \geqslant |\text{corr}(U_p, V_p)|。$$

并称第 i 对典型变量的相关系数 $\text{corr}(U_j, V_j)$ 为典型相关系数（Canonical correlation coefficient），a_j 和 b_j 称为典型系数或典型权重（Canonical coefficient or weight）。

我们可以求出第一对典型相关变量，然后类似地求第二、三对，$\cdots$，第 p 对典型相关变量，并使得各对典型相关变量彼此不相关。这些典型相关变量反映了变量组 X 和 Y 之间的相关性。但典型相关系数的绝对值是否显著大于零，还需要进行显著性检验。如果典型相关系数的绝对值大于零，对应的典型相关变量就具有代表性，否则，对应的典型相关变量就不具有代表性，那么不具有代表性的典型相关变量就可以忽略。因而，我们可以通过对少数典型相关变量的研究，代替原来两组变量之间相关关系的研究，这样容易抓住问题的本质，同时又简化问题。

12.2.2　总体典型相关

经过前面的分析，求典型相关变量，可以转化为在约束条件（12-5）下，求系数向量 a 和 b，使得

$$\text{corr}(U, V) = a'\mathbf{\Sigma}_{12}b \qquad (12-6)$$

达到最大。根据数学分析中条件极值的求法——拉格朗日乘数法，这一问题等价于求向量 a 和 b，使得函数

$$L(a, b) = a'\Sigma_{12}b - \frac{\lambda}{2}(a'\Sigma_{11}a - 1) - \frac{\mu}{2}(b'\Sigma_{22}b - 1) \qquad (12-7)$$

达到最大。式中，λ、μ 为拉格朗日乘数因子。将 L 分别对 a 和 b 求偏导并令其为零，得方程组

$$\begin{cases} \dfrac{\partial L}{\partial a} = \Sigma_{12}b - \lambda\Sigma_{11}a = 0 \\[2mm] \dfrac{\partial L}{\partial b} = \Sigma_{21}a - \mu\Sigma_{22}b = 0 \end{cases} \qquad (12-8)$$

用 a' 和 b' 分别左乘上边两式，得

$$\begin{cases} a'\Sigma_{12}b = \lambda a'\Sigma_{11}a = \lambda \\ b'\Sigma_{21}a = \mu b'\Sigma_{22}b = \mu \end{cases}$$

又因为

$$(a'\Sigma_{12}b)' = b'\Sigma_{21}a$$

所以

$$\mu = b'\Sigma_{21}a = (a'\Sigma_{12}b)' = \lambda$$

上式说明 λ 和 μ 恰好都是线性组合 U 和 V 之间的相关系数。于是式（12-8）可写成

$$\begin{cases} \Sigma_{12}b - \lambda\Sigma_{11}a = 0 \\ \Sigma_{21}a - \lambda\Sigma_{22}b = 0 \end{cases} \qquad (12-9)$$

或者可以写为

$$\begin{bmatrix} -\lambda\Sigma_{11} & \Sigma_{12} \\ \Sigma_{21} & -\lambda\Sigma_{22} \end{bmatrix} \begin{bmatrix} a \\ b \end{bmatrix} = 0 \qquad (12-10)$$

上式有非零解的充要条件是

$$\begin{vmatrix} -\lambda\Sigma_{11} & \Sigma_{12} \\ \Sigma_{21} & -\lambda\Sigma_{22} \end{vmatrix} = 0 \qquad (12-11)$$

式（12-11）左端为关于 λ 的 $p+q$ 次多项式，所以方程（12-11）有 $p+q$ 个根。

为具体求解，以 $\Sigma_{12}\Sigma_{22}^{-1}$ 乘以式（12-9）中的第二式，并将第一式代入，得

$$(\Sigma_{12}\Sigma_{22}^{-1}\Sigma_{21} - \lambda^2\Sigma_{11})a = 0$$

以 Σ_{11}^{-1} 左乘上式，得

$$(\Sigma_{11}^{-1}\Sigma_{12}\Sigma_{22}^{-1}\Sigma_{21} - \lambda^2 I_p)a = 0 \qquad (12-12)$$

同理，以 $\Sigma_{21}\Sigma_{11}^{-1}$ 乘以式（12-9）中的第一式，并将第二式代入，得

$$(\Sigma_{21}\Sigma_{11}^{-1}\Sigma_{12} - \lambda^2\Sigma_{22})b = 0$$

以 Σ_{22}^{-1} 左乘上式，得

$$(\Sigma_{22}^{-1}\Sigma_{21}\Sigma_{11}^{-1}\Sigma_{12} - \lambda^2 I_q)b = 0 \qquad (12-13)$$

从式（12-12）和式（12-13）可以看出：λ^2 是 $\Sigma_{11}^{-1}\Sigma_{12}\Sigma_{22}^{-1}\Sigma_{21}$ 的特征根，有 p 个解，对应的特征向量 a 也有 p 个解；λ^2 是 $\Sigma_{22}^{-1}\Sigma_{21}\Sigma_{1}^{-1}\Sigma_{12}$ 的特征根，有 q 个解，对应的特征向量 b 也有 q 个解。

式(12-12)和式(12-13)有非零解的充要条件为

$$|\boldsymbol{\Sigma}_{11}^{-1}\boldsymbol{\Sigma}_{12}\boldsymbol{\Sigma}_{22}^{-1}\boldsymbol{\Sigma}_{21}-\lambda^2\boldsymbol{I}_p|=0 \tag{12-14}$$

$$|\boldsymbol{\Sigma}_{22}^{-1}\boldsymbol{\Sigma}_{21}\boldsymbol{\Sigma}_{11}^{-1}\boldsymbol{\Sigma}_{12}-\lambda^2\boldsymbol{I}_q|=0 \tag{12-15}$$

对于式(12-14),由于 $\boldsymbol{\Sigma}_{11}>0$, $\boldsymbol{\Sigma}_{22}>0$,故 $\boldsymbol{\Sigma}_{11}^{-1}>0$, $\boldsymbol{\Sigma}_{22}^{-1}>0$,所以

$$\boldsymbol{\Sigma}_{11}^{-1}\boldsymbol{\Sigma}_{12}\boldsymbol{\Sigma}_{22}^{-1}\boldsymbol{\Sigma}_{21}=\boldsymbol{\Sigma}_{11}^{-1/2}\boldsymbol{\Sigma}_{11}^{-1/2}\boldsymbol{\Sigma}_{12}\boldsymbol{\Sigma}_{22}^{-1/2}\boldsymbol{\Sigma}_{22}^{-1/2}\boldsymbol{\Sigma}_{21} \tag{12-16}$$

而 $\boldsymbol{\Sigma}_{11}^{-1/2}\boldsymbol{\Sigma}_{11}^{-1/2}\boldsymbol{\Sigma}_{12}\boldsymbol{\Sigma}_{22}^{-1/2}\boldsymbol{\Sigma}_{22}^{-1/2}\boldsymbol{\Sigma}_{21}$ 与 $\boldsymbol{\Sigma}_{11}^{-1/2}\boldsymbol{\Sigma}_{12}\boldsymbol{\Sigma}_{22}^{-1/2}\boldsymbol{\Sigma}_{22}^{-1/2}\boldsymbol{\Sigma}_{21}\boldsymbol{\Sigma}_{11}^{-1/2}$ 有相同的非零特征根。记 $\boldsymbol{T}=\boldsymbol{\Sigma}_{11}^{-1/2}\boldsymbol{\Sigma}_{12}\boldsymbol{\Sigma}_{22}^{-1/2}$,则

$$\boldsymbol{\Sigma}_{11}^{-1/2}\boldsymbol{\Sigma}_{12}\boldsymbol{\Sigma}_{22}^{-1/2}\boldsymbol{\Sigma}_{22}^{-1/2}\boldsymbol{\Sigma}_{21}\boldsymbol{\Sigma}_{11}^{-1/2}=\boldsymbol{T}\boldsymbol{T}' \tag{12-17}$$

这样, $\boldsymbol{\Sigma}_{11}^{-1}\boldsymbol{\Sigma}_{12}\boldsymbol{\Sigma}_{22}^{-1}\boldsymbol{\Sigma}_{21}$ 与 $\boldsymbol{T}\boldsymbol{T}'$ 有相同的非零特征根。

类似地,对于式(12-15),有

$$\boldsymbol{\Sigma}_{22}^{-1}\boldsymbol{\Sigma}_{21}\boldsymbol{\Sigma}_{11}^{-1}\boldsymbol{\Sigma}_{12}=\boldsymbol{\Sigma}_{22}^{-1/2}\boldsymbol{\Sigma}_{22}^{-1/2}\boldsymbol{\Sigma}_{21}\boldsymbol{\Sigma}_{11}^{-1/2}\boldsymbol{\Sigma}_{11}^{-1/2}\boldsymbol{\Sigma}_{12}$$

$$\boldsymbol{\Sigma}_{22}^{-1/2}\boldsymbol{\Sigma}_{21}\boldsymbol{\Sigma}_{11}^{-1/2}\boldsymbol{\Sigma}_{11}^{-1/2}\boldsymbol{\Sigma}_{12}\boldsymbol{\Sigma}_{22}^{-1/2}=\boldsymbol{T}'\boldsymbol{T}$$

即 $\boldsymbol{\Sigma}_{22}^{-1}\boldsymbol{\Sigma}_{21}\boldsymbol{\Sigma}_{11}^{-1}\boldsymbol{\Sigma}_{12}$ 与 $\boldsymbol{T}'\boldsymbol{T}$ 有相同的非零特征根。而 $\boldsymbol{T}\boldsymbol{T}'$ 与 $\boldsymbol{T}'\boldsymbol{T}$ 有相同的非零特征根,所以, $\boldsymbol{\Sigma}_{11}^{-1}\boldsymbol{\Sigma}_{12}\boldsymbol{\Sigma}_{22}^{-1}\boldsymbol{\Sigma}_{21}$ 与 $\boldsymbol{\Sigma}_{22}^{-1}\boldsymbol{\Sigma}_{21}\boldsymbol{\Sigma}_{11}^{-1}\boldsymbol{\Sigma}_{12}$ 非零特征根是相同的,即式(12-12)和式(12-13)关于 λ^2 的非零解是相同的。

根据线性代数的相关知识,可以证明上述的 $\boldsymbol{T}\boldsymbol{T}'$ 与 $\boldsymbol{T}'\boldsymbol{T}$ 的特征根还具有以下性质:

(1) 两矩阵具有相同的非零特征根,且相等的非零特征根的数目等于 p;

(2) 两矩阵的特征根非负;

(3) 两矩阵的全部特征根介于 0 和 1 之间。

不妨设 $\boldsymbol{T}\boldsymbol{T}'$ 的 p 个特征根依次为

$$\lambda_1^2\geqslant\lambda_2^2\geqslant\cdots\geqslant\lambda_p^2>0$$

则 $\boldsymbol{T}'\boldsymbol{T}$ 的 q 个特征根中,除了上面的 p 个之外,其余 $q-p$ 个全为零。

在前面的推导中,我们已经说明 λ 为典型变量 U 和 V 之间的相关系数,又由于在典型相关变量的定义中要求典型相关系数达到最大,故只考虑正的相关系数。所以,取最大特征根 λ_1^2 的平方根 λ_1 作为第一典型相关系数。若 λ_1^2 对应的两个特征向量记为 $\boldsymbol{a}_1$ 和 $\boldsymbol{b}_1$,则第一对典型相关变量为

$$U_1=\boldsymbol{a}_1'\boldsymbol{X},\ V_1=\boldsymbol{b}_1'\boldsymbol{Y}$$

它们在所有线性组合 U 和 V 中具有最大的相关系数 λ_1。

更一般地,$\boldsymbol{X}$ 与 $\boldsymbol{Y}$ 的第 j 个典型相关系数即是方程(12-11)的第 j 个最大根 λ_j,第 j 对典型相关变量即为 $U_j=\boldsymbol{a}_j'\boldsymbol{X}$ 与 $V_j=\boldsymbol{b}_j'\boldsymbol{Y}$,而 $\boldsymbol{a}_j'$ 与 $\boldsymbol{b}_j'$ 为方程(12-10)当 $\lambda=\lambda_j$ 时所求的解,也可以理解为 $\boldsymbol{a}_j'$ 与 $\boldsymbol{b}_j'$ 分别是 $\boldsymbol{\Sigma}_{11}^{-1}\boldsymbol{\Sigma}_{12}\boldsymbol{\Sigma}_{22}^{-1}\boldsymbol{\Sigma}_{21}$ 与 $\boldsymbol{\Sigma}_{22}^{-1}\boldsymbol{\Sigma}_{21}\boldsymbol{\Sigma}_{11}^{-1}\boldsymbol{\Sigma}_{12}$ 的特征根 λ_j 对应的特征向量。

事实上,按照前述方法得到的 U_j 和 V_j 也满足典型变量定义中的正交化条件,这里我们不予以证明。

经过典型相关分析后,每个典型变量只会与另一组对应的典型变量相关,与其他典型变量都不相关。也就是说,原来所有变量的总变异通过典型变量而成为几个相互独立的维度。严格地说,一个典型相关系数是一对典型变量间的简单相关系数,它描述的只是一对典型变量之

间的相关性,而不是两组变量之间的相关性。而各对典型变量间构成的多维度典型相关,才能共同代表两组变量间的整体相关。

12.2.3 样本典型相关

当总体的均值向量 $\boldsymbol{\mu}$ 及总体协方差阵 $\boldsymbol{\Sigma}$ 未知时,需要根据从总体抽取的一个样本,对其进行估计,进而求出样本典型相关系数和典型相关变量。

设 $(\boldsymbol{x}_i, \boldsymbol{y}_i)(i=1, 2, \cdots, n)$ 为来自总体 $(\boldsymbol{X}, \boldsymbol{Y})$ 的一个样本,其中 $\boldsymbol{x}_i=(x_{i1}, x_{i2}, \cdots, x_{ip})'$, $\boldsymbol{y}_i=(y_{i1}, y_{i2}, \cdots, y_{iq})'$。对应的样本数据可以表示成

$$\begin{bmatrix} x_{11} & x_{12} & \cdots & x_{1p} & y_{11} & y_{12} & \cdots & y_{1q} \\ x_{21} & x_{22} & \cdots & x_{2p} & y_{21} & y_{22} & \cdots & y_{2q} \\ \vdots & \vdots & \vdots & \vdots & \vdots & \vdots & \vdots & \vdots \\ x_{n1} & x_{n2} & \cdots & x_{np} & y_{n1} & y_{n2} & \cdots & y_{nq} \end{bmatrix}$$

则总体协方差阵 $\boldsymbol{\Sigma}$ 的极大似然估计为

$$\hat{\boldsymbol{\Sigma}} = \begin{bmatrix} \hat{\boldsymbol{\Sigma}}_{11} & \hat{\boldsymbol{\Sigma}}_{12} \\ \hat{\boldsymbol{\Sigma}}_{21} & \hat{\boldsymbol{\Sigma}}_{22} \end{bmatrix} = \boldsymbol{A} = \frac{1}{n} \begin{bmatrix} \boldsymbol{A}_{11} & \boldsymbol{A}_{12} \\ \boldsymbol{A}_{21} & \boldsymbol{A}_{22} \end{bmatrix} \tag{12-18}$$

其中

$$\boldsymbol{A}_{11} = \sum_{i=1}^{n} (\boldsymbol{x}_i - \bar{\boldsymbol{x}})(\boldsymbol{x}_i - \bar{\boldsymbol{x}})', \quad \boldsymbol{A}_{22} = \sum_{i=1}^{n} (\boldsymbol{y}_i - \bar{\boldsymbol{y}})(\boldsymbol{y}_i - \bar{\boldsymbol{y}})',$$

$$\boldsymbol{A}_{12} = \sum_{i=1}^{n} (\boldsymbol{x}_i - \bar{\boldsymbol{x}})(\boldsymbol{y}_i - \bar{\boldsymbol{y}})' = \boldsymbol{A}_{21}'$$

式中,

$$\bar{\boldsymbol{x}} = \frac{1}{n} \sum_{i=1}^{n} \boldsymbol{x}_i, \quad \bar{\boldsymbol{y}} = \frac{1}{n} \sum_{i=1}^{n} \boldsymbol{y}_i。$$

以 $\hat{\boldsymbol{\Sigma}}$ 代替 $\boldsymbol{\Sigma}$,按照总体典型相关系数和典型相关变量求解的方法即可求出样本典型相关系数及典型相关变量。也就是用 $\hat{\boldsymbol{\Sigma}}_{11}^{-1} \hat{\boldsymbol{\Sigma}}_{12} \hat{\boldsymbol{\Sigma}}_{22}^{-1} \hat{\boldsymbol{\Sigma}}_{21}$ 代替 $\boldsymbol{\Sigma}_{11}^{-1} \boldsymbol{\Sigma}_{12} \boldsymbol{\Sigma}_{22}^{-1} \boldsymbol{\Sigma}_{21}$,用 $\hat{\boldsymbol{\Sigma}}_{22}^{-1} \hat{\boldsymbol{\Sigma}}_{21} \hat{\boldsymbol{\Sigma}}_{11}^{-1} \hat{\boldsymbol{\Sigma}}_{12}$ 代替 $\boldsymbol{\Sigma}_{22}^{-1} \boldsymbol{\Sigma}_{21} \boldsymbol{\Sigma}_{11}^{-1} \boldsymbol{\Sigma}_{12}$,求出非零特征根 $\hat{\lambda}_1^2 \geqslant \hat{\lambda}_2^2 \geqslant \cdots \geqslant \hat{\lambda}_p^2$ 及相应的特征向量 $\hat{\boldsymbol{a}}_1, \hat{\boldsymbol{a}}_2, \cdots, \hat{\boldsymbol{a}}_p$ 和 $\hat{\boldsymbol{b}}_1, \hat{\boldsymbol{b}}_2, \cdots, \hat{\boldsymbol{b}}_p$。称 $\hat{\lambda}_1 \geqslant \hat{\lambda}_2 \geqslant \cdots \geqslant \hat{\lambda}_p$ 为样本典型相关系数,$(\hat{U}_j, \hat{V}_j) = (\hat{\boldsymbol{a}}_j' \boldsymbol{X}, \hat{\boldsymbol{b}}_j' \boldsymbol{Y})$ 为第 $j (j=1, 2 \cdots, p)$ 对样本典型相关变量。

事实上,数理统计中可以证明:$\hat{\lambda}_1^2, \hat{\lambda}_2^2, \cdots, \hat{\lambda}_p^2$ 是 $\lambda_1^2, \lambda_2^2, \cdots, \lambda_p^2$ 的极大似然估计,$\hat{\boldsymbol{a}}_1, \hat{\boldsymbol{a}}_2, \cdots, \hat{\boldsymbol{a}}_p$ 是 $\boldsymbol{a}_1, \boldsymbol{a}_2, \cdots, \boldsymbol{a}_p$ 的极大似然估计,$\hat{\boldsymbol{b}}_1, \hat{\boldsymbol{b}}_2, \cdots, \hat{\boldsymbol{b}}_p$ 是 $\boldsymbol{b}_1, \boldsymbol{b}_2, \cdots, \boldsymbol{b}_p$ 的极大似然估计。

如果将样本 $(\boldsymbol{x}_i, \boldsymbol{y}_i)(i=1, 2, \cdots, n)$ 代入典型变量 $(\hat{U}_j, \hat{V}_j)$ 中,求得的值称为第 j 对典型变量的得分,如同因子得分。利用典型变量的得分可以绘出样本的典型变量的散点图,类似因子分析对样品进行分类,也可以对得分进行统计分析。

另外,在计算过程中,如果对原始数据进行了标准化变换,也可以从样本的相关阵出发求样本的典型相关系数和典型相关变量。将样本相关阵 $\boldsymbol{R}$ 写成下述形式

$$\boldsymbol{R} = \begin{bmatrix} \boldsymbol{R}_{11} & \boldsymbol{R}_{12} \\ \boldsymbol{R}_{21} & \boldsymbol{R}_{22} \end{bmatrix}$$

其中，R_{11} 为变量组 X 的样本相关系数阵，R_{22} 为变量组 Y 的样本相关系数阵，R_{12} 为变量组 X 和 Y 的样本协方差阵。这样，求典型相关系数和典型相关变量的问题转化为求 $R_{11}^{-1}R_{12}R_{22}^{-1}R_{21}$ 和 $R_{22}^{-1}R_{21}R_{11}^{-1}R_{12}$ 的非零特征根和特征向量。

12.2.4 典型相关系数的显著性检验

在对两组变量 X 和 Y 进行典型相关分析前，首先应检验两组变量是否相关。若两者不相关，即 $\mathrm{cov}(X,Y)=0$，则协方差阵 Σ_{12} 仅包含零，因而典型相关系数 $\lambda_i = a_i'\Sigma_{12}b_i$ 都变为零。这种情况下典型相关分析就没有任何实际意义。可以看出，两组变量相关性的检验实际上转化为典型相关系数的显著性检验。采用的方法是 Bartlett(巴特莱特)提出的 χ^2 大样本的检验。这种方法要求 X 和 Y 是来自正态分布的随机向量。

典型相关系数的检验是从最大的典型相关系数开始，依次进行检验。先求出矩阵 $\Sigma_{22}^{-1}\Sigma_{21}\Sigma_{11}^{-1}\Sigma_{12}$ 的 p 个特征根，并按大小顺序排列：$\hat{\lambda}_1^2 \geqslant \hat{\lambda}_2^2 \geqslant \cdots \geqslant \hat{\lambda}_p^2$。

对于第一个典型相关系数的检验，假设形式为

$$H_0: \lambda_1 = 0, \ H_1: \lambda_1 \neq 0$$

作乘积

$$\Lambda_1 = (1-\hat{\lambda}_1^2)(1-\hat{\lambda}_2^2)\cdots(1-\hat{\lambda}_p^2) = \prod_{i=1}^{p}(1-\hat{\lambda}_i^2)$$

对于比较大的样本容量 n，统计量

$$Q_1 = -\left[n-1-\frac{1}{2}(p+q+1)\right]\ln\Lambda_1$$

在 H_0 为真时，近似服从 $\chi^2(pq)$。给定检验的显著性水平 α，若 $Q_1 > \chi_{1-\alpha}^2(pq)$，则拒绝原假设 H_0，认为至少第一对典型变量显著相关，或者说明典型相关系数 λ_1 在显著性水平 α 下是显著的。

接下来，将 λ_1 剔除后，检验其余的典型相关系数的显著性。再作乘积

$$\Lambda_2 = (1-\hat{\lambda}_2^2)(1-\hat{\lambda}_3^2)\cdots(1-\hat{\lambda}_p^2) = \prod_{i=2}^{p}(1-\hat{\lambda}_i^2)$$

检验统计量为

$$Q_2 = -\left[n-2-\frac{1}{2}(p+q+1)\right]\ln\Lambda_2$$

在 H_0 为真时，Q_2 近似服从 $\chi^2[(p-1)(q-1)]$。给定检验的显著性水平 α，若 $Q_2 > \chi_{1-\alpha}^2[(p-1)(q-1)]$，则拒绝原假设 H_0，认为典型相关系数 λ_2 在显著性水平 α 下是显著的。

如此进行下去，直至第 k 个典型相关系数 λ_k 不显著即第 k 对典型变量不相关时停止。

一般地，若前 $j-1$ 个典型相关系数在显著性水平 α 下是显著的，则当检验第 j 个典型相关系数的显著性时，检验统计量为

$$Q_j = -\left[n-j-\frac{1}{2}(p+q+1)\right]\ln\Lambda_j \tag{12-19}$$

其中

$$\Lambda_j = (1-\hat{\lambda}_j^2)(1-\hat{\lambda}_{j+1}^2)\cdots(1-\hat{\lambda}_p^2) = \prod_{i=j}^p (1-\hat{\lambda}_i^2) \qquad (12-20)$$

统计量 Q_j 在 H_0 为真时，Q_j 近似服从 $\chi^2[(p-j+1)(q-j+1)]$。

由于典型相关系数值是依序递减的，所以在进行统计检验之后，往往只有第一个和第二个典型相关系数在给定显著性水平下是显著的，即第一对和第二对典型变量是显著的，而排序在后的典型变量无法达到显著性水平而被排除。其实，排除不显著的典型变量对于典型相关程度并没有太大的损失。根据典型变量的特点，排序在前的典型变量代表着可解释两组变量间相关的绝大部分，而排序较后被排除的典型相关往往很小。所以，总体而言，没有统计意义的那些典型变量可以忽略不计。

12.2.5 典型相关分析的其他测量指标

设典型相关变量为 U 和 V，记标准化的原始变量与典型相关变量之间的相关系数为 G_U 与 G_V，则有

$$G_U = \mathrm{cov}(X, U) = \mathrm{cov}(X, a'X) = E(XU') = E(XX'a) = E(XX')a = \Sigma_{11}a$$
$$(12-21)$$

类似地，有

$$G_V = \mathrm{cov}(Y, V) = \mathrm{cov}(Y, b'Y) = \Sigma_{22}b \qquad (12-22)$$

上式中的两相关系数也称为典型载荷（Canonical Loading）或结构相关系数（Structure Correlation），是衡量原始变量与典型变量的相关性的尺度。当典型载荷的绝对值越大，表示共同性越大，对典型变量解释时，其重要性也越高。

对应地，某典型变量与另外一组原始变量之间的相关系数，又称为交叉载荷（Cross Loading），可表示为

$$\mathrm{cov}(X, V) = \mathrm{cov}(X, b'Y) = \Sigma_{12}b, \quad \mathrm{cov}(Y, U) = \mathrm{cov}(Y, a'X) = \Sigma_{21}a \qquad (12-23)$$

我们已清楚，典型相关系数是描述典型变量之间的相关程度，而典型载荷和交叉载荷是描述典型变量与每个原始变量之间的相关关系的，但有时需要将每组原始变量作为一个整体，考察典型变量与变量组之间的相关程度，从而分析这些典型变量对两组变量的解释能力，以正确评价典型相关的意义。此时，需要进行冗余分析。

典型相关分析中，常把典型变量对原始变量总方差解释比例的分析以及典型变量对另外一组原始变量总方差交叉解释比例的分析统称为冗余分析（Redundancy Analysis）。"冗余"的概念在典型相关分析中非常重要。从字面意思理解，是冗长、多余、重复、过剩的意思。在统计上，冗余主要是就方差而言的。如果一个变量中的部分方差可以由另外一个变量的方差来解释或预测，就说这个方差部分与另一变量方差相冗余，相当于说变量的这个方差部分可以由另外一个变量的一部分方差所解释或预测。冗余实际上是一种重叠方差，其本质是典型变量间的共享方差百分比，将典型相关系数取平方就得到这一共享方差百分比。

典型相关分析中的冗余分析就是对分组原始变量总变化的方差进行分析，是通过冗余指数来进行分析的。

冗余指数（Redundancy Index）是一组原始变量与典型变量共享方差的比例。它不是本组典型变量对本组原始变量总方差的代表比例，而是一组中的典型变量对另一组原始变量总方差的解释比例，是一种组间交叉共享比例，描述的是典型变量与另一组变量之间的关系。冗余

指数在研究模型中有因果假设时格外重要，因为它能反映自变量组各典型变量对于因变量组的所有原始变量的一种平均解释能力。它相当于在自变量组中各典型变量与因变量组的每一个因变量间计算多元回归中的复相关系数的平方，然后将这些平方平均得到一个平均的 R^2。它类似于多元回归分析中的复相关系数 R^2，因它代表了自变量解释因变量的能力。但多元回归分析中只考虑一个因变量，而冗余系数考虑的是因变量的组合。

冗余指数的计算公式可以表示为

$$R_{dU}^{(j)} = \frac{\boldsymbol{G}_U' \boldsymbol{G}_U \lambda_j^2}{p} \qquad (12-24)$$

$$R_{dV}^{(j)} = \frac{\boldsymbol{G}_V' \boldsymbol{G}_V \lambda_j^2}{q} \qquad (12-25)$$

式(12-24)可理解为：典型变量 V_j 可以解释变量组 $\boldsymbol{X}$ 总方差的比例。而 $\boldsymbol{G}_U' \boldsymbol{G}_U / p$ 是变量组 $\boldsymbol{X}$ 被典型变量 U_j 解释的方差比例，p 是 $\boldsymbol{X}$ 的总方差，λ_j^2 是第 j 对典型变量 U_j 和 V_j 的共享方差比例。对于式(12-25)的含义，读者可以自己解释。

12.3 典型相关分析的基本步骤

在利用典型相关分析解决实际问题时，可以按照以下步骤来进行。

1. 选取变量，设计典型相关分析

变量的选择要依据相关的专业理论来进行，还需注意典型相关分析要求变量为数值型变量。而样本容量至少保持为变量个数的 10 倍，才能保证较好的分析效果。还有，典型相关分析是对线性相关关系的分析，若变量间不是线性关系，则典型相关分析是不适用的。典型相关分析是对两组变量整体相关关系的分析，两组变量地位对等，至于哪一组变量为自变量哪一组为因变量不作要求，但研究者可以根据实际试题确定自变量组和因变量组。

2. 建立模型

进行相关分析设计后，采集数据得到进行分析的一个样本，对其进行标准化处理，并计算相关系数矩阵，然后利用上一节介绍的方法求出典型相关系数和典型相关变量。从变量组中提取的典型变量个数等于较少数据组中的变量个数。例如，若一个研究问题包括 2 个变量组，一个变量组 3 个变量，另一个变量组包括 2 个变量，则可提取的典型变量的有 2 个。

典型相关变量的实际重要程度体现在典型相关系数的大小上，典型相关系数越大，说明该典型相关系数对应的典型相关变量就越重要，越能体现原有两组变量间的相关关系。所以，在求出典型相关系数后，需要对其进行显著性检验。一般地，只有一两个典型相关系数通过显著性检验。

3. 解释结果

建立典型相关分析模型后，需要对模型的结果进行解释，可以用标准化典型系数，典型载荷、典型交叉载荷及冗余指数来进行说明。

对原始数据进行标准化变换后得到的典型系数称为标准化典型系数，类似于标准化回归系数，有利于比较各原始变量对典型变量相对作用程度。一般来说，标准化系数越大，说明原始变量对它的典型相关变量的贡献越大。典型载荷是原始变量与典型相关变量之间的线性相关系数,反映了每个原始变量对典型相关变量的相对贡献,通过典型载荷可以揭示典型相关变量的实际含义。计算典型交叉载荷是使本组中的每个原始变量与另一组典型变量直接相关,可帮助我们了解测量两变量组之间的关系。而冗余指数可以测量一组原始变量与另一组的典型变量之间的关系。

4. 验证模型

与许多其他多元统计方法一样,典型相关分析模型的结果也应该验证,以保证结果不是只适合于样本,而是适合于总体。这里可以采用类似于判别分析的方法。通常可在原样本数据基础上构造两个子样本,在每个子样本上进行分析,以比较典型相关变量、典型负荷等的相似性。若不存在显著差别,说明分析结果是稳定可靠的,若存在显著差别,则应进一步分析,探求其原因。另一种方法是测量结果对于删除某个变量的灵敏度,保证典型系数和典型载荷的稳定性。

另外,我们还必须看到典型相关分析的局限性。这些局限中对结论和结果解释影响比较大的有以下一些方面:

(1) 典型相关反映变量组的线性组合所共享的最大方差(即最大化的典型相关系数),而不是从变量提取的方差;

(2) 推导典型变量时的典型系数(权重)有较大的不稳定性;

(3) 典型相关变量的解释可能会比较困难,因为它们是用来最大化线性关系的,没有类似于因子分析中因子旋转的有助于解释的工具;

(4) 难以识别两变量组间有意义的关系,只能通过一些不充分的测度,如典型载荷和交叉载荷。

12.4
典型相关分析的 SPSS 应用

1. 研究问题

例 12.1　现有 35 家上市公司某年的年报数据(表 12.1),以获利能力的两个指标净资产收益率 y_1(%)和总资产报酬率 y_2(%)作为因变量,以资产负债率 x_1(%)、总资产周转率 x_2、流动资产周转率 x_3、已获利息倍数 x_4、销售增长率 x_5(%)、资本积累率 x_6(%)作为自变量,分析这两类指标之间的关系。

表 12.1　35 家上市公司年报数据

公司简称	净资产收益率/%	总资产报酬率/%	资产负债率/%	总资产周转率	流动资产周转率	已获利息倍数	销售增长率/%	资本积累率/%
深能源 A	16.85	12.35	42.32	0.37	1.78	7.18	45.73	54.54
深南电 A	22.00	15.30	46.51	0.76	1.77	15.67	48.11	19.41
富龙热力	8.97	7.98	30.56	0.17	0.58	10.43	17.80	9.44
穗恒运 A	10.25	8.99	40.44	0.46	2.46	5.06	11.06	1.09

公司简称	净资产 收益率 /%	总资产 报酬率 /%	资产 负债率 /%	总资产 周转率	流动 资产 周转率	已获利 息倍数	销售 增长率 /%	资本 积累率 /%
粤电力 A	20.81	20.00	35.87	0.43	1.25	34.89	24.77	12.67
韶能股份	8.86	7.52	27.59	0.24	0.84	20.59	−3.50	54.02
惠天热电	10.98	7.94	49.30	0.36	0.69	12.43	16.88	3.52
原水股份	8.85	8.88	36.20	0.13	0.41	8.53	−11.49	2.44
大连热电	9.03	7.41	46.89	0.28	0.79	6.86	16.23	−1.52
龙电股份	12.07	8.70	16.81	0.28	0.68	29.75	4.11	63.06
华银电力	6.85	6.12	41.93	0.24	0.65	4.38	11.20	3.80
长春经开	9.85	10.50	31.23	0.34	0.40	17.13	18.05	7.18
兴业房产	1.07	1.52	66.91	0.21	0.24	1.53	−31.93	1.08
金丰投资	19.44	7.01	73.34	0.26	0.30	7.02	71.22	12.73
新黄浦	7.61	5.92	39.64	0.16	0.17	4.20	14.77	7.91
浦东金桥	4.24	3.99	37.30	0.20	0.25	3.98	−9.24	4.69
外高桥	1.67	1.92	49.05	0.03	0.05	1.06	−21.74	0.24
中华企业	8.78	6.28	57.42	0.17	0.19	3.58	75.29	2.93
渝开发 A	0.20	2.24	63.40	0.09	0.15	1.07	−12.56	0.29
辽房天	8.12	3.98	69.10	0.10	0.72	2.65	−35.83	3.16
粤宏远 A	0.42	1.16	37.42	0.09	0.15	1.59	19.18	0.43
ST 中福	5.17	6.62	65.48	0.16	0.21	1.33	−19.91	23.74
倍特高新	0.72	2.76	65.39	0.30	0.42	1.24	8.40	0.70
三木集团	5.99	4.53	65.17	0.74	0.88	4.14	75.36	0.87
寰岛实业	0.42	0.20	24.03	0.02	0.03	−8.18	−71.33	0.42
中关村	9.32	4.48	67.76	0.32	0.37	16.42	−29.42	4.09
中兴通讯	18.78	11.09	69.15	0.93	1.08	4.79	80.80	23.27
长城电脑	14.94	9.48	45.53	1.14	1.85	9.51	34.47	35.93
青鸟华光	9.79	8.70	36.67	0.28	0.39	13.11	28.36	7.87
清华同方	15.91	9.08	34.19	0.85	1.19	15.61	98.92	95.66
永鼎光缆	9.40	8.67	32.75	0.79	1.25	13.49	41.75	6.33
宏图高科	14.57	7.96	65.86	0.76	0.94	3.95	54.45	15.71
海星科技	4.06	3.35	36.49	0.48	0.60	4.64	−16.28	1.69
方正科技	27.48	16.69	57.13	2.51	2.87	7.40	63.27	32.02
复华实业	5.58	4.10	44.24	0.28	0.41	3.77	12.92	2.30

2. 实验步骤

在 SPSS 中,没有提供单独的交互式窗口进行典型相关分析,所以,只能在"Syntax Editor"窗口执行程序"Cancorr"。

SPSS 的"Cancorr"程序不能读取中文变量名称,所以必须先将典型相关分析的变量改为英文。接下来,需要检查 SPSS 的安装目录下是否存在程序"Canonical correlation. sps"。然后,按照下述步骤进行操作。

(1) 进入 SPSS 系统中,按照顺序:Analyze→New→Syntax,以打开程序编辑(Syntax Editor)窗口,见图 12.1。

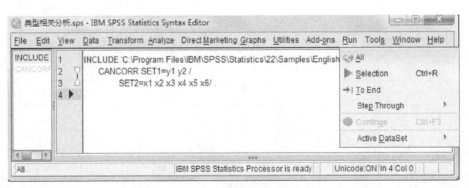

图 12.1　新建 Syntax 文件

(2) 在"Syntax Editor"窗口输入下列语句:

include 'C:\Program Files\IBM\SPSS\Statistics\22\Samples\English\Canonical correlation. sps'.

cancorr set1＝y1 y2

　　　/set2＝x1 x2 x3 x4 x5 x6.

一定要注意不可打错任何字符包括每个引号、句点和关键词(Include、cancorr、set1、set2)以及准确的安装目录,否则程序将无法顺利执行。严格按照上述 SPSS 语句的格式输入后,选中全部语句,再点击"Syntax"窗口上部的"Run"键(图 12.2),选择"ALL",在"Viewer"窗口即可得到典型相关分析的结果,见图 12.3～图 12.8。

图 12.2　Syntax Editor 窗口

3. 结果解释

(1) 图 12.3 反映了各组内变量间的相关系数。可以看出:y_1 和 y_2 的相关系数(0.8914)接近 1,说明两者在很大程度上都是反映企业获利能力的指标,两者包含的信息有重叠的部分;x_2 和 x_3 的相关系数(0.7824)也较大,两者都反映了企业运用资源的效率。

```
Correlations for Set-1
        y1      y2
y1  1.0000  0.8914
y2  0.8914  1.0000


Correlations for Set-2
        x1       x2       x3       x4       x5       x6
x1   1.0000   0.1432  -0.0432  -0.4066   0.1609  -0.2806
x2   0.1432   1.0000   0.7824   0.1417   0.5474   0.3418
x3  -0.0432   0.7824   1.0000   0.2719   0.4523   0.3890
x4  -0.4066   0.1417   0.2719   1.0000   0.2275   0.4581
x5   0.1609   0.5474   0.4523   0.2275   1.0000   0.4024
x6  -0.2806   0.3418   0.3890   0.4581   0.4024   1.0000
```

图 12.3　组内变量相关矩阵

（2）图 12.4 给出的是第一组变量与第二组变量间的相关系数。可以看出：y_1 与各变量的相关系数都非常接近 y_2 与各变量的相关系数,这也进一步说明 y_1 和 y_2 涵盖信息的重叠性;各相关系数表明除了因变量与 x_1 的相关程度很低外,其他的相关程度都很高,所以,需要提取典型变量来代表这种相关性。

```
Correlations  Between  Set-1  and  Set-2
        x1       x2       x3       x4       x5       x6
y1   0.0543   0.6880   0.7214   0.5181   0.6510   0.4853
y2  -0.1582   0.5720   0.7077   0.6646   0.5284   0.4055
```

图 12.4　组变量间的相关矩阵

（3）图 12.5 给出了典型相关系数及其检验。结果表明两个典型相关系数 0.895 和 0.652 都是显著的。由于因变量组只有两个变量,所以这里选择第一组典型变量进行解释。

```
Canonical Correlations
1    0.895
2    0.652


Test that remaining correlations are zero:
    Wilk's  Chi-SQ   DF     Sig.
1   0.114   63.988   12.000  0.000
2   0.574   16.354    5.000  0.006
```

图 12.5　典型相关系数及其检验

（4）图 12.6 给出的是各典型变量与各变量组中的每个变量的标准化和未标准化典型系数。根据此图,可以写出各典型变量的表达式,如第一对典型变量 U_1 的表达式（标准化）及 V_1 的表达式可分别写为：

$$U_1 = 0.467 z y_1 + 0.561 z y_2$$

$$V_1 = 0.094 z x_1 + 0.122 z x_2 + 0.480 z x_3 + 0.539 z x_4 + 0.269 z x_5 - 0.05 z x_6$$

（5）图 12.7 给出的是典型载荷,包括交叉载荷。由于典型载荷是衡量原始变量与典型变量的相关程度的指标,所以从此图中可以得到结论：因变量组与第一对典型变量的相关程度都较高,而与第二对典型变量的相关程度都较低;自变量组中除了 x_1 外其他自变量都与第一对典型变量有较强的相关性。进一步,我们来理解 U_1 和 V_1 的含义：U_1 与两个因变量的相关系数高达 0.967 和 0.977,所以 U_1 反映了企业通过其资源盈利的能力;V_1 主要反映了企业合理高效地利用资源并不断成长的能力,而认为这一能力对企业能否获利也是至关重要的,因为第一典型相关系数高达 0.895,并且通过显著性检验。这说明了两类指标间存在着重要的相关关系。

Standardized Canonical Coefficients for Set-1
```
       1      2
y1   0.467  -2.156
y2   0.561   2.133
```

Canonical Loadings for Set-1
```
       1      2
y1   0.967  -0.254
y2   0.977   0.212
```

Raw Canonical Coefficients for Set-1
```
       1      2
y1   0.070  -0.321
y2   0.128   0.488
```

Cross Loadings for Set-1
```
       1      2
y1   0.866  -0.166
y2   0.875   0.138
```

Standardized Canonical Coefficients for Set-2
```
       1      2
x1   0.094  -0.567
x2   0.122  -0.413
x3   0.480   0.404
x4   0.539   0.498
x5   0.269  -0.152
x6  -0.050  -0.620
```

Canonical Loadings for Set-2
```
       1      2
x1  -0.071  -0.697
x2   0.718  -0.403
x3   0.820  -0.070
x4   0.687   0.461
x5   0.671  -0.423
x6   0.507  -0.278
```

Raw Canonical Coefficients for Set-2
```
       1      2
x1   0.006  -0.037
x2   0.267  -0.906
x3   0.704   0.593
x4   0.064   0.059
x5   0.007  -0.004
x6  -0.002  -0.028
```

Cross Loadings for Set-2
```
       1      2
x1  -0.063  -0.455
x2   0.642  -0.263
x3   0.734  -0.046
x4   0.615   0.301
x5   0.600  -0.276
x6   0.454  -0.181
```

图 12.6　典型系数　　　　　　　　　　图 12.7　典型载荷

（6）图 12.8 给出了冗余度分析的结果，它说明了各典型变量对各变量组方差解释的比例。如因变量组可以通过第一典型变量 V_1 解释的方差比例高达 0.757，这也说明了自变量组对因变量组的解释能力，所以 V_1 反映的企业利用资源并不断成长的能力对公司的盈利可以

Redundancy Analysis:

Proportion of Variance of Set-1 Explained by Its Own Can. Var.
```
              Prop Var
CV1-1          0.945
CV1-2          0.055
```

Proportion of Variance of Set-1 Explained by Opposite Can.Var.
```
              Prop Var
CV2-1          0.757
CV2-2          0.023
```

Proportion of Variance of Set-2 Explained by Its Own Can. Var.
```
              Prop Var
CV2-1          0.395
CV2-2          0.187
```

Proportion of Variance of Set-2 Explained by Opposite Can. Var.
```
              Prop Var
CV1-1          0.317
CV1-2          0.080
```

图 12.8　冗余度分析

多元统计分析与SPSS应用

产生很大影响。而自变量组被第一典型变量 U_1 解释的方差比例只有 0.317，即因变量组对自变量组的解释能力很有限。

小结

典型相关分析是一种用于研究分析两组随机变量之间线性相关关系的多元统计分析方法，其基本原理是分别在每组变量上利用线性组合来构造具有代表意义的综合变量即典型变量，通过较少维度的典型变量之间的相关关系研究原始变量组之间的相关关系。除了配对的典型变量之间是相关的，其他典型变量均不相关。典型变量的具体含义可以通过分析其标准化典型系数、结构系数、典型载荷及冗余指数等得到，但由于典型相关分析中没有类似于因子分析中的因子旋转这种有助于解释的工具，所以有时典型变量的含义可能并不清晰。

本章重点掌握典型相关分析的统计思想、典型变量的定义及性质，并能够应用 SPSS 中 Canonical correlation 过程进行典型相关分析，运用一些测量指标给出结果的合理解释。

本章主要术语

典型相关分析(Canonical Correlation Analysis)　　典型变量(Canonical Variable)

典型相关系数(Canonical Correlation Coefficient)　　典型权重(Canonical Weight)

典型载荷(Canonical Loading)　　交叉载荷(Cross Loading)

冗余指数(Redundancy Index)

思考与练习

1. 简述典型相关分析的统计思想。

2. 典型相关分析与主成分分析有何异同？

3. 典型变量有哪些性质？

4. 解释冗余指数的含义。

第 13 章

定性数据的统计分析

相关实例

➤ 某企业随机发放了 500 份调查问卷,并进行统计分析,以了解顾客对其产品是否满意,同时还想了解不同收入人群(高、中、低三类)对其产品的满意程度(满意、不满意)是否有差异。

➤ 在某项商业保险的研究中,研究欲根据消费者的年龄、身体状况、收入情况、工作性质、受教育程度等影响因素,推断消费者是否会购买保险。

上述问题的共同特点就是都涉及一些不能用数字表示的变量即定性变量。如何对定性变量进行统计分析,正是本章要研究的主要内容。

13.1
引 言

前面所介绍的统计方法,主要是研究与定量变量有关的问题。但实际应用中,会经常遇到定性变量的问题,如人的性别、职业、满意程度、职称、是否购房等,这些变量只有各种状态的区别,而没有数量的区别,不能进行数学运算。但若我们不考虑这些定性变量,又会丢失很多的信息,而且在有些问题的研究中,又无法丢弃这样的定性变量,如要研究某个人是否会在近期购买汽车,找到相关影响变量(家庭情况、收入情况等),这时必须进行有关定性变量问题的研究。

要运用统计的方法对定性变量进行研究,就必须对这些定性变量进行数量化,即对定性变量的不同状态赋予不同的数值。在含有定性自变量的回归分析一节,曾介绍过定性变量的问题数量化的基本方法。定性变量数量化后,就可以进行相应的统计分析。

展示定性数据常用的一种表格形式是列联表。通过列联表分析,可以探讨定性变量之间是否存在相关性,但它无法系统评价变量间的联系,也无法估计变量间交互效应的大小。而对数线性模型是处理这类问题的最佳方法。它将方差分析和线性模型的一些方法应用到列联表的分析当中,在概念和理解上均可类比。对数线性模型能够估计模型中的各个参数,而这些参数值使各个变量的效应和变量间的交互效应得以数量化。从而可以对定性变量间的关系作更深入研究。

Logistic 回归模型和 Probit 回归模型讨论的都是因变量为定性变量的建模问题。它是基于定性因变量某个状态出现的概率来讨论的,在建模前需要经过适当的变换,然后建立关于自变量的回归模型,从而进一步描述定性变量之间的复杂关系。Logistic 回归模型和 Probit 回归模型最大的不同之处在于采用的变换函数不同。

定性数据与定量数据所涉及的很多问题比较类似,读者可以对照分析定量数据时所用的统计方法来学习本章内容。但本章并不是全面介绍定性数据资料的理论、方法和应用,而是初步介绍这一方面的内容,让读者有进一步学习这方面内容的方向。事实上,有关定性数据涉及的问题和统计分析方法也是很丰富的,感兴趣的读者可以进一步阅读这方面的文献。

13.2
列联表分析

本节主要介绍二维列联表,对于三维及三维以上的列联表,没有本质的区别,只要在形式上稍加改变就能适用于高维列表,只不过高维列表符号更加复杂,分析的难度也相应增加。

13.2.1 列联表的概念及形式

列联表(contingency table)是由两个及两个以上的变量进行交叉分类的频数分布表。比如,要了解不同性别对三种类型的啤酒:淡啤酒、普通啤酒、黑啤酒的偏好是否有差异,分别调查了 1 353 个男性饮酒者和 636 个女性饮酒者,得到的结果整理如表 13.1 所示:

表 13.1 不同性别对啤酒偏好的调查结果

性　　别	啤　酒　偏　好			合　　计
	淡啤酒	普通啤酒	黑啤酒	
男　性	352	284	717	1 353
女　性	293	133	210	636
合　计	645	417	927	1 989

表 13.1 就是一个 2×3 列联表。表中的每个数据是由"偏好"的状态与"性别"的状态交叉而成的频数。从这张表中,可以很清楚地看到不同性别对于啤酒的偏好情况。当然,也可以分析出不同性别对不同类型的啤酒是否有所偏好,这需要作进一步分析。

在很多问题的研究中,经常会用到列联表的形式把数据呈现出来,比如横栏是不同行业的上市公司,纵栏是不同水平的盈利能力,通过这样的形式,就可以研究盈利能力与行业类型的关系。我们也可以用列联表的形式研究企业的各种指标,横栏表示各家企业,纵栏表示盈利能力、运营能力等指标。这些指标可以是原始的数值,也可以是按一定的取值范围进行分类的结果。所以,列联表不只是可以用于定性变量,也可以用于定量变量,但更多的是用于定性变量。

更一般地,考虑一个二维的 $r \times c$ 列联表。假设按两个属性 A 和 B 对 n 个样品进行研究。属性 A 有 r 类: $A_1, A_2, \cdots, A_r$,属性 B 有 c 类: $B_1, B_2, \cdots, B_c$,既属于 A_i 又属于 B_j 的有 n_{ij} 个。则二维的 $r \times c$ 列联表如表 13.2 所示:

表 13.2　二维列联表

	B_1	B_2	$\cdots$	B_c	合　计
A_1	n_{11}	n_{12}	$\cdots$	n_{1c}	$n_1.$
A_2	n_{21}	n_{22}	$\cdots$	n_{2c}	$n_2.$
$\vdots$	$\vdots$	$\vdots$	$\ddots$	$\vdots$	$\vdots$
A_r	n_{r1}	n_{r1}	$\cdots$	n_{rc}	$n_r.$
合　计	$n._1$	$n._2$	$\cdots$	$n._c$	n

其中

$$n_i. = \sum_{j=1}^c n_{ij}, \ i = 1, 2, \cdots, r; \ n._j = \sum_{i=1}^r n_{ij}, \ j = 1, 2, \cdots, c; \ n = \sum_{i=1}^r n_i. = \sum_{j=1}^c n._j。$$

表 13.2 是频数列联表,为了更清楚地表示各频数之间的关系,往往用频率代替频数,即将频数列联表中的每个元素除以样品的总数 n,得到频率意义上的列联表,也称为概率列联表,如表 13.3 所示。

表 13.3　二维概率列联表

	B_1	B_2	$\cdots$	B_c	合　计
A_1	p_{11}	p_{12}	$\cdots$	p_{1c}	$p_1.$
A_2	p_{21}	p_{22}	$\cdots$	p_{2c}	$p_2.$
$\vdots$	$\vdots$	$\vdots$	$\ddots$	$\vdots$	$\vdots$
A_r	p_{r1}	p_{r2}	$\cdots$	p_{rc}	$p_r.$
合　计	$p._1$	$p._2$	$\cdots$	$p._c$	1

表中的 p_{ij} 可理解为样品既属于 A_i 类又属于 B_j 类的概率,$p_i.$ 为样品属于 A_i 类的概率,$p._j$ 为样品属于 B_j 类的概率。

13.2.2　列联表的独立性检验

在简单相关分析中,我们用简单相关系数描述两个随机变量的线性相关程度。而对于定性变量之间的相关性是指广义的相关性,称为关联性。关联程度在某种意义上指的是"不独立性",它与独立的情形相差越大,说明彼此的关系越密切,这种关系未必是线性关系。在实际问题中,关注的往往是变量之间是否独立,因为不独立,就意味着两定性变量是存在着关联性的。一种比较常用的方法是皮尔逊拟合优度 χ^2 检验。

如果属性变量 A 与 B 是相互独立的,则根据独立性的定义,有 $p_{ij} = p_i. \ p._j$。所以,检验"A 与 B 是相互独立的"等价于下列检验形式。

$$H_0: p_{ij} = p_i. \ p._j, \ H_1: p_{ij} \neq p_i. \ p._j$$

在运用 χ^2 检验时,需要知道实际频数(观测值频数)及理论频数。在原假设为真时,实际频数为 n_{ij},理论频数为 $n\hat{p}_{ij} = n\hat{p}_{i.} \cdot \hat{p}_{.j}$,而 $p_{i.}$ 与 $p_{.j}$ 是未知的,可采用其极大似然估计量 $\hat{p}_{i.} = n_{i.}/n$,$\hat{p}_{.j} = n_{.j}/n$ 分别代替 $p_{i.}$ 与 $p_{.j}$。于是得到检验统计量

$$\chi^2 = \sum_{i=1}^{r} \sum_{j=1}^{c} \frac{(n_{ij} - n\hat{p}_{ij})^2}{n\hat{p}_{ij}} = \sum_{i=1}^{r} \sum_{j=1}^{c} \frac{\left(n_{ij} - n\dfrac{n_{i.}}{n}\dfrac{n_{.j}}{n}\right)^2}{n\dfrac{n_{i.}}{n}\dfrac{n_{.j}}{n}} = \sum_{i=1}^{r} \sum_{j=1}^{c} \frac{(nn_{ij} - n_{i.}n_{.j})^2}{nn_{i.}n_{.j}}$$

$$(13-1)$$

在原假设为真时,上述统计量服从 $\chi^2[(r-1)(c-1)]$。给定显著性水平 α,当 $\chi^2 \geqslant \chi^2_{1-\alpha}[(r-1)(c-1)]$,拒绝 H_0,表明两变量之间不独立,存在相关性;否则,认为两变量之间独立,不存在相关性。

对于表 13.1 的数据,可以计算 χ^2 检验统计量的值为:$\chi^2 = 90.685$。取显著性水平 $\alpha = 0.05$,而自由度 $= (2-1) \times (3-1) = 2$,查得临界值为 $\chi^2_{1-\alpha}(2) = 5.991$,所以拒绝原假设,这说明"性别"与"啤酒类型"是不独立的,存在相关性,即认为男性与女性对三种啤酒的偏好是有显著性差异的。

如果列联表中的变量之间存在相关性,那么如何度量其相关程度?又如何由一个变量预测另一个变量?解决这些问题还有其他统计方法,这里不作介绍,感兴趣的读者可以参考相关的文献。

13.2.3 SPSS 应用

例 13.1 我们利用 SPSS 对表 13.1 中的数据进行独立性检验。

1. 实验步骤

(1) 首先将表 13.1 中的数据按要求录入,如图 13.1 所示。变量"性别"中的"1"表示"男性","2"表示女性;"啤酒偏好"中的"1""2"和"3"分别表示"淡啤酒""普通啤酒"和"黑啤酒";"频数"表示不同性别选择不同类型啤酒的人数。

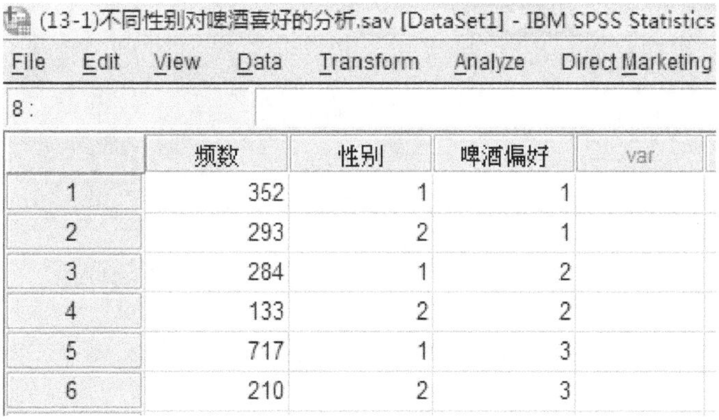

图 13.1 数据录入

(2) 然后,按顺序:Data→Weight Cases,打开"Weight Cases"对话框。把"频数"选入到"Frequency Variable"框中,单击"OK"(图 13.2),然后返回到"Data View"窗口。

这一步骤是为了激活"频数",至关重要。如果"频数"没有被激活,之后要进行的独立性检验的命令仍会执行,但结果是错误的。

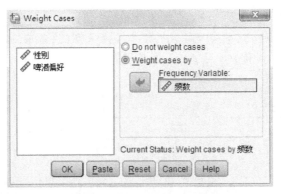

图 13.2　Weight Cases 对话框

（3）从主菜单中按顺序：Analyze→Descriptive Statistics→Crosstabs，打开"Crosstabs"对话框（图 13.3）。

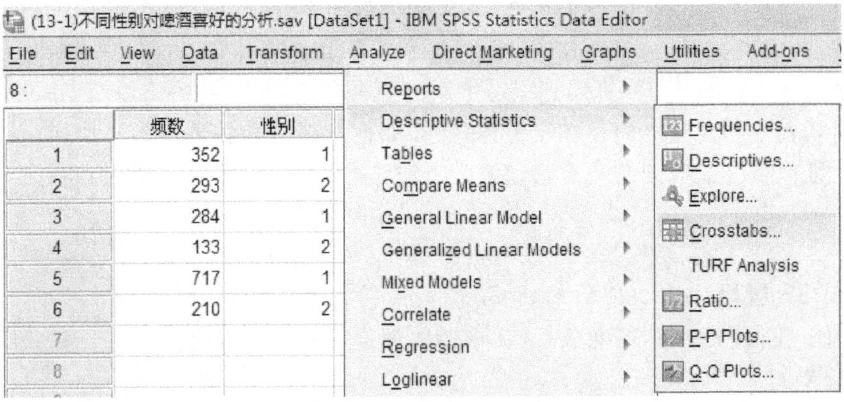

图 13.3　打开 Crosstabs 对话框

（4）在"Crosstabs"主对话框中，将"性别"选入"Row（s）"中，将"啤酒偏好"选入"Column（s）"中（图 13.4）。

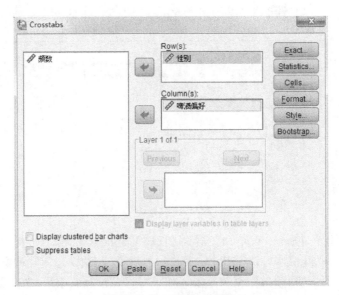

图 13.4　Crosstabs 主对话框

（5）单击"Statistics"，打开其对话框，并选中"Chi-square"以进行列联表的独立性检验（图13.5），单击"Continue"，返回"Crosstabs"主对话框，然后单击"OK"，即可得到独立性检验的输出结果（表13.4和表13.5）。

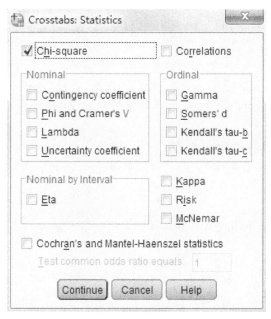

图 13.5　Statistics 对话框

表 13.4　性别 ＊ 啤酒偏好 Crosstabulation（交叉表）

Count

		啤酒偏好			Total
		淡啤酒	普通啤酒	黑啤酒	
性别	男性	352	284	717	1 353
	女性	293	133	210	636
Total		645	417	927	1 989

表 13.5　卡 方 检 验
Chi-Square Tests

	Value	df	Asymp. Sig. （2-sided）
Pearson Chi-Square	90.685[a]	2	0.000
Likelihood Ratio	90.065	2	0.000
Linear-by-Linear Association	89.947	1	0.000
N of Valid Cases	1 989		

a. 0 cells （.0%） have expected count less than 5. The minimum expected count is 133.34.

2. 结果解释

（1）表 13.4 为将数据整理后得到的列联表，其结果与表 13.1 完全一致；

（2）表 13.5 为进行列联表独立性检验的结果，从中可以看出，χ^2 检验的统计量为

90.685，自由度为 2，对应的 p 值近似为 0，所以，拒绝"啤酒偏好与性别是独立"的原假设，即不同性别对三种啤酒的偏好是有显著性差异的。

13.3

对数线性模型

本节仍基于二维列联表来说明对数线性模型的基本理论和方法。

13.3.1 对数线性模型的理论和方法

在对数线性模型中，需要先将表 13.3 中各概率取对数，对于任意的 $i=1, 2, \cdots, r, j = 1, 2, \cdots, c$，用公式表示如下

$$\mu_{ij} = \ln p_{ij} = \ln\left(p_{i.} \; p_{.j} \; \frac{p_{ij}}{p_{i.} \; p_{.j}}\right) = \ln p_{i.} + \ln p_{.j} + \ln \frac{p_{ij}}{p_{i.} \; p_{.j}} \tag{13-2}$$

记 $\alpha_i = \ln p_{i.}$，$\beta_j = \ln p_{.j}$，$(\alpha\beta)_{ij} = \ln \dfrac{p_{ij}}{p_{i.} \; p_{.j}}$，则上式可以写成

$$\mu_{ij} = \alpha_i + \beta_j + (\alpha\beta)_{ij} \tag{13-3}$$

显然，式(13-3)的结构与有交互作用的双因子方差分析模型的结构相似。因此，模仿方差分析模型，令

$$\mu_{i.} = \sum_j \mu_{ij}, \; \mu_{.j} = \sum_i \mu_{ij}, \; \mu_{..} = \sum_i \sum_j \mu_{ij}$$

然后对上述三式分别取平均，得

$$\bar{\mu}_{i.} = \frac{1}{c}\mu_{i.}, \; \bar{\mu}_{.j} = \frac{1}{r}\mu_{.j}, \; \bar{\mu}_{..} = \frac{1}{rc}\mu_{..}$$

记

$$a_i = \bar{\mu}_{i.} - \bar{\mu}_{..}, \; b_j = \bar{\mu}_{.j} - \bar{\mu}_{..}, \; (ab)_{ij} = \mu_{ij} - \bar{\mu}_{i.} - \bar{\mu}_{.j} + \bar{\mu}_{..}$$

则

$$\begin{aligned}(ab)_{ij} &= \mu_{ij} - \bar{\mu}_{i.} - \bar{\mu}_{.j} + \bar{\mu}_{..} = \mu_{ij} - (\bar{\mu}_{i.} - \bar{\mu}_{..}) - (\bar{\mu}_{.j} - \bar{\mu}_{..}) - \bar{\mu}_{..} \\ &= \mu_{ij} - a_i - b_j - \bar{\mu}_{..}\end{aligned}$$

将上式移项，可得关系式

$$\begin{cases} \mu_{ij} = \bar{\mu}_{..} + a_i + b_j + (ab)_{ij} \\ \sum_{i=1}^{r} a_i = \sum_{j=1}^{c} b_j = \sum_{i=1}^{r}(ab)_{ij} = \sum_{j=1}^{c}(ab)_{ij} = 0 \end{cases} \quad i=1, 2, \cdots, r, j=1, 2, \cdots, c \tag{13-4}$$

可见，通过一系列分解处理后，可以化成与有交互作用的双因子方差分析数学模型类似的结构。因此沿用方差分析中的术语，上式中 $\bar{\mu}_{..}$ 表示"总平均数"，a_i 表示 A 的主效应，b_j 表示

B 的主效应,而$(ab)_{ij}$ 表示 A 因子的第 i 个水平和 B 因子的第 j 个水平的交互效应。当 $(ab)_{ij} > 0$ 时,认为两者存在正效应,当$(ab)_{ij} < 0$ 时,认为两者存在负效应;当对任意的 i 和 j,$(ab)_{ij}$ 均为 0 时,认为交互效应不存在,即 A 和 B 之间相互独立,并称此时的对数线性模型为非饱和模型。否则,称因子间有交互作用的模型为饱和模型。

在实际问题中,概率(p_{ij})往往是未知的,可以用其频率来进行估计,即

$$\hat{p}_{ij} = n_{ij}/n, \ \hat{p}_{i.} = n_{i.}/n, \ \hat{p}_{.j} = n_{.j}/n$$

将上述估计量分别代替式$(13-4)$中各概率,即可分析列联表中变量之间的相互关系。

13.3.2 对数线性模型的 SPSS 应用

例 13.2 我们仍对表 13.1 中的数据进行对数线性模型的讨论。

1. 实验步骤

(1) 激活变量"频数",具体方法同例 13.1 中的实验步骤(2)。在对数线性模型分析中,这一部分仍然是必不可少的。

(2) 从主菜单中,按顺序:Analyze→Loglinear→Model Selection,打开"Model Selection Loglinear Analysis"主对话框,将左侧变量"性别"选入到"Factor(s)"框中,点击"Define Range …"进入到其对话框(图 13.6),定义变量的范围,即该变量的取值范围。本例中"性别"共有两种类型,代号分别是 1、2,所以在"Minimum"处键入"1",在"Maximum"处键入"2",点击"Continue"钮,返回"Model Selection Loglinear Analysis"对话框;按同样方法,把"啤酒

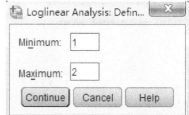

图 13.6 Define Range 对话框

偏好"变量选入到"Factor(s)"框中,并在"Minimum""Maximum"处分别键入"1、2、3";返回到主对话框中,将"频数"选入到"Cell Weights"框中,所有变量选好后,如图 13.7 所示。最后点击"OK"。

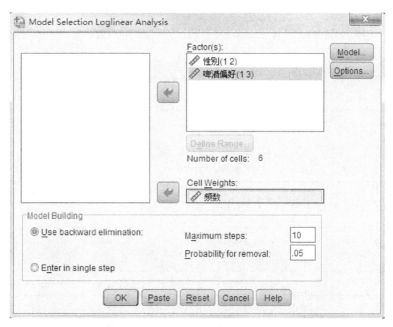

图 13.7 Model Selection Loglinear Analysis 主对话框

（3）点击"Options ..."，进入到其对话框，选择"Display for Saturated Model"栏下的"Parameter estimates"以得到模型中的参数估计，点击"Continue"（图 13.8），返回到"Model Selection Loglinear Analysis"主对话框，其他选项采用系统默认值，最后点击"OK"，即完成分析步骤。输出结果见表 13.6、表 13.7。

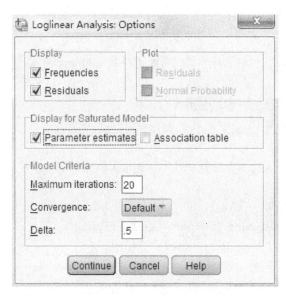

图 13.8　Loglinear Analysis：Options 对话框

表 13.6　单元计数和残差
Cell Counts and Residuals

性别	啤酒偏好	Observed		Expected		Residuals	Std. Residuals
		Count[a]	%	Count	%		
男性	淡啤酒	352.500	17.7%	352.500	17.7%	0.000	0.000
	普通啤酒	284.500	14.3%	284.500	14.3%	0.000	0.000
	黑啤酒	717.500	36.1%	717.500	36.1%	0.000	0.000
女性	淡啤酒	293.500	14.8%	293.500	14.8%	0.000	0.000
	普通啤酒	133.500	6.7%	133.500	6.7%	0.000	0.000
	黑啤酒	210.500	10.6%	210.500	10.6%	0.000	0.000

a. For saturated models, .500 has been added to all observed cells.

表 13.7　参 数 估 计
Parameter Estimates

Effect	Parameter	Estimate	Std. Error	Z	Sig.	95% Confidence Interval	
						Lower Bound	Upper Bound
性别 * 啤酒偏好	1	−0.269	0.034	−7.876	0.000	−0.336	−0.202
	2	0.017	0.040	0.437	0.662	−0.060	0.095
性别	1	0.361	0.025	14.162	0.000	0.311	0.411
啤酒偏好	1	0.104	0.034	3.039	0.002	0.037	0.171
	2	−0.397	0.040	−10.031	0.000	−0.475	−0.319

2. 结果解释

(1) 表 13.6 显示的是观测频数、期望频数及残差。由于本例对 Model(模型)未作定义，故系统采用默认的全饱和模型，因而期望频数(EXP count)与实际频数(OBS count)相同，进而残差(Residual)、标准化残差(Std Resid)均为 0。

(2) 表 13.7 给出的是参数估计的结果。为了唯一地估计参数，系统强行限定同一分类变量的各水平参数之和为 0，故根据此表结果可推得各参数的估计值。

$$(\hat{ab})_{男性偏好淡啤酒} = -0.269, \quad (\hat{ab})_{男性偏好普通啤酒} = 0.017,$$

$$(\hat{ab})_{男性偏好黑啤酒} = 0 - (-0.269) - 0.017 = 0.252,$$

$$(\hat{ab})_{女性偏好淡啤酒} = 0.269, \quad (\hat{ab})_{女性偏好普通啤酒} = -0.017,$$

$$(\hat{ab})_{女性偏好黑啤酒} = -0.252,$$

$$\hat{a}_{男性} = 0.361, \quad \hat{a}_{女性} = -0.361,$$

$$\hat{b}_{淡啤酒} = 0.104, \quad \hat{b}_{普通啤酒} = -0.397,$$

$$\hat{b}_{黑啤酒} = 0 - 0.104 - (-0.397) = 0.293.$$

参数值为正，表示正效应；反之为负效应；零为无效应。根据上述结果，可得如下结论：

① 男性对啤酒的偏好大于女性(因为 $\hat{a}_{男性} > \hat{a}_{女性}$)；

② 消费者对黑啤酒的偏好＞对淡啤酒的偏好＞对普通啤酒的偏好；

③ 性别与啤酒的类型有交互效应，结果表明：大多数男性更加偏好黑啤酒，最不喜欢淡啤酒，而女性正好相反，即大部分女性更加偏好淡啤酒而最不喜欢黑啤酒。

13.4
Logistic 回归

在多元回归分析中，有一个基本要求就是因变量是连续变量，但在实际问题中，经常会遇到因变量是定性变量的情况。如企业生存或倒闭，投资成功或失败等。再如，在购买某项商业保险的研究中，研究消费者是否购买与年龄、身体状况、收入情况、工作性质、受教育程度等自变量的关系。解决这类问题的一种思路就是建立以定性变量为因变量，相关影响因素为自变量的回归模型。但若使用普通的多元回归模型会违反许多重要假设，从而导致回归估计产生严重误差，以致无法进行合理的假设检验，此时常采用 Logistic 回归进行分析。

判别分析实际上也是处理定性因变量的一种方法。它根据判别变量，建立判别函数然后对某个未知类别的样品进行分类，这相当于以判别变量为自变量，以"类别"定性变量为因变量建立模型。Logistic 回归也是要解决这样的问题。然而，Logistic 回归由于多种原因更受欢迎。首先，判别分析依赖于严格的多元正态性和相等协差阵的假设，这在很多情况下是达不到的。Logistic 回归没有类似的假设，而且这些假设不满足时，结果非常稳定。其次，即使满足假定，许多研究者仍偏好 Logistic 回归，因为它类似于回归分析。两者都有直接的统计检验，都能包含非线性效果和大范围的诊断。再者，Logistic 回归对于自变量没有要求，定性变量或者定量变量都可以进行回归。Logistic 回归虽然等同于判别分析，但由于上述原因，在很多情况下 Logistic 回归更加适用。所以，很多研究者会优先选择 Logistic 回归处理此类问题。

Logistic 回归分为 Binary Logistic 回归和 Multinomial Logistic 回归。Binary Logistic 回归模型中因变量只有两个取值，一般记为 0 和 1，我们称这样的变量为 0-1 型变量；而

Multinomial Logistic 回归模型中因变量可以取多个值。本节主要介绍 Binary Logistic 回归模型。

13.4.1 Logistic 变换

为了给出 Logistic 回归模型,先介绍 Logistic 变换。在实际问题的研究中,我们往往关注某一事件发生的概率 p,如前述例子中,保险公司关注的是消费者购买保险的概率 p。如果直接以概率 p 为因变量建立回归模型,会存在一些困难。一是 p 与自变量的关系难以用线性模型来描述,即使能用线性模型表示,也不能保证在自变量的各种组合下,因变量的取值仍限制在 $0\sim1$ 内,而概率 p 却介于 $0\sim1$ 之间。二是当 p 接近于 0 或 1 时,p 对自变量的变化不是很敏感。于是,很自然地希望寻找一个关于 p 的函数 $\theta = f(p)$ 以解决上述问题,并且此函数形式不要太复杂,最好是 p 的单调函数。根据数学中导数的含义,以 $f'(p)$ 反映在 p 附近的变化比较合适,同时希望在 $p=0$ 或 1 附近,$f'(p)$ 有较大的值,于是取函数

$$f'(p) = \frac{1}{p(1-p)} = \frac{1}{p} + \frac{1}{1-p} \tag{13-5}$$

即

$$f(p) = \ln\frac{p}{1-p} \tag{13-6}$$

称上式为 Logit 变换。常记作:$\mathrm{logit}\,p = \ln[p/(1-p)]$。从式(13-5)看出 $f'(p) > 0$,即 $\theta = f(p)$ 为 p 的增函数,且当 p 从 0 到 1 变化时,θ 的取值在 $(-\infty, +\infty)$ 上变化。且这一变换解决了前面所述的两点困难,在数据处理上带来很多方便。由式(13-6),很容易得到以 θ 表示 p 的函数形式

$$p = \frac{e^\theta}{1 + e^\theta} \tag{13-7}$$

如果 θ 是某些自变量 $x_1, x_2, \cdots, x_k$ 的线性函数 $\sum\limits_{i=1}^{k} a_i x_i$,则 p 是 $x_1, x_2, \cdots, x_k$ 的下述函数形式

$$p = \frac{e^{\sum\limits_{i=1}^{k} x_i}}{1 + e^{\sum\limits_{i=1}^{k} x_i}}$$

显然 p 不是 $x_1, x_2, \cdots, x_k$ 的线性函数,但 θ 是 $x_1, x_2, \cdots, x_k$ 的线性函数,这是 Logit 变换带来的方便。

13.4.2 Logistic 回归模型及其估计

设因变量 y 为 0-1 型变量,且 $P(y=1) = p$,自变量为 $x_1, x_2, \cdots, x_k$,则 $E(y) = p$。Logistic 回归函数为

$$\mathrm{logit}\,p = \ln\frac{p}{1-p} = g(x_1, x_2, \cdots, x_k)$$

称 x_1，x_2，$\cdots$，x_k 为回归模型的协变量。最常用的是 Logistic 线性回归函数：

$$\text{logit}\, p = \ln \frac{p}{1-p} = \beta_0 + \beta_1 x_1 + \beta_2 x_2 + \cdots + \beta_k x_k \tag{13-8}$$

根据上式，即可得到

$$p = \frac{\exp(\beta_0 + \beta_1 x_1 + \beta_2 x_2 + \cdots + \beta_k x_k)}{1 + \exp(\beta_0 + \beta_1 x_1 + \beta_2 x_2 + \cdots + \beta_k x_k)} \tag{13-9}$$

上式中 $p/(1-p)$ 又称为相对风险（或优势比率），它是所关注事件发生的概率与不发生的概率的比，β_i 称为 Logistic 回归系数。如果 $p > 0.5$，可以预测该事件发生，否则预测不发生。这样一来，就可以对一个未知类别的样品进行分类，解决了判别分析中类似的问题。

从式(13-9)可以看出，Logistic 回归模型实际上是普通多元线性回归模型的推广，不过它的误差项服从伯努力分布，而不是正态分布。所以采用极大似然法估计式(13-8)中的回归系数。极大似然估计法通过最大化对数似然值来估计未知参数，它是一种迭代算法，它以一个预测估计值作为参数的初始值，根据算法确定能增大对数似然值的参数的方向和变动。估计了该初始函数后，对残差进行检验并用改进的函数进行重新估计，直到收敛为止（即对数似然不再显著变化）。

设 y 是 $0-1$ 型因变量，与 y 相关的自变量为 x_1，x_2，$\cdots$，x_k，样本数据为 $(x_{i1}$，x_{i2}，$\cdots$，x_{ik}，$y_i)(i=1,2,\cdots,n)$，且 $E(y_i)=p_i$。y_i 与 x_{i1}，x_{i2}，$\cdots$，x_{ik} 之间的关系满足 Logistic 回归方程，即为

$$E(y_i) = p_i = \frac{\exp(\beta_0 + \beta_1 x_{i1} + \beta_2 x_{i2} + \cdots + \beta_k x_{ik})}{1 + \exp(\beta_0 + \beta_1 x_{i1} + \beta_2 x_{i2} + \cdots + \beta_k x_{ik})} \tag{13-10}$$

由于 y 是均值为 p_i 的 $0-1$ 型变量，则概率函数为

$$P(y_i=1) = p_i,\ P(y_i=0) = 1 - p_i$$

上述概率函数也可以写为

$$P(y_i) = p_i^{y_i}(1-p_i)^{1-y_i},\ i=1,2,\cdots,n$$

于是似然函数为

$$L = \prod_{i=1}^{n} P(y_i) = \prod_{i=1}^{n} p_i^{y_i}(1-p_i)^{1-y_i} \tag{13-11}$$

将似然函数取对数，得

$$\ln L = \sum_{i=1}^{n} \left[y_i \ln p_i + (1-y_i)\ln(1-p_i) \right] = \sum_{i=1}^{n} \left[y_i \ln \frac{p_i}{1-p_i} + \ln(1-p_i) \right] \tag{13-12}$$

将式(13-10)代入上式，得

$$\ln L = \sum_{i=1}^{n} \left[y_i(\beta_0 + \beta_1 x_{i1} + \beta_2 x_{i2} + \cdots + \beta_k x_{ik}) - \ln(1 + e^{\beta_0 + \beta_1 x_{i1} + \beta_2 x_{i2} + \cdots + \beta_k x_{ik}}) \right] \tag{13-13}$$

极大似然估计就是使得式(13-13)达到最大的估计值 $\hat{\beta}_0$，$\hat{\beta}_1$，$\hat{\beta}_2$，$\cdots$，$\hat{\beta}_k$。

13.4.3　Logistic 回归模型的检验

类似于普通的多元回归模型,在模型参数估计后,需要对模型的整体及各回归系数进行检验。由于 Logistic 回归模型中的参数是通过极大似然法进行估计的,所以,假设检验所用到的许多检验统计量也是基于似然函数推导出来的。下面介绍一些常用的检验统计量。

1. Logistic 回归方程显著性的检验:—2 对数似然值(—2 log likelihood,—2LL)

似然(likelihood)即概率,与任何概率一样,似然的取值范围为$[0,1]$。对数似然值(log likelihood,LL)是它的自然对数形式,由于取值范围为$[0,1]$的数的对数值为负数,所以对数似然值的取值范围为$[-\infty,0]$。因为—2LL 为正数且近似服从 χ^2 分布,且在数学上更为方便,所以—2LL 可用于检验 Logistic 回归方程的显著性。—2LL 反映了在模型中包括了所有自变量后的误差,用于处理因变量无法解释的变动部分的显著性问题,又称为拟合劣度 χ^2 统计量(Badness-of-fit Chi-square)。当—2LL 的实际显著性水平大于给定的显著性水平 α 时,因变量的变动中无法解释的部分是不显著的,意味着回归方程的拟合程度较好。其计算公式为

$$-2LL = -2 \sum_{i=1}^{n} \left[y_i \ln \hat{p}_i + (1 - y_i) \ln(1 - \hat{p}_i) \right] \tag{13-14}$$

上式中的 $\hat{p}_i$ 即为采用极大似然法估计得到的。

2. 拟合优度(Goodness of Fit)统计量

Logistic 回归的拟合优度统计量计算公式为

$$\sum_{i=1}^{n} \frac{(y_i - \hat{p}_i)^2}{\hat{p}_i (1 - \hat{p}_i)} \tag{13-15}$$

实际应用中,经常采用与判别分析的误判概率表很相似的分类表(Classification Table)来反映拟合效果。分类表 13.8 如下所示。

表 13.8　分　类　表

		预测值		
		0	1	正确分类比例
观测值	0	n_{00}	n_{01}	f_0
	1	n_{10}	n_{11}	f_1
			总计	f

表中,$n_{ij}(i,j=0,1)$ 表示样本中因变量实际观测值为 i 而预测值为 j 的样品数;且

$$f_0 = \frac{n_{00}}{n_{00} + n_{01}} \times 100\% \ , \ f_1 = \frac{n_{11}}{n_{10} + n_{11}} \times 100\% \ , \ f = \frac{n_{00} + n_{11}}{n_{00} + n_{01} + n_{10} + n_{11}} \times 100\% \ .$$

3. Cox 和 Snell 的 R^2(Cox&Snell R-Square)

Cox 和 Snell 的 R^2 是在似然值基础上模仿线性回归模型的 R^2 解释 Logistic 回归模型,但它的最大值一般小于 1,解释时有困难。其计算公式为

$$R_{CS}^2 = 1 - \left(\frac{L(0)}{L(\hat{\beta})} \right)^2 \tag{13-16}$$

其中,$L(0)$ 表示初始模型的似然值,$L(\hat{\beta})$ 表示当前模型的似然值。

4. Nagelkerke 的 R^2(Nagelkerke R-Square)

为了对 Cox 和 Snell 的 R^2 进一步调整,使得取值范围在 0 和 1 之间,Nagelkerke 把 Cox

和 Snell 的 R^2 除以它的最大值,即

$$R_N^2 = R_{CS}^2 / \max(R_{CS}^2) \tag{13-17}$$

其中,$\max(R_{CS}^2) = 1 - [L(0)]^2$。

5. Logistic 回归系数的显著性检验统计量:Wald 统计量

检验的假设形式为

$$H_0: \beta_i = 0,\ H_1: \beta_i \neq 0 \quad i = 1, 2, \cdots, k$$

Wald 检验统计量的形式为

$$\text{Wald}_i = \frac{\hat{\beta_i}}{\text{var}(\hat{\beta_i})} \tag{13-18}$$

从上式可以看出,Wald 统计量的形式与多元线性回归方程中回归系数显著性检验的 t 统计量在形式上很类似。但由于此处的 $\hat{\beta_i}$ 不是用最小二乘法估计得到的,所以 Wald 统计量不再服从 t 分布。

SPSS 软件没有给出类似于多元线性回归方程的标准化回归系数,但由于 Logistic 回归系数,也没有多元线性回归那样的解释,所以计算标准化回归系数并不重要。如果要考虑自变量在回归方程中的重要性,可以直接比较 Wald 值(或 Sig 值)的大小,Wald 统计量的值越大(或 Sig 值越小),对应的变量越显著,其对因变量的影响也就越大。当然,这里假定自变量间没有强的共线性,否则回归系数的大小及其显著性都没有意义。故在筛选变量时,用 Wald 统计量应慎重。

13.4.4 Logistic 回归的 SPSS 应用

1. 研究问题

例 13.3 在一次关于公共交通的社会调查中,一个调查项目是"乘坐公共汽车上下班,还是骑自行车上下班",调查对象为工薪族群体,数据见表 13.9。表中因变量"$y = 1$"表示"主要乘坐公共汽车上下班","$y = 0$"表示"主要骑自行车上下班";自变量为 x_1、x_2 和 x_3,其中"$x_3 = 1$"表示"男性","$x_3 = 0$"表示"女性"。现欲对该数据建立 y 与自变量间的 Logistic 回归方程。

表 13.9 公共交通调查的数据表

序号	年龄 x_1	月收入 x_2	性别 x_3	y	序号	年龄 x_1	月收入 x_2	性别 x_3	y
1	18	850	0	0	12	56	2 100	0	1
2	21	1 200	0	0	13	58	1 800	0	1
3	23	850	0	1	14	18	850	1	0
4	23	950	0	1	15	20	1 000	1	0
5	28	1 200	0	1	16	25	1 200	1	0
6	31	850	0	0	17	27	1 300	1	0
7	36	1 500	0	1	18	28	1 500	1	0
8	42	1 000	0	1	19	30	950	1	1
9	46	950	0	1	20	32	1 000	1	0
10	48	1 200	0	1	21	33	1 800	1	0
11	55	1 800	0	1	22	33	1 000	1	0

序号	年龄 x_1	月收入 x_2	性别 x_3	y	序号	年龄 x_1	月收入 x_2	性别 x_3	y
23	38	1200	1	0	26	48	1 000	1	0
24	41	1500	1	0	27	52	1500	1	1
25	45	1800	1	1	28	56	1800	1	1

2. 实验步骤

（1）按照顺序：Analyze→Regression→Binary Logistic，打开 Logistic 菜单（图 13.9）。

（2）在 Logistic Regression 主对话框（图 13.10）中，将"y"选入到"Dependent"框中，将"x1""x2""x3"选入到"Covariates"框中。其他采用默认选项。点击"OK"。部分输出结果见表 13.10。

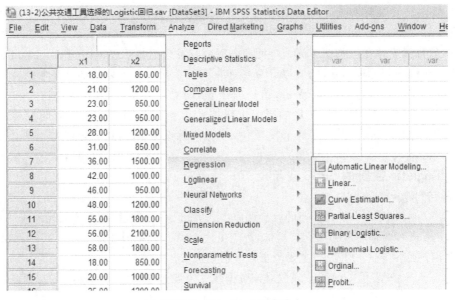

图 13.9　Binary Logistic 菜单

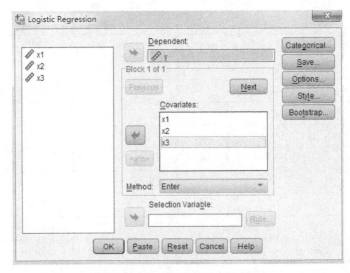

图 13.10　Logistic Regression 主对话框

表 13.10 Variables in the Equation

		B	S. E.	Wald	df	Sig.	Exp(B)
Step 1[a]	x1	0.082	0.052	2.486	1	0.115	1.086
	x2	0.002	0.002	0.661	1	0.416	1.002
	x3	−2.502	1.158	4.669	1	0.031	0.082
	Constant	−3.655	2.091	3.055	1	0.081	0.026

a. Variable(s) entered on step 1：x1，x2，x3.

在"Method"中有各种估计参数的方法,类似多元回归,但这里估计的方法不同,读者可以参考相关的 SPSS 书籍。这里采用默认的"Enter"即所有的变量全部进入到 Logistic 回归方程中。

3. 结果解释

(1) 表 13.10 中"Wald"是检验 Logistic 回归系数的检验统计量,根据统计量的 p 值,可知"X2"的回归系数最不显著,"X1"的回归系数也不是很显著。鉴于此,接下来删除变量"X2",重新进行 Logistic 回归分析。具体操作步骤略,我们直接给出运行后的结果(表 13.11~表 13.13)。

表 13.11 模 型 摘 要
Model Summary

Step	−2 Log likelihood	Cox & Snell R Square	Nagelkerke R Square
1	26.653	0.349	0.466

表 13.12 模 型 内 变 量
Variables in the Equation

		B	S. E.	Wald	df	Sig.	Exp(B)
Step 1[a]	X1	0.102	0.046	4.986	1	0.026	1.108
	X3	−2.224	1.048	4.506	1	0.034	0.108
	Constant	−2.629	1.554	2.862	1	0.091	0.072

a. Variable(s) entered on step 1：x1，x3.

表 13.13 分 类 结 果
Classification Table[a]

	Observed		Predicted		
			y		Percentage Correct
			0	1	
Step 1	y	0	12	3	80.0
		1	4	9	69.2
	Overall Percentage				75.0

a. The cut value is .500.

(2) 表 13.11 给出的是模型拟合效果的一些统计量,其中 Nagelkerke R Square 的值为

0.466，离 1 较远，模型的拟合效果一般。从表 13.12 可以看出，在 0.05 的显著性水平下，x_1 和 x_3 都是显著的。并且根据此表，可以写出 Logistic 回归方程

$$\hat{p} = \frac{\exp(-2.629 + 0.102x_1 - 2.224x_3)}{1 + \exp(-2.629 + 0.102x_1 - 2.224x_3)} \tag{13-19}$$

（3）表 13.13 与表 13.8 的形式完全类似。其结果表明：对"$y=0$"一类的正判概率为 80%，对"$y=1$"一类的正判概率为 69.2%，总的正判概率为 75%，这说明模型的拟合效果较好。

4. 模型的进一步应用：预测

类似于多元回归分析，我们可以利用建立的回归方程进行预测。此时，模型等价于判别分析。假设有一个 45 岁的女性，我们来推断她是否会乘公共汽车上下班。

将 $x_1 = 45$，$x_3 = 0$ 代入 Logistic 回归方程（13-19）中，得到该女性乘公共汽车上下班的概率为

$$\hat{p} = \frac{\exp(-2.629 + 0.102 \times 45 - 2.224 \times 0)}{1 + \exp(-2.629 + 0.102 \times 45 - 2.224 \times 0)}$$
$$= 0.876\,64$$

此概率较大，所以可推断该女性属于"乘公共汽车上下班"一类，即认为她将乘公共汽车上下班。

同时，还可以计算出优势比率

$$\frac{\hat{p}}{1 - \hat{p}} = \exp(-2.629 + 0.102 \times 45 - 2.224 \times 0)$$
$$= 7.106\,43$$

即该女性乘公共汽车的概率相对于不乘公共汽车的概率的比为 7.106 43，此比率很大，也可推断该女性将乘公共汽车上下班。

13.5
Probit 回归

13.5.1 Probit 回归模型

Probit 回归也称为单位概率回归，与 Logistic 回归相似，也是拟合 0-1 型因变量回归的方法，其回归函数是

$$\Phi^{-1}(p_i) = \beta_0 + \beta_1 x_{i1} + \beta_2 x_{i2} + \cdots + \beta_k x_{ik} \tag{13-20}$$

以样本比例 $\hat{p}_i$ 代替 p_i，得到的回归方程为

$$\Phi^{-1}(\hat{p}_i) = \hat{\beta}_0 + \hat{\beta}_1 x_{i1} + \hat{\beta}_2 x_{i2} + \cdots + \hat{\beta}_k x_{ik} \tag{13-21}$$

其中，$\Phi(\cdot)$ 为标准正态分布的分布函数。之所以采用分布函数进行转换，是为了确保因变量

$y=1$的概率介于 0 和 1 之间,且使概率模型为非递减函数,所以采用分布函数将 y 进行变换。此变换的形式为

$$p = F(y) = \int_{-\infty}^{y} \frac{1}{\sqrt{2\pi}} e^{-\frac{x^2}{2}} \mathrm{d}x$$

上述变换称为 Probit 变换。经过这一变换过程,可确保概率值介于 0 和 1 之间。且 Probit 模型将以设定的转折概率值作为事件发生与否的判定标准:若事件发生的概率大于临界值,则判定事件发生,反之则判定不发生。

Probit 回归模型分析的是经过分组后的数据。假设样本容量为 n,其中对应于 $(x_{i1}, x_{i2}, \cdots, x_{ik}, y_i)$ 的一个组合的观测值有 n_i 个 $(i=1, 2, \cdots, r)$。在这 n_i 个观测值中取 1 的有 m_i 个,取 0 的有 $n_i - m_i$ 个,则 Probit 回归模型的数据结构如表 13.14 所示。

表 13.14　模型的数据结构

$(x_1, x_2, \cdots, x_k)$的值	观测值个数	取 1 的观测值个数	取 0 的观测值个数
$x_{11}, x_{12}, \cdots, x_{1k}$	n_1	m_1	$n_1 - m_1$
$x_{21}, x_{22}, \cdots, x_{2k}$	n_2	m_2	$n_2 - m_2$
$\vdots$	$\vdots$	$\vdots$	$\vdots$
$x_{r1}, x_{r2}, \cdots, x_{rk}$	n_r	m_r	$n_r - m_r$

13.5.2　Probit 回归的 SPSS 应用

1. 研究问题

在一次住房展销会上,与房地产商签订初步购房意向书的共有 $n=325$ 名顾客,在随后的 3 个月的时间内,只有一部分顾客确实购买了房屋。购买了房屋的顾客记为 1,没有购买房屋的顾客记为 0。以顾客的年家庭收入(万元)为自变量 x,数据如表 13.15 所示,试建立 Probit 回归模型分析实际购房比例与家庭年收入之间的关系。

表 13.15　购房意向数据

序号	年家庭收入 x	签订意向书人数 n_i	实际购房人数 m_i	实际购房比例 p_i
1	6	25	8	0.320 00
2	10	32	13	0.406 25
3	14	58	26	0.448 28
4	18	52	22	0.423 08
5	22	43	20	0.465 12
6	26	39	22	0.564 10
7	30	28	16	0.571 43
8	34	21	12	0.571 43
9	38	15	10	0.666 67

2. 实验步骤

(1) 按照顺序:Analyze-Regression-Probit,进入到 Probit 回归主对话框,同时将"mi"选入到"Response Frequency"框中,将"ni"选入到"Total Observed"框中,将"x"选入到

"Covariate"框中(图 13.11)。其他采用默认选项。点击"OK",输出结果见表 13.16～表 13.18。

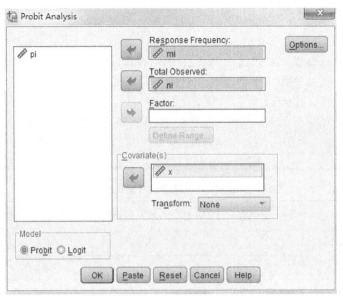

图 13.11 Probit 回归主对话框

表 13.16 参 数 估 计
Parameter Estimates

	Parameter	Estimate	Std. Error	Z	Sig.	95% Confidence Interval	
						Lower Bound	Upper Bound
PROBIT[a]	x	0.023	0.008	2.827	0.005	0.007	0.040
	Intercept	−0.532	0.182	−2.930	0.003	−0.713	−0.350

a. PROBIT model: PROBIT(p) = Intercept + BX.

表 13.17 卡 方 检 验
Chi-Square Tests

		Chi-Square	df	Sig.
PROBIT	Pearson Goodness-of-Fit Test	1.043	7	0.994

表 13.18 单元计数和残差
Cell Counts and Residuals

	Number	x	Number of Subjects	Observed Responses	Expected Responses	Residual	Probability
PROBIT	1	6.000	25	8	8.693	−0.693	0.348
	2	10.000	32	13	12.252	0.748	0.383
	3	14.000	58	26	24.304	1.696	0.419
	4	18.000	52	22	23.706	−1.706	0.456
	5	22.000	43	20	21.203	−1.203	0.493

	Number	x	Number of Subjects	Observed Responses	Expected Responses	Residual	Probability
	6	26.000	39	22	20.685	1.315	0.530
	7	30.000	28	16	15.888	0.112	0.567
	8	34.000	21	12	12.681	−0.681	0.604
	9	38.000	15	10	9.591	0.409	0.639

（2）在 Probit 回归主对话框中,选中"Model"下的"Logit"选项进行 Logistic 回归分析,点击"OK",输出结果见表 13.19～表 13.21。

这里的 Logistic 回归分析要求的数据结构与 Probit 回归的类似,即是经过分组后的数据,形式同表 13.14。

表 13.19 参 数 估 计
Parameter Estimates

	Parameter	Estimate	Std. Error	Z	Sig.	95% Confidence Interval	
						Lower Bound	Upper Bound
LOGIT[a]	x	0.037	0.013	2.805	0.005	0.011	0.064
	Intercept	−0.852	0.293	−2.906	0.004	−1.145	−0.559

a. LOGIT model: $LOG(p/(1-p)) = Intercept + BX$.

表 13.20 卡 方 检 验
Chi-Square Tests

		Chi-Square	df	Sig.
LOGIT	Pearson Goodness-of-Fit Test	1.046	7	0.994

表 13.21 单元计数和残差
Cell Counts and Residuals

	Number	x	Number of Subjects	Observed Responses	Expected Responses	Residual	Probability
LOGIT	1	6.000	25	8	8.705	−0.705	0.348
	2	10.000	32	13	12.253	0.747	0.383
	3	14.000	58	26	24.295	1.705	0.419
	4	18.000	52	22	23.698	−1.698	0.456
	5	22.000	43	20	21.202	−1.202	0.493
	6	26.000	39	22	20.689	1.311	0.530
	7	30.000	28	16	15.892	0.108	0.568
	8	34.000	21	12	12.682	−0.682	0.604
	9	38.000	15	10	9.587	0.413	0.639

3. 结果解释

（1）表 13.16 给出了 Probit 回归系数的估计、标准误差、z 统计量值、检验的相伴概率 P

值、系数的 95％置信水平的置信区间。通过此表,可以看出回归系数是显著的,写出 Probit 回归方程。

$$\Phi^{-1}(p) = -0.532 + 0.023x$$

（2）表 13.17 给出了 Probit 模型拟合优度检验的卡方统计量、自由度及相伴概率 P 值,由于 $P = 0.994 > \alpha = 0.05$,所以不拒绝原假设,即可用 Probit 模型拟合此例数据。

（3）表 13.18 是 Probit 回归模型的预测结果,包括概率 p 的预测。总的来看,残差都比较小,即预测的购房人数与实际购房人数非常接近,模型的整体预测效果较好。

（4）表 13.19～13.21 是 Logistic 回归模型的输出结果,其含义同表 13.16～表 13.18。根据表 13.19,写出 Logistic 回归方程。

$$\hat{p} = \frac{\exp(-0.852 + 0.037x)}{1 + \exp(-0.852 + 0.037x)}$$

（5）将 Probit 回归结果与 Logistic 回归结果进行对比,可以发现两模型无论是残差还是预测的概率都非常接近,也就是说,对于此例,两个模型的效果相差不大。

小结

本章初步介绍了有关定性数据的统计分析方法。列联表分析研究的是定性变量间的关联性,对数线性模型采用方差分析的方法对定性变量的主效应及交互效应进行量化从而对变量间的关联性进行深入研究;Logistic 回归模型和 Probit 回归模型都是基于因变量是定性变量而建立的回归模型,只不过所用的变换函数不同而已,但 Logistic 回归模型在实际中用得更多。

本章主要掌握各种方法的基本思想、适用情况及 SPSS 的应用,能够解决实际问题。

本章主要术语

列联表（contingency table）　　　　对数线性模型（Logarithmic Linear Regression）
Logistic 回归（Logistic Regression）　Probit 回归（Probit Regression）

思考与练习

1. 列联表的特点是什么? 列联表分析可以解决哪一类实际问题?
2. 简述对数线性模型的原理。
3. Logistic 变换和 Probit 变换各自的特点是什么?
4. Logistic 回归模型中的未知参数如何估计? 它与多元回归模型参数估计的方法有何不同?

·附录 A·
SPSS 的基本操作

A.1
SPSS 简介

A.1.1　SPSS 软件简介

　　SPSS 是世界上最早的统计分析软件,1968 年由美国斯坦福大学的三位研究生开发成功,并于 1975 年在芝加哥成立了 SPSS 总部,1992 年推出 Windows 版本。最初软件全称为"Solutions Statistical Package for the Social Sciences",即"社会科学统计软件包"。随着软件的发展,其功能越来越强大,应用范围随之扩大,产品的服务领域不断扩展,2000 年,SPSS 公司正式将英文全称更改为"Statistical Product and Service Solutions",即"统计产品与服务解决方案"。2009 年 4 月 9 日美国芝加哥 SPSS 公司宣布重新包装旗下的 SPSS 产品线,定位为预测统计分析软件(Predictive Analytics Software)PASW,IBM 公司于 2009 年 7 月 28 日宣布收购 SPSS 公司,SPSS 正式成为 IBM Information Management 产品线下品牌。2010 年开始,SPSS 产品都以"IBM SPSS"字样出现,并且每年发布一个新版本,目前已更新至 IBM SPSS Statistics 25.0 版本。

　　SPSS 作为一种统计分析软件,具备数据录入、整理、分析功能,其主要特点如下。

　　一、操作简便。SPSS 界面非常友好,除了数据录入及部分命令程序等少数工作需要键盘键入外,大多数操作可通过鼠标拖曳、点击"菜单""按钮"和"对话框"来完成。用户只要具备一定的统计分析的原理知识,就可以轻松操作完成,得到需要的统计分析结果,而无须花费大量精力通晓统计方法的各种算法。

　　二、功能强大。SPSS 作为一种数据分析的工具,基本功能包括数据管理、统计分析、图表分析、输出管理等等,包含了从简单的统计描述方法到复杂的多元统计分析方法,比如数据的探索性分析、描述统计、列联表分析、相关分析、方差分析、非参数检验、多元回归、非线性回归、聚类分析、判别分析、因子分析、生存分析、Logistic 回归等。每种统计方法的对话框中,都允许用户选择参数,以满足不同的研究需要。

　　三、输出结果清晰、直观,用户可以方便地将结果拷贝到 Word 或 Excel 中。SPSS 的图形色彩丰富、可读性强,还具有高度可视化的图形构建器的功能,可方便地编辑图表。

四、数据接口便捷。SPSS能够读取及输出多种格式的文件。比如由 dBASE、FoxBASE、FoxPRO 产生的"＊.dbf"文件,文本编辑器生成的"＊.dat"文件,Excel 编辑生成的"＊.xls"及"＊.xlsx"文件、SAS 软件的多种格式文件、Stata 软件的"＊.dta"文件等均可转换成可供分析的 SPSS 数据文件,方便地实现与其他软件或数据库的对接。

总之,SPSS 以界面友好、输出结果清晰直观、易学易用、功能强大等特点,为广大使用者所青睐,广泛应用于社会研究、市场调查、经济管理、医学、生物学、心理学等社会科学、自然科学的各个领域。近两年,SPSS 中还增加了处理大数据的新功能,将数据挖掘能力扩展到大数据领域,其应用范围得到进一步拓展。

A.1.2 SPSS 的主要窗口

SPSS 的主要窗口包括数据编辑窗口、结果输出窗口、语法编辑窗口。

1. 数据编辑窗口

SPSS 软件的安装比较简单,只要按照步骤一步一步进行即可,这里不再作介绍。安装好 SPSS 软件后,直接双击 SPSS 图标,进入 SPSS 主界面,显示的即为数据编辑窗口(图 A.1)。

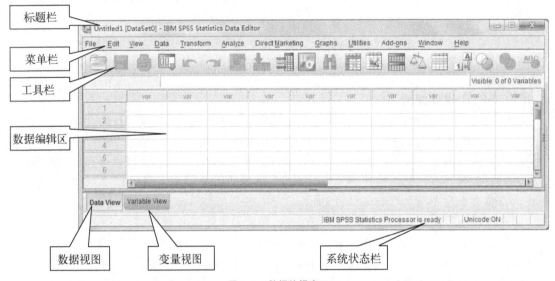

图 A.1　数据编辑窗口

数据编辑窗口是 SPSS 打开时的默认窗口,是基本窗口,主要功能是录入、编辑、管理数据。该窗口包括标题栏、菜单栏、工具栏、单元格信息栏(数据编辑区)、视图切换标签页、状态栏。

(1) 标题栏显示正在操作的 SPSS 文件名,没有保存过的新文件名显示为"Untitled"。

(2) 菜单栏包括 File、Edit、View、Data、Transform、Analyze、Direct Marking、Graphs 等菜单项。

(3) 工具栏为图标形式显示的常用快捷命令按钮,这些按钮的功能都能在菜单栏中找到。可以通过 View→Toolbars→Customize,根据自己的需求将常用的命令添加到工具栏中,也可以不勾选 Toolbars 菜单下面的 Data Editor 将工具栏隐藏起来。

(4) 单元格信息栏是数据编辑区,为一个二维电子表格,每列"var"表示一个变量,每一行表示个案(case),在该窗口可以直接录入数据。窗口下方有 Data View(数据编辑)和 Variable View(变量编辑)两个视图可以进行切换,会经常用到,第 2 节将详细介绍。

2. 结果输出窗口

依次选择 File→New→Output,打开 SPSS 的结果输出窗口,如图 A.2 所示。SPSS 所有输出结果包括图形和表格都显示在该窗口中。其主要功能是接收和管理统计分析的结果。输出窗口是一个文本窗口,其内容可以进行复制、查找、删除等操作,也可以将该窗口的输出结果以扩展名为".spv"的文件形式保存下来,每次关闭 SPSS 时,系统会自动提示是否保存。

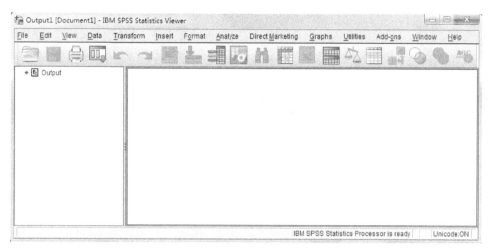

图 A.2　结果输出窗口

输出窗口得到的图表可以进行编辑,只要双击使其处于激活状态。比如双击图 A.3 中的图形,打开图形编辑窗口,如图 A.4 所示。该窗口可以根据自己的需求对图的标题、横纵坐标、点线的类型、字体字号、添加参考线等进行修改,修改完关闭该窗口,系统便会自动进行保存。

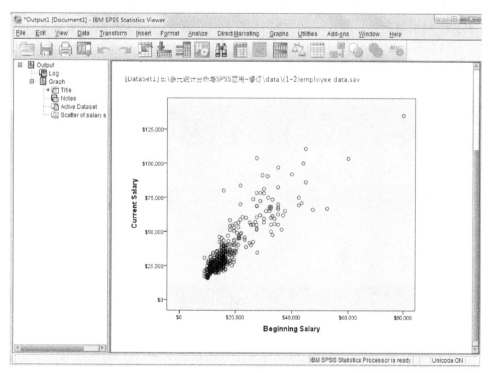

图 A.3　Output 窗口

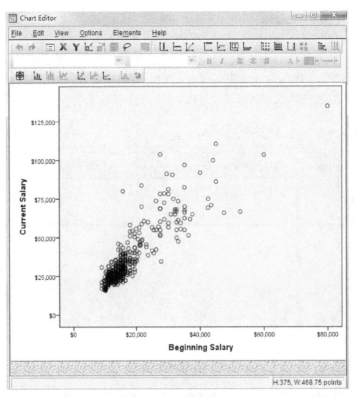

图 A.4　图形编辑窗口

3. 语法编辑窗口

依次选择 File→New→Syntax,打开 SPSS 的语法编辑窗口,如图 A.5 所示。该窗口用于编辑程序和运行命令文件,不仅可以编辑对话框操作不能实现的特殊过程的命令语句,还可以将所有分析过程汇集在一个命令语句文件中,以避免处理较复杂资料时大量重复分析过程。在该窗口编写程序需按照 SPSS 语法规则进行,并熟悉 SPSS 命令语句。因此,该窗口更适合SPSS 的中高级用户。

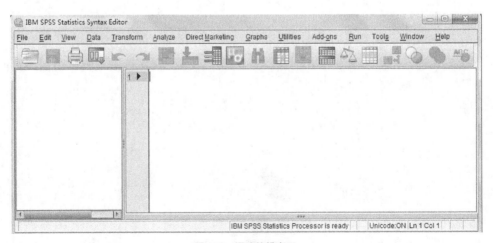

图 A.5　语法编辑窗口

SPSS 还特别设计了语法生成窗口,在任何统计分析对话框中,选好各个选项后都以通过点击"Paste"按钮自动打开命令语句窗口,查看菜单操作对应的 SPSS 命令语句,用户可以根据自己的需求进行修改,并保存为".sps"扩展名的文件。

A.1.3　SPSS 的常用菜单

图 A.1 的数据编辑窗口中,包含了 SPSS 的主要菜单,这里对部分常用菜单进行介绍。

(1) Edit 菜单:用于对个案和变量的复制、查询、撤销、插入、替代及输出设置选择等。

要对系统初始状态和默认值进行设置与改变,可以通过选择 Edit→Options 菜单打开 Options 对话框(图 A.6)完成。比如,我们要对 SPSS 语言设置修改,点击"Language",分别下拉"Output""User Interface",选中"English",便可将输出窗口、用户使用界面的语言设置为英文,当然也可以根据需要设置成其他语言。

Options 对话框还可用于输出设置、变量定义格式设置、货币格式设置、标签输出设置、图形设置、表格设置等的修改,读者可以查阅相关文献或利用 help 菜单。

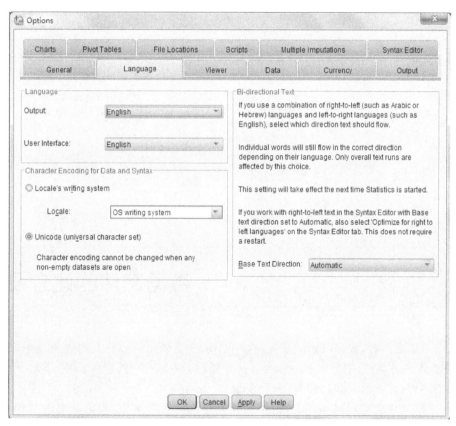

图 A.6　Options 对话框

(2) Data 菜单:包含了对变量定义及标签的说明、数据的插入、删除、合并、拆分等功能,如图 A.7 所示。

(3) Transform 菜单:是指变量变换,涉及的主要是对变量的相关操作,具体包括通过计算产生新变量、通过重新编码形成新变量、产生虚拟变量和时间变量等,如图 A.8 所示。

(4) Analyze 菜单:包含了若干种统计分析方法,具体有描述统计分析、均值的比较检验、相关分析、回归分析、时间序列分析、聚类分析、因子分析等,如图 A.9 所示。

(5) Graphs 菜单:用于绘制统计图形,包含了散点图、折线图、饼图、直方图、茎叶图、箱线图等常用的统计图形。

图 A.7　Data 菜单

图 A.8　Transform 菜单

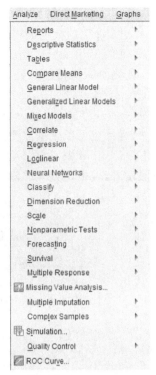

图 A.9　Analyze 菜单

A.2

数据文件的建立及读取

从统计的角度来看，数据(Data)是变量(Variable)在个案(Case)上的观测结果，若样本量为 n、变量个数为 p，则数据形成了一个 $n \times p$ 的矩阵，在 SPSS 中则体现为 n 行、p 列的二维表格形式，其中"行"表示个案，而"列"表示变量。

SPSS 数据文件的扩展名为.sav，它是一种有结构的数据文件，包括数据的结构和内容两部分。数据结构记录了变量类型、变量的说明等信息，而数据内容则是变量在个案上的具体取值结果，是统计分析的具体数据。因此，建立 SPSS 数据文件分两个内容完成：首先要在数据编辑窗口的变量视图中对数据结构进行描述，即设置变量的相关信息，其次是在数据编辑窗口的数据视图中录入编辑数据。

本节以员工数据 employee data.sav 为例说明。

A.2.1　变量的设置

打开一个数据文件 employee data.sav，如图 A.10 所示，点击窗口下方的"Variable View"查看变量信息，如图 A.11 所示。变量的信息依次为变量名称、类型、宽度、小数位数、变量标签、变量值标签、缺失值、显示宽度、对齐方式、计量尺度、变量的角色。有些内容可以采用系统

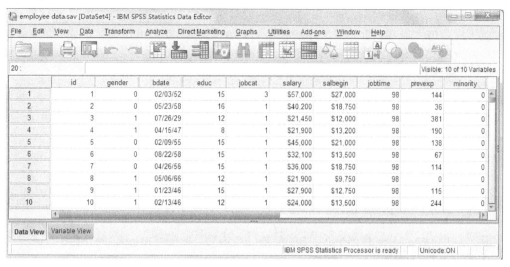

图 A.10　Data Editor 窗口

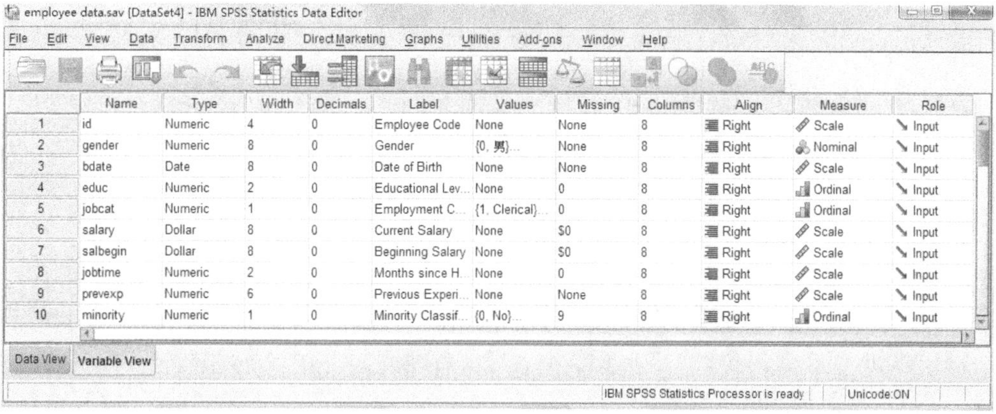

图 A.11　Variable View 窗口

默认值,有些需要自行设置。

1. 变量名(Name)

变量名是变量访问和分析的标识。SPSS 首字符可以是中文、英文或"@"字符,英文变量名不区分大小写字母。字符"!""?""＊"不能出现在变量名中,下划线"_"、圆点"."不能作为变量名的最后一个字符。SPSS 系统特有的具有特定含义的保留字不能作为变量名,如 ALL、BY、AND、NOT、OR、EQ 等,若使用了不合要求的字符或变量名,系统会自动提示,然后修改即可。

2. 变量类型(Type)

变量类型,是指每个变量的取值类型。SPSS 中有三种基本类型:数值型、字符型、日期型。

数值型变量是最常用的一类变量,比较常用的四种表示方法如下。

(1) Numeric(数值):是系统默认的类型,默认列宽 8,小数位数为两位。

(2) Comma(逗号):数据整数部分从个位数开始,每 3 位以一个逗号分隔。如"22800.34"显示为"22,800.34"。

(3) Scientific notation(科学计数法):以 10 为底表示,如"22800.34"科学计数法显示为"2.28E+05"。

(4) Dollar(美元):货币数据,有多种货币显示形式可以选择。如"22800.34"显示为"$22,800.34"。

以上四种方法，在数据录入时，只要按照一般数值方法输入，系统会根据所选的数值表示方法，以不同的形式显示。如逗号表示方法会自动加上逗号，美元表示方法会自动加上"$"。

字符型变量，也是比较常用的一类变量，比如职工号、地区、姓名、学号地址一类的变量可定义为字符型变量。这类变量不能进行算术运算。

日期型表示日期或时间，SPSS提供了多种日期的表达形式方便用户选择。

变量类型的设置，只要点击需要设置的变量所在行的"Type"单元格，打开变量类型对话框，如图 A.12 所示，根据变量取值的特点选中相应的类型即可。

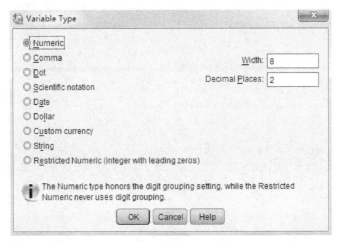

图 A.12　Variable Type 设置

3. 变量名标签(Label)

用于进一步解释说明变量，增强变量及输出结果的可读性。可以设置也可以不设置，如果变量名是所写的英文或简单的中文，最好加上变量名标签。

4. 变量值标签(Values)

用于对变量的每个取值作进一步描述。变量值标签对定类、定序型变量非常有用。比如，"性别"变量，取值经常设为"0""1"，但很难搞清楚"1"代表男性还是女性，若加上变量值标签则会非常清楚。具体设置步骤如下：点击"Variable View"视图中需要添加变量值标签的变量（比如 gender）一行的"Values"，打开 Value Labels 对话框，在"Value"框中输入"0"，在"Label"中输入"男"，点击"Add"，同样的方法添加"1"的标签，如图 A.13 所示。

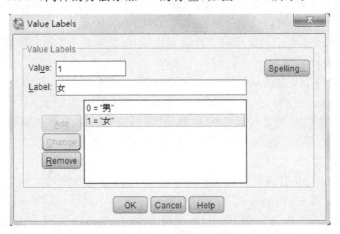

图 A.13　Value Labels 对话框

变量值标签,不仅可以在"Variable View"视图中显示,而且可以在输出结果中直接显示,大大增加了结果的可读性。

5. 计量尺度(Measure)

统计学将变量的计量尺度分为三类,每类计量尺度都有相应类型的变量与之对应。

名义尺度(Nominal):对应变量称为定类变量,取值仅表示类别,且类别之间没有优劣之分,不具有可比性。比如性别常取值为1和0,1和0之间不能进行比较,只是一个代码而已。

有序尺度(Ordinal):对应变量称为定序变量,取值表示类别,但类别之间有优劣之分,具有可比性。比如,满意程度变量取值为1-很不满意、2-不满意、3-一般、4-比较满意、5-非常满意。这类变量的取值代表着一定的顺序,比如数字越小代表不满意程度越高,数字越大代表满意程度越高,当然也可以反过来设定。但这些数字不能进行加减乘除的数学运算。

间隔尺度(Interval):对应变量为数值型变量。是统计分析中最常见的一类变量。取值可以比较大小,进行数学运算,是最高级的计量尺度。比如产值、工资水平、受教育年限等。

计量尺度的设置方法很简单,只需点击"Measure",选中需要设定的计量尺度类型即可。变量的计量尺度不同,可参与的统计分析方法有所不同,有时同一变量可能因选择的统计方法而进行不同的设置。

如果有多个变量的类型相同,可以先定义一个变量,然后把该变量的定义信息复制给新变量。具体操作为:在定义好的变量的行号上单击鼠标右键,在弹出的快捷菜单中选择"复制"命令,然后在要定义的变量所在行单击右键,在弹出的快捷菜单中选择"粘贴"即可。

6. 缺失值(Missing)

缺失值的处理是数据分析前的一个非常重要的环节。数据中有明显错误及漏填的数据都可以看作是缺失值。比如,问卷调查中,某个人的年龄是200岁,这显然不符合实际。如果对于含有缺失值的变量不进行任何说明,SPSS便将其视为正常值处理,这将影响到统计方法的使用效果。所以需要对含有缺失值的变量进行说明。

SPSS中说明缺失值的基本方法是用户指定缺失值,具体分两步来完成:首先,在空缺数据处以某个特定的数字来标记,该数字不能是该变量取值范围内的数字;然后,标明这个特定的数字及明显失真的数字为缺失值,这样,在后续的统计分析中,就将缺失值与正常的数据区分开来。

SPSS定义缺失值的操作步骤为:在变量视图中,点击某个变量的"Missing",打开定义缺失值的对话框,如图A.14所示。SPSS默认的是没有缺失值。其他两个选项分别表示:输入不超过三个的离散缺失值;输入最小值、最大值以指定一个连续闭区间的数据为缺失值,同时还可以外加一个离散缺失值。

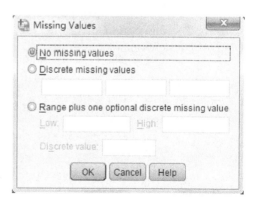

图 A.14 Missing Values 对话框

A.2.2 数据的录入与编辑

变量设置好后(数据结构定义好后),在数据编辑窗口录入与编辑数据。其方法与 Excel 完全类似,具体操作不再赘述。在数据录入完毕后,可以直接保存,SPSS默认的文件格式为 ".sav",也可以保存为 Excel 文件格式(.xls、.xlsx)、文本格式(.dat)、Stata 文件格式(.dta)等等。但是,保存为".sav"格式之外的其他格式数据文件,变量的结构信息将会丢失,建议一份保存为".sav",一份保存其他格式的文件,方便日后查看。

A.2.3　其他格式数据文件的读取

　　SPSS 也可以直接读取其他格式的文件。这里，以读取 Excel 格式的文件为例。首先，确认 Excel 格式的文件要符合 SPSS 的要求，即每列表示一个变量，每一行是每个个案。然后，依次选择 File→Open→Data，进入到数据打开对话框，下拉"Files of type"，选中"Excel(＊ . xls、＊ . xlsx、＊ . xlsm)"，当前目录下的 Excel 格式的文件都显示在对话框的文件列表中。选中 employee data. xlsx，如图 A. 15 所示。单击"Open"，进入到 Opening Excel Data Source 对话框，见图 A. 16。勾选"Read Variable names from the first row of data"，表示 Excel 数据第一行将读取为变量，若 Excel 第一行没有变量，就不要勾选。若 Excel 中有多张 sheet 表格，在 Worksheet 中选择需要读取的 sheet，SPSS 默认读取的是 Excel 当前活动表格，若只有一张 sheet 表格，无须设置。在"Range"内，可以设置读取的区域，此例读取所有数据，不进行设置。点击"OK"，便成功读取了 Excel 数据文件，然后根据需要在 Variable View 视图中设置变量的信息，最后进行保存。

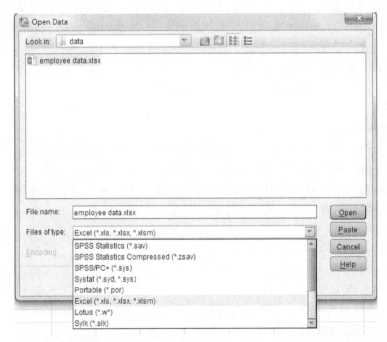

图 A. 15　打开 Excel 文件

图 A. 16　Opening Excel Data Source 对话框

数据整理

数据文件建立好后，有时还需对数据进行必要的整理才能进入统计分析的环节。数据整理得好，统计分析也将变得更有效率。SPSS中的数据整理通过"Data""Transform"菜单实现，本节主要介绍数据排序、汇总、拆分、变量的计算、重新编码等数据整理方法。本节仍以employee data. sav数据为例说明相关操作。

A.3.1 数据排序

数据排序便于了解数据的取值范围及进行后续的统计分析，在数据整理中非常重要。SPSS中，数据排序有两种：一种是改变观测值的顺序（Sort Cases），一种是给出表示顺序的新变量（Rank Cases）。

1. Sort Cases

选择 Data→Sort Cases，打开个案排序的主对话框，将左侧变量栏中的"Current Salary"选入到"Sort by"框中。系统默认的是 Ascending（升序）排序，也可以根据需要选择 Descending（降序）排序。排序后，发现观测值的顺序已经发生变化。如果要保留排序前的数据，可以将排序后的数据文件进行保存，只要勾选"Save file with sorted data"，指定文件保存的路径，如图 A.17 所示，输出结果见图 A.18。可以发现此时的个案排列顺序已按照"salary"从小到人的顺序排列。

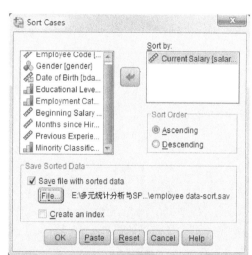

图 A.17 Sort Cases 对话框

id	gender	bdate	educ	jobcat	salary	salbegin	jobtime	prevexp	minority
378	1	09/21/30	8	1	$15,750	$10,200	70	275	0
338	1	08/12/38	8	1	$15,900	$10,200	74	43	0
90	1	02/27/38	8	1	$16,200	$9,750	92	0	0
224	1	11/20/34	12	1	$16,200	$10,200	82	0	0
411	1	08/21/31	12	1	$16,200	$10,200	68	180	0
448	1	06/05/33	12	1	$16,350	$10,200	66	163	1
191	1	10/23/31	12	1	$16,500	$10,200	84	288	0
144	1	08/28/31	8	1	$16,650	$9,750	88	412	0
325	1	11/04/34	12	1	$16,800	$10,200	76	76	0
24	1	03/27/33	12	1	$16,950	$9,000	97	124	1

图 A.18 Sort Cases 运行结果

2. Rank Cases

另外一种数据排序的方法是产生一个新变量，用以标明个案的顺序，统计中称为"秩"（Rank）。这种方法并不改变原来的个案排列次序，较前面一种方法往往更常用。具体操作如下：选择 Transform→Rank Cases，打开 Rank Cases 主对话框，将左侧变量栏中的"Current

Salary"选入到"Variable(s)"框中。"Assign Rank 1 to"中的"Smallest value"为系统默认值，表示将"1"赋值给最小的变量值，此例勾选"Largest value"，即将"1"赋值给最大的变量值，如图 A.19 所示。图中的"By"变量栏中可以指定分组排序变量，比如将"gender"选入其中，则将按照男、女职工分组给出每名员工工资水平的排名结果。此例运行的结果如图 A.20 所示。可以发现，数据窗口增加了一个新变量"Rsalary"，它的取值为每名员工工资水平的排名。比如，1 号员工的工资水平排名第 52 位。

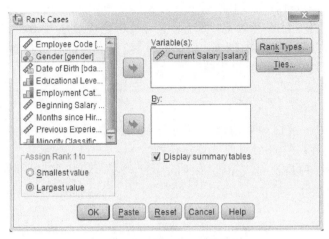

图 A.19　Sort Cases 对话框

id	gender	bdate	educ	jobcat	salary	salbegin	jobtime	prevexp	minority	Rsalary
1	0	02/03/52	15	3	$57,000	$27,000	98	144	0	52.000
2	0	05/23/58	16	1	$40,200	$18,750	98	36	0	101.500
3	1	07/26/29	12	1	$21,450	$12,000	98	381	0	419.000
4	1	04/15/47	8	1	$21,900	$13,200	98	190	0	409.000
5	0	02/09/55	15	1	$45,000	$21,000	98	138	0	84.000
6	0	08/22/58	15	1	$32,100	$13,500	98	67	0	166.000
7	0	04/26/56	15	1	$36,000	$18,750	98	114	0	123.500
8	1	05/06/66	12	1	$21,900	$9,750	98	0	0	409.000
9	1	01/23/46	15	1	$27,900	$12,750	98	115	0	255.500
10	1	02/13/46	12	1	$24,000	$13,500	98	244	0	358.500

图 A.20　Rank Cases 运行结果

A.3.2　分类汇总

数据分类汇总，是指按照指定的分类变量对样本进行分类，然后计算描述统计量。

SPSS 中的分类汇总操作步骤如下：选择 Data→Aggregate Data，打开分类汇总的主对话框，将左侧变量栏中的"Gender""Employment Category"选入到"Break Variable(s)"框中，将"Current Salary"选入到"Summaries of Variable(s)"中，然后单击"Function"按钮，选择"Mean"，点击"Continue"，返回到主对话框；按照之前相同的方法，再次将"Current Salary"选入到"Summaries of Variable(s)"中，在"Function"中选择"Minimum"；第三次将"Current Salary"选入到"Summaries of Variable(s)"中，在"Function"中选择"Maximum"。最后勾选主对话框中的"Number of cases"，如图 A.21 所示，运行结果见图 A.22。

在图 A.22 中，得到了四个新的变量，分别表示按照"性别""工作类别"分组计算得到均值、最小值、最大值及每组的观测值个数。如第一行的四个新变量值含义为：性别为"0"、工作

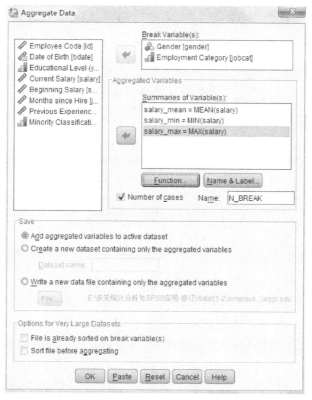

图 A.21　Aggregate Data 对话框

id	gender	bdate	educ	jobcat	salary	salbegin	jobtime	prevexp	minority	salary_mean	salary_min	salary_max	N_BREAK
1	0	02/03/52	15	3	$57,000	$27,000	98	144	0	41441.78	$19,650	$135,000	258
2	0	05/23/58	16	1	$40,200	$18,750	98	36	0	41441.78	$19,650	$135,000	258
3	1	07/26/29	12	1	$21,450	$12,000	98	381	0	26031.92	$15,750	$58,125	216
4	1	04/15/47	8	1	$21,900	$13,200	98	190	0	26031.92	$15,750	$58,125	216
5	0	02/09/55	15	1	$45,000	$21,000	98	138	0	41441.78	$19,650	$135,000	258
6	0	08/22/58	15	1	$32,100	$13,500	98	67	0	41441.78	$19,650	$135,000	258
7	0	04/26/56	15	1	$36,000	$18,750	98	114	0	41441.78	$19,650	$135,000	258
8	1	05/06/66	12	1	$21,900	$9,750	98	0	0	26031.92	$15,750	$58,125	216
9	1	01/23/46	12	1	$27,900	$12,750	98	115	0	26031.92	$15,750	$58,125	216
10	1	02/13/46	12	1	$24,000	$13,500	98	244	0	26031.92	$15,750	$58,125	216

图 A.22　Aggregate Data 运行结果

类别为"3"即男性经理的这一组员工的平均工资水平为 66 243.24、最低工资水平为 38 700、最高工资水平为 135 000、该组员工数为 74。

A.3.3　数据拆分

数据拆分，是指按照某个分类变量对原始数据进行分组，同一组的个案集中到一起，从这点来看，与数据排序很相似，但不同之处在于，数据拆分后的统计分析都是分组进行的。

SPSS 的数据拆分步骤如下：选择 Data→Split File，打开数据拆分的主对话框，如图 A.23 所示。将左侧变量栏中的"Gender"选入到"Groups Based on"框中，同时选中"Compare groups"，表示拆分后统计分析结果显示在同一张表格或同一张图形中，更便于不同组之间的比较分析。若选中"Organize output by groups"则表示统计分析结果分开显示在不同表格或不同的图形中。通常选择第一种方式。

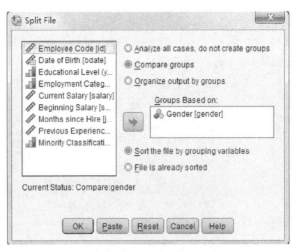

图 A.23　Split File 对话框

　　数据拆分后,所有的个案按照“gender”的取值“0”和“1”排序集中在一起。在执行“Split File”命令后,之后的统计分析结果都将按照男性、女性分开进行。如果拆分数据后要对整个样本数据进行统计分析,必须取消数据拆分,只要在图 A.23 中勾选“Analyze all cases, do not create groups”便可取消之前的数据拆分的设置,但数据顺序无法还原到之前,除非在关闭数据文件时选择“不保存”。

A.3.4　样本选取

　　一般情况下,统计分析是针对样本的所有数据进行分析,但有时会根据需要选择一部分样本研究。这就需要按照一定的规则抽取一部分数据。

　　SPSS 中样本选取的步骤如下：选择 Data→Select Cases,打开样本选取的主对话框,如图 A.24 所示。系统默认的是选取全部样本(All cases)。这里,我们采用逻辑关系表达式(If

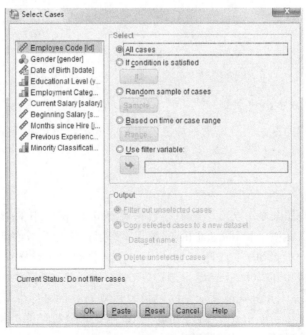

图 A.24　Select Cases 对话框

condition is satisfied)、随机抽样(Random sample of cases)两种方法分别选取数据。

运用逻辑关系表达式抽样的步骤为：选中"Select"下的"If condition is satisfied"，然后单击"If"按钮，打开"Select Cases：If"对话框(图 A.25)，输入筛选条件的表达式。此例，输入"salary＞＝50000"表示选取工资水平大于等于 \$50000 的员工为新的样本。单击"Continue"，返回到主对话框。在"Output"下可指定未选中个案的处理方式，此例选用系统默认的"过滤掉未选中的个案"。点击"OK"按钮，输出结果见图 A.26。

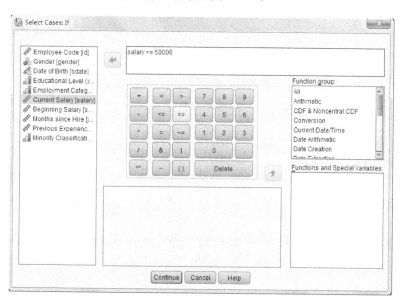

图 A.25　Select Cases：If 对话框

	id	gender	bdate	educ	jobcat	salary	salbegin	jobtime	prevexp	minority	filter_$
49	49	0	09/16/58	15	1	$34,800	$16,500	94	93	0	0
50	50	0	02/09/60	16	3	$60,000	$23,730	94	59	0	1
51	51	0	07/08/62	12	1	$35,550	$15,000	94	48	0	0
52	52	0	11/12/63	15	1	$45,150	$15,000	94	40	0	0
53	53	0	04/21/54	18	3	$73,760	$26,250	94	56	0	1
54	54	0	06/04/31	12	1	$25,050	$13,500	94	444	0	0
55	55	0	06/25/60	12	1	$27,000	$15,000	94	120	0	0
56	56	0	04/16/62	15	1	$26,850	$13,500	94	5	0	0
57	57	0	04/15/63	15	1	$33,900	$15,750	94	78	0	0
58	58	1	11/14/64	15	1	$26,400	$13,500	94	3	0	0
59	59	0	05/07/61	15	1	$28,050	$14,250	94	36	1	0
60	60	0	02/16/59	12	1	$30,900	$15,000	94	102	1	0

图 A.26　Select Cases：If 运行结果

可以看出"salary＜50000"的个案上都被划上了斜杠，表示它们已经被过滤掉，在之后的统计分析中不再考虑这些数据。数据窗口还生成了一个新变量"filter_$"，其取值为"0"和"1"，"0"表示被划掉的个案，"1"表示保留的个案。若要恢复整个样本数据，只需选中"Select"下的"All cases"。如果未选中个案的处理方式为"Delete unselected cases"，则无法恢复整个样本数据，需谨慎操作。建议选择"Filter out unselected cases"以便随时恢复数据，或者选择"copy selected cases to a new dataset"将选取的样本保存为新的数据文件。

随机抽样的操作步骤为：在主对话框(图 A.24)中，选择"Random sample of cases"，点击"Sample"按钮，打开"Select Cases：Random Sample"对话框，如图 A.27 所示。输入样本抽取

的比例,此例输入"5"。单击"Continue",返回。输出结果与图 A.26 类似,不再列出。SPSS中随机抽样得到的个案数并不精确等于指定的比例数乘以原样本量,会有小的偏差,但通常不会对数据分析产生大的影响。

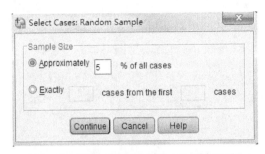

图 A.27 Select Cases:Random Sample 对话框

A.3.5 数据转置

数据的转置(Transpose)是将数据的行列互换。SPSS 中操作步骤如下:

选择 Data→Transpose,进入到转置的主对话框,将转置后要保留的变量选入到右侧的"Variable(s)"中,未被选中的变量将在转置后丢失,这里,只选择四个数值型变量,如图 A.28所示;将"Employee Code[id]"选入到"Name Variable"中,以指定转置后的数据文件中各变量的命名(K_1,K_2,……),如果"Name Variable"不选任何变量,则转置后的变量名默认为"var001","var002",……。最后点击"OK",即可得到行列互换后的数据(图 A.29)。

此例,样本量为 474,转置后的数据中有 475 个变量,其中 CASE_LBL 为系统自动产生,用来标明原数据文件的各变量名。

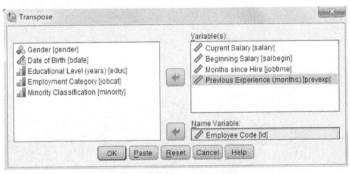

图 A.28 Transpose 对话框

	CASE_LBL	K_1	K_2	K_3	K_4	K_5	K_6
1	salary	57000.00	40200.00	21450.00	21900.00	45000.00	32100.00
2	salbegin	27000.00	18750.00	12000.00	13200.00	21000.00	13500.00
3	jobtime	98.00	98.00	98.00	98.00	98.00	98.00
4	prevexp	144.00	36.00	381.00	190.00	138.00	67.00

图 A.29 Transpose 运行结果

A.3.6 变量计算

变量计算,即用已知变量计算产生新变量,是数据分析过程中经常用到的一种数据处理方法。常用于在原有数据基础上派生更直观信息、更丰富的新变量或者变换数据使之符合某些统计方法所要求的分布,比如对非正态数据进行对数变换以满足正态性要求等。

现对变量"salary"进行对数变换。SPSS中变量计算的操作步骤如下:选择 Transform→Compute Variable,进入到变量计算的主对话框,在"Target Variable"中输入计算后的变量名称,该变量可以是已经存在的变量,也可以是新变量,此例中输入新变量名称"lnsal";在"Numeric Expression"中输入算术表达式。此例,可以在"Function group"中选择"Arithmetic",在"Functions and Special Variables"中选择对数函数"Ln",然后将变量"Current Salary"选入到"LN(?)"的"?"位置,如图 A.30 所示,最后点击"OK",在数据窗口将得到一列新的数据,其变量名为"lnsal"。

在图 A.30 的对话框中,若点击"If"按钮,可以输入条件表达式,以对满足条件的个案计算新变量,而不满足条件的个案,SPSS 不进行变量值的计算。此时,产生新变量时,不满足条件的个案取值为系统缺省值,产生已有旧变量时,变量值不变。

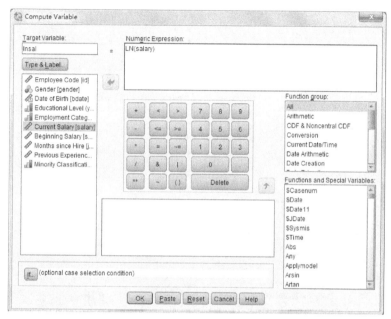

图 A.30 Compute Variable 对话框

A.3.7 计数

计数是对一定范围内满足一定要求的一个或几个变量的值进行标注,并将计数结果保存为一个新变量。

统计工资水平在 $40000\sim$50000 之间的员工人数,进而计算所占比例。SPSS 中计数的操作步骤如下:

(1) 依次选择 Transform→Count Values within Cases,进入到计数的主对话框,如图 A.31 所示。

(2) 在"Target Variable"中输入新变量名,此例中输入新变量名称"csal","Target Lable"中可以输入变量名标签。

(3) 将左侧变量栏中的"Current Salary"移到右边的"Numeric Variables"中,表示"Current Salary"为参与计数的变量,也可以同时选中多个变量分别设置计数的区间。

(4) 点击"Define Values"按钮,进入"Count Values within Cases:Values to Count"对话框,定义计数区间。选中"Range",分别输入 40000、50000,然后点击"Add",如图 A.32 所示。

读者也可以根据需要选择某个指定的变量值、系统缺失值、系统缺失值及用户指定缺失值、最小值与输入数值之间的变量值、输入数值与最大值之间的变量值进行计数范围的设置。

（5）点击图 A.32 的"Continue"按钮，返回到图 A.31 的主对话框，若要对部分个案计数，可以点击"If"按钮进行设置，否则点击"OK"即可输出结果，如图 A.33 所示。

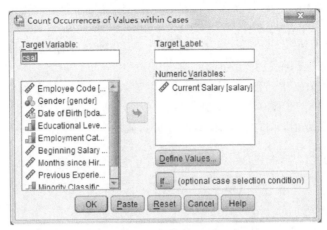

图 A.31 Count Occurrences of Values within Cases 对话框

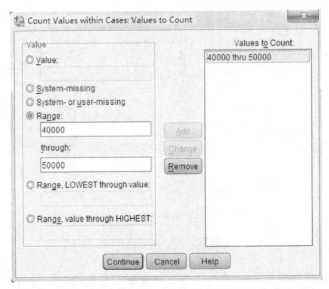

图 A.32 Count Values within Cases：Values to Count 对话框

id	gender	bdate	educ	jobcat	salary	salbegin	jobtime	prevexp	minority	csal
1	0	02/03/52	15	3	$57,000	$27,000	98	144	0	.00
2	0	05/23/58	16	1	$40,200	$18,750	98	36	0	1.00
3	1	07/26/29	12	1	$21,450	$12,000	98	381	0	.00
4	1	04/15/47	8	1	$21,900	$13,200	98	190	0	.00
5	0	02/09/55	15	1	$45,000	$21,000	98	138	0	1.00
6	0	08/22/58	15	1	$32,100	$13,500	98	67	0	.00
7	0	04/26/56	15	1	$36,000	$18,750	98	114	0	.00
8	1	05/06/66	12	1	$21,900	$9,750	98	0	0	.00
9	1	01/23/46	15	1	$27,900	$12,750	98	115	0	.00
10	1	02/13/46	12	1	$24,000	$13,500	98	244	0	.00

图 A.33 Count Values 运行结果

由图 A.33 可见，数据窗口产生了一个新的变量"csal"，其取值为"0"或"1"，"1"表示工资水平区间范围为 \$40000～\$50000，工资水平不在此范围内的都取值为"0"。然后可以通过 Analyze→Descriptive Statistics→ Frequencies 菜单统计"1"的频数及对应比例。

A.3.8 变量的重新编码

变量的重新编码，可以直接更改原变量的值，替换原变量或者更改为新变量，常用于数据的分组尤其是连续变量的分组。

SPSS 中变量的重新编码分为 Recode into Same Variables（编码为相同变量）和 Recode into Different Variables（编码为不同变量）两种类型，而后一种更为常见，这里仅介绍后者的具体操作。

对工作时间"jobtime"进行分组，考虑到其取值范围为 63～98，现分为四组：60～69，70～79，80～89，90 以上。通过 SPSS 中的编码为不同变量实现分组，操作步骤如下。

（1）选择 Transform→Recode into Different Variables，进入到编码的主对话框，如图 A.34 所示。

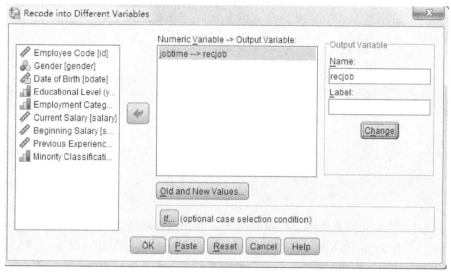

图 A.34　Recode into Different Variables 对话框

（2）将左侧变量栏中的"jobtime"移到右边的"Numeric Variable→Output Variable"中，表示对变量"jobtime"重新编码。

（3）在"Output Variable"中输入新变量名，此例中输入"recjob"，"Lable"中可以输入变量名标签。

（4）点击"Old and New Values"按钮，进入到新变量值定义的对话框。选中"Range, LOWEST through value"，输入"69"，在右侧的"New Value"下的"Value"中输入"1"，然后点击"Add"；选中"Range"，分别输入 70、79，在"Value"中输入"2"，点击"Add"，再次选中"Range"，分别输入 80、89，在"Value"中输入"3"，点击"Add"；选中"Range, value through HIGHEST"，输入"90"，在"Value"中输入"4"，点击"Add"。定义好的区间如图 A.35 所示。

（5）点击图 A.35 的"Continue"按钮，返回到图 A.34 的主对话框，若仅对部分个案分组，可以点击"If"按钮进行设置，否则点击"OK"即可输出结果（图 A.36）。

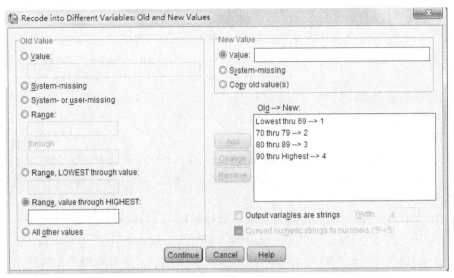

图 A.35　Recode into Different Variables：Old and New Values 对话框

id	gender	bdate	educ	jobcat	salary	salbegin	jobtime	prevexp	minority	recjob
124	1	05/29/63	16	1	$38,550	$16,500	90	0	0	4.00
125	0	08/06/56	12	1	$27,450	$15,000	90	173	1	4.00
126	0	01/21/51	15	2	$24,300	$15,000	90	191	1	4.00
127	0	09/01/50	12	2	$30,750	$15,000	90	209	1	4.00
128	1	07/25/46	12	1	$19,650	$9,750	90	229	1	4.00
129	0	07/18/59	17	3	$68,750	$27,510	89	38	0	3.00
130	0	09/06/58	20	3	$59,375	$30,000	89	6	0	3.00
131	0	02/08/62	15	1	$31,500	$15,750	89	22	0	3.00
132	0	05/17/53	12	1	$27,300	$17,250	89	175	0	3.00
133	0	09/12/59	15	1	$27,000	$15,750	89	87	0	3.00

图 A.36　Recode into Different Variables 运行结果

　　图 A.36 中的"recjob"的取值为按照"jobtime"分组后每类别的代码,实现了统计中的组距分组。统计分组强调"不重不漏",即每个变量值能够且只能够分在某一组中,在图 A.35 的区间定义时要特别注意。SPSS 中确保"不重"的方法是:将重复值归到第一次出现的组中。

·附录 B·
常用概率分布表

表 B.1　标准正态分布表

$$\Phi(x) = \int_{-\infty}^{x} \frac{1}{\sqrt{2\pi}} e^{-\frac{t^2}{2}} \, dt = P(X \leqslant x)$$

x	0.00	0.01	0.02	0.03	0.04	0.05	0.06	0.07	0.08	0.09
0.0	0.500 0	0.504 0	0.508 0	0.512 0	0.516 0	0.519 9	0.523 9	0.527 9	0.531 9	0.535 9
0.1	0.539 8	0.543 8	0.547 8	0.551 7	0.555 7	0.559 6	0.563 6	0.567 5	0.571 4	0.575 3
0.2	0.579 3	0.583 2	0.587 1	0.591 0	0.594 8	0.598 7	0.602 6	0.606 4	0.610 3	0.614 1
0.3	0.617 9	0.621 7	0.625 5	0.629 3	0.633 1	0.636 8	0.640 6	0.644 3	0.648 0	0.651 7
0.4	0.655 4	0.659 1	0.662 8	0.666 4	0.670 0	0.673 6	0.677 2	0.680 8	0.684 4	0.687 9
0.5	0.691 5	0.695 0	0.698 5	0.701 9	0.705 4	0.708 8	0.712 3	0.715 7	0.719 0	0.722 4
0.6	0.725 7	0.729 1	0.732 4	0.735 7	0.738 9	0.742 2	0.745 4	0.748 6	0.751 7	0.754 9
0.7	0.758 0	0.761 1	0.764 2	0.767 3	0.770 3	0.773 4	0.776 4	0.779 4	0.782 3	0.785 2
0.8	0.788 1	0.791 0	0.793 9	0.796 7	0.799 5	0.802 3	0.805 1	0.807 8	0.810 6	0.813 3
0.9	0.815 9	0.818 6	0.821 2	0.823 8	0.826 4	0.828 9	0.831 5	0.834 0	0.836 5	0.838 9
1.0	0.841 3	0.843 8	0.846 1	0.848 5	0.850 8	0.853 1	0.855 4	0.857 7	0.859 9	0.862 1
1.1	0.864 3	0.866 5	0.868 6	0.870 8	0.872 9	0.874 9	0.877 0	0.879 0	0.881 0	0.883 0
1.2	0.884 9	0.886 9	0.888 8	0.890 7	0.892 5	0.894 4	0.896 2	0.898 0	0.899 7	0.901 5
1.3	0.903 2	0.904 9	0.906 6	0.908 2	0.909 9	0.911 5	0.913 1	0.914 7	0.916 2	0.917 7
1.4	0.919 2	0.920 7	0.922 2	0.923 6	0.925 1	0.926 5	0.927 8	0.929 2	0.930 6	0.931 9
1.5	0.933 2	0.934 5	0.935 7	0.937 0	0.938 2	0.939 4	0.940 6	0.941 8	0.943 0	0.944 1
1.6	0.945 2	0.946 3	0.947 4	0.948 4	0.949 5	0.950 5	0.951 5	0.952 5	0.953 5	0.954 5
1.7	0.955 4	0.956 4	0.957 3	0.958 2	0.959 1	0.959 9	0.960 8	0.961 6	0.962 5	0.963 3
1.8	0.964 1	0.964 8	0.965 6	0.966 4	0.967 1	0.967 8	0.968 6	0.969 3	0.970 0	0.970 6
1.9	0.971 3	0.971 9	0.972 6	0.973 2	0.973 8	0.974 4	0.975 0	0.975 6	0.976 2	0.976 7
2.0	0.977 2	0.977 8	0.978 3	0.978 8	0.979 3	0.979 8	0.980 3	0.980 8	0.981 2	0.981 7
2.1	0.982 1	0.982 6	0.983 0	0.983 4	0.983 8	0.984 2	0.984 6	0.985 0	0.985 4	0.985 7
2.2	0.986 1	0.986 4	0.986 8	0.987 1	0.987 4	0.987 8	0.988 1	0.988 4	0.988 7	0.989 0
2.3	0.989 3	0.989 6	0.989 8	0.990 1	0.990 4	0.990 6	0.990 9	0.991 1	0.991 3	0.991 6

x	0.00	0.01	0.02	0.03	0.04	0.05	0.06	0.07	0.08	0.09
2.4	0.991 8	0.992 0	0.992 2	0.992 5	0.992 7	0.992 9	0.993 1	0.993 2	0.993 4	0.993 6
2.5	0.993 8	0.994 0	0.994 1	0.994 3	0.994 5	0.994 6	0.994 8	0.994 9	0.995 1	0.995 2
2.6	0.995 3	0.995 5	0.995 6	0.995 7	0.995 9	0.996 0	0.996 1	0.996 2	0.996 3	0.996 4
2.7	0.996 5	0.996 6	0.996 7	0.996 8	0.996 9	0.997 0	0.997 1	0.997 2	0.997 3	0.997 4
2.8	0.997 4	0.997 5	0.997 6	0.997 7	0.997 7	0.997 8	0.997 9	0.997 9	0.998 0	0.998 1
2.9	0.998 1	0.998 2	0.998 2	0.998 3	0.998 4	0.998 4	0.998 5	0.998 5	0.998 6	0.998 6
3.0	0.998 7	0.999 0	0.999 3	0.999 5	0.999 7	0.999 8	0.999 8	0.999 9	0.999 9	1.000 0

注：本表最后一行自左至右依次是 $\Phi(3.0)$、…、$\Phi(3.9)$ 的值。

表 B.2 t 分 布 表

$$P\{t(n) > t_a(n)\} = \alpha$$

n	α					
	0.25	0.10	0.05	0.025	0.01	0.005
1	1.000 0	3.077 7	6.313 8	12.706 2	31.820 7	63.657 4
2	0.816 5	1.885 6	2.920 0	4.302 7	6.964 6	9.924 8
3	0.764 9	1.637 7	2.353 4	3.182 4	4.540 7	5.840 9
4	0.740 7	1.533 2	2.131 8	2.776 4	3.746 9	4.604 1
5	0.726 7	1.475 9	2.015 0	2.570 6	3.364 9	4.032 2
6	0.717 6	1.439 8	1.943 2	2.446 9	3.142 7	3.707 4
7	0.711 1	1.414 9	1.894 6	2.364 6	2.998 0	3.499 5
8	0.706 4	1.396 8	1.859 5	2.306 0	2.896 5	3.355 4
9	0.702 7	1.383 0	1.833 1	2.262 2	2.821 4	3.249 8
10	0.699 8	1.372 2	1.812 5	2.228 1	2.763 8	3.169 3
11	0.697 4	1.363 4	1.795 9	2.201 0	2.718 1	3.105 8
12	0.695 5	1.356 2	1.782 3	2.178 8	2.681 0	3.054 5
13	0.693 8	1.350 2	1.770 9	2.160 4	2.650 3	3.012 3
14	0.692 4	1.345 0	1.761 3	2.144 8	2.624 5	2.976 8
15	0.691 2	1.340 6	1.753 1	2.131 5	2.602 5	2.946 7
16	0.690 1	1.336 8	1.745 9	2.119 9	2.583 5	2.920 8
17	0.689 2	1.333 4	1.739 6	2.109 8	2.566 9	2.898 2
18	0.688 4	1.330 4	1.734 1	2.100 9	2.552 4	2.878 4
19	0.687 6	1.327 7	1.729 1	2.093 0	2.539 5	2.860 9
20	0.687 0	1.325 3	1.724 7	2.086 0	2.528 0	2.845 3
21	0.686 4	1.323 2	1.720 7	2.079 6	2.517 7	2.831 4
22	0.685 8	1.321 2	1.717 1	2.073 9	2.508 3	2.818 8
23	0.685 3	1.319 5	1.713 9	2.068 7	2.499 9	2.807 3
24	0.684 8	1.317 8	1.710 9	2.063 9	2.492 2	2.796 9
25	0.684 4	1.316 3	1.708 1	2.059 5	2.485 1	2.787 4
26	0.684 0	1.315 0	1.705 6	2.055 5	2.478 6	2.778 7
27	0.683 7	1.313 7	1.703 3	2.051 8	2.472 7	2.770 7
28	0.683 4	1.312 5	1.701 1	2.048 4	2.467 1	2.763 3
29	0.683 0	1.311 4	1.699 1	2.045 2	2.462 0	2.756 4

n	α					
	0.25	0.10	0.05	0.025	0.01	0.005
30	0.682 8	1.310 4	1.697 3	2.042 3	2.457 3	2.750 0
31	0.682 5	1.309 5	1.695 5	2.039 5	2.452 8	2.744 0
32	0.682 2	1.308 6	1.693 9	2.036 9	2.448 7	2.738 5
33	0.682 0	1.307 7	1.692 4	2.034 5	2.444 8	2.733 3
34	0.681 8	1.307 0	1.690 9	2.032 2	2.441 1	2.728 4
35	0.681 6	1.306 2	1.689 6	2.030 1	2.437 7	2.723 8
36	0.681 4	1.305 5	1.688 3	2.028 1	2.434 5	2.719 5
37	0.681 2	1.304 9	1.687 1	2.026 2	2.431 4	2.715 4
38	0.681 0	1.304 2	1.686 0	2.024 4	2.428 6	2.711 6
39	0.680 8	1.303 6	1.684 9	2.022 7	2.425 8	2.707 9
40	0.680 7	1.303 1	1.683 9	2.021 1	2.423 3	2.704 5
41	0.680 5	1.302 5	1.682 9	2.019 5	2.420 8	2.701 2
42	0.680 4	1.302 0	1.682 0	2.018 1	2.418 5	2.698 1
43	0.680 2	1.301 6	1.681 1	2.016 7	2.416 3	2.695 1
44	0.680 1	1.301 1	1.680 2	2.015 4	2.414 1	2.692 3
45	0.680 0	1.300 6	1.679 4	2.014 1	2.412 1	2.689 6

表 B.3 χ^2 分 布 表

$$P\{\chi^2(n) > \chi_\alpha^2(n)\} = \alpha$$

n	α					
	0.995	0.99	0.975	0.95	0.90	0.75
1	—	—	0.001	0.004	0.016	0.102
2	0.010	0.020	0.051	0.103	0.211	0.575
3	0.072	0.115	0.216	0.352	0.584	0.213
4	0.207	0.297	0.484	0.711	1.064	1.923
5	0.412	0.554	0.831	1.145	1.610	2.675
6	0.676	0.872	1.237	1.635	2.204	3.455
7	0.989	1.239	1.690	2.167	2.833	4.255
8	1.344	1.646	2.180	2.733	3.490	5.071
9	1.735	2.088	2.700	3.325	4.168	5.899
10	2.156	2.558	3.247	3.940	4.865	6.737
11	2.603	3.053	3.816	4.575	5.578	7.584
12	3.074	3.571	4.404	5.226	6.304	8.438
13	3.565	4.107	5.009	5.892	7.042	9.299
14	4.075	4.660	5.629	6.571	7.790	10.165
15	4.601	5.229	6.262	7.261	8.547	11.037
16	5.142	5.812	6.908	7.962	9.312	11.912
17	5.697	6.408	7.564	8.672	10.085	12.792
18	6.265	7.015	8.231	9.390	10.865	13.675
19	6.844	7.633	8.907	10.117	11.651	14.562
20	7.434	8.260	9.591	10.851	12.443	15.452

n	α					
	0.995	0.99	0.975	0.95	0.90	0.75
21	8.034	8.897	10.283	11.591	13.240	16.344
22	8.643	9.542	10.982	12.338	14.042	17.240
23	9.260	10.196	11.689	13.091	14.848	18.137
24	9.886	10.856	12.401	13.848	15.659	19.037
25	10.520	11.524	13.120	14.611	16.473	19.939
26	11.160	12.198	13.844	15.379	17.292	20.843
27	11.808	12.879	14.573	16.151	18.114	21.749
28	12.461	13.565	15.308	16.928	18.939	22.657
29	13.121	14.257	16.047	17.708	19.768	23.567
30	13.787	14.954	16.791	18.493	20.599	24.478
31	14.458	15.655	17.539	19.281	20.434	25.390
32	15.134	16.362	18.291	20.072	22.271	26.304
33	15.815	17.074	19.047	20.867	23.110	27.219
34	16.501	17.789	19.806	21.664	23.952	28.136
35	17.192	18.509	20.569	22.465	24.797	29.054
36	17.887	19.233	21.336	23.269	25.643	29.973
37	18.586	19.960	22.106	24.075	26.492	30.893
38	19.289	20.691	22.878	24.884	27.343	31.815
39	19.996	21.426	23.654	25.695	28.196	32.737
40	20.707	22.164	24.433	26.509	29.051	33.660
41	21.421	22.906	25.215	27.326	29.907	34.585
42	22.138	23.650	25.999	28.144	30.765	35.510
43	22.859	24.398	26.785	28.965	31.625	36.436
44	23.584	25.148	27.575	29.787	32.487	37.363
45	24.311	25.901	28.366	30.612	33.350	38.291

表 B.4　F 分布表

$$P\{F(n_1,n_2) > F_\alpha(n_1\ n_2)\} = \alpha$$

$\alpha = 0.10$

n_2 \ n_1	1	2	3	4	5	6	7	8	9	10	12	15	20	24	30	40	60	120	∞
1	39.86	49.50	53.59	55.83	57.24	58.20	58.91	59.44	59.86	60.19	61.71	61.22	61.74	62.00	62.26	62.53	62.79	63.06	63.33
2	8.53	9.00	9.16	9.24	9.29	9.33	9.35	9.37	9.38	9.39	9.41	9.42	9.44	9.45	9.46	9.47	9.47	9.48	9.49
3	5.54	5.46	5.39	5.34	5.31	5.28	5.27	5.25	5.24	5.23	5.22	5.20	5.18	5.18	5.17	5.16	5.15	5.14	5.13
4	4.54	4.32	4.19	4.11	4.05	4.01	3.98	3.95	3.94	3.92	3.90	3.87	3.84	3.83	3.82	3.80	3.79	3.78	3.76
5	4.06	3.78	3.62	3.52	3.45	3.40	3.37	3.34	3.32	3.30	3.27	3.24	3.21	3.19	3.17	3.16	3.14	3.12	3.10
6	3.78	3.46	3.29	3.18	3.11	3.05	3.01	2.98	2.96	2.94	2.90	2.87	2.84	2.82	2.80	2.78	2.76	2.74	2.72
7	3.59	3.26	3.07	2.96	2.88	2.83	2.78	2.75	2.72	2.70	2.67	2.63	2.59	2.58	2.56	2.54	2.51	2.49	2.47
8	3.46	3.11	2.92	2.81	2.73	2.67	2.62	2.59	2.56	2.54	2.50	2.46	2.42	2.40	2.38	2.36	2.34	2.32	2.29
9	3.36	3.01	2.81	2.69	2.61	2.55	2.51	2.47	2.44	2.42	2.38	2.34	2.30	2.28	2.25	2.23	2.21	2.18	2.16
10	3.29	2.92	2.73	2.61	2.52	2.46	2.41	2.38	2.35	2.32	2.28	2.24	2.20	2.18	2.16	2.13	2.11	2.08	2.06
11	3.23	2.86	2.66	2.54	2.45	2.39	2.34	2.30	2.27	2.25	2.21	2.17	2.12	2.10	2.08	2.05	2.03	2.00	1.97
12	3.18	2.81	2.61	2.48	2.39	2.33	2.28	2.24	2.21	2.19	2.15	2.10	2.06	2.04	2.01	1.99	1.96	1.93	1.90
13	3.14	2.76	2.56	2.43	2.35	2.28	2.23	2.20	2.16	2.14	2.10	2.05	2.01	1.98	1.96	1.93	1.90	1.88	1.85
14	3.10	2.73	2.52	2.39	2.31	2.24	2.19	2.15	2.12	2.10	2.05	2.01	1.96	1.94	1.91	1.89	1.86	1.83	1.80
15	3.07	2.70	2.49	2.36	2.27	2.21	2.16	2.12	2.09	2.06	2.02	1.97	1.92	1.90	1.87	1.85	1.82	1.79	1.76
16	3.05	2.67	2.46	2.33	2.24	2.18	2.13	2.09	2.06	2.03	1.99	1.94	1.89	1.87	1.84	1.81	1.78	1.75	1.72
17	3.03	2.64	2.44	2.31	2.22	2.15	2.10	2.06	2.03	2.00	1.96	1.91	1.86	1.84	1.81	1.78	1.75	1.72	1.69
18	3.01	2.62	2.42	2.29	2.20	2.13	2.08	2.04	2.00	1.98	1.93	1.89	1.84	1.81	1.78	1.75	1.72	1.69	1.66
19	2.99	2.61	2.40	2.27	2.18	2.11	2.06	2.02	1.98	1.96	1.91	1.86	1.81	1.79	1.76	1.73	1.70	1.67	1.63
20	2.97	2.59	2.38	2.25	2.16	2.09	2.04	2.00	1.96	1.94	1.89	1.84	1.79	1.77	1.74	1.71	1.68	1.64	1.61
21	2.96	2.57	2.36	2.23	2.14	2.08	2.02	1.98	1.95	1.92	1.87	1.83	1.78	1.75	1.72	1.69	1.66	1.62	1.59
22	2.95	2.56	2.35	2.22	2.13	2.06	2.01	1.97	1.93	1.90	1.86	1.81	1.76	1.73	1.70	1.67	1.64	1.60	1.57
23	2.94	2.55	2.34	2.21	2.11	2.05	1.99	1.95	1.92	1.89	1.84	1.80	1.74	1.72	1.69	1.66	1.62	1.59	1.55
24	2.93	2.54	2.33	2.19	2.10	2.04	1.98	1.94	1.91	1.88	1.83	1.78	1.73	1.70	1.67	1.64	1.61	1.57	1.53
25	2.92	2.53	2.32	2.18	2.09	2.02	1.97	1.93	1.89	1.87	1.82	1.77	1.72	1.69	1.66	1.63	1.59	1.56	1.52

多元统计分析与SPSS应用

n_2	1	2	3	4	5	6	7	8	9	10	12	15	20	24	30	40	60	120	∞
26	2.91	2.52	2.31	2.17	2.08	2.01	1.96	1.92	1.88	1.86	1.81	1.76	1.71	1.68	1.65	1.61	1.58	1.54	1.50
27	2.90	2.51	2.30	2.17	2.07	2.00	1.95	1.91	1.87	1.85	1.80	1.75	1.70	1.67	1.64	1.60	1.57	1.53	1.49
28	2.89	2.50	2.29	2.16	2.06	2.00	1.94	1.90	1.87	1.84	1.79	1.74	1.69	1.66	1.63	1.59	1.56	1.52	1.48
29	2.89	2.50	2.28	2.15	2.06	1.99	1.93	1.89	1.86	1.83	1.78	1.73	1.68	1.65	1.62	1.58	1.55	1.51	1.47
30	2.88	2.49	2.28	2.14	2.05	1.98	1.93	1.88	1.85	1.82	1.77	1.72	1.67	1.64	1.61	1.57	1.54	1.50	1.46
40	2.84	2.44	2.23	2.09	2.00	1.93	1.87	1.83	1.79	1.76	1.71	1.66	1.61	1.57	1.54	1.51	1.47	1.42	1.38
60	2.79	2.39	2.18	2.04	1.95	1.87	1.82	1.77	1.74	1.71	1.66	1.60	1.54	1.51	1.48	1.44	1.40	1.35	1.29
120	2.75	2.35	2.13	1.99	1.90	1.82	1.77	1.72	1.68	1.65	1.60	1.55	1.48	1.45	1.41	1.37	1.32	1.26	1.19
∞	2.71	2.30	2.08	1.94	1.85	1.77	1.72	1.67	1.63	1.60	1.55	1.49	1.42	1.38	1.34	1.30	1.24	1.17	1.00

$\alpha = 0.05$

n_2	1	2	3	4	5	6	7	8	9	10	12	15	20	24	30	40	60	120	∞
1	161.4	199.5	215.7	224.6	230.2	234.0	236.8	238.9	240.5	241.9	243.9	245.9	248.0	249.1	250.1	251.1	252.2	253.3	254.3
2	18.51	19.00	19.16	19.25	19.30	19.33	19.35	19.37	19.38	19.40	19.41	19.43	19.45	19.45	19.46	19.47	19.48	19.49	19.50
3	10.13	9.55	9.28	9.12	9.01	8.94	8.89	8.85	8.81	8.79	8.74	8.70	8.66	8.64	8.62	8.59	8.57	8.55	8.53
4	7.71	6.94	6.59	6.39	6.26	6.16	6.09	6.04	6.00	5.96	5.91	5.86	5.80	5.77	5.75	5.72	5.69	5.66	5.63
5	6.61	5.79	5.41	5.19	5.05	4.95	4.88	4.82	4.77	4.74	4.68	4.62	4.56	4.53	4.50	4.46	4.43	4.40	4.36
6	5.99	5.14	4.76	4.53	4.39	4.28	4.21	4.15	4.10	4.06	4.00	3.94	3.87	3.84	3.81	3.77	3.74	3.70	3.67
7	5.59	4.74	4.35	4.12	3.97	3.87	3.79	3.73	3.68	3.64	3.57	3.51	3.44	3.41	3.38	3.34	3.30	3.27	3.23
8	5.32	4.46	4.07	3.84	3.69	3.58	3.50	3.44	3.39	3.35	3.28	3.22	3.15	3.12	3.08	3.04	3.01	2.97	2.93
9	5.12	4.26	3.86	3.63	3.48	3.37	3.29	3.23	3.18	3.14	3.07	3.01	2.94	2.90	2.86	2.83	2.79	2.75	2.71
10	4.96	4.10	3.71	3.48	3.33	3.22	3.14	3.07	3.02	2.98	2.91	2.85	2.77	2.74	2.70	2.66	2.62	2.58	2.54
11	4.84	3.98	3.59	3.36	3.20	3.09	3.01	2.95	2.90	2.85	2.79	2.72	2.65	2.61	2.57	2.53	2.49	2.45	2.40
12	4.75	3.89	3.49	3.26	3.11	3.00	2.91	2.85	2.80	2.75	2.69	2.62	2.54	2.51	2.47	2.43	2.38	2.34	2.30
13	4.67	3.81	3.41	3.18	3.03	2.92	2.83	2.77	2.71	2.67	2.60	2.53	2.46	2.42	2.38	2.34	2.30	2.25	2.21
14	4.60	3.74	3.34	3.11	2.96	2.85	2.76	2.70	2.65	2.60	2.53	2.46	2.39	2.35	2.31	2.27	2.22	2.18	2.13
15	4.54	3.68	3.29	3.06	2.90	2.79	2.71	2.64	2.59	2.54	2.48	2.40	2.33	2.29	2.25	2.20	2.16	2.11	2.07
16	4.49	3.63	3.24	3.01	2.85	2.74	2.66	2.59	2.54	2.49	2.42	2.35	2.28	2.24	2.19	2.15	2.11	2.06	2.01

n_2	1	2	3	4	5	6	7	8	9	10	12	15	20	24	30	40	60	120	∞
										n_1									
17	4.45	3.59	3.20	2.96	2.81	2.70	2.61	2.55	2.49	2.45	2.38	2.31	2.23	2.19	2.15	2.10	2.06	2.01	1.96
18	4.41	3.55	3.16	2.93	2.77	2.66	2.58	2.51	2.46	2.41	2.34	2.27	2.19	2.15	2.11	2.06	2.02	1.97	1.92
19	4.38	3.52	3.13	2.90	2.74	2.63	2.54	2.48	2.42	2.38	2.31	2.23	2.16	2.11	2.07	2.03	1.98	1.93	1.88
20	4.35	3.49	3.10	2.87	2.71	2.60	2.51	2.45	2.39	2.35	2.28	2.20	2.12	2.08	2.04	1.99	1.95	1.90	1.84
21	4.32	3.47	3.07	2.84	2.68	2.57	2.49	2.42	2.37	2.32	2.25	2.18	2.10	2.05	2.01	1.96	1.92	1.87	1.81
22	4.30	3.44	3.05	2.82	2.66	2.55	2.46	2.40	2.34	2.30	2.23	2.15	2.07	2.03	1.98	1.94	1.89	1.84	1.78
23	4.28	3.42	3.03	2.80	2.64	2.53	2.44	2.37	2.32	2.27	2.20	2.13	2.05	2.01	1.96	1.91	1.86	1.81	1.76
24	4.26	3.40	3.01	2.78	2.62	2.51	2.42	2.36	2.30	2.25	2.18	2.11	2.03	1.98	1.94	1.89	1.84	1.79	1.73
25	4.24	3.39	2.99	2.76	2.60	2.49	2.40	2.34	2.28	2.24	2.16	2.09	2.01	1.96	1.92	1.87	1.82	1.77	1.71
26	4.23	3.37	2.98	2.74	2.59	2.47	2.39	2.32	2.27	2.22	2.15	2.07	1.99	1.95	1.90	1.85	1.80	1.75	1.69
27	4.21	3.35	2.96	2.73	2.57	2.46	2.37	2.31	2.25	2.20	2.13	2.06	1.97	1.93	1.88	1.84	1.79	1.73	1.67
28	4.20	3.34	2.95	2.71	2.56	2.45	2.36	2.29	2.24	2.19	2.12	2.04	1.96	1.91	1.87	1.82	1.77	1.71	1.65
29	4.18	3.33	2.93	2.70	2.55	2.43	2.35	2.28	2.22	2.18	2.10	2.03	1.94	1.90	1.85	1.81	1.75	1.70	1.64
30	4.17	3.32	2.92	2.69	2.53	2.42	2.33	2.27	2.21	2.16	2.09	2.01	1.93	1.89	1.84	1.79	1.74	1.68	1.62
40	4.08	3.23	2.84	2.61	2.45	2.34	2.25	2.18	2.12	2.08	2.00	1.92	1.84	1.79	1.74	1.69	1.64	1.58	1.51
60	4.00	3.15	2.76	2.53	2.37	2.25	2.17	2.10	2.04	1.99	1.92	1.84	1.75	1.70	1.65	1.59	1.53	1.47	1.39
120	3.92	3.07	2.68	2.45	2.29	2.17	2.09	2.02	1.96	1.91	1.83	1.75	1.66	1.61	1.55	1.50	1.43	1.35	1.25
∞	3.84	3.00	2.60	2.37	2.21	2.10	2.01	1.94	1.88	1.83	1.75	1.67	1.57	1.52	1.46	1.39	1.32	1.22	1.00
$\alpha=0.025$																			
1	647.8	799.5	864.2	899.6	921.8	937.1	948.2	956.7	963.3	968.6	976.7	984.9	993.1	997.2	1001	1006	1010	1014	1018
2	38.51	39.00	39.17	39.25	39.30	39.33	39.36	39.37	39.39	39.40	39.41	39.43	39.45	39.46	39.46	39.47	39.48	39.49	39.50
3	17.44	16.04	15.44	15.10	14.88	14.73	14.62	14.54	14.47	14.42	14.34	14.25	14.17	14.12	14.08	14.04	13.99	13.95	13.90
4	12.22	10.65	9.98	9.60	9.36	9.20	9.07	8.98	8.90	8.84	8.75	8.66	8.56	8.51	8.46	8.41	8.36	8.31	8.26
5	10.01	8.43	7.76	7.39	7.15	6.98	6.85	6.76	6.68	6.62	6.52	6.43	6.33	6.28	6.23	6.18	6.12	6.07	6.02
6	8.81	7.26	6.60	6.23	5.99	5.82	5.70	5.60	5.52	5.46	5.37	5.27	5.17	5.12	5.07	5.01	4.96	4.90	4.85
7	8.07	6.54	5.89	5.52	5.29	5.12	4.99	4.90	4.82	4.76	4.67	4.57	4.47	4.42	4.36	4.31	4.25	4.20	4.14

多元统计分析与SPSS应用

n_2	1	2	3	4	5	6	7	8	9	10	12	15	20	24	30	40	60	120	∞
8	7.57	6.06	5.42	5.05	4.82	4.65	4.53	4.43	4.36	4.30	4.20	4.10	4.00	3.95	3.89	3.84	3.78	3.73	3.67
9	7.21	5.71	5.08	4.72	4.48	4.32	4.20	4.10	4.03	3.96	3.87	3.77	3.67	3.61	3.56	3.51	3.45	3.39	3.33
10	6.94	5.46	4.83	4.47	4.24	4.07	3.95	3.85	3.78	3.72	3.62	3.52	3.42	3.37	3.31	3.26	3.20	3.14	3.08
11	6.72	5.26	4.63	4.28	4.04	3.88	3.76	3.66	3.59	3.53	3.43	3.33	3.23	3.17	3.12	3.06	3.00	2.94	2.88
12	6.55	5.10	4.47	4.12	3.89	3.73	3.61	3.51	3.44	3.37	3.28	3.18	3.07	3.02	2.96	2.91	2.85	2.79	2.72
13	6.41	4.97	4.35	4.00	3.77	3.60	3.48	3.39	3.31	3.25	3.15	3.05	2.95	2.89	2.84	2.78	2.72	2.66	2.60
14	6.30	4.86	4.24	3.89	3.66	3.50	3.38	3.29	3.21	3.15	3.05	2.95	2.84	2.79	2.73	2.67	2.61	2.55	2.49
15	6.20	4.77	4.15	3.80	3.58	3.41	3.29	3.20	3.12	3.06	2.96	2.86	2.76	2.70	2.64	2.59	2.52	2.46	2.40
16	6.12	4.69	4.08	3.73	3.50	3.34	3.22	3.12	3.05	2.99	2.89	2.79	2.68	2.63	2.57	2.51	2.45	2.38	2.32
17	6.04	4.62	4.01	3.66	3.44	3.28	3.16	3.06	2.98	2.92	2.82	2.72	2.62	2.56	2.50	2.44	2.38	2.32	2.25
18	5.98	4.56	3.95	3.61	3.38	3.22	3.10	3.01	2.93	2.87	2.77	2.67	2.56	2.50	2.44	2.38	2.32	2.26	2.19
19	5.92	4.51	3.90	3.56	3.33	3.17	3.05	2.96	2.88	2.82	2.72	2.62	2.51	2.45	2.39	2.33	2.27	2.20	2.13
20	5.87	4.46	3.86	3.51	3.29	3.13	3.01	2.91	2.84	2.77	2.68	2.57	2.46	2.41	2.35	2.29	2.22	2.16	2.09
21	5.83	4.42	3.82	3.48	3.25	3.09	2.97	2.87	2.80	2.73	2.64	2.53	2.42	2.37	2.31	2.25	2.18	2.11	2.04
22	5.79	4.38	3.78	3.44	3.22	3.05	2.93	2.84	2.76	2.70	2.60	2.50	2.39	2.33	2.27	2.21	2.14	2.08	2.00
23	5.75	4.35	3.75	3.41	3.18	3.02	2.90	2.81	2.73	2.67	2.57	2.47	2.36	2.30	2.24	2.18	2.11	2.04	1.97
24	5.72	4.32	3.72	3.38	3.15	2.99	2.87	2.78	2.70	2.64	2.54	2.44	2.33	2.27	2.21	2.15	2.08	2.01	1.94
25	5.69	4.29	3.69	3.35	3.13	2.97	2.85	2.75	2.68	2.61	2.51	2.41	2.30	2.24	2.18	2.12	2.05	1.98	1.91
26	5.66	4.27	3.67	3.33	3.10	2.94	2.82	2.73	2.65	2.59	2.49	2.39	2.28	2.22	2.16	2.09	2.03	1.95	1.88
27	5.63	4.24	3.65	3.31	3.08	2.92	2.80	2.71	2.63	2.57	2.47	2.36	2.25	2.19	2.13	2.07	2.00	1.93	1.85
28	5.61	4.22	3.63	3.29	3.06	2.90	2.78	2.69	2.61	2.55	2.45	2.34	2.23	2.17	2.11	2.05	1.98	1.91	1.83
29	5.59	4.20	3.61	3.27	3.04	2.88	2.76	2.67	2.59	2.53	2.43	2.32	2.21	2.15	2.09	2.03	1.96	1.89	1.81
30	5.57	4.18	3.59	3.25	3.03	2.87	2.75	2.65	2.57	2.51	2.41	2.31	2.20	2.14	2.07	2.01	1.94	1.87	1.79
40	5.42	4.05	3.46	3.13	2.90	2.74	2.62	2.53	2.45	2.39	2.29	2.18	2.07	2.01	1.94	1.88	1.80	1.72	1.64
60	5.29	3.93	3.34	3.01	2.79	2.63	2.51	2.41	2.33	2.27	2.17	2.06	1.94	1.88	1.82	1.74	1.67	1.58	1.48
120	5.15	3.80	3.23	2.89	2.67	2.52	2.39	2.30	2.22	2.16	2.05	1.94	1.82	1.76	1.69	1.61	1.53	1.43	1.31
∞	5.02	3.69	3.12	2.79	2.57	2.41	2.29	2.19	2.11	2.05	1.94	1.83	1.71	1.64	1.57	1.48	1.39	1.27	1.00

$\alpha = 0.01$

n_2 \ n_1	1	2	3	4	5	6	7	8	9	10	12	15	20	24	30	40	60	120	∞
1	4 052	4 999.5	5 403	5 625	5 764	5 859	5 928	5 982	6 022	6 056	6 106	6 157	6 209	6 235	6 261	6 287	6 313	6 339	6 366
2	98.50	99.00	99.17	99.25	99.30	99.33	99.36	99.37	99.39	99.40	99.42	99.43	99.45	99.46	99.47	99.47	99.48	99.49	99.50
3	34.12	30.82	29.46	28.71	28.24	27.91	27.67	27.49	27.35	27.23	27.05	26.87	26.69	26.60	26.50	26.41	26.32	26.22	26.13
4	21.20	18.00	16.69	15.98	15.52	15.21	14.98	14.80	14.66	14.55	14.37	14.20	14.02	13.93	13.84	13.75	13.65	13.56	13.46
5	16.26	13.27	12.06	11.39	10.97	10.67	10.46	10.29	10.16	10.05	9.89	9.72	9.55	9.47	9.38	9.29	9.20	9.11	9.02
6	13.75	10.92	9.78	9.15	8.75	8.47	8.26	8.10	7.98	7.87	7.72	7.56	7.40	7.31	7.23	7.14	7.06	6.97	6.88
7	12.25	9.55	8.45	7.85	7.46	7.19	6.99	6.84	6.72	6.62	6.47	6.31	6.16	6.07	5.99	5.91	5.82	5.74	5.65
8	11.26	8.65	7.59	7.01	6.63	6.37	6.18	6.03	5.91	5.81	5.67	5.52	5.36	5.28	5.20	5.12	5.03	4.95	4.86
9	10.56	8.02	6.99	6.42	6.06	5.80	5.61	5.47	5.35	5.26	5.11	4.96	4.81	4.73	4.65	4.57	4.48	4.40	4.31
10	10.04	7.56	6.55	5.99	5.64	5.39	5.20	5.06	4.94	4.85	4.71	4.56	4.41	4.33	4.25	4.17	4.08	4.00	3.91
11	9.65	7.21	6.22	5.67	5.32	5.07	4.89	4.74	4.63	4.54	4.40	4.25	4.10	4.02	3.94	3.86	3.78	3.69	3.60
12	9.33	6.93	5.95	5.41	5.06	4.82	4.64	4.50	4.39	4.30	4.16	4.01	3.86	3.78	3.70	3.62	3.54	3.45	3.36
13	9.07	6.70	5.74	5.21	4.86	4.62	4.44	4.30	4.19	4.10	3.96	3.82	3.66	3.59	3.51	3.43	3.34	3.25	3.17
14	8.86	6.51	5.56	5.04	4.69	4.46	4.28	4.14	4.03	3.94	3.80	3.66	3.51	3.43	3.35	3.27	3.18	3.09	3.00
15	8.68	6.36	5.42	4.89	4.56	4.32	4.14	4.00	3.89	3.80	3.67	3.52	3.37	3.29	3.21	3.13	3.05	2.96	2.87
16	8.53	6.23	5.29	4.77	4.44	4.20	4.03	3.89	3.78	3.69	3.55	3.41	3.26	3.18	3.10	3.02	2.93	2.84	2.75
17	8.40	6.11	5.18	4.67	4.34	4.10	3.93	3.79	3.68	3.59	3.46	3.31	3.16	3.08	3.00	2.92	2.83	2.75	2.65
18	8.29	6.01	5.09	4.58	4.25	4.01	3.84	3.71	3.60	3.51	3.37	3.23	3.08	3.00	2.92	2.84	2.75	2.66	2.57
19	8.18	5.93	5.01	4.50	4.17	3.94	3.77	3.63	3.52	3.43	3.30	3.15	3.00	2.92	2.84	2.76	2.67	2.58	2.49
20	8.10	5.85	4.94	4.43	4.10	3.87	3.70	3.56	3.46	3.37	3.23	3.09	2.94	2.86	2.78	2.69	2.61	2.52	2.42
21	8.02	5.78	4.87	4.37	4.04	3.81	3.64	3.51	3.40	3.31	3.17	3.03	2.88	2.80	2.72	2.64	2.55	2.46	2.36
22	7.95	5.72	4.82	4.31	3.99	3.76	3.59	3.45	3.35	3.26	3.12	2.98	2.83	2.75	2.67	2.58	2.50	2.40	2.31
23	7.88	5.66	4.76	4.26	3.94	3.71	3.54	3.41	3.30	3.21	3.07	2.93	2.78	2.70	2.62	2.54	2.45	2.35	2.26
24	7.82	5.61	4.72	4.22	3.90	3.67	3.50	3.36	3.26	3.17	3.03	2.89	2.74	2.66	2.58	2.49	2.40	2.31	2.21
25	7.77	5.57	4.68	4.18	3.85	3.63	3.46	3.32	3.22	3.13	2.99	2.85	2.70	2.62	2.54	2.45	2.36	2.27	2.17
26	7.72	5.53	4.64	4.14	3.82	3.59	3.42	3.29	3.18	3.09	2.96	2.81	2.66	2.58	2.50	2.42	2.33	2.23	2.13

n_2	1	2	3	4	5	6	7	8	9	10	12	15	20	24	30	40	60	120	∞
27	7.68	5.49	4.60	4.14	3.78	3.56	3.39	3.26	3.15	3.06	2.93	2.78	2.63	2.55	2.47	2.38	2.29	2.20	2.10
28	7.64	5.45	4.57	4.07	3.75	3.53	3.36	3.23	3.12	3.03	2.90	2.75	2.60	2.52	2.44	2.35	2.26	2.17	2.06
29	7.60	5.42	4.54	4.04	3.73	3.50	3.33	3.20	3.09	3.00	2.87	2.73	2.57	2.49	2.41	2.33	2.23	2.14	2.03
30	7.56	5.39	4.51	4.02	3.70	3.47	3.30	3.17	3.07	2.98	2.84	2.70	2.55	2.47	2.39	2.30	2.21	2.11	2.01
40	7.31	5.18	4.31	3.83	3.51	3.29	3.12	2.99	2.89	2.80	2.66	2.52	2.37	2.29	2.20	2.11	2.02	1.92	1.80
60	7.08	4.98	4.13	3.65	3.34	3.12	2.95	2.82	2.72	2.63	2.50	2.35	2.20	2.12	2.03	1.94	1.84	1.73	1.60
120	6.85	4.79	3.95	3.48	3.17	2.96	2.79	2.66	2.56	2.47	2.34	2.19	2.03	1.95	1.86	1.76	1.66	1.53	1.38
∞	6.63	4.61	3.78	3.32	3.02	2.80	2.64	2.51	2.41	2.32	2.18	2.04	1.88	1.79	1.70	1.59	1.47	1.32	1.00

$\alpha = 0.005$

n_2	1	2	3	4	5	6	7	8	9	10	12	15	20	24	30	40	60	120	∞
1	16 211	20 000	21 615	22 500	23 056	23 437	23 715	23 925	24 091	24 224	24 426	24 630	24 836	24 940	25 044	25 148	25 253	25 359	25 465
2	198.5	199.0	199.2	199.2	199.3	199.3	199.4	199.4	199.4	199.4	199.4	199.4	199.4	199.5	199.5	199.5	199.5	199.5	199.5
3	55.55	49.80	47.47	46.19	45.39	44.84	44.43	44.13	43.88	43.69	43.39	43.08	42.78	42.62	42.47	42.31	42.15	41.99	41.83
4	31.33	26.28	24.26	23.15	22.46	21.97	21.62	21.35	21.14	20.97	20.70	20.44	20.17	20.03	19.89	19.75	19.61	19.47	19.32
5	22.78	18.31	16.53	15.56	14.94	14.51	14.20	13.96	13.77	13.62	13.38	13.15	12.90	12.78	12.66	12.53	12.40	12.27	12.14
6	18.63	14.54	12.92	12.03	11.46	11.07	10.79	10.57	10.39	10.25	10.03	9.81	9.59	9.47	9.36	9.24	9.12	9.00	8.88
7	16.24	12.40	10.88	10.05	9.52	9.16	8.89	8.68	8.51	8.38	8.18	7.97	7.75	7.65	7.53	7.42	7.3	7.19	7.08
8	14.69	11.04	9.60	8.81	8.30	7.95	7.69	7.50	7.34	7.21	7.01	6.81	6.61	6.50	6.40	6.29	6.18	6.06	5.95
9	13.61	10.11	8.72	7.96	7.47	7.13	6.88	6.69	6.54	6.42	6.23	6.03	5.83	5.73	5.62	5.52	5.41	5.30	5.19
10	12.83	9.43	8.08	7.34	6.87	6.54	6.30	6.12	5.97	5.85	5.66	5.47	5.27	5.17	5.07	4.97	4.86	4.75	4.61
11	12.23	8.91	7.60	6.88	6.42	6.10	5.86	5.68	5.54	5.42	5.24	5.05	4.86	4.76	4.65	4.55	4.44	4.34	4.23
12	11.75	8.51	7.23	6.52	6.07	5.76	5.52	5.35	5.20	5.09	4.91	4.72	4.53	4.43	4.33	4.23	4.12	4.01	3.90
13	11.37	8.19	6.93	6.23	5.79	5.48	5.25	5.08	4.94	4.82	4.64	4.46	4.27	4.17	4.07	3.97	3.87	3.76	3.65
14	11.06	7.92	6.68	6.00	5.56	5.26	5.03	4.86	4.72	4.60	4.43	4.25	4.06	3.96	3.86	3.76	3.66	3.55	3.44
15	10.80	7.70	6.48	5.80	5.37	5.07	4.85	4.67	4.54	4.42	4.25	4.07	3.88	3.79	3.69	3.58	3.48	3.37	3.26
16	10.58	7.51	6.30	5.64	5.21	4.91	4.69	4.52	4.38	4.27	4.10	3.92	3.73	3.64	3.54	3.44	3.33	3.22	3.11
17	10.38	7.35	6.16	5.50	5.07	4.78	4.56	4.39	4.25	4.14	3.97	3.79	3.61	3.51	3.41	3.31	3.21	3.10	2.98

| n_2 | n_1 | | | | | | | | | | | | | | | | | | |
---	1	2	3	4	5	6	7	8	9	10	12	15	20	24	30	40	60	120	∞
18	10.22	7.21	6.03	5.37	4.96	4.66	4.44	4.28	4.14	4.03	3.86	3.68	3.50	3.40	3.30	3.20	3.10	2.99	2.87
19	10.07	7.09	5.92	5.27	4.85	4.56	4.34	4.18	4.04	3.93	3.76	3.59	3.40	3.31	3.21	3.11	3.00	2.89	2.78
20	9.94	6.99	5.82	5.17	4.76	4.47	4.26	4.09	3.96	3.85	3.68	3.50	3.32	3.22	3.12	3.02	2.92	2.81	2.69
21	9.83	6.89	5.73	5.09	4.68	4.39	4.18	4.01	3.88	3.77	3.60	3.43	3.24	3.15	3.05	2.95	2.84	2.73	2.61
22	9.73	6.81	5.65	5.02	4.61	4.32	4.11	3.94	3.81	3.70	3.54	3.36	3.18	3.08	2.98	2.88	2.77	2.66	2.55
23	9.63	6.73	5.58	4.95	4.54	4.26	4.05	3.88	3.75	3.64	3.47	3.30	3.12	3.02	2.92	2.82	2.71	2.60	2.48
24	9.55	6.66	5.52	4.89	4.49	4.20	3.99	3.83	3.69	3.59	3.42	3.25	3.06	2.97	2.87	2.77	2.66	2.55	2.43
25	9.48	6.60	5.46	4.84	4.43	4.15	3.94	3.78	3.64	3.54	3.37	3.20	3.01	2.92	2.82	2.72	2.61	2.50	2.38
26	9.41	6.54	5.41	4.79	4.38	4.10	3.89	3.73	3.60	3.49	3.33	3.15	2.97	2.87	2.77	2.67	2.56	2.45	2.33
27	9.34	6.49	5.36	4.74	4.34	4.06	3.85	3.69	3.56	3.45	3.28	3.11	2.93	2.83	2.73	2.63	2.52	2.41	2.29
28	9.28	6.44	5.32	4.70	4.30	4.02	3.81	3.65	3.52	3.41	3.25	3.07	2.89	2.79	2.69	2.59	2.48	2.37	2.25
29	9.23	6.40	5.28	4.66	4.26	3.98	3.77	3.61	3.48	3.38	3.21	3.04	2.86	2.76	2.66	2.56	2.45	2.33	2.21
30	9.18	6.35	5.24	4.62	4.23	3.95	3.74	3.58	3.45	3.34	3.18	3.01	2.82	2.73	2.63	2.52	2.42	2.30	2.18
40	8.83	6.07	4.98	4.37	3.99	3.71	3.51	3.35	3.22	3.12	2.95	2.78	2.60	2.50	2.40	2.30	2.18	2.06	1.93
60	8.49	5.79	4.73	4.14	3.76	3.49	3.29	3.13	3.01	2.90	2.74	2.57	2.39	2.29	2.19	2.08	1.96	1.83	1.69
120	8.18	5.54	4.50	3.92	3.55	3.28	3.09	2.93	2.81	2.71	2.54	2.37	2.19	2.09	1.98	1.87	1.75	1.61	1.43
∞	7.88	5.30	4.28	3.72	3.35	3.09	2.90	2.74	2.62	2.52	2.36	2.19	2.00	1.90	1.79	1.67	1.53	1.36	1.00

$\alpha=0.001$

n_2	1	2	3	4	5	6	7	8	9	10	12	15	20	24	30	40	60	120	∞
1	4 053*	5 000*	5 404*	5 625*	5 764*	5 859*	5 929*	5 981*	6 023*	6 056*	6 107*	6 158*	6 209*	6 235*	6 261*	6 287*	6 313*	6 340*	6 366*
2	998.5	999.0	999.2	999.2	999.3	999.3	999.4	999.4	999.4	999.4	999.4	999.4	999.4	999.5	999.5	999.5	999.5	999.5	999.5
3	167.0	148.5	141.1	137.1	134.6	132.8	131.6	130.6	129.9	129.2	128.3	127.4	126.4	125.9	125.4	125.0	124.5	124.0	123.5
4	74.14	61.25	56.18	53.44	51.71	50.53	49.66	49.00	48.47	48.05	47.41	46.76	46.10	45.77	45.43	45.09	44.75	44.40	44.05
5	47.18	37.12	33.20	31.09	29.75	28.84	28.16	27.64	27.24	26.92	26.42	25.91	25.39	25.14	24.87	24.60	24.33	24.06	23.79
6	35.51	27.00	23.70	21.92	20.81	20.03	19.46	19.03	18.69	18.41	17.99	17.56	17.12	16.89	16.67	16.44	16.21	15.99	15.75
7	29.25	21.69	18.77	17.19	16.21	15.52	15.02	14.63	14.33	14.08	13.71	13.32	12.93	12.73	12.53	12.33	12.12	11.91	11.70
8	25.42	18.49	15.83	14.39	13.49	12.86	12.40	12.04	11.77	11.54	11.19	10.84	10.48	10.30	10.11	9.92	9.73	9.53	9.33

续表

n_2	1	2	3	4	5	6	7	8	9	10	12	15	20	24	30	40	60	120	∞
9	22.86	16.39	13.90	12.56	11.71	11.13	10.70	10.37	10.11	9.89	9.57	9.24	8.90	8.72	8.55	8.37	8.19	8.00	7.81
10	21.04	14.91	12.55	11.28	10.48	9.92	9.52	9.20	8.96	8.75	8.45	8.13	7.80	7.64	7.47	7.30	7.12	6.94	6.76
11	19.69	13.81	11.56	10.35	9.58	9.05	8.66	8.35	8.12	7.92	7.63	7.32	7.01	6.85	6.68	6.52	6.35	6.17	6.00
12	18.64	12.97	10.80	9.63	8.89	8.38	8.00	7.71	7.48	7.29	7.00	6.71	6.40	6.25	6.09	5.93	5.76	5.59	5.42
13	17.81	12.31	10.21	9.07	8.35	7.86	7.49	7.21	6.98	6.80	6.52	6.23	5.93	5.78	5.63	5.47	5.30	5.14	4.97
14	17.14	11.78	9.73	8.62	7.92	7.43	7.08	6.80	6.58	6.40	6.13	5.85	5.56	5.41	5.25	5.10	4.94	4.77	4.60
15	16.59	11.34	9.34	8.25	7.57	7.09	6.74	6.47	6.26	6.08	5.81	5.54	5.25	5.10	4.95	4.80	4.64	4.47	4.31
16	16.12	10.97	9.00	7.94	7.27	6.81	6.46	6.19	5.98	5.81	5.55	5.27	4.99	4.85	4.70	4.54	4.39	4.23	4.06
17	15.72	10.66	8.73	7.68	7.02	6.56	6.22	5.96	5.75	5.58	5.32	5.05	4.78	4.63	4.48	4.33	4.18	4.02	3.85
18	15.38	10.39	8.49	7.46	6.81	6.35	6.02	5.76	5.56	5.39	5.13	4.87	4.59	4.45	4.30	4.15	4.00	3.84	3.67
19	15.08	10.16	8.28	7.26	6.62	6.18	5.85	5.59	5.39	5.22	4.97	4.70	4.43	4.29	4.14	3.99	3.84	3.68	3.51
20	14.82	9.95	8.10	7.10	6.46	6.02	5.69	5.44	5.24	5.08	4.82	4.56	4.29	4.15	4.00	3.86	3.70	3.54	3.38
21	14.59	9.77	7.94	6.95	6.32	5.88	5.56	5.31	5.11	4.95	4.70	4.44	4.17	4.03	3.88	3.74	3.58	3.42	3.26
22	14.38	9.61	7.80	6.81	6.19	5.76	5.44	5.19	4.99	4.83	4.58	4.33	4.06	3.92	3.78	3.63	3.48	3.32	3.15
23	14.19	9.47	7.67	6.69	6.08	5.65	5.33	5.09	4.89	4.73	4.48	4.23	3.96	3.82	3.68	3.53	3.38	3.22	3.05
24	14.03	9.34	7.55	6.59	5.98	5.55	5.23	4.99	4.80	4.64	4.39	4.14	3.87	3.74	3.59	3.45	3.29	3.14	2.97
25	13.88	9.22	7.45	6.49	5.88	5.46	5.15	4.91	4.71	4.56	4.31	4.06	3.79	3.66	3.52	3.37	3.22	3.06	2.89
26	13.74	9.12	7.36	6.41	5.80	5.38	5.07	4.83	4.64	4.48	4.24	3.99	3.72	3.59	3.44	3.30	3.15	2.99	2.82
27	13.61	9.02	7.27	6.33	5.73	5.31	5.00	4.76	4.57	4.41	4.17	3.92	3.66	3.52	3.38	3.23	3.08	2.92	2.75
28	13.50	8.93	7.19	6.25	5.66	5.24	4.93	4.69	4.50	4.35	4.11	3.86	3.60	3.46	3.32	3.18	3.02	2.86	2.69
29	13.39	8.85	7.12	6.19	5.59	5.18	4.87	4.64	4.45	4.29	4.05	3.80	3.54	3.41	3.27	3.12	2.97	2.81	2.64
30	13.29	8.77	7.05	6.12	5.53	5.12	4.82	4.58	4.39	4.24	4.00	3.75	3.49	3.36	3.22	3.07	2.92	2.76	2.59
40	12.61	8.25	6.60	5.70	5.13	4.73	4.44	4.21	4.02	3.87	3.64	3.40	3.15	3.01	2.87	2.73	2.57	2.41	2.23
60	11.97	7.76	6.17	5.31	4.76	4.37	4.09	3.87	3.69	3.54	3.31	3.08	2.83	2.69	2.55	2.41	2.25	2.08	1.89
120	11.38	7.32	5.79	4.95	4.42	4.04	3.77	3.55	3.38	3.24	3.02	2.78	2.53	2.40	2.26	2.11	1.95	1.76	1.54
∞	10.83	6.91	5.42	4.62	4.10	3.74	3.47	3.27	3.10	2.96	2.74	2.51	2.27	2.13	1.99	1.84	1.66	1.44	1.00

（表头 n_1）

* 表示要将所列数乘以 100。

$m = 2$ 的情形

$L_4(2^3)$

实 验 号	列 号		
	1	2	3
1	1	1	1
2	1	2	2
3	2	1	2
4	2	2	1

$L_8(2^7)$

实 验 号	列 号						
	1	2	3	4	5	6	7
1	1	1	1	1	1	1	1
2	1	1	1	2	2	2	2
3	1	2	2	1	1	2	2
4	1	2	2	2	2	1	1
5	2	1	2	1	2	1	2
6	2	1	2	2	1	2	1
7	2	2	1	1	2	2	1
8	2	2	1	2	1	1	2

$L_8(2^7)$：两列间的交互作用表

列 号	1	2	3	4	5	6	7
	(1)	3	2	5	4	7	6
		(2)	1	6	7	4	5

列　号	1	2	3	4	5	6	7
			(3)	7	6	5	4
				(4)	1	2	3
					(5)	3	2
						(6)	1

$L_8(2^7)$ 表头设计

因　素　数	列　号						
	1	2	3	4	5	6	7
3	A	B	AB	C	AC	BC	
4	A	B	AB		AC	BC	
			CD	C	BD	AD	D
4	A	B		C		D	
		CD	AB	BD	AC	BC	AD
5	A	B	AB	C	AC	D	E
	DE	CD	CE	BD	BE	AE	AD
						BC	

$L_{12}(2^{11})$

实验号	列　号										
	1	2	3	4	5	6	7	8	9	10	11
1	1	1	1	1	1	1	1	1	1	1	1
2	1	1	1	1	1	2	2	2	2	2	2
3	1	1	2	2	2	1	1	1	2	2	2
4	1	2	1	2	2	1	2	2	1	1	2
5	1	2	2	1	2	2	1	2	1	2	1
6	1	2	2	2	1	2	2	1	2	1	1
7	2	1	2	2	1	1	2	2	1	2	1
8	2	1	2	1	2	2	2	1	1	1	2
9	2	1	1	2	2	2	1	2	2	1	1
10	2	2	2	1	1	1	1	2	2	1	2
11	2	2	1	2	1	2	1	1	1	2	2
12	2	2	1	1	2	1	2	1	2	2	1

$L_{16}(2^{15})$

实验号	列　号														
	1	2	3	4	5	6	7	8	9	10	11	12	13	14	15
1	1	1	1	1	1	1	1	1	1	1	1	1	1	1	1
2	1	1	1	1	1	1	1	2	2	2	2	2	2	2	2

实验号	列 号														
	1	2	3	4	5	6	7	8	9	10	11	12	13	14	15
3	1	1	1	2	2	2	2	1	1	1	1	2	2	2	2
4	1	1	1	2	2	2	2	2	2	2	2	1	1	1	1
5	1	2	2	1	1	2	2	1	1	2	2	1	1	2	2
6	1	2	2	1	1	2	2	2	2	1	1	2	2	1	1
7	1	2	2	2	2	1	1	1	1	2	2	2	2	1	1
8	1	2	2	2	2	1	1	2	2	1	1	1	1	2	2
9	2	1	2	1	2	1	2	1	2	1	2	1	2	1	2
10	2	1	2	1	2	1	2	2	1	2	1	2	1	2	1
11	2	1	2	2	1	2	1	1	2	1	2	2	1	2	1
12	2	1	2	2	1	2	1	2	1	2	1	1	2	1	2
13	2	2	1	1	2	2	1	1	2	2	1	1	2	2	1
14	2	2	1	1	2	2	1	2	1	1	2	2	1	1	2
15	2	2	1	2	1	1	2	1	2	2	1	2	1	1	2
16	2	2	1	2	1	1	2	2	1	1	2	1	2	2	1

$$L_{16}(2^{15}) : 两列间的交互作用表$$

列号	1	2	3	4	5	6	7	8	9	10	11	12	13	14	15
	(1)	3	2	5	4	7	6	9	8	11	10	13	12	15	14
		(2)	1	6	7	4	5	10	11	8	9	14	15	12	13
			(3)	7	6	5	4	11	10	9	8	15	14	13	12
				(4)	1	2	3	12	13	14	15	8	9	10	11
					(5)	3	2	13	12	15	14	9	8	11	10
						(6)	1	14	15	12	13	10	11	8	9
							(7)	15	14	13	12	11	10	9	8
								(8)	1	2	3	4	5	6	7
									(9)	3	2	5	4	7	6
										(10)	1	6	7	4	5
											(11)	7	6	5	4
												(12)	1	2	3
													(13)	3	2
														(14)	1

$$m = 3\ 的情形$$
$$L_9(3^4)$$

实 验 号	列 号			
	1	2	3	4
1	1	1	1	1
2	1	2	2	2

续表

实验号	列 号			
	1	2	3	4
3	1	3	3	3
4	2	1	2	3
5	2	2	3	1
6	2	3	1	2
7	3	1	3	2
8	3	2	1	3
9	3	3	2	1

$$L_{18}(3^7)$$

实验号	列 号						
	1	2	3	4	5	6	7
1	1	1	1	1	1	1	1
2	1	2	2	2	2	2	2
3	1	3	3	3	3	3	3
4	2	1	1	2	2	3	3
5	2	2	2	3	3	1	1
6	2	3	3	1	1	2	2
7	3	1	2	1	3	2	3
8	3	2	3	2	1	3	1
9	3	3	1	3	2	1	2
10	1	1	3	3	2	2	1
11	1	2	1	1	3	3	2
12	1	3	2	2	1	1	3
13	2	1	2	3	1	3	2
14	2	2	3	1	2	1	3
15	2	3	1	2	3	2	1
16	3	1	3	2	3	1	2
17	3	2	1	3	1	2	3
18	3	3	2	1	2	3	1

$$L_{27}(3^{13})$$

实验号	列 号												
	1	2	3	4	5	6	7	8	9	10	11	12	13
1	1	1	1	1	1	1	1	1	1	1	1	1	1
2	1	1	1	1	2	2	2	2	2	2	2	2	2

实验号	列 号												
	1	2	3	4	5	6	7	8	9	10	11	12	13
3	1	1	1	1	3	3	3	3	3	3	3	3	3
4	1	2	2	2	1	1	1	2	2	2	3	3	3
5	1	2	2	2	2	2	2	3	3	3	1	1	1
6	1	2	2	2	3	3	3	1	1	1	2	2	2
7	1	3	3	3	1	1	1	3	3	3	2	2	2
8	1	3	3	3	2	2	2	1	1	1	3	3	3
9	1	3	3	3	3	3	3	2	2	2	1	1	1
10	2	1	2	3	1	2	3	1	2	3	1	2	3
11	2	1	2	3	2	3	1	2	3	1	2	3	1
12	2	1	2	3	3	1	2	3	1	2	3	1	2
13	2	2	3	1	1	2	3	2	3	1	3	1	2
14	2	2	3	1	2	3	1	3	1	2	1	2	3
15	2	2	3	1	3	1	2	1	2	3	2	3	1
16	2	3	1	2	1	2	3	3	1	2	2	3	1
17	2	3	1	2	2	3	1	1	2	3	3	1	2
18	2	3	1	2	3	1	2	2	3	1	1	2	3
19	3	1	3	2	1	3	2	1	3	2	1	3	2
20	3	1	3	2	2	1	3	2	1	3	2	1	3
21	3	1	3	2	3	2	1	3	2	1	3	2	1
22	3	2	1	3	1	3	2	2	1	3	3	2	1
23	3	2	1	3	2	1	3	3	2	1	1	3	2
24	3	2	1	3	3	2	1	1	3	2	2	1	3
25	3	3	2	1	1	3	2	3	2	1	2	1	3
26	3	3	2	1	2	1	3	1	3	2	3	2	1
27	3	3	2	1	3	2	1	2	1	3	1	3	2

$L_{27}(3^{13})$：两列间的交互作用表

1	2	3	4	5	6	7	8	9	10	11	12	13
(1)	$\begin{cases}3\\4\end{cases}$	2	2	6	5	5	9	8	8	12	11	11
		4	3	7	7	6	10	10	9	13	13	12
	(2)	$\begin{cases}1\\4\end{cases}$	1	8	9	10	5	6	7	5	6	7
			3	11	12	13	11	12	13	8	9	10
		(3)	$\begin{cases}1\\2\end{cases}$	9	10	8	7	5	6	6	7	5
				13	11	12	12	13	11	10	8	9
			(4)	$\begin{cases}10\\12\end{cases}$	8	9	6	7	5	7	5	6
					13	11	13	11	12	9	10	8
				(5)	$\begin{cases}1\\7\end{cases}$	1	2	3	4	2	4	3
						6	11	13	12	8	10	9

1	2	3	4	5	6	7	8	9	10	11	12	13
					(6)	$\{^1_5\}$ (7) $\{^3_{12}\}$ (8) $\{^1_{10}\}$ (9)	4 13 4 11 1 9 1 8	2 12 2 13 1 9	3 11 4 9 2 5 4 7 (10)	3 10 4 9 2 5 4 7 $\{^3_6\}$ (11)	2 9 3 8 3 7 2 6 4 5 $\{^1_{13}\}$ (12)	4 8 2 10 4 6 3 5 2 7 1 12 $\{^1_{11}\}$

$m = 4$ 的情形

$L_{16}(4^5)$

实验号	列 号				
	1	2	3	4	5
1	1	1	1	1	1
2	1	2	2	2	2
3	1	3	3	3	3
4	1	4	4	4	4
5	2	1	2	3	4
6	2	2	1	4	3
7	2	3	4	1	2
8	2	4	3	2	1
9	3	1	3	4	2
10	3	2	4	3	1
11	3	3	1	2	4
12	3	4	2	1	3
13	4	1	4	2	3
14	4	2	3	1	4
15	4	3	2	4	1
16	4	4	1	3	2

$m = 5$ 的情形

$L_{25}(5^6)$

实验号	列 号					
	1	2	3	4	5	6
1	1	1	1	1	1	1
2	1	2	2	2	2	2
3	1	3	3	3	3	3

实验号	列 号					
	1	2	3	4	5	6
4	1	4	4	4	4	4
5	1	5	5	5	5	5
6	2	1	2	3	4	5
7	2	2	3	4	5	1
8	2	3	4	5	1	2
9	2	4	5	1	2	3
10	2	5	1	2	3	4
11	3	1	3	5	2	4
12	3	2	4	1	3	5
13	3	3	5	2	4	1
14	3	4	1	3	5	2
15	3	5	2	4	1	3
16	4	1	4	2	5	3
17	4	2	5	3	1	4
18	4	3	1	4	2	5
19	4	4	2	5	3	1
20	4	5	3	1	4	2
21	5	1	5	4	3	2
22	5	2	1	5	4	3
23	5	3	2	1	5	4
24	5	4	3	2	1	5
25	5	5	4	3	2	1

参考文献

［1］ 张尧庭,方开泰.多元统计分析引论.北京：科学出版社,1982.

［2］ 方开泰.实用多元统计分析.上海：华东师范大学出版社,1989.

［3］ 于秀林,任雪松.多元统计分析.北京：中国统计出版社,1999.

［4］ 郭志刚.社会统计分析方法——SPSS 软件应用.北京：中国人民大学出版社,1999.

［5］ 米红,张文璋.实用现代统计分析方法与 SPSS 应用.北京：当代中国出版社,2000.

［6］ 张文彤.SPSS11 统计分析教程.北京：希望电子出版社,2002.

［7］ 郝黎仁.SPSS 实用统计分析.北京：中国水利水电出版社,2002.

［8］ 余建英,何旭宏.数据统计分析与 SPSS 应用.北京：人民邮电出版社,2003.

［9］ 何晓群.多元统计分析.北京：中国人民大学出版社,2004.

［10］ 王静龙,梁小筠.定性数据分析.上海：华东师范大学出版社,2005.

［11］ 余锦华,杨维权.多元统计分析与应用.广州：中山大学出版社,2005.

［12］ 李时.应用统计学.北京：清华大学出版社,2005.

［13］ 卢纹岱.SPSS for Windows 统计分析.3 版.北京：电子工业出版社,2006.

［14］ 勒中鑫.应用统计信息分析与例题解.北京：国防工业出版社,2006.

［15］ 葛新权,王斌.应用统计.北京：社会科学文献出版社,2006.

［16］ 朱建平,殷瑞飞.SPSS 在统计分析中的应用.北京：清华大学出版社,2007.

［17］ 何晓群,刘文卿.应用回归分析.2 版.北京：中国人民大学出版社,2007.

［18］ 何晓群.现代统计分析与应用.2 版.北京：中国人民大学出版社,2007.

［19］ 傅德印,张旭东.Excel 与多元统计分析.北京：中国统计出版社,2007.

［20］ 林震岩.多变量分析.北京：北京大学出版社,2007.

［21］ 宋志刚,谢蕾蕾,何旭洪.SPSS16 实用教程.北京：人民邮电出版社,2008.

［22］ 李卫东.应用多元统计分析.北京：北京大学出版社,2008.

［23］ Johnson R A, Wichern D W. 实用多元统计分析.陆璇,叶俊,译.北京：清华大学出版社,2008.

［24］ 王静龙.多元统计分析.北京：科学出版社,2008.

［25］ 张立军,任英华.多元统计分析实验.北京：中国统计出版社,2008.

［26］ 贾俊平.统计学.3 版.北京：中国人民大学出版社,2008.

［27］ 薛薇.SPSS 统计分析方法及应用.北京：电子工业出版社,2009.

［28］ 陈超,邹滢.SPSS 15.0 中文版常用功能与应用实例精讲.北京：电子工业出版社,2009.

［29］ 张焕明.统计学实验教材.天津：天津大学出版社,2009.

［30］ 哈德勒,西马工.应用多元统计分析.2 版.陈诗一,译.北京：北京大学出版社,2011.

［31］ 张文彤,董伟.SPSS 统计分析高级教程.北京：高等教育出版社,2013.

［32］ 何晓群.多元统计分析.第 4 版.北京：人民大学出版社,2015.

［33］ 李昕,张明明.SPSS 22.0 统计分析从入门到精通.北京：电子工业出版社,2015.

［34］ 冯岩松.SPSS 22.0 统计分析应用教程.北京：清华大学出版社,2015.

［35］ 陈方樱,沈思.数据分析方法及 SPSS 应用.北京：科学出版社,2016.

［36］ 张文彤.SPSS 统计分析基础教程.北京：高等教育出版社,2017.

［37］ 薛薇.基于 SPSS 的数据分析.4 版.北京：人民大学出版社,2017.

内 容 提 要

本书秉承"理论联系实践"和"学以致用"的原则,结合经济管理类专业的特点,系统而又详尽地介绍了多元统计分析的基本思想、基本理论及其基本方法的应用。主要内容包括:多元描述统计分析、均值的比较检验、方差分析、正交试验设计、相关分析、回归分析、聚类分析、判别分析、主成分分析、因子分析、对应分析、典型相关分析和定性数据的统计分析等。本书在实际案例解决分析过程中,侧重于对多元统计分析的基本原理和基本方法的应用和理解;同时,为了提高读者的多元统计分析理论方法的实践应用能力,本书强调依据多元统计方法利用 SPSS 现代统计软件对实际案例进行数据处理和统计分析,并在每章结合实例概要介绍了 SPSS 软件的实际操作和实现过程。为使读者更好地掌握本书内容,每章后面给出了小结、主要术语及一些思考题。

本书注重理论与实践相结合,内容详尽,案例丰富,不仅可作为经济与管理类专业本科生开设统计分析课程的教材,也可作为研究生和 MBA 的教材或参考书,同时也适合作为从事社会、经济、管理等研究和实际工作的从业人员进行数据分析的参考书。